Schriften der Berlinischen Gesellschaft naturforschender Freunde.

Fünfter Band.

Mit Kupfern.

Berlin 1784.
Im Verlage der Buchhandlung der Realschule.

Vorbericht.

Bey der Herausgabe des gegenwärtigen 5ten Bandes unserer Schriften, maaßen wir, in den Gesinnungen, welche wir in den Vorberichten der vorhergehenden Bände geäussert, uns nicht an, über den Werth der darin enthaltenen Abhandlungen und Bemerkungen uns heraus zu lassen, und dem Urtheile der sachverständigen und unbefangenen Leser vorzugreifen. Auch in diesem Bande haben die mehresten Aufsätze auswärtige Mitglieder zu Verfassern und wir befürchten nicht, daß man dieses unsern Schrifteu als einen Fehler anrechnen, noch daß uns deshalb von Jemanden ein Vorwurf gemacht werden könnte, der die Absicht bey Errichtung unserer Gesellschaft von ihrer ersten Entstehung an, nur einigermaßen kennt: wir glauben vielmehr, daß edel- und billigdenkende Naturforscher auf unsere Schriften eben deswegen einen vorzüglichen Werth setzen werden, weil darin nicht allein Bemerkungen über alle Theile der Naturkunde vorkommen, sondern auch, weil solche nicht einförmig und gleichsam über einen Leisten, sondern auf eine abwechselnde und mannichfaltige Art von Gelehrten und Liebhabern naher und entfernter Länder bearbeitet worden.

Mit

Mit den lebhaftesten Empfindungen der Hochschätzung und Freude erkennen wir den ganzen Werth der willigen und kräftigen Unterstützung, wodurch unsere edelmüthige Gönner und Freunde zur Beförderung unserer gemeinnützigen Absichten mit wirken. Ihnen vorzüglich danken wir es, daß wir in einen Zeitraum von 10 Jahren, als so lange unsere Verbindung dauert, 9 Bände, zum Theil voller nützlichen und mancher neuen Bemerkungen, der gelehrten Welt vorlegen konnten. Die vier ersten Bände erschienen nehmlich unter dem Titel: der **Beschäftigungen** im Jahre 1775 1776 1777 und 1779, die übrigen aber unter dem Nahmen: der **Schriften** kamen im Jahre 1780 1781 1782 1783 heraus, und der gegenwärtige

5te oder 9te von allen, in dem Laufe des 11ten Jahres seit unserer Entstehung, jetzt 1784.

Bey dem Flore und stetem Wachsthum unserer Gesellschaft belebt uns die freudige Hofnung, künftig jährlich mit einem Bande, zur mehrern Ausbreitung und Vervollkommnung der Naturgeschichte und der damit verbundenen nützlichen Wissenschaften, einen nicht überflüßigen Beytrag liefern zu können.

Wir genießen des schmeichelhaften Vorzugs, daß eines unserer würdigsten Mitglieder, der Herr **von Rochow**, auf Rekahn, Domherr zu Halberstadt, uns die **Austheilung von Preisen** anvertrauet hat, welche er auf die besten Beantwortungen gemeinnütziger Aufgaben großmüthig aussetzte. So ward im Jahre 1777 der Preis über

die

die Frage: was ist überhaupt das Epidemische in den eigentlich sogenannten Epidemien? dem berühmten Herrn Peter Camper in klein Lankum, ehemaligen Professor zu Franeker, von uns zuerkannt, dessen Preisschrift in dem 4ten Bande der Beschäftigungen abgedruckt ist. Die großmüthige Ueberlassung des Preises an uns von Seiten des letztern, setzte uns in den Stand, solchen für eine 2te Frage: wie lange kann die Giftmaterie der Viehseuche bösartig, und des Ansteckens wegen gefährlich seyn? zu bestimmen, und ihn dem Herrn Doktor Weis zu Leer in Ostfriesland, im Jahre 1781 zuzutheilen, wovon die Preisschrift im 3ten Bande unsrer Schriften mitgetheilt worden. Für die 3te wozu der Herr von Rochow uns ebenfalls den Stoff dargebothen, hat es ihm gefallen uns wieder 10 Stück Friedrichsd'or einzuhändigen; und sie geht auf die beste Auflösung der Frage: welche Art der Pflanzenkenntniß zu ökonomischen Absichten aus der übrigen Gewächskunde eigentlich diejenige sey, durch die wir in den Stand gesetzt werden, die natürliche Beschaffenheit, Tragbarkeit und Unart des Grundes in den Forsten, Feldern, Wiesen rc. bey künftiger Würdigung der Grundstücke hinreichend zu bestimmen?

Da die bis den 1sten Juli d. J. angesetzte Zeit noch nicht verlaufen; so können wir erst im künftigen Bande davon die nähere Nachricht mittheilen.

In der Michaelismesse 1782 erschien zu Leipzig im Crusiusischen Verlage der 1ste

Theil

Theil des vollständigen systematischen Verzeichnisses aller Gewächse Deutschlands, welches ein sehr verdientes Mitglied der Gesellschaft, bisher ohne Angabe seines Namens, mit außerordentlichem Fleiße ausgearbeitet, und davon das Honorarium unserer Kasse großmüthig überlassen hat. Wir wünschen, daß der Herr Verleger von diesem für die Oekonomen sowohl als für die Gelehrten sehr nützlichen Werke einen solchen Abgang haben möge, daß derselbe den schon in Händen habenden 2ten Th. bald folgen lasse.

Da während der ersten 10 Jahre unserer Vereinigung manche wesentliche Abänderungen bey unserer Einrichtung haben vorgenommen werden müssen, wovon wir in den Vorreden der vorigen Bände Nachricht gegeben haben; so schien es uns, selbst zur Bequemlichkeit unserer ältern verehrungswürdigen Mitglieder, nöthig, den Plan und die Gesetze, nach unserer jetzigen Lage verbessert und abgeändert, von neuem drucken zu lassen, und hierbeyzufügen. Zugleich haben wir das im vorigen Bande versprochene Verzeichniß aller jetzt lebenden Mitglieder hier so vollständig als möglich geliefert. Wir sagen, so vollständig als möglich; denn es könnte wohl seyn, daß einer oder der andere ausgelassen wäre der noch lebte; allein man wird uns die Schuld davon nicht beymessen können, wenn solche Mitglieder in vielen Jahren nichts von sich haben hören lassen, und wir sie folglich für todt halten müssen, und weil wir mit einer langen

Rei-

Reihe von leeren Namen zu prangen für uns nicht anständig finden. Sollten dergleichen vergessene Freunde uns aber in der Folge angenehme und überzeugende Proben von ihrem Leben und beharrlichem Eifer für unsere Gesellschaft geben; so werden wir mit Freuden unsern Fehler in den folgenden Bänden anzeigen.

Die stärkere Anzahl der eingeschickten nützlichen Abhandlungen verhindert uns, daß wir so wenig das Verzeichniß unserer Bibliothek, als die Fortsetzung von der im 3ten Bande der Beschäftigungen angefangenen Beschreibung unserer Naturaliensammlung hier mittheilen können. Indessen können wir nicht umhin unsern Freunden anzuzeigen, daß wir von dem berühmten Ritter Herrn

Wilhelm von Hamilton als einem der edelsten und theilnehmendsten Mitgliede unserer Gesellschaft, im vorigen Jahre mit seinem prächtigen Werk über die Feuerspeienden Berge, Campi phlegräi, in 3 Bänden nebst dem Supplement, sind beschenkt worden, und daß wir zugleich bey seiner Durchreise die Ehre und das Vergnügen hatten, seine leutseeligen Gesinnungen und durchdringenden Beobachtungsgeist, in einer Versammlung bey uns kennen und lieben zu lernen.

Zur Bereicherung unsrer Bibliothek haben außer den gewöhnlichen Geschenken unsrer Mitglieder, deren Namen künftig bey dem Bücherverzeichniß angeführt werden sollen, folgende Buchhändler freygebig beygetragen, Herr Raspe aus Nürnberg mit allen seinen

phy-

physikalis. Verlagsschriften; Hr. **Pauli** allhier desgleichen, Hr. **Lange** mit der gemeinnützigen Naturgeschichte des Thierreichs mit illuminirten Kupfern, und Hr. **Eisfeld** mit den Mannichfaltigkeiten. Welches wir hier dankbarlichst zu rühmen nicht unterlassen können.

Als neu aufgenommene Mitglieder in dem verlaufenen Jahre haben sich zur Bearbeitung unserer gemeinnützigen Absichten folgende Gelehrte von bekannten Verdiensten mit uns verbunden:

Herr Joseph Nicolaus von **Jacquin**, Kayserl. Königl. Bergrath und Professor der Botanik zu **Wien**.

Herr Ignaz **Schiffermüller**, Abt und geistlicher Rath zu **Linz**.

Herr Carl Ehrenbert von **Moll**, Ritter und Oberöstreichischer Edler Landmann zu **Zell** im Zillerthal.

Herr

Herr Johann Christian Gerning, Banquier zu Frankfurt am Mayn, und

Herr Johann Fiebig, Doktor der Arzneygelahrtheit zu Mainz.

Dagegen sind unserer Gesellschaft in diesem Jahre drey sehr verdiente Mitglieder durch den Tod entrissen worden, nehmlich der Herr Apotheker Cappel in Kopenhagen, der Herr Professor Spielmann in Straßburg und der Freyherr von Gleichen, genannt Rußworm zu Bonnland, von welchen beyden letztern wir diesem Bande nur kurze Lebensbeschreibungen haben beyfügen können, weil vom erstern uns keine Nachrichten desfalls mitgetheilt sind.

Berlin, den 20sten April 1784.

Plan

Plan und Gesetze

der

Gesellschaft Naturforschender Freunde.

Die hiesige Gesellschaft Naturforschender Freunde, zu deren Stiftung der selige D. Martini durch einen, in den hiesigen Neuen Mannigfaltigkeiten S 37 bis 41 bekannt gemachten und mit einigen hiesigen Freunden verabredeten Entwurf die erste Veranlassung gegeben, hielt am 9ten Julius 1773 die erste Berathschlagungsversammlung, und rechnet, weil noch an selbigem Tage die ersten Grundregeln der Gesellschaft, mit allgemeiner Einstimmung der versammleten Freunde, festgesetzet wurden, von diesem Tage an den Zeitpunkt ihrer Entstehung.

Da in so wohl eingerichteten und glücklichen Staaten, als der unsrige, jede beträchtliche gesellschaftliche Verbindung dem Staate selbst bekannt gemacht werden muß; so war auch die erste Sorge

der

der hiesigen Mitglieder dahin gerichtet, einem **hohen Staatsrath** sogleich die Absicht und Einrichtung unsers Institutes unterthänig zur Prüfung und zur Genehmigung vorzulegen. Wir waren auch so glücklich, daß uns in einem gnädigsten Rescript vom 25ten **Oktober** 1773, zu Verschickung gedruckter **Diplome** an auswärtige Kenner und Freunde der Natur, als einer **Privatgesellschaft Naturforschender Freunde**, sogleich ein eignes **Gesellschaftliches Siegel** zugestanden und unser Institut genehmiget wurde.

Wie vielen Einfluß das Studium der Natur auf die Herzen und Seelen ihrer Verehrer habe, wie kräftig diese Wissenschaft sey, alle Anhänger derselben aufs freundschaftlichste zu vereinigen, davon geben die Verzeichnisse der günstigen Beförderer unseres Instituts, unserer Büchersammlung, unseres Naturalienkabinetts und die Vorreden zu den **vier Bänden der Beschäftigungen und die 5 Bände der Schriften unserer Gesellschaft** ohnstreitig die redendsten Beweise. In den vorzüglichsten **Deutschen Provinzen** so wohl, als in **Dännemark, Schweden, Norwegen, Rußland, Pohlen, Engelland, Holland,** in der **Schweitz, Italien, Frankreich, Ungarn, Siebenbürgen** und in den meisten Europäischen Reichen, — allenthalben fanden wir, in dieser Absicht, einerley Gesinnungen, allenthalben — in der Folge sogar in den übrigen Welttheilen — die gefälligsten Freunde der Natur und ihrer Verehrer.

Da die freundschaftlichen Bande der Naturliebe, durch Vermittelung edeldenkender, patriotischer **Freunde**, schon viel erhabne Gönner und große Gelehrte

lehrte, sowohl Europens, als aller übrigen Welttheile in unser Interesse gezogen; so hoffen wir zuversichtlich, der Natur durch diesen Umweg manchen verborgnen Schatz abzugewinnen, auch hier und da noch eine fremde Seite derselben kennen zu lernen. Die Schätze der Natur sind in allen Welttheilen vertheilt. Man wünscht von ihnen so viel Kenntniß, als möglich, zu erlangen. Wer kann indessen allenthalben selbst gegenwärtig seyn? Zu Erreichung des erwünschten Zweckes bleibt also nichts Vortheilhafteres übrig, als Freunde, die allenthalben, wo wir selbst nicht hinkommen können, für uns sehen, hören, betrachten, urtheilen 2c. und eben dieses wechselseitig von uns erwarten. Unsre Dankbarkeit gegen die vielen Edeln, welche diesen Zweck bisher so rühmlich befördern helfen, ist ohne Grenzen.

Damit aber diejenigen Naturforscher, welche Ihre rühmlichen Bemühungen und ausgebreiteten Kenntnisse mit den unsrigen gern vereinigen wollen, auch von den Absichten, der Einrichtung und jetzigen Beschaffenheit unsrer Gesellschaft Sich näher unterrichten können, so haben wir jedem zu überschickenden Diplom einen **Abdruck unserer Gesetze und Verzeichnisses der jetzigen Mitglieder** beyfügen wollen. Diejenigen aber, welche genauere Nachrichten von der Entstehung und Aufnahme unsres Instituts zu erlangen wünschen, müssen wir der Kürze halber auf die Vorreden der 4 Bände der Beschäftigungen und der 5 Bände der Schriften unsrer Gesellschaft verweisen.

I.

Der Hauptzweck der hiesigen Gesellschaft Naturforschender Freunde ist ein gemeinschaftliches Bestreben aller Mitglieder, die Erscheinungen und Merkwürdigkeiten der Natur genau kennen zu lernen, die Naturgeschichte in ihrem ganzen Umfange, besonders aber die Naturgeschichte unserer Lande, mit Beyhülfe einer guten Naturlehre, fleißig zu studiren und diese Kenntnisse — zum Nutzen ihrer Nebenmenschen — anzuwenden und bekannt zu machen.

II.

Diesem zufolge werden zu ordentlichen Mitgliedern auch nur solche Männer angenommen, die nicht allein wahre Liebhaber der Natur sind, auch schon beträchtliche Kenntnisse von den Merkwürdigkeiten derselben besitzen, sondern auch selbst natürliche Seltenheiten, optische und physische Instrumente, Präparata u. s. w. sammlen und ihre Kenntnisse nach Möglichkeit zu erweitern und gemeinnütziger zu machen bemühet sind.

III.

Aus wohl überlegten Ursachen ist als ein Grundgesetz angenommen, daß nicht mehr als zwölf ordentliche Mitglieder zugleich, aber wohl weniger seyn können, und daß diese nur durch eine freie und einstimmige Wahl dazu aufgenommen werden können. Auch ist festgesetzt, daß vorzüglich bey der Wahl der ordentlichen Mitglieder nicht allein auf wahre Gelehrsamkeit, nützliche Kenntnisse und

auf

auf thätigen, fortdauernden Fleiß, sondern auch und vorzüglich auf die edlen Vorzüge eines rechtschaffenen Herzens gesehen werden müsse, weil sonst die so unentbehrliche Einigkeit und alle Annehmlichkeiten unsrer Versammlungen bald gestöhrt werden dürften.

IV.

Die Gesellschaft versammlet sich alle Dienstage in der einmal abgeredeten Folge bey einem ordentlichen Mitgliede nach dem andern. Die Zeit ihrer Zusammenkunft und nöthigen Berathschlagungen ist von drey bis sechs, die Zeit zu den Vorlesungen aber von sechs Uhr an bestimmt.

V.

Da durch den zunehmenden Wachsthum unsrer Gesellschaft sich die Geschäfte derselben, sowohl bey Abwartung der Korrespondenz, als bey Besorgung der innern Angelegenheiten derselben so sehr vermehret haben und so viel Aufmerksamkeit und Thätigkeit erfordern, daß Einer von uns, die wir außerdem unsere bestimmte Berufsgeschäfte haben und diese vorzüglich abwarten müssen, solchen nicht allein mehr vorstehen kann; so ist das anfänglich angeordnete beständige Sekretariat gänzlich aufgehoben und statt dessen die Besorgung aller gesellschaftlichen Angelegenheiten unter die ordentlichen Mitglieder vertheilt worden.

Zu dem Ende hat man die Einrichtung getroffen, daß zur Erhaltung der Ordnung und zur Besorgung der allgemeinen gesellschaftlichen Angelegenheiten,

Einer von uns, einen Monat lang, das Direktorat führt, welches nach der Reihe abwechselt, und daß die Korrespondenz von uns allen, jedoch von jedem in seinem besonders übernommenen Fache, im Namen der Gesellschaft besorgt wird.

VI.

Jedes Mitglied, von welchem Stand es auch sey, hat, während unserer Zusammenkunft so wohl, als in allen, die Gesellschaft betreffenden Angelegenheiten, mit allen übrigen gleichen Rang und gleiche Rechte, auch Jedes, bey Wahlen und Berathschlagungen mehr nicht, als eine Stimme; daher man auch gleich Anfangs die Ordnung unter uns nicht anders, als durchs Loos entscheiden wollen. In so fern aber dadurch weder diese allgemeine Gleichheit unter den Mitgliedern gestöret, noch die gesellschaftliche Freyheit im geringsten eingeschränket wird, ist, um der bessern Ordnung willen, dem jedesmaligen Direktor der Vorsitz eingeräumt, und wird von ihm der Vortrag durch Vorlesung der eingegangenen Briefe und durch andere nöthige Vorschläge eröffnet, worauf die übrigen Mitglieder nach der Ordnung mit ihren Bemerkungen folgen.

VII.

Da sich indessen die Beobachtungen der Natur an einerley Ort und in einem Lande nicht immer sonderlich hoch treiben lassen; so ist es unumgänglich nöthig befunden worden, in allerley Gegenden und Ländern Gönner und Freunde zu haben, die sich unserer Absichten mit Eifer annehmen, uns mit Nachrichten und Seltenheiten ihres Vaterlandes und ihrer Kabinette unterstützen und uns gern in den Stand

setzen

setzen wollen, durch unsere Vereinigung mehr zur allgemeinen Kenntniß und Nutzen bewirken zu können.

Auswärtige Ehrenmitglieder also, die sich entweder schon als ämsige Naturforscher bekannt gemacht haben, oder wenigstens große Sammlungen besitzen, auch unser **Tagebuch** und **Kabinett** mit allerley auserlesenen Merkwürdigkeiten, unsre **Schriften** aber mit nützlichen Aufsätzen bereichern könnten, werden auf den Vorschlag eines Mitgliedes an die Gesellschaft selbst, durch ein gedrucktes und mit dem gesellschaftlichen Siegel bezeichnetes Diplom zur thätigen Theilnehmung an unsern Bemühungen und guten Absichten in unsre Gesellschaft aufgenommen.

VIII.

Sämmtliche **vereinigte Freunde der Natur** haben es als eine, aus dem VIIten Artikel fließende Pflicht anzusehen, künftig von Ihren auswärtigen gelehrten Freunden und Liebhabern der Natur so viel **brave Männer** uns und unserm Vorhaben, (doch ohne ausdrückliche Forderung einer unbezweifelten Wahl derselben zu Ehrenmitgliedern,) **günstig zu machen**, als der Umfang ihrer Bekanntschaften erlaubt; bey dem Vorschlage zu Mitgliedern aber auch auf Güte des Herzens besondere Rücksicht zu nehmen.

IX.

Die **Wahl eines jeden Ehrenmitgliedes**, es mag ein hiesiger oder ein auswärtiger Gelehrter seyn, wird allemal durch die mehresten Stimmen, und zwar, zu Vermeidung aller dabey möglichen Bedenklichkeiten, durch weiße und schwarze Kugeln estgesetzet. Jede bevorstehende Wahl wird daher, vor der Wahlversammlung, allen Mitgliedern gemeldet, damit, wo möglich, bey der dazu bestimmten Zusammenkunft Niemand fehle. Fügt sichs hernach, daß dennoch ein oder das andere Mitglied abgehalten wird, gehörig zu erscheinen; so kann desselben Stimme, die Verhinderung mag Namen haben wie sie wolle, bey dieser Gelegenheit nicht in Betrachtung gezogen werden; es müßte denn einem vertrauten Freunde aus der Gesellschaft das Votum übergeben haben.

X.

Zur Erleichterung der Korrespondenz, die itzt von mehrern besorgt werden muß, und aus Ueberzeugung, daß unsren auswärtigen Freunden ebenfalls mehr an dem Wohl und Aufnahme der ganzen Gesellschaft und an thätigem Eifer in Beförderung unsers gemeinnützigen Endzwecks gelegen ist, als an persönlichen Komplimenten und an der ängstlichen Beobachtung der schon längst von allen edeldenkenden Männern verabschiedeten **Briefkurialien**, haben wir für rathsam erachtet, solche in unsern Briefen künftig gänzlich bey **Seite zu setzen** und nur auf die Sachen zu sehen. Die Briefe werden im Namen der Gesellschaft abgefaßt und statt der persöhnlichen Unterschrift mit der Signatur:

Die Gesellschaft naturforschender Freunde zu Berlin.

vom jedesmaligen Direktor versehen und mit dem gesellschaftlichen Siegel versiegelt und abgeschickt. Wir bitten daher unsere hochgeschätzte Freunde und günstige Beförderer, in ihren Briefen an uns ebenfalls die lästigen

stigen Brieftitel gefälligst zu unterlassen und künftig Ihre Briefe nur mit der Aufschrift:

An die Gesellschaft naturforschender Freunde in Berlin

abzusenden. Bey **starken Paketen** aber **und Naturalien**, die mit Gelegenheit oder durch Fuhrleute geschickt werden, ist es nöthig, daß solche noch außerdem an den Herrn **Rendant Siegfried** oder an ein anderes Ihnen schon bekanntes ordentliches Mitglied addressirt werden.

XI.

Alle von **gegenwärtigen Mitgliedern** vorgelesene Aufsätze, Nachrichten, Beobachtungen und Abhandlungen werden zwar in den Beylagen zum Tagebuch der Gesellschaft gesammlet und aufbehalten; das Eigenthumsrecht seiner Aufsätze wird aber jedem Verfasser in sofern überlassen, als er nicht seine Vorlesungen für die **Sammlung unsrer Gesellschaftlichen Schriften** ausdrücklich bestimmt hat. Im letzten Fall wird sie zwar unter die zum Druck bestimmten Aufsätze gelegt, aber doch mit dem Vorbehalt, ehe man sie drucken läßt, allen ordentlichen Mitgliedern vorher nochmals zur Prüfung und schriftlichem Gutachten mitgetheilt zu werden.

XII.

Von **auswärtigen Mitgliedern** ist wohl zu vermuthen, daß wir von Ihnen keine andere Nachrichten oder Abhandlungen erhalten werden, als die Sie zu **Beyträgen für die Schriften der Gesellschaft** willkürlich zu widmen beliebet. Indessen behält sich die Gesellschaft hierbey das Recht vor, nach gehöriger Prüfung mit solchen eingeschickten Aufsätzen allemal ihren Einsichten gemäß schalten oder darin nöthige Abänderungen machen zu dürfen.

XIII.

Um den auswärtigen geneigten Beförderern unsers Institutes die **Wahl der einzuschickenden Beyträge zu erleichtern**, versichern wir, daß uns nicht bloß Nachrichten von ganz unbekannten oder unbeschriebnen, sondern auch richtigere Beschreibungen und Provinzialbenennungen oder Abbildungen von bereits bekannten Körpern, Wahrnehmungen an Thieren, von ihrer Oekonomie und Einrichtung, Beschreibungen unbekannter Urstücke zu den Versteinerungen, chemische Untersuchungen seltner oder nutzbarer Produkte, nebst Bestimmung ihrer Anwendung zu allgemeinem Nutzen, auch andere noch nicht bemerkte Erscheinungen; Erfindungen und Verbesserungen gemeinnütziger physischer Maschinen oder Instrumente, Erläuterungen merkwürdiger Lufterscheinungen und alles, was in der Naturgeschichte des Himmels und der Erde noch nicht hinlänglich erkläret ist, höchst willkommen seyn werden.

XIV.

Auswärtigen Mitgliedern, wenn Sie nach Berlin kommen, und Sich deshalb vorher entweder beym dermaligen Direktor oder bey dem Wirthe melden, ist allezeit in den Vorlesestunden von 6 bis 7 Uhr ein Sitz in unsern Versammlungen aufbehalten. Sind aber **andere gelehrte durchreisende Fremden** uns von auswärtigen Mitgliedern **empfohlen**, so werden solche von demjenigen Freunde, wo sie sich zuerst gemeldet, dem Direktor persönlich oder schrift-

schriftlich vorgestellet, und können dann in der nächsten Versammlung, wenn sie sich vorher dem jedesmaligen Wirthe bekannt gemacht haben, von 7 Uhr, an unserm geselligen Umgange Theil nehmen.

XV.

Dem Zweck einer jeden vernünftigen, besonders aber unserer freundschaftlichen Verbindung, ist es gemäß, daß alle Glieder derselben, ohne Rücksicht auf gewisse Vorzüge, die Stand, Ansehn oder Geburt gewähren, sich mit ungeheuchelter Hochachtung, auch aufrichtiger Freundschaft, einander zugethan sind. Man kann also schon als eine Folge so rechtschafner Gesinnungen voraussetzen, daß die ganze Gesellschaft sich nicht allein die Erweiterung der Naturkenntniß überhaupt ernstlich angelegen seyn lassen, sondern daß auch jedes Mitglied insbesondre sich ernstlich bestreben werde, dem andern in seinem vorzüglich eignen und hauptsächlichen Fache mit einer großmüthigen und liebevollen Bereitwilligkeit, allen möglichen Vortheil und Nutzen zu stiften.

XVI.

Der 6te Julli, als der Stiftungstag unserer Gesellschaft, wird alle Jahre gefeyert.

XVII.

Da wir zusammen eine Privatgesellschaft Naturforschender Freunde ausmachen, und daher als Freunde, an den Schicksalen so wohl als an den gelehrten Beschäftigungen unserer sämmtlichen Mitglieder herzlichen Antheil nehmen; so ist nichts natürlicher, als daß wir von den hauptsächlichsten Lebensumständen und gelehrten Bemühungen unserer entfernten Gönner und Freunde näher unterrichtet zu werden wünschen. Es ist also eine billige Pflicht unsrer auswärtigen Mitglieder, uns eine kurze Nachricht von ihren hauptsächlichsten Lebensumständen und von ihren gelehrten Bemühungen bey Zeiten einzusenden; damit Sie und Ihre Verdienste, in einem unverhoften Todesfall in fortdauerndem rühmlichen Andenken bey uns bleiben und in unsern Schriften bekannter gemacht werden können.

XVIII.

Gleich am Tage der Stiftung ward die Grundlage zu einer gesellschaftlichen Bibliothek und Naturaliensammlung gemacht, welche in eigenen dazu gemietheten Zimmern aufbewahret werden, und worüber zwey Mitglieder die Aufsicht haben. Jedes Mitglied schenckt hierzu ein nützliches physikalisches Buch, vornemlich aber auch alle diejenigen Schriften, die Er entweder als eigne oder unter Seiner Aufsicht gedruckte Werke schon herausgegeben hat oder noch zu schreiben gedenkt.

Außer den Beiträgen der hiesigen Mitglieder zum allgemeinen Kabinette, verspricht sich die Gesellschaft, nach der bisherigen angenehmen Erfahrung, den wichtigsten Zuwachs von der Güte und Freigebigkeit ihrer auswärtigen Freunde, die so wohl Naturaliensammlungen aus ihren und andern Ländern besitzen, als auch die Naturschätze ihrer Gegenden eifrigst studiren und von dem edlen Triebe zur Gemeinnützigkeit und liebreichen Mittheilung beseelet werden. Wir müssen aber, um den Hauptnutzen nicht zu verfehlen, angelegentlichst bitten, bey Uebersendung der Naturalien aller Art, solche mit Nummern zu bekleben und in einem Verzeichnisse ihren klassischen Namen oder wenigstens deren Provinzialbenennungen und den Ort, wo sie gefunden worden, anzugeben: weil es uns unmöglich ist, letztere zu kennen; und wir hoffen zugleich dadurch ein möglichst vollständiges Verzeichniß der unterschiedenen, in verschiedenen Ländern, üblichen Benennungen von einerley Körpern sammlen, und dereinst zum allgemeinen Nutzen davon einen guten Gebrauch machen zu können.

XIX.

Briefe und größere Packete oder Naturalien werden unter den Nr. VI angegebenen Ueberschriften so viel möglich frey eingesendet oder mit schicklicher Gelegenheit der Messen oder andrer guten Freunde an uns befördert: weil wir zur Bestreitung aller Ausgaben keinen andern Fond als die vierteljährige Beiträge der gegenwärtigen ordentlichen Mitglieder und den oft geringen Ueberschuß von dem Verleger unsrer Schriften haben. Wir müssen also fürs künftige alle Packete und Schriften unfrankirt verbitten, die auf uns gar keine oder nur eine entfernte Beziehung haben, oder die nur bloße Aufträge enthalten.

XX.

Bey unserm starken und sehr ausgebreiteten Briefwechsel ist es nicht rathsam noch möglich, alle an uns eingelaufene Briefe zu beantworten. Unsere billigdenkenden Freunde werden es also gern genehmigen, daß wir bloße Höflichkeitsschreiben oder solche die wenig Erhebliches enthalten, so lange un-

beant-

beantwortet liegen lassen, bis nützliche Anfragen oder eine Erläuterung über irgend einen wichtigen Umstand die Antwort erfordern.

XXI.

Zur leichtern Betreibung der gesellschaftlichen Angelegenheiten ist ein ordentliches **Archiv** unentbehrlich. Um dieses in Ansehung der **Korrespondenz** auch in einer richtigen Ordnung zu erhalten; so ist es nöthig, daß unsere entfernte **Freunde** in ihren **Privatschreiben** an einzelne hiesige Mitglieder **keine gesellschaftliche Angelegenheiten** oder Aufträge an uns mit **einmischen**, sondern dergleichen Wünsche, Anfragen und Vorschläge zur Aufnahme neuer Mitglieder u. d. entweder grade an uns senden oder wenigstens als Einschlüsse, aber auf besondern an die Gesellschaft überschriebenen Blättern, den Briefen an hiesige Freunde beilegen; weil wir sonst aus angeführten Gründen darauf weiter keine Rücksicht nehmen können; auch damit wir nicht bey einem etwanigen Todesfalle wieder in die unangenehme Nothwendigkeit gesetzt werden, die Antworten darauf schuldig bleiben zu müssen.

XXII.

Ein **Mitglied**, welches der in Nr. VII bestimmten Gleichheit entgegen handelt und eigenmächtig etwas wider Willen der übrigen Mitglieder zum besorglichen Schaden der Gesellschaft unternimmt oder durchsetzen will, **wird förmlich von der Gesellschaft ausgeschlossen.** Sollten sich auch in der Folge unedeldenkende Mitglieder finden, welche ihre durch Annehmung des Diploms und der Gesetze übernommene gesellschaftliche Pflichten ganz aus den Augen

Augen ſetzten, oder wohl gar zum Schaden unſers Inſtituts handelten, und ſich von unſern Neidern dazu hinreißen ließen; dieſelben ſchließen ſich dadurch nicht allein ſelbſt von aller Verbindung mit uns aus, ſondern ihre Namen werden auch von uns, nach allen Rechten, in der geſellſchaftlichen Liſte ausgeſtrichen und ihr unedles Betragen im geſellſchaftlichen Tagebuche niedergeſchrieben und unſern Nachkommen zum immerwährenden Denkmahl aufbewahrt.

XXIII.

Die Erweiterung und Verbeſſerung dieſer Geſetze behalten ſich die Mitglieder nach Maßgabe der Zeit und Umſtände vor.

Berlin den 3ten May 1774. Erneuert den 13ten April 1784.

Ber-

Verzeichniß der jetztlebenden ordentlichen, wie auch der hiesigen und auswärtigen Ehrenmitglieder der Gesellschaft Naturforschender Freunde.

I. Ordentliche Mitglieder.

Herr Johann Christoph Ebel, Königl. Rendant der Nutzholzmagazinkasse.

Herr Johann Elert Bode, Astronom der Königl. Akademie der Wissenschaften.

Herr Friedrich Wilhelm Siegfried, Königl. Rendant der Churmärkischen Kammerbaukasse, ordentliches Mitglied der naturforschenden Gesellschaft zu Halle.

Herr Balthasar Friedrich Reimari, Königl. Kriegesrath und erster geheimer Archivarius.

Herr

Herr **Markus Elieser Bloch**, der Arzneygelahrtheit Doktor und approbirter Praktikus. Der Danziger, Hallischen und Zürcher naturf. Gesells. der Römisch-Kayserlichen Akademie der Naturf. der St. Petersburger, Leipziger, Bayerischen und Cellischen ökonomischen Gesells. der Oberinger, Utrechter, Frankfurter, Vließinger und Harlemer Societäten der Wissenschaften Mitglied oder Correspondent.

Herr D. **Johann Gottlieb Gleditsch**, der Arzneywissenschaft und Kräuterlehre Professor beym Königl. Preuß. Kollegio-Mediko-Chirurgiko zu Berlin, der Römisch-Kayserl. Akademie der Naturf. der Königl. Preuß. Rußisch-Kayserl. Königl. Schwedis. und Chur-Mainzischen Akademien; der Rußisch-Kayserl. freyen ökon. Societät, der Frankf. Gesellschaft der Wissenschaften, Churfürstl. Sächsischen Bienengesellschaft in der Oberlausitz, und der Schleschen Patriot. Oekon. Gesellschaft Mitglied.

Herr **Jakob Philipp Pelisson**, der Arzneygelahrtheit Doktor und approbirter Praktikus, erster Arzt bey den Französ. Waisen- und Armenhäusern, Mitglied des Oberkollegii Medici allhier.

Herr **Friedrich Wilhelm Otto**, Geheimer Sekretär beym hiesigen Königl. General-Postamt, Mitglied der Helmstädtischen deuts. Gesellschaft.

Herr **Johann Esaias Silberschlag**, Königl. Preuß. Oberkonsistorial- und Oberbaurath; erster Prediger an der Dreyfaltigkeitskirche, Direktor der Realschule und Mitglied der hiesigen Königl. Akademie der Wissenschaften.

Herr **Karl August Brand**, der Arzneygelahrtheit Doktor und approbirter Praktikus.

Herr

Herr **Johann Friedrich Wilhem Herbſt**, Prediger bey der St. Marien- und Heil. Geiſtkirche, ordentl. Mitglied der naturforſ. Geſellſchaft in Halle.

Herr **Karl Ludwig Gronau**, zweyter Prediger der Evang. Reformirten Parochialkirche.

II. Hieſige Ehrenmitglieder.

Sr. Excellenz, Herr **Friedrich Anton Freyherr von Heinitz**, wirklicher geheimer Etats- Krieges- und dirigirender Miniſter, Chef des Bergwerks- und Hüttendepartements.

Herr **Franz Karl Achard**, Direktor der phyſiſchen Klaſſe der hieſigen Königl. Akademie der Wiſſenſchaften, Mitglied der Römiſch- Kayſerl. Akademie der Naturforſcher, der Churbayerſchen und Churmaynziſchen Akademien, wie auch der Harlemmer gelehrten Societät, der naturforſ. Geſellſ. zu Danzig und Halle ꝛc.

Herr **Karl Abraham Gerhard**, Königl. geheimer Berg- und Oberbaurath, Mitglied der Königl. Akademie der Wiſſenſchaften und der naturforſchenden Geſellſchaft in Halle.

III. Auswärtige Ehrenmitglieder
nach alphabetiſcher Ordnung.

Herr **H. F. R. T. Aepinus**, Rußiſch- Kayſerl. wirklicher Staatsrath bey dem Kollegium der auswärtigen Angelegenheiten, Mitglied vieler Akademien, zu **Petersburg**.

Herr **Karl Allion**, Doktor der Arzneygelahrtheit und Profeſſor der Kräuterlehre zu **Turin**.

Herr

Herr Ammann, der Arzneygelahrtheit Doktor zu Schafhausen in der Schweiz.

Herr Nikolaus Andria, der Arzneygelahrtheit Doktor und Professor der Naturhistorie auf der Universität zu Neapel.

Herr Johann Jakob d'Annone, Doktor der Weltweisheit und beyder Rechte, Professor der Beredsamkeit und Syndikus ꝛc. zu Basel.

Herr Johann Arduino, Oberaufseher der Ackerbauanstalten im Venezianischen Gebiete, Mitglied vieler gelehrten Gesellschaften, zu Venedig.

Herr George Baron von Asch, Rußisch-Kayserl. Staatsrath und erster Feldmedikus zu Petersburg.

Herr Johann Graf von Auersberg, Dohmherr der hohen Stifter zu Passau und Olmütz, in Passau.

Der Ritter Herr Joseph Bancks, beyder Rechte Doktor, Mitglied der Königl. Gesellschaften der Wissenschaften und der Alterthumsforscher zu London, Korrespondent der Pariser Königl. Akademie der Wissenschaften, in London.

Herr Johann Bartram, ordentlicher Professor der Kräuterkunde, Mitglied der Königl. Schwedischen Akademie zu Stokholm und der Amerikanischen Gesellschaft der Wissenschaften zu Philadelphia.

Herr Johann Philipp Becher, Oranien-Nassauischer Bergsekretär zu Dillenburg.

Herr Jens Michelsen Beck, Königl. Dänischer Kanzleyrath zu Koppenhagen.

Herr Johann Beckmann, ordentlicher Profeſſor der Oekonomie, Mitglied der Königl. Göttingiſchen Geſellſchaft der Wiſſenſchaften, der Kayſerl. Akademie der Naturforſcher, der Königl. Norwegiſchen Akademie der Wiſſenſchaften, der Braunſchw. Lüneburg. und Bremer Landwirthſchaftsgeſellſchaft, der Churpfälziſch phyſikaliſch-ökonom. Geſellſchaft zu Lautern, der Oberlauſ. Bienengeſellſchaft und der Karlsruher Geſellſchaft, zu Göttingen.

Herr Reinhold Behrens, Doktor der Arzneygelahrtheit, Rußiſch-Kayſerl. Generalſtabsmedikus zu Tobolskoi.

Herr Gottfried Chriſtoph Beireis, ordentlicher Profeſſor der Medizin, Chirurgie und Phyſik zu Helmſtädt, auch Herzogl. Braunſchweigiſcher Hofrath.

Herr Peter Jonas Bergius, Profeſſor der Naturgeſchichte und Pharmacie, Mitglied der Königl. Schwediſchen Akademie der Wiſſenſchaften zu Stockholm.

Herr Torbern Bergmann, Königl. Schwediſ. Ritter, Profeſſor der Chymie zu Upſal, Mitglied der Römiſch-Kayſerl. Akademie der Naturforſ. der Königl. Schwediſchen zu Stockholm, wie auch der Königl. Societät zu London.

Herr Johann Andreas Benjamin Bergſträßer, ordentlicher Lehrer der Weltweisheit zu Hanau.

Herr Johann Elias Bertrand, Profeſſor der ſchönen Wiſſenſchaften zu Neufchatel.

Herr

Herr Isidoro Bianchi, Professor der Philosophie und Mathematik zu Montreale in Sicilien, Mitglied der Akademie der Wissenschaften zu Siena, und anderer gelehrten Gesellschaften.

Herr Johann Friedrich Blumenbach, der Arzneygelahrtheit Doktor, Professor der Medizin, Mitaufseher über das Universitätskabinet zu Göttingen.

Herr P. Boddaert, der Arzneygelahrtheit Doktor, ältester Rath im innern Senate des Kollegii der Stadt Vlißingen in Seeland, Mitglied der R. K. Akademie der Naturforscher, wie auch der Holländ- und Seeländischen Gesellschaften zu Harlem und Vlißingen, zu Utrecht.

Herr Julius Eberhard Gabriel Bode, Hochgräfl. Stollberg. Bergrath zu Ilsenburg.

Herr Franz Friedrich Sigism. Aug. Reichsfreyherr von Böcklin zu Böklinsau, Herr auf Ruß u. s. w. Hochfürstl. Brandenburgischer, wie auch Hohenloh-Langerburgischer adelicher geheimer Rath, und fürstlicher wirklicher Kammerherr; Mitglied der Kayserl. Akademie der Naturfors. der Bernschen ökonomischen u. Oberl. Bienengesells. zu Ruß.

Herr Johann Lorenz Böckmann; Markgräfl. Badenscher Hofrath, und Professor der Naturlehre zu Karlsruhe.

Herr M. Immanuel Karl Heinrich Börner, zweiter Oberlandschafts Syndikus und Sekretär bey der Schlesisch patriot-ökonomis. Gesellschaft zu Breslau.

Herr Johann Friedrich Bolten, der Arzneygelahrtheit Doktor und Physikus zu Hamburg.

Herr **Karl Bonnet**, Mitglied vieler Akademien und gelehrten Geſellſchaften, als der R. Kayſerl. Petersburgiſ. Londner, Stockholmiſ. Lyoniſ. Münchenſ. Bologneſiſ. u. ſ. w. Korreſpondent der Akademie der Wiſſenſchaften zu Paris, und der Königl. Geſellſchaften zu Montpellier und Göttingen, zu **Genthod** bey Genf.

Herr **Fried. Heinr. Chriſt. Graf von Borke**, Herr von Stargoord, Laſſehn, Pommelen u. ſ. w. Dohmherr des Magdeburgiſchen Stiftes Gangolfi, der Churmaintziſchen Akademie der Wiſſenſchaften, der ſchleſiſch⸗ ökonom. patriotiſchen und der naturforſchenden Geſellſchaft zu Halle Ehrenmitglied, zu **Stargoord** in Pommern.

Herr **Ignatz Edler von Born**, des heil. R. R. Ritter, Kayſerl. Königl. Hofrath, Mitglied der Kayſerl. Rußiſ. der Königl. engliſchen und ſchwediſchen, ingleichen der Müncher Akademien der Wiſſenſchaften, der Großherzogl. zu Siena und der Ackerbaugeſellſchaft zu Padua, zu **Wien**.

Herr **J. P. Brinkmann**, der Arzneygelahrtheit Doktor, Sr. Durchl. zu Pfalz Jülich⸗ und Bergiſcher Hofrath und Direktor des Medizinalraths zu **Düſſeldorf**.

Herr **Urban Friedrich Benedikt Brückmann**, der Arzneygelahrtheit Doktor und Leibarzt bey Sr. Hochf. Durchl. dem Herzog von Braunſchw. Mitglied der Kayſerl. Akademie der Naturforſcher; zu **Braunſchweig**.

Herr **Martin Thrane Brünniche**, der Oekonomie und Naturhiſtorie Profeſſor bey der Kopenh. Uni⸗

Universität, der Königl. Koppenhag. und Norw. Gesellschaft Mitglied zu Koppenhagen.

Herr Friedr. Aug. von Burgsdorf, Königl. Preuß. Forstrath in Tegel.

Herr Burmann, der Arzneygelahrtheit Doktor zu Amsterdam.

Herr Peter Butini, der Arzneygelahrtheit Doktor und Bürger zu Genf.

Herr Peter Camper, vormahliger öffentlicher Lehrer auf der hohen Schule zu Franeker, Mitglied des Raths der Staaten von Friesland; der Königl. Akademie zu London, der chirurgischen zu Paris, der Societäten zu Harlem, Rotterdam und Edinburg, Korrespondent der Königl. Akademie der Wissenschaften in Paris; zu klein Lankum ohnweit Franeker.

Herr Franz Ludwig Cankrinus, Rußisch-Kayserl. Kanzleyrath und Direktor der Salinen, Mitglied der Fürstl. Hessis. Akademie der Wissenschaften zu Petersburg.

Herr Johann Philipp von Carosi, Hauptmann von der Armee des Großherzogs von Lithauen, in Mogila bey Krakau.

Herr Johann Friedrich Wilhelm Charpentier, Churf. Sächsischer Bergkommissionsrath und Professor bey der Bergakademie zu Freyberg, Korrespondent der Königl. Gesellschaft zu Göttingen.

Herr Johann Hieronymus Chemnitz, Pastor bey der deutschen Garnisonsgemeinde zu Koppenhagen, Mitglied der Römisch-Kayserl. Akademie der Naturforscher, der Nordischen Societät der Wissenschaften u. s. w.

Herr Joſeph Paul Edler von Cobres, Agent des Maltheſer-Ordens und Banquier zu Augsburg.

Herr Cosmus Collini, Churpfälziſcher geheimer Sekretär und Hiſtoriograph, Direktor des Naturalienkabinets der Churpfälziſchen Akademie der Wiſſenſchaften zu Mannheim.

Herr Lorenz Crell, der Arzneygelahrtheit Doktor, Herzogl. Braunſchw. Bergrath und ordentlicher öffentl. Lehrer auf der hohen Schule zu Helmſtädt.

Herr Karl Theodor Anton Maria Freyherr von Dalberg, Dohmkapitular zu Maynz, Würzburg und Worms; Churmaynziſ. geheimer Rath und Stadthalter zu Erfurt.

Herr Franz Dembſcher, Oberaufſeher der Venetianiſchen Bergwerke, zu Venedig.

Demoiſelle Katharina Helena Dörrien, der Florentiniſch botaniſchen Geſellſchaft Mitglied zu Dillenburg.

Herr J. B. Dubois, Königl. Polniſcher Hofrath in Frankreich.

Herr Sigismund Zois Freyherr von Edelſtein zu Laybach in Krain.

Herr Friedrich Ludwig Ehrmann, der Rechte Licentiat und Lehrer der Phyſik, Mitglied der Königl. Schwediſch-Gothenburgſchen gelehrten Geſellſchaft, in Strasburg.

Herr Guſtav von Engeſtröm, Aſſeſſor im Bergkollegium, Direktor des chemiſchen Laboratoriums und Königl. Münzwardein zu Stockholm.

Herr

Herr Graf von Enzenberg, Herr zu Siegen und Mandeberg, Kayserl. Königl. Kammerherr und Vicepräsident in Klagenfurth.

Herr Eugenius Johann Christoph Esper, Professor in Erlangen.

Herr Albrecht Euler, Rußisch-Kayserl. Hofrath und beständiger Sekretär der Kayserl. Akademie der Wissenschaften in St. Petersburg.

Herr Johann Christian Fabrizius, Professor der Naturlehre, Oekonomie und Kameralwissenschaft zu Kiel.

Herr Otto Fabrizius, Prediger am Waysenhause in Kopenhagen, und Mitglied der Kopenhagischen Gesellschaft der Wissenschaften.

Herr de la Faille, beständiger Sekretär der Akademie der schönen Wissenschaften und der Ackerbaugesellschaft des Bezirks oder der Generalité von Rochelle, Mitglied der Kayserl. Akademie der Naturforscher, der Gesellschaften zu Lüneburg und Bern, der Ackerbaugesellschaft zu Lion, der Königl. Gesellschaft zu Tours, Korrespondent der Königl. Akademien zu Paris und Angers, zu Rochelle.

Herr Johann Jacob Ferber, Professor der Naturgeschichte und Physik, der Russisch-Kayserl. Akademie zu Petersburg, der Königl. Schwedis. der Königl. Großherzogl. Akademie der Wissenschaften zu Siena, der Ackerbaugesellschaften zu Vizenza, Padua und Florenz u. s. w. in Petersburg.

Herr Johann Fiebig, Doktor der Arzneygelahrtheit, in Maynz.

Herr Johann Ehrenreich von Fichtel, Kayſerl. Königl. würklicher Kammerrath im Großfürſtenthum Siebenbürgen, zu Herrmanſtadt.

Herr Eſaias Fleiſcher, Königl. Däniſcher Juſtitzrath, Sr. Königl. Hoheit des Erbprinzen Friedrich Inſpektor über Jägernpries Amt und Schloß, der Königl. Däniſ. Ackerakademie Mitglied, zu Kopenhagen.

Herr Johann Reinold Forſter, Doktor der Rechte, Medizin und Weltweisheit, ordentlicher öffentlicher Lehrer der Naturgeſchichte, Mitglied der Rußiſch- Kayſerl. der Königl. Großbrittaniſchen und Königl. Schwediſchen Akademien und vieler gelehrten Geſellſchaften, zu Halle.

Herr Georg Forſter, der Philoſophie Dokt. und ordentlicher Lehrer, Mitglied der Römiſch- Kayſerl. Akademie der Naturforſcher, der Königl. Societät der Wiſſenſchaften zu London, zu Madrit, zu Kopenhagen und vieler gelehrten Geſellſchaften; Korreſpondent der Königl. Societät der Wiſſenſchaften zu Göttingen, in Kaſſel.

Herr Alberto Fortis, Abt, Mitglied der römiſchen kayſerlichen Akademie der Naturforſcher und königl. Akademie zu Siena u. ſ. w. zu Venedig.

Herr Jodokus Leopold Friſch, Paſtor zu Grüneberg in Schleſien.

Herr Johann Franz Fromond, Domherr, Aufſeher der phyſikaliſchen Kabinette der öſtreichſchen Lombardey und Profeſſor der Optik zu Mayland.

Herr Johann Chriſtoph Fuchs, Pagenhofmeiſter bey Sr. Königlichen Hoheit dem Prinz vom Preußen, zu Potsdam.

Herr Johann Kaspar Fueßlin, Mitglied der physikalischen Gesellschaft zu Turin, u. s. w. zu Zürich.

Herr D. Johann Gottlieb Georgi, Mitglied der Kayserl. Rußischen Akademie der Wissenschaften zu Petersburg.

Herr Johann Christian Gerning, Banquier zu Frankfurth am Mayn.

Herr Johann Gesner, Chorherr, Doktor der Arzneywissenschaft, der Physik und Mathematik ordentlicher Professor, Mitglied der Kayserl. Akademie der Naturforscher, der Königl. Berlinischen, Stockholmischen, Upsalischen, Göttingschen Akademien, auch der Florentinischen Botanischen Sozietät zu Zürich.

Herr Johann August Ephraim Goetze, Pastor an der Kirche St. Blasii zu Quedlinburg, der Herzogl. deutschen Gesellschaft in Helmstädt, Mitglied der Naturforschenden Gesellschaft in Halle, und der Königl. Schwedischen patriotischen Gesellschaft zu Stockholm.

Herr Angelo Gualandris, zu Padua.

Herr Abraham Güyot, Prediger im Fürstenthum Neufchatel.

Herr Christian Friedrich Habel Hochfürstl. Nassau-Usingscher Kammerrath, Mitglied der Königl. Großbrittanischen Churf. Braunschweig-Lüneb. Landwirthschaft-Gesellschaft zu Zelle, in Wisbaden.

Herr Balthasar Hacquet, Kayserl. Königl. beständiger und öffentlicher Lehrer der Anatomie, Chirurgie und Geburtshülfe bey der Akademie zu Laybach, ordentlicher Professor der Arzneygelahrtheit und beſtändiger Sekretair bey der Kayſerl. Königl. Ackerbau-Geſellſchaft im Herzogthum Krain, der Bremiſchen und anderer ökonomiſchen Geſellſchaften Correſpondent. zu **Laybach** in Krain.

Herr **Carl Gottfried Hagen**, Doktor der Arzneygelahrtheit, Profeſſor der Naturgeſchichte, und Hofapotheker zu **Königsberg** in Preußen.

Herr **Chriſtian Wilhelm Haken**, Präpoſitus zu **Stolpe** in Hinterpommern.

Herr Ritter **Wilhelm Hamilton**, Königlich Großbrittaniſcher Geſandter am Königl. Neapolitaniſchen Hofe, Mitglied der Königl. Großbrittaniſ. Societäten der Wiſſenſchaften, der Alterthümer u. ſ. w. zu London und zu Neapel, in **Neapel**.

Herr **Peter Immanuel Hartmann**, der Arzneygelahrtheit und Weltweisheit Doktor, Profeſſor der Anatomie, Botanik und Pharmacie zu **Frankfurth an der Oder**, Mitglied der Römiſch Kayſerlichen Akademie der Naturforſcher, der Churf. Mainziſchen Akademie nützlicher Wiſſenſchaften, der Fürſtl. Helmſtädtſchen Societät u. ſ. w.

Herr **Johann Hedwig**, der Arzneygelahrtheit Doktor und ausübender Arzt in **Leipzig**.

Herr Baron **Samuel Guſtav von Hermelin**, Aſſeſſor im Königl. Bergkollegio, Bergmeiſter aller edlen Schwediſchen Bergwerke zu **Stockholm**.

Herr **Johann Hermann**, der Weltweisheit und Arzneygelahrtheit Doktor, öffentlicher ordentlicher Lehrer der Univerſität zu **Straßburg**, der Königl. Schwed. Geſellſchaft pro Patria Mitglied.

Herr **Benedikt Franz Herrmann**, Mitglied der Römiſch Kayſerl. patriotiſchen Sozietäten in Oeſtersterreich und Steiermark, der freyen ökonomischen Gesellschaft in Petersburg und der Russisch Kaiserl. Akademie Korrespondent, auf Reisen.

Herr **Gottlob Johann Hindenberg**, Pastor zu **Techo** hinter Wittstock, beym adelichen Stift heiligen Grabe.

Herr **Sigismund Freyherr von Hohenwart**, Domherr und Canonicus zu **Gurk**.

Herr **Amtmann Honckeny**, zu **Golm** bey Prenzlow.

Herr **Johann Gottlieb Hübner**, Notarius publikus zu **Halle**.

Herr **Nikolaus Joseph Edler von Jaquin**, Kaiserl. Königl. Bergrath, und Professor der Botanik in **Wien**.

Herr **Christian Ehrhard Kapp**, der Arzneygelahrtheit Doktor und ausübender Arzt in **Leipzig**.

Herr **Alexander Michaelowitsch von Karamyschew**, Russisch Kayserl. Oberbergmeister, oberster Lehrer und Vorsteher der Bergakademie, Mitglied der freyen ökonomischen Gesellschaft zu Petersburg. In **Petersburg**.

Herr **Friedrich August Kartheuser**, Hochfürstl. Hessischer geheimer Bergrath, der Kayserl. Akademie der Naturforscher, der Fürstl. Hessischen und mehrerer gelehrten Gesellschaften Mitglied.

Herr **Franz Graf von Kinsky**, Maltheser Ritter, Kayserl. Königl. Kommandeur und Generalmajor zu **Wien**.

Herr **Richard Kirvan**, Ritter, Mitglied der Londner Gesellschaft der Wissenschaften. In **London**.

Herr

Herr Christian Friedrich Karl Kleemann, berühmter Miniaturmahler zu Nürnberg.

Herr Philipp Engel Klippstein, Landgräfl. Hessendarmstädtscher Kammerrath zu Darmstadt.

Herr Alexander Bernhard Kölpin, der Arzneygelahrtheit Doktor, Professor der Anatomie, Mitglied des Medizinischen Kollegii zu Stettin; der Stadt Alt-Stettin Physikus, der Königl. Schwed. Akademie der Wissenschaften und der patriotisch-ökonomischen Gesellschaft in Schlesien Mitglied u. s. w.

Herr Joseph Gottlieb Kölreuter, der Arzneygelahrtheit Doktor, Fürstl. Badenscher Rath und Professor der Naturgeschichte, der Russisch Kayserl. Akademie der Wissenschaften und freyen ökonomischen Societät zu Petersburg, der Churpfälzischen Akademie, der Fürstl. Hessischen Societät der Wissenschaften Mitglied u. s. w. Zu Karlsruhe.

Herr D. Johann Gerhard König, Königl. Dänischer bestellter Naturforscher und Arzt zu Tranquebar in Asien.

Herr Wolfgang Ludwig Kraft, der Russisch Kayserl. Akademie der Wissenschaften Mitglied und Professor der Experimentalphysik zu Petersburg.

Herr August Christian Kühn, der Arzneygelahrtheit Doktor und Mitglied des medicinischen Kollegiums zu Eisenach.

Herr Adam Kühn, der Arzneygelahrtheit Doktor, Professor der Kräuterkunde und Mathematik, Kurator der Amerikanischen Gesellschaft der Wissenschaften zu Philadelphia.

Herr

Herr Johann Nepomuck, Edler von Leicharting, zu Eichberg und Lüzelgrad, tyrolischer Landmann zu Jospruck.

Herr Erich Laxmann, Mitglied der Russisch Kayserl. Akademie der Wissenschaften, Lehrer der Chymie bey den Kayserl. Kadetten zu Petersburg.

Herr Johann Lepechin, der Arzneygelahrtheit Doktor, Mitglied der Russisch Kaiserl. Akademie der Wissenschaften, der Petersb. freyen ökonomischen Gesellschaft, und Censor beym Uebersetzungsinstitute zu St. Petersburg.

Herr Nathanael Leske, Magister der Philosophie und Professor der Naturgeschichte zu Leipzig, Mitglied der Oberlaus. Bienengesellschaft u. s. w.

Herr Friedrich Wilhelm von Leyßer, Königl. Preuß. Krieges- und Domainenrath bey der Hallischen Kammerdeputation, Doktor der Weltweisheit und Präsident der naturforschenden Gesellschaft zu Halle.

Herr Christian Hieronymus Lommer, Churf. Sächsischer Bergmeister zu St. Georgenstadt.

Herr Franz Herrmann Heinrich Lüder, Superintendent zu Tanneberg im Fürstenthum Lüneburg, der Zellischen Landwirthschaftsgesellschaft Mitglied, der ökonomischen Gesellschaft zu Bonn Ehrenmitglied.

Herr Johann Graf von Mattuschka, der hohen Stifter zu Breslau und Glogau Domherr in Breslau.

Herr D. Johann Mayer, Königl. Pohlnischer Hofrath, in Prag.

Herr

Herr D. Friedrich Kaſimir Medikus, Herzogl. Pfalzzweybrückſcher Regierungsrath, Direktor der Churpfälziſchen Akademie der Wiſſenſchaften, Mitglied der Römiſch Kayſerl. Akademie der Naturforſcher und der Churmainziſchen Akademie zu Mannheim.

Herr Aloyſius von Mehofen, Erzbiſchöflich Salzburgiſcher Bergverweſer.

Herr Karl des heil. Römiſchen Reichs Ritter und Freyherr von Meidinger, Herr zu Meidingen und Lauterbach, Kayſerl. Königl. Sekretair, in Wien.

Herr Johann Chriſtian Meineke, Paſtor zu Oberwiederſtädt im Mannsfeldiſchen.

Herr Heinrich Friedrich Meineke, Rektor am Fürſtl. Gymnaſio zu Quedlinburg.

Herr Wilhelm Graf von Mellin, Königl. Preuß. Kammerherr, Erb- und Gerichtsherr auf Damizow bey Stettin.

Herr H. R. Metzger, Königl. Preuß. Hofrath, Doktor der Arzneygelahrtheit und Profeſſor der Anatomie zu Königsberg.

Herr Fr. C. Meuſchen, Legationsrath im Haag, der Römiſch Kayſerl. Akademie der Naturforſcher Adjunktus, der Königl. Engl. Akademie zu London, der Churbayeriſchen zu München, der Churmainziſchen in Erfurt, des Göttingiſchen hiſtoriſchen Inſtituts, der Oberlauſ. Bienengeſellſchaft, der Seeländiſchen zu Vließingen, der Botaniſchen zu Rotterdam u. ſ. w. Mitglied.

Herr

Herr J. C. F. Meyer, Königl. Hofapotheker zu Stettin.

Herr Karl Ehrenbert von Moll, Ritter, Oberöstreichischer Landmann, Mitglied der ökonom. Gesellschaft in Burghausen, der Naturforschenden in Halle, zu Zelle im Zillerthal.

Herr Adam Gottlob von Moltke, Graf von Bregentwed, Ritter vom Elephantenorden, Sr. Königl. Majestät von Dännemark und Norwegen geheimer Rath u. s. w. zu Kopenhagen.

Herr Doktor Johann Morgan, der Arzneygelahrtheit und Physik. ordentlicher Professor im Kollegio zu Philadelphia.

Herr Otto Friedrich Müller, Königl. Dänischer Konferenzrath, der Kayserl. Akademie der Naturforscher, der Stockholmer, Churbayerischen, Kopenhagner, Drontheimischen Akademien und mehrerer gelehrten Gesellschaften Mitglied, Korrespondent der Pariser Akademie und Mitglied des Instituts der Akademie zu Bologna, in Kopenhagen.

Herr Franz Joseph Müller, Kayserl. Königl. Kammerrath im Münz- und Bergwesen zu Hermannstadt.

Her Wilhelm Werner Heinrich von Münchhausen, Erbherr auf Rinteln und Bodenwerder, Königl. Großbrittanischer Braunschweiglüneburg. Obrister, Hochfürstl. Hessischer Landrath der Grafschaft Schaumburg, ordentliches Mitglied der Antiquitäten-Societät, wie auch der Gesellschaft des Ackerbaues und der Künste zu Kassel, in Rinteln.

Herr

Herr Chriſt. Gottlieb von Murr, Zoll- und Waageamtmann zu Nürnberg.

Herr Adolph Murray, Doktor der Arzneygelahrtheit, Königl. Schwed. ordentlicher Profeſſor der Medizin zu Upſal.

Herr Androei Andreewitſch von Nartow Ruſſiſch Kayſerl. Etatsrath und Vicepräſident des Kayſerl. Berg-Collegiums, und des Münz-Departements; beſtändiger Sekretär der ökonomiſchen Geſellſchaft in Petersburg.

Herr Karſten Niebuhr, Königl. Däniſcher wirklicher Juſtiz-Rath und Landſchreiber zu Meldorf; Mitglied der Königl. Großbrittaniſchen Geſellſchaft zu Göttingen und der Königl. Schwediſchen zu Stockholm. In Meldorf.

Herr Karl Wilhelm Noſe, Doktor der Arzneygelahrtheit in Elberfelde.

Herr Karl Chriſtoph Oelhafen von Schöllenbach, der Reichsſtadt Nürnberg Waldamtmann.

Herr Karl von Oeſterreicher, Kayſerl. Königl. Hauptmann beym hochlöbl. Gradiskaner Infanterie-Regimente zu Petrovozello in Slavonien.

Herr D. Rudolph Karl Friedrich Opitz, Stadt- und Landphyſikus des Fürſtenthums Minden, Mitglied des Collegii medici provincialis zu Minden.

Herr Bernhard Chriſtian Otto, der Arzneygelahrtheit Doktor und ordentlicher öffentlicher Lehrer zu Greifswalde.

Herr Peter Simon Pallas, Ruſſiſch Kayſerl. Kollegien-Rath, der Ruſſiſch Kayſerl. und Römisch Kayserl. Akademie der Naturforscher und Königl. Engl. Akademie der Wissenschaften Mitglied, zu Petersburg.

Herr Johann Jakob Planer, der Arzneygelahrtheit Doktor und approbirter Praktikus zu Erfurt.

Herr Karl Andreas von Plommenfeldt, Mitglied der Königl. Akademie zu Florenz und Siena, in Stockholm.

Herr Karl Ployer, Kayserl. Königl. Bergrichter im Herzogthum Kärnthen, zu Klagenfurt.

Herr Jakob Reineggs, der Arzneygelahrtheit Doktor, Russisch Kaiserl. Resident zu Tiflis in Georgien.

Herr Andreas Johann Retzius, Magister der Weltweisheit, Adjunktus der physikalischen Klasse und Demonstrator der Kräuterkunde, beständiger Sekretair der Physikographischen Gesellschaft zu Lund in Schweden.

Herr Christ. Friedrich Reuß, der Arzneygelahrtheit Doktor und Professor zu Tübingen.

Hern Friedrich Eberhard von Rochow, Domherr und Prälat des hohen Stifts zu Halberstadt, Ritter des Johanniter-Ordens, Herr von und zu Rekahn bey Brandenburg.

Herr Gottfried Erich Rosenthal, Bergkommissarius, Bürger zu Nordhausen, Mitglied der Churmayntzischen Akademie der Wissenschaften und des Carlsruher meteorologischen Instituts, zu Erfurt.

Herr Baron S. A. von Rottemburg, zu Klemzig bey Züllichau.

Herr Johann Philipp du Roi, Herzogl. Braunschweigischer Hof- und Garnisonmedikus, Assessor des Ober-Sanitatiskollegiums, Physikus der Stadt Braunschweig.

Herr Abt Rozier, Mitglied der Königl. Akademie der Wissenschaften zu Paris, Lyon, Villefranche, Dijon, Marseille, der Kayserl. Akademie der Naturforscher, der botanischen zu Florenz, Correspondent der Gesellschaft der Künste zu London und Vließingen, Mitglied der ökonomischen Gesellschaften in Bern, Zürch, Limoges, Orlean, erster Direktor der Königl. Vieharzneyschule zu Lyon u. s. w. zu Paris.

Herr Benjamin Ruhs, der Arzeneygelahrtheit Doktor, Professor der Chymie und Kurator der Amerikanischen Societät zu Philadelphia.

Herr Horaz Benedikt von Saußüre, Professor der Weltweisheit zu Genf.

Herr Jakob Christian Schäffer, der Gottesgelahrtheit und Weltweisheit Doktor, Königl. Dänischer Konsistorialrath, Professor am akademischen Gymnasio zu Altona, Mitglied der Römischen und Petersburgischen Kayserl., Londoner, Berliner, Stockholmer, Münchner und Mannheimer Akademien, der Duisburger, Florentiner botanischphysikalischen Gesellschaft, des historischen Instituts zu Göttingen, der Bremischen ökonomischen, der Leipziger, Göttinger, Altorfer und Erlangischen deutschen Gesellschaften, auch Correspondent der Pariser Akademie der Wissenschaften, zu Regensburg.

Herr

Herr Carl Wilhelm Scheele, Apotheker und berühmter Scheidekünstler zu Kiöping in Schweden.

Herr D. von Scheffler, Lehrer der Naturgeschichte und ausübender Arzt, Mitglied der naturforschenden Gesellschaft zu Danzig.

Herr Theodosius Gottlieb von Scheven, Prediger zu Neuwarp in Pommern.

Herr Ignatius Schiffermüller, Abt und geistlicher Rath zu Linz.

Herr L. R. G. Schrader, Advokat zu Elmsdorf im Hollsteinschen.

Herr Franz von Paula Schrank, Doktor der Theologie, Direktor der Churfurstl. Landwirthgesellschaft zu Burghausen und Professor daselbst, Mitglied der Akademie der Wissenschaften zu München.

Herr Johann Christian Daniel Schreber, Doktor der Arzneygelahrtheit, Professor der Kräuterlehre und Haushaltungskunst, Markgräfl. Brandenburg-Kulmbachischer Hofrath zu Erlangen.

Herr Johann Gottfried Schreiber, Oberaufseher der Bergwerke des Königs Bruders zu Allemont in Dauphiné.

Herr Johann Samuel Schröter, erster Diakonus zu Weimar, der Römisch Kayserl. Akademie der Naturforscher, der Chursächsischen Bienengesellschaft in der Oberlausitz, und Churfürstl.

Maynzischen Akademie nützlicher Wissenschaften Mitglied.

Herr Ludwig Gottlieb Scriba, Pfarrer zu Arheiligen, bey Darmstadt.

Herr Karl Reichsgraf von Sickingen, Ritter des Löwenordens, Churpfälzischer Geheimerrath und außerordentlicher Gesandter am Königl. Französischen Hofe, zu Paris.

Herr D. Johann Anton Skopoli, Kayserl. Königl. Bergrath, und Professor der Chymie und Botanik auf der Universität zu Pavia, im Mayländischen.

Hrrr Abel Socin, Hochfürstl. Hessenhanauischer Ober-Hofrath und Leibarzt, Mitglied der Fürstlichen Hessischen Akademie zu Giessen, und der medizinischphysischen Gesellschaft zu Basel.

Die Hochgebohrne Frau Christiana Louisa, Reichsgräfin zu Solms-Laubach, u. s. w.

Hrrr Abt Lazarus Spallanzani, Professor an der Universität und am adlichen Kollegio zu Modena, Mitglied der Römisch Kayserl. Akademie der Naturforscher, der Königl. Engl. Akademie, des Königl. Instituts zu Bologna, zu Göttingen, zu Toskana u. s. w.

Herr Lorenz Spengler, Königl. Dänischer Kunstverwalter der Kayserl. Akademie der Naturforscher, der Zürcher Physikalischen, der Danziger Naturforschenden und mehrerer gelehrten Gesellschaften Mitglied, zu Kopenhagen.

Herr Johann Gottl. Stegmann, Doktor und Professor der Weltweisheit und Mathematik zu Kassel, Mitglied der Churmaynzischen Akademie nützlicher Wissenschaften, wie auch der Gesellschaften der schönen Wissenschafteu in Göttingen und Leipzig zu Kassel.

Herr Hans Ströhm, Pastor zu Eger im Christiansander Stift in Norwegen.

Herr G. A. Sukow, der Arzneygelahrtheit Doktor, Professor der theoretischen Arzneywissenschaft, beständiger Sekretair der Churfürstl. Mannheimischen Societät, zu Lautern.

Herr Jo. H. Sulzer, der Arzneygelahrtheit Doktor zu Winterthur in der Schweitz.

Herr H. F. Sybel, Inspektor und Evangelischlutherischer Prediger zu Cleve, Mitglied der Harlemmer Gesellschaft der Wissenschaften.

Herr Johann Ludwig Targioni, der Arzneygelahrtheit Doktor zu Florenz.

Herr Carl Peter Thunberg, Doktor der Arzneygelahrtheit und Prof. der Botanik in Upsal.

Herr Johann Daniel Titius, der Naturlehre Prof. zu Wittenberg, der ökonom. Gesellschaft zu Leipzig Mitglied.

Herr Heinrich Julius Tode, Probst und Prediger zu Pritzier in Meklenburg.

Herr Mag. Joseph Torkos, Evang. Hauptprediger und Senior zu Oedenburg in Ungarn.

Herr Friedrich Wilhelm Heinrich von Trebra, Viceberghauptmann zu Zellerfeld.

Herr Anton Turra, der Arzneygelahrtheit Doktor, Sekretair der Ackerbauakademie, und Mitglied verschiedener gelehrten Gesellschaften zu Vicenz.

Herr Peter Franz Ubelaker, der Weltweisheit Doktor, des unmittelbaren freyen Reichsstifts zu Petershausen und Kanstanz Kapitular, Sekretair, Prof. und Pfalzgraf, Korrespondent der Königl. Societät zu Göttingen.

Herr Joseph Vairo, Doktor und Prof. der Arzneygelahrtheit zu Neapel.

Herr August Ferdinand von Veltheim, Königl. Großbitt. und Churf. Braunschweiglüneburg. Berghauptmann zu Harbke bey Helmstädt.

Herr Johann Karl Voigt, berühmter Mineraloge in Weimar.

Herr A. Vosmär, Direktor der Naturalien- und Kunstkammer Sr. Hochfürstl. Durchl. des Prinzen von Oranien, Mitglied der Kayserl. Akademie der Naturforscher im Haag.

Herr Johann Julius Wallbaum, Doktor der Arzneygelahrtheit und Praktikus in Lübeck.

Herr Bernhard Wartmann, der Arzneygelahrtheit Doktor zu St. Gallen.

Herr

Herr Joseph **Weber**, Prof. der Naturlehre zu Dillingen.

Herr Christian Ehrenfried **Weigel**, der Weltweish. und Arzneygelahrtheit Doktor, der Chymie und Pharmacie ordentlicher öffentlicher Lehrer, Oberaufseher des Botanischen Gartens zu Greifswalde, und Mitglied der Lundschen Physikographischen Gesellschaft.

Herr J. G. **Weis**, Doktor der Arzneygelahrtheit und Wund-Arzney-Kunst zu Leer in Ostfriesland.

Herr Carl Friedrich **Wenzel**, berühmter Scheidekünstler und Naturforscher zu Freyberg.

Herr Abraham Gottlieb **Werner**, Inspektor wie auch öffentl. Lehrer der Bergbaukunst und Mineralogie bey der Bergakademie zu Freyberg, auch Mitglied der Leipziger Oekonom. Gesellschaft.

Herr Johann Ernst **Wichmann**, Doktor der Arzneygelahrtheit und Hofmedikus zu Hannover.

Herr Christian Friedrich **Wilkens**, Inspektor und Pastor primarius zu Kottbus.

Herr Johann George **Wisger**, Churfürstlich Münzprägschneider und Lehrer der Zeichenkunst zu Amberg in der Oberpfalz.

Herr Georg Christoph **Würz**, der Arzneygelahrtheit Doktor in Strasburg.

Herr Xaver Freyherr von **Wulfen**, Abt zu Klagenfurt.

Herr Anton Michael **Zeplichal**, Direktor der Universität zu Breslau, und sämtl. Catholischen

Gymnasien in Schlesien und der Grafschaft Glatz, ordentlicher Lehrer der Mathematik und Mineralogie zu Breslau.

Herr C. L. Ziegler, Churhannöverscher Kammerkondukteur und Landbauaufseher zu Hannover.

Herr Eberhard August Wilhelm Zimmermann, Professor der Mathematik und Naturlehre am Carolino zu Braunschweig.

Herr Johann Zöga, Königlich Dänischer Kammersekretair und Rentschreiber, Mitglied der Königl. Norwegischen Gesellschaft in Kopenhagen.

Herr Friedrich August von Zorn, ordentliches Mitglied und Aufseher des Kabinets der Naturforschenden Gesellschaft zu Danzig.

Verzeichniß
der Abhandlungen.

XV.

1. Des

10. Aus

I. All=

I.

Allgemeine Beobachtungen über die Gebürge auf einer Alpenreise gesammlet,

vom

Herrn Butini.

Et mare contrahitur: ſiccæque eſt campus arenæ
Quod modo pontus erat. Quosque altum texerat æquor,
Exſiſtunt montes — — —

OVID.

Die Geſchichte der Veränderungen, welche die Oberfläche des Erdbodens gebildet haben, verdiente es ſehr, die Weltweiſen aller Zeiten zu beſchäftigen. Aber anſtatt, daß unſere ſyſtematiſchen Vorfahren ſich beſtrebten, in ihren Studierzimmern die Natur zu errathen, durchwandern unſere Weltweiſen jetzt, nachdem sie bessere Beobachter geworden sind, ohne weniger erfindrische Köpfe zu seyn, die Oberfläche unserer Erdkugel, deren Geschichte sie schreiben wollen. Sie steigen in die tiefsten Gruben der Bergwerke hwab, und klimmen auf die steilsten Bergspitzen, wenn sie Begebenheiten untersuchen wollen.

Wenn es irgend eine Wissenschaft giebt, die mehr als jede andere, zur Geschichte der Veränderungen unsers Erdbodens führt; so ist dies gewiß die Wissenschaft der Gebürge. Die mehresten derselben sind der Erdrinde beraubt, welche die Hügel und Ebenen deckt, und sowohl den Ursachen der Zerstöhrung, als den neugierigen Blicken des Beobachters nackt dargestellt. Ihre harten Felsen, welche der fleißige Ackermann nicht bearbeiten kann, überliefern treulich den Nachkommen die Spuren der Kräfte, welche auf sie gewirkt, und sie verändert haben. Aber nicht alle Berge verdienen eine gleiche Aufmersamkeit des Naturforschers. Der Beobachter eilt geschwind über jene in den Ebnen zerstreut umher liegende Aeste der Bergrücken weg, die der menschliche Fleiß bis an ihren Gipfel urbar macht und baut, um sich ihrem Stamme zu nähern, und zur Kette der Alpen zu gelangen. Alsdenn wählet er in der unermeßlichen Weite, welche diese Kette darstellet, den bequemsten Platz zu seinen Beobachtungen; er wählet vorzüglich die Nachtbarschaft der größten Höhen; er nähert sich dem **Mont Blank** und den Bergspitzen, die ihn umgeben. In der That muß man diesen Theil der Alpen als den Mittelpunkt der ganzen Kette, und als das älteste Glied derselben ansehen.

Das majestätische Ganze dieser Gebürge, ihre erstaunende Masse, ihr ewiges Eis, das in dem ge-

mäßigtsten

mäßigtsten Himmelsstrich die Kälte des weit entfernten Nordes unterhält, ihre dürren und nackten Spitzen, wo Einöde und wüstes Wesen gegen die eben so bevölkerten als fruchtbaren Thäler gewaltig absticht, alle Auftritte dieses großen Schauspiels nehmen den Beobachter mit Erstaunen und Ehrfurcht ein. Aber unterdessen, daß der bloß reisende Neugierige nur erstaunt und bewundert, stellt der Naturforscher Betrachtungen mit Nachdenken und Ueberlegung an. Er erhebt seine Augen mit forschenden Blicken gegen jene große Gegenstände, in deren Mitte er sich befindet, und unterscheidet sich dadurch ausnehmend von jenen Steinsammlern, deren Augen unablässig auf nichts weiter geheftet sind, als auf den Fußsteig, worauf sie kriechen, und die nichts weiter sehen, als Blende und Quarz, aber niemahls Gebürge, folglich mehr bemühet sind, ihr Kabinet, als ihre Einsichten zu vermehren.

Ohne das Einzelne und das Kleine zu vernachlässigen, bestrebt sich der wahre Naturforscher, die großen Grundzüge der Natur zu fassen. Er untersucht die allgemeinsten Wirkungen, und geht zu ihren Ursachen zurück. Die abwechselnden und mannichfaltigen Gestalten der Gebürge, das Eis, welches sie bedeckt, die Höhlen, welche durch ihre Seiten gehen, die Thäler, welche sie trennen, die Bäche, welche sie aushöhlen, dies sind die Gegenstände, die ihn beschäftigen; und so ist also auch der Entwurf beschaffen, den ich auszuführen gesucht habe. Die Schwierigkeiten, welche ich bey dieser Ausführung fand, haben meine Schwäche mich so sehr fühlen lassen, daß ich ohne Zweifel von so mittelmäßigen Beobachtungen mir wenig versprechen würde, wenn mir nicht die Größe des Gegenstandes so viele Hofnung und Muth einflößete.

Von der ursprünglichen und jezigen Gestalt der Berge.

Es ist eine durch Beobachtungen bestätigte Wahrheit, daß die niedrigen Berge, diejenigen, welche nicht über fünf bis sechstausend Fuß [1]) hoch sind, einen abgerundeten und nicht gar steilen Gipfel, nebst ebenen und in einem fortlaufenden Seiten haben, da im Gegentheil die hohen Berge sich mit einem vielfältig zugespitzten Gipfel, und mit höckrigten und jäh abstürzenden Seitenflächen zeigen. [2])

Dieses wichtige Naturgesetz ist indessen nicht so allgemein, daß es gar keine Ausnahmen leiden sollte. So

1) Alle Höhen, von denen ich in dieser Abhandlung reden werde, werden von der Oberfläche des Meers angerechnet.

2) Es giebt ohne Zweifel eine Menge von Oertern auf den Alpen, wo man die Bestätigung dieser Beobachtung finden kann. Sich davon zu überzeugen, darf man nur mit einem Blick eine große Anzahl von Bergen auf einmal umfassen. Wenn man von Martinach (*Marligni*) nach Sitten, (*Sion*) der Hauptstadt des obern Walliser Landes gehet: so siehet man links und im Grunde des Thals ein Amphitheater von Bergen, wo diese Wahrheit sehr auffallend einleuchtet Wenn man weiter von *Chesnay* nach *Sine* im Kanton Bern gehet: so ererblickt man ebenfalls eine große Anzahl kalkartiger und schieferartiger Berge von sehr unterschiedenen Höhen, und die niedrigsten haben allemal einen abgerundeten Gipfel, da im Gegentheil die andern desto schroffer werden, je höher sie steigen.

So kann, zum Beyspiel, der Schiefer, weil er niemals fest zusammen hängt, und immer zerbrechlich ist, keine winklichte und sich scharf neigende Gestalten annehmen und behalten: aber in diesem Falle ist es allemal die Natur der Sache selbst, welche von der Vorschrift des Gesetzes abweicht, ohne daß diese Vorschrift aufgehoben würde.

So unregelmäßig auch beym ersten Anblick die Absätze der größten Gebürgshöhen erscheinen: so entdeckt dennoch ein aufmerksames Auge sehr bald einen allgemeinen Grundriß in denselben, und der Beobachter nimmt bald wahr, daß sie alle nach einem gemeinschaftlichen Entwurfe gebildet sind. Diese Gleichförmigkeit der Züge leitet uns zu einer gemeinschaftlichen Ursach, aber zu einer Ursach, die auf unterschiedne Gegenstände wirkte. Weil man aber diese Ursach nicht zu entdecken hoffen kann, als wenn man sie in allen ihren Erscheinungen beobachtet: so wollen wir die unterschiedenen Arten hoher Berggipfel unter drey Geschlechter bringen; wir nehmen nemlich wahr 1) **breite und lang ausgedehnte Bergrücken** (dos) 2) **lange und schneidend scharfe oder schroffe Absätze** (arrêtes) und 3) **gerade einzelne Spitzen.** (Pics)

Unter diesen beyden letztern Geschlechtern stehen überhaupt alle harte Felsengebirge: und unter den hohen Bergen haben nur die schieferartigen breite Bergrücken. An den abhangenden Seiten dieser Bergrücken siehet man Kehlen, oder ausgehöhlte Vertiefungen in Gestalt umgekehrter halber Kegel, deren größte Weite vom Gipfel des Berges herunter immer mehr abnimmt, und sich endlich in eine tiefe Schluft (*Ravin*) endigt. Eine solche Schluft führt zuweilen zu einem gewölbten Abhange, der sich in Gestalt eines halben Kegels erweitert, und augenscheinlich durch die Trümmern von einem Stück des Berges hervorgebracht ist, das jener ausgehöhlten Vertiefung abgegangen war. 3) Sehr oft nimmt man auch gar keinen solchen gewölbten Abhang, oder bergförmige Böschung wahr, weil die wirkende Ursach, welche die Kehle aushöhlte, die Trümmern der Felsen weit und breit wegführte und zerstreute.

Wenn man sich viele solche Kehlen, wie ich sie eben beschrieben habe, eine neben der andern vorstellet, so wird man wahrnehmen, daß sie durch verlängerte Erhabenheiten von einander abgesondert sind, deren Grundfläche anfänglich enge ist, und sich nach unten zu immer mehr erweitert.

Diese Erhabenheiten sind augenscheinlich diejenigen Theile des Berges, welche die wirkende Ursach, so die Kehle einschnitt und bildete, stehen ließ. Ein schief ablaufender scharfer Rücken macht ihren Gipfel, und ihre Seiten sind ebenfalls durch kleinere Kehlen ausgehöhlt, welche sich in einen tiefen Einschnitt, oder in eine Furche endigen, die sich zuletzt in der Schluft (*Ravin*) verliert.

Diese

3) Alle diese Erscheinungen nimmt man sehr deutlich wahr an einem kalkartig-thonartigen Berge, welcher zur rechten des *Col de segne* liegt, wenn man über denselben nach der *Alléeblanche* geht. Außer jenen Kehlen und Böschungen, beobachtet man daselbst noch sehr deutlich die Erhabenheiten, oder Widerlagen und Blätter, woraus sie bestehen, und wovon weiter unten die Erörterung folgen wird.

Diese kleine Kehlen, welche in die Seiten dieser Erhabenheiten tief einschneiden, und die in ihren Gipfeln Abschnitte machen, scheinen endlich eben dadurch diese Seiten in eine Reihe dicker aneinander sich anlehnender pyramidenförmiger Blätter zu theilen, deren Entfernung von einander bald größer bald kleiner ist.

Wenn man sich nach der kurzgefaßten Beschreibung, die ich eben gegeben habe, eine Kette von Bergen vorstellet mit breiten Rücken, nebst ihren Kehlen und den Erhabenheiten, welche sie von einander absondern; so wird man sehen, daß diese Erhabenheit gewisse Arten von Stützen oder Streben für die Bergkette ausmachen, und daß die Blätter, woraus diese Streben bestehen, nothwendig mit einander, und mit der Bergkette parallel sind, und eine Neigung gegen die Bergkette haben.

Sobald man die Gestalt der Seitenböschungen der **breitrückigten Gebürge** wohl gefaßt hat: so kennt man dadurch schon zugleich die Gestalt, welche die **Berge mit zugespitzten Gipfeln**, und die **Berge mit schroffen Absätzen** haben müssen. Denn alle diese Gestalten sind die Wirkung einer einzigen Ursach. Die Seitenböschungen der **scharfen Bergrücken** sind eben so gebanet, wie man sie an den **breitrückigten Bergen** findet, und ihre Gipfel haben Einschnitte, wo die Kehlen der entgegenstehenden Seiten zusammentreffen. Aber wie überhaupt der Stoff der **Berge mit schroffen Felsen** härter ist, als derselbe in den Bergen mit **breiten Rücken** zu seyn pflegt: so behalten sie auch ihre entscheidendsten Grundzüge besser; alles ist in ihnen härter ausgedrückt; ihre Kehlen sind enger und tiefer; die

Widerlagen springen stärker vor, und ihre Blätter sind mehr von einander abgesondert.

Was die hohen zugespitzten Berge betrift: so ziehen sich von ihrem Gipfel tiefe Kehlen herunter, welche durch Widerlagen von einander abgesondert werden, die ebenfalls tiefe Einschnitte haben. Ein ganz einzeln und abgesondert liegender zugespitzter Berg, wie, zum Beyspiel, die südliche Spitze bey *Chamouni* hat also das Ansehen, aus stark eingeschnittenen Pfeilern und Blättern zu bestehen, die sich ein wenig dem Gipfel entgegen neigen, als wollten sie dadurch ihre Abhängigkeit an den Tag legen.

Man wird ohne Zweifel nicht erwarten, wenn man die Alpen durchreiset, daß man keine andre, als sklavische Nachahmungen der Muster dort finden werde, die ich jetzt geschildert habe. Die Natur kann nicht einförmig seyn: und auf den Alpen ist sie es viel weniger, als sonst überall. Aber ich getraue mir zu behaupten, daß, so sehr unterschieden auch die Gestalten der hohen Berge zu seyn scheinen, sie dennoch immer zu einem der drey beschriebenen Geschlechter gerechnet werden können.

Wenn man die Skizze jener drey angenommenen Berggeschlechter fleißig studiret: so wird man bald eine allgemeine Grundform, eine Form, entdecken, welche immer wiederholt wird und sich überall findet. Ich will dieses von den Kehlen und ihren Schlüften gesagt haben. Wenn man jene allgemeinen Gestalten der breiten Rücken, der schroffen Absätze, und der zugespitzten Gipfel davon ausnimmt, welche entweder von der ursprünglichen Bildung der Berge, oder der Festigkeit ihrer Bestandtheile abhangen: so haben die Kehlen und die Schlüf-

Schlüfte alles übrige gebildet. Die großen Kehlen haben die Widerlagen abgesondert, und die Kehlen vom zweyten Range haben sie in Blätter getheilt.

Ich habe kaum nöthig, nun noch zu sagen, daß es für die Theorie der Gestalt der hohen Berge nicht gleichgültig seyn kann, die wirkende Ursach zu wissen, welche diese Kehlen gebildet hat. Und weil die Trümmern, welche man bisweilen unter ihren Schlüften findet, beweisen, daß sie nicht zu gleicher Zeit, oder auf einmal zu Stande gekommen sind: so müssen wir nachforschen, welche Ursach thätig gewesen seyn mag, sie auszuhöhlen.

Unter allen denjenigen Ursachen, welche auf die Zerstörung der Berge wirken, nehme ich nur eine einzige wahr, deren Einfluß, da sich derselbe nicht auf die ganze Oberfläche der Berge gleichförmig ausbreitet, die Aufhöhlung der Schlüfte erklären kann: und diese Ursach ist das Regenwasser, wenn es sich in Ströhme sammlet.

Der Weltweise mag mit Hülfe seiner Einbildungskraft sich die mannichfaltigsten Gestalten der Berge schaffen. So bald er sie hernach dem Einfluß des Regenwassers ausgesetzet beobachtet: so wird er dieses Regenwasser die Seiten der Berge durchwühlen und ausschlemmen sehen, um sich zu sammlen; er wird überzeugt werden, daß die durch diese Sammlung entstandenen Bäche sich tiefe Schlüfte graben. Alsdenn werden auch die Widerlagen dastehen, sie werden aus dem Berge hervorspringen, und ihre abschießende Seiten werden ebenfalls von jenem Wasser ausgewaschene Vertiefungen erhalten, und in Blätter getheilt werden.

Wenn die Thäler einmal ihre Grundbildung bekommen haben: so werden sie immer mehr ausgearbeitet und ausgeschlemmt werden, und da die Höhen von der Wirkung des Wassers weniger leiden, als ihre Grundflächen in der Tiefe: so werden immer mehr derselben von der übrigen Masse abgetrennt werden, und mit zugespitzten Gipfeln zum Vorschein kommen.

Obschon unsre Einbildungskraft vermittelst der Bäche, Berge schafft, die denen vollkommen ähnlich sind, welche wir in der Natur finden: so werden wir dennoch von der Wirkung und Gewalt jener Wasserströhme viel besser überzeugt werden, wenn wir dieselbe mit unsern Augen sehrn. Die harten Felsen können uns diese Erfahrung nicht erwarten lassen, wohl aber der lockere und nicht zusammenhangende Sand. Wir wollen also den Sand zu beobachten uns bemühen.

Man erblickt um **Genf** herum sandige Hügel, welche theils die **Rhone**, theils die **Arve** durchschneidet, und die oft wüste, sehr abhängige Seiten darstellen, oft so gar Pyramiden. Hier bearbeitet das Wasser jene Böschungen und Pyramiden vollkommen nach den Grundsätzen, welche wir angenommen haben, und man nimmt an ihnen die Kehlen, die Widerlagen, und ihre entstehenden Blätter ohne Mühe wahr. Man wird freylich im Sande niemals jene dreisten und stark ausgedrückten Gestalten, nebst jenen abgesonderten Blättern, finden, die man auf den Alpen beobachtet. Dies beruhet bloß auf dem großen Unterschiede zwischen der Festigkeit des Granits und des nicht zusammenhangenden lockern Sandes.

Dieser

Dieser Unterschied zwischen der Festigkeit und dem Bau des Grundstoffs macht es, daß das Wasser nicht überall gleich starke Wirkungen hervorbringen kann: und weil diese Betrachtung mir sehr wichtig zu seyn scheint; so kann ich nicht unterlassen, diesen Gegenstand etwas deutlicher aus einander zu setzen.

Alle diejenigen Berge, welche aus einer weichen Steinart zusammengesetzt sind, verlieren die Gestalten, welche ihnen das Wasser giebt, eben so leicht, als sie dieselbe annehmen. Man wird also auf solchen Bergen niemals scharfe und deutliche Eindrücke finden. Ferner widersteht die Schichtung der Lagen beynahe immer der Regelmäßigkeit der ausschlemmenden Gewalt des Wassers, weil die Neigung der Lagen nothwendig einen Einfluß haben muß, so wohl auf die Richtung des Wasserlaufs als auf die Zerstörung des Berges; ein Einfluß, der um so viel mächtiger ist, je stärker und dicker die Lagen sind.

Nach diesen Grundsätzen, die aus dem lockern Grundstoff und der Bauart der Berge herfliessen, kann man leicht ermessen und vorhersehen, wie weit ein jeder derselben die Eindrücke vom Wasser annehmen muß: und die glückliche Gleichförmigkeit, die sich alsdenn zwischen den natürlichen Bergen, und den Bergen zeiget, welche uns die vorgetragene Theorie malt, ist eine sehr starke Bürgschaft für die Letztere.

Der Granit, die härteste Gebürgsart, den man durch keine Lagen abgeschichtet findet, wird also der Grundstoff seyn, auf welchem die ströhmenden Wasser die deutlichsten, tiefsten und schärfsten Spuren ihrer Wirkung hinterlassen werden. In der

Thal

That sieht man nirgends so tief eingerissene Furchen, so sehr vorspringende Widerlagen, so erhabene Blätter, als an den Granitspitzen.

Der blättriche Felsen, der nicht so hart ist, als der Granit, aber härter als die andern Felsarten, wird allezeit dreiste, stark ausgeführte Gestalten zeigen. Aber ihr blättriches Gewebe wird oft die Regelmäßigkeit der Wirkung des Wassers hindern.

Im Gegensatz des blättrichen Felsens und Granits unterscheidet sich der weiche Schiefer durch stumpfe und ins Runde fallende Gestalten. Da er so leicht zerfällt und verwittert: so kann er keine spitzen Gipfel bilden. Die Seiten seiner Bergrücken werden mehr regelmäßige, als starke Eindrücke haben; denn seine Lagen sind zu wenig mächtig und zu sehr hinfällig, als daß sie den Lauf der Ströhme ändern und lenken könnten.

Der Kalkstein wird, wegen seiner Dichtigkeit, oft sehr schwere und kühne Gestalten annehmen; aber seine Lagen, die viel mächtiger und fester sind, als die Lagen des Schiefers, werden der Wirkung des Wassers stärker widerstehen, ihm mehr Leitung geben, und unregelmäßigere Eindrücke davon bekommen. Die kalkartige Bergspitze von *Varens*, nahe bey Sallenche, erläutert als ein Beyspiel alles das, was ich jetzt gesagt habe.

Ich muß noch hinzusetzen, daß nicht alle Neigungen der Lagen gleichgültig seyn können; daß diejenigen, die beynahe horizontal oder nur wenig geneigt gefunden werden, am wenigsten geschickt sind, spitze Gipfel zu bilden, und daß sie oft den senkrechten Fall des Wassers aufhalten und auf die Seite lenken, da im Gegentheil die starkgeneigten Lagen

die

die Ströhme nach ihrer natürlichen Böschung leiten, und ihren Lauf regelmäßiger zu machen und zu befördern scheinen: und da diese Lagen ihre äußersten Seiten beynahe senkrecht dem Himmel zukehren; so sind sie dadurch fähiger, als die andern, den spitziggegipfelten Bergen und den schroffen Bergrücken nachzuahmen. So sind, zum Beyspiel, die Lagen der Berge *Dens d'oche* und der Kalkberge in ihrer Nachbarschaft beschaffen.

Um endlich einen richtigen und bestimmten Begriff von allen denjenigen Veränderungen zu bekommen, welche die Zeit in der Gestalt der hohen Berge hat machen müssen, muß man zu der Wirkung der Regen und Wasserströhme, noch die Wirkung anderer Ursachen der Zerstörung hinzudenken, nehmlich die Luft und die Nässe. Und da diese Ursachen nur wenig und gleichförmig auf die ganze Oberfläche wirken; so haben sie die Gestalten, welche das Wasser hervorbrachte, nicht ändern sondern dieselben nur ein wenig stumpfer machen können.

Nachdem ich die Gestalt, welche die höchsten Berge jetzt darstellen, beschrieben und zergliedert, nachdem ich diese Gestalten zu erklären versucht habe, sollte ich nun auf dem Wege meiner Beobachtungen weiter gehen. Aber eine Meynung von der Gestalt der Granitgebürge, die von der meinigen sehr abweicht, und welche durch alle mögliche rühmliche Achtung unterstützt wird, die ein Naturforscher geniessen kann, nöthiget mich, hier ein wenig still zu stehen. Ich bin nicht so stolz, daß ich mir einbilden könnte, im Stande zu seyn, die Begriffe, welche sich ein angehender Beobachter macht, über diejenigen zu erheben, welche man dem größten Beobachter

ter der Alpen zu danken hat. Da ich aber überzeugt bin, daß nichts bedeutende Einwürfe oft Gelegenheit zur Entdeckung wichtiger Wahrheiten gegeben haben: so nehme ich mir die Freyheit, jene Begriffe mit meinen Zweifeln hier zusammenzustellen.

Damit ich die Meynung, womit ich mich jetzt beschäftigen will, genau und richtig darstelle, wirds am besten seyn, daß ich sie mit den eigenen Worten ihres gelehrten Erfinders anführe. Hier ist sie also: „Ein jeder, der im Großen und ohne Vorurtheil den Bau jener hohen Granitsgebürgsketten beobachten will, wird wahrnehmen, daß sie aus großen Schichten oder pyramidalischen Blättern zusammengesetzt sind, die an einander gelehnt liegen, welche ich nicht besser vergleichen kann, als mit platt zusammengedrückten Artischockenblättern. — Diese Blätter stehen beynah alle senkrecht. Die mittelsten Blätter, welche gleichsam das Herz der Bergkette ausmachen, haben beynahe immer diese Stellung. Aber die andern neigen sich desto mehr, indem sie sich gegen die Mitte stützen, je weiter sie davon entfernt sind. — Beynah alle diese großen Blätter stehen parallel neben einander, und haben auch eine mit der allgemeinen Richtung der Gebürgskette, wovon sie Theile sind, parallele Stellung gemein: welches vorzüglich merkwürdig ist. — — — Es giebt indessen einige pyramidenförmige Granitgebürge, deren Blätter um den Mittelpunkt, oder die Axe der Pyramide beynahe eben so herum stehen, wie die Blätter einer Artischocke.“

Die Reihen pyramidenförmiger Blätter, von denen jener Schriftsteller redet, sind nach unserer Hypothese eben die pyramidenförmigen Blätter, welche die Wirkung des Wassers auf die Widerlagen zu Stande brachte, und welche, durch eine nothwendige Folge ihrer wirkenden Ursach, sich ein wenig gegen die Axe des Berges lehnen, und folglich in paralleler Richtung stehen müssen, wenn sie zu einer Bergkette gehören, alsdenn aber, wenn der Berg pyramidal ist, rund um ihn herum stehen müssen. Endlich behauptet eben dieser Schriftsteller in andern zu weitläuftigen Paragraphen, als daß ich solche hier abschreiben könnte, daß die Blätter des Granits in dem Meerwasser wären gebildet worden. (Man sehe S. 603. 604 in dem Werke des Herrn Professor Saussure.)

Erster Einwurf.

Pyramidenförmige Blätter, im Schooße des Meers gebildet, sind schlechterdings ein Werk der Crystallisation. Nur sie kann Theile nach einer regelmäßigen und bestimmten Gestalt zusammenfügen. Da aber keine einzige von jenen drey Substanzen, welche den Granit ausmachen, die beyden andern dergestalt einschließt, daß eine zusammenhängende und gleichartige Masse daraus würde: so ist es unmöglich, die regelmäßige Form der Masse durch die Crystallisation eines ihrer Bestandtheile zu erklären.

Die pyramidenförmige Bildung des Granits setzt also schlechterdings voraus, daß ein Körper, der durch Vereinigung unterschiedener Crystallarten gebildet seyn soll, dennoch fähig sey, sich zu krystallisiren. Da nun diese Voraussetzung eine nähere Zergliedrung erfodert: so will ich bis zu den ersten Gründen einer jeden Crystallisation zurückgehen.

Ein

Ein Crystall, er mag beschaffen seyn wie er wolle, entsteht allemal aus einer durch Verwandschaft gewirkten Vereinigung solcher gleichartigen kleinen Theilchen, die zum Ganzen gehören. Wenn die Theile nicht zum Ganzen gehörten; so würden diese Theile, weil die Kraft der Verwandtschaft auf sie nicht wirkte, nicht dieser Kraft gemäß und ihr zu Folge sich zusammenordnen; sie würden sich also nicht crystallisiren können. Und wenn diese kleinen Theilchen fremdartig (hétérogenes) wären; so würden sie, da die Kraft der Verwandtschaft nur Theile eines und eben desselben Geschlechts vereinigt, wenigstens eben so viele besondere und durch Gestalt unterschiedene Crystallen bilden, als unterschiedene Geschlechter von Theilen wären. Nun frage ich, bloß nach der Erklärung des Crystalls, ob der Granit, der aus großen, fremdartigen Stücken besteht, einer Crystallisation fähig sey? Und um die Theorie durch die Erfahrung zu bestätigen, frage ich weiter: ob die Chymie jemahls Crystalle von solchem Gewebe geliefert habe, wie man an dem Granit findet?

Zweyter Einwurf.

Diejenigen Steine, deren Theilchen dergestalt vereinigt sind, daß aus dem Ganzen in ihnen ein Crystall wurde, wie, zum Beyspiel, der Trapp, der Spath, und einige kalkartige Steine ꝛc. diese Steine sage ich, behaupten, wenn sie zerlegt werden, beständig eine und immer dieselbe Gestalt. Aber auf den Alpen, wo man, so zu sagen, auf Granittrümmern geht, und wo man nur die Augen aufschlagen darf, um die Ritzen und Klüfte der Berge zu sehen, die daraus aufgeführet sind, nimmt man bald wahr,

daß

daß jene Ritzen und Klüfte nichts regelmäßiges haben. 4)

Dritter Einwurf.

Wenn der Granit ursprünglich zu pyramidenförmigen Blättern wäre ausgebildet worden: so würde diese merkwürdige Gestalt, da sie aus der eigenen Natur des Steins erfolgt wäre, nur dem Granit eigen gewesen seyn. Aber weit entfernt, daß sie ihm ausschließungsweise eigenthümlich seyn sollte: so ist dieselbe vielmehr beynahe allen hohen Gebürgen, von blättrigem Felsstein, von Schiefer- und von Kalkstein gemein, und der Schriftsteller führt selbst viele Beyspiele von Bergen der zweyten Ordnung an, welche eben solche Spalten haben, wie die Granitgebürge.

Der kalkartig thonartige Felsen des Berges *Bon homme*, ein Berg von eben der Natur, welche man bey dem *Col de Segne* findet, und eine Menge andrer Berge, stellen Gestalten dar, welche sehr mit den Gestalten des Granits zusammentreffen. Aber ich habe nirgends Höhen wahrgenommen, die den Granit-

4) Diese unordentlichen Spalten, welche als Risse durch den Granit laufen, und ihn in unregelmäßige Blöcke theilen, sind wahrscheinlich nach der Bildung der Berge entstanden, da sich gewisse Materien zurückzogen oder verdunsteten. Einige dieser Klüfte sind mit Quarz ausgefüllt, andre sind leer geblieben. Man nimmt sie sehr deutlich wahr von dem See des Takel an, welcher am Grunde des Eisthals ist, und an tausend andern Orten.

Granithöhen ähnlicher wären, als die Höhen der erhabenen bloß kalkartigen Berge, welche man von dem hohen Gipfel des *Dent d'oche* entdeckt.

Endlich will ich hier dasjenige nicht wiederholen, was ich anderwärts gesagt und erklärt habe, daß nehmlich unter allen Stein- und Felsarten, woraus die Berge aufgethürmt sind, der Granit am geschicktesten sey, in saubere und wohl abgetrennte Blätter gespalten zu werden, da im Gegentheil die andern Steinarten, wegen ihrer Manir, jene saubere Gestalten und Abtrennungen nicht anzunehmen fähig sind.

Vierter und letzter Einwurf.

Wenn die pyramidenförmige Gestalt dem Granit eigen wäre, wie die in Bänken es den schieferartigen und Kalkgebürgen ist: so müsten alle Granitgebürge aus pyramidenförmigen Blättern zusammengesetzt seyn, so wie die schieferartigen und die Kalkberge lagenweise gebauet sind. Aber im Gegentheil gestehet der Verfasser selbst, daß die niedrigen ursprünglichen Gebürge, so wie alle niedrige Berge überhaupt, runde Gipfel haben.

Im Walliser Lande, auf dem Wege von Martinach nach *Orsières* siehet man solche nicht sehr hohe, aber sehr runde Granitgebürge. Noch weiter hin, und nahe bey dem großen *St. Bernard* siehet man andre dergleichen von einem geaderten Granit aufgeführte Berge, die eben so wenig blättrig sind, als die erstern. Endlich zeigen sich, nach dem Bericht der Naturkündiger, die niedrigen Granitgebürge in

Bourgogne, im Vogesischen [5]) und des Harzes [6]) niemals in dieser zackigen Gestalt, und mit jenen pyramidenförmigen Blättern, welche nur ein Eigenthum der größten Höhen zu seyn scheinen.

Nachdem ich nun meine Meynung über die Ursachen erklärt habe, welche in die Seiten der höchsten Berge tiefe Furchen einschnitten, und ihre Gipfel höckrig machten; nachdem ich die Gründe vorgetragen habe, die mich hindern, eine Hypothese anzunehmen, welche ein gelehrter Naturkundiger über eben diesen Gegenstand bekannt gemacht hat: will ich den abgerissenen Faden meiner Beobachtungen weiter fortsetzen und ausführen.

Wir wollen uns hier sogleich jenes Naturgesetzes erinnern, daß die hohen Gebürge einen in Spitzen getheilten Gipfel und blättrichte Seiten zeigen, da im Gegentheil auf niedrigen Gebürgen alles mehr abgerundet ist: und nun wollen wir suchen, die Ursach eines so merkwürdigen Unterschiedes zu erforschen.

Wenn die niedrigen Gebürge eben so lange der Gewalt der Regenwasser ausgesetzt gewesen wären, als die höchsten Gebürge: so würden sie eben so sehr, als die letztern die Spuren von der Einwirkung der herabstürzenden Wasser tragen. Ihr beynahe unangetasteter, oder unveränderter Gipfel beweiset also, daß sie entweder vor den Regenwassern Schutz gehabt haben, unterdessen, daß dieselben die

 hohen

5) Man sehe §. 604 der Alpenreise.
6) Geschichte der Erde des Herrn Delüc. Brief 62. 3r. T.

hohen Berge nackt trafen, oder daß sie eines viel spätern Ursprungs sind, als die hohen Gebürge, sie mögen glasartig, thonartig oder kalkartig seyn.

Aber diese letztere Meynung ist abgeschmackt, weil sie schlechterdings voraussetzen würde, daß der Granit lange nach einer großen Anzahl von Kalkgebürgen gebildet worden wäre, und daß es folglich sehr etwas gemeines seyn müste, den Granit auf Kalkstein aufgesetzt zu finden; eine Voraussetzung, die schlechterdings allen Erfahrungen widerspricht.

Wir sind also gezwungen, die erste, als die einzige mögliche, Meynung anzunehmen, nehmlich daß die niedrigen Gebürge lange Zeit vor der Gewalt der Wasserströhme sind geschützt worden.

Wenn wir nun untersuchen wollen, wie diese Gebürge im Schutz gestanden haben: so werden wir gar bald, als abgeschmackt für ein Land das keine Vulkane hat, jene Hypothesen verwerfen, nach welchen diese Berge ganz gebildet aus dem Schoosse der Erden herausgeschleudert wären, oder der sie umgebende Erdboden als gesunken angenommen würde, nachdem die hohen Berge schon lange Zeit der Luft wären bloß gestellt gewesen. Wir werden also gezwungen, jene niedrigen Gebürge während einer langen Reihe von Jahrhunderten mit dem Meerwasser bedeckt uns vorzustellen.

Die Voraussetzung eines so hohen Meeres würde sonder Zweifel sehr seltsam zu seyn scheinen, wenn dieselbe nicht schon sonst durch das haufenweise auf solchen Höhen gefundene Muschelwerk bewiesen wäre, woraus zugleich erhellet, daß auch die niedrigern Berge vom Meere müssen bedeckt gewesen seyn. Und ich will hier anmerken, daß es eine eben so ein-

neh-

nehmende als unerwartete Sache ist, wenn man die Gestalt der Berge sich mit den Schnecken und Muscheln vereinigen siehet, um zu beweisen, daß wirklich einstmals das alte Meer so hoch gestanden habe.

Daß das Meer die Berge, welche es in seinem Schoosse einschließt, mächtig schützen könne, daran kann niemand zweifeln, weil es dieselben vollständig vor den Abwechselungen der Luft, vor der Gewalt der Regenwasser in Sicherheit setzt. Und da es dieselben mit einem dichtern Körper bedeckt, als die Luft ist: so vermindert es die Wirkung der Schwere, welche sie zu zerstören strebt.

Da wir nun auf eine sichere Art die erhaltende Ursach der niedrigen Gebürge wissen: so wollen wir auch auf jene hervorragende Felsen, auf jene vor Alter grauen Gipfel klettern, die von allen Seiten tiefe und augenscheinliche Spuren zeigen, wie sehr sie vom Wasser mitgenommen sind. Wir werden daselbst fast in allen Jahrszeiten den Schnee statt des Regens fallen, und die Gletscher in den Thälern die Stelle der Bäche vertreten sehen. Alsdenn werden wir die Frage aufwerfen: wie und zu welcher Zeit jene Höhen der Gewalt der wilden Wasser entzogen sind, um nun nichts mehr, als die unwirksame Last des Eises und Schnees zu tragen.

Diese Frage war freylich schon lange vorherzusehen. Da sie aber nicht so gleich anfänglich beantwortet werden konnte: so würde, wenn sie früher aufgeworfen wäre, eine Sache, die schon zu verwickelt ist, nur noch mehr in Verwirrung gerathen seyn.

Es ist gar keinem Zweifel unterworfen, daß die Kälte der hohen Gebürge ihre Erhebung in der At-

Atmosphäre zum Grunde habe, und wenn ihre Gipfel einstmals die sanften Einflüsse eines gemäßigtern Himmelsstrichs genossen; so musten sie damals in der Atmosphäre die niedrigste Lage haben, so wie das alte Meer höher war, als das jetzige.

Die Zerstöhrung der hohen Gebürge also und die Erhaltung der niedrigern Gebürge machen beyde gleich stark die Wirklichkeit eines alten Meers nothwendig, welches alle Ebenen und die mehresten Gebürge bedeckte, und nur eine kleine Anzahl von Inseln hervorragen ließ, welche die Gipfel der größten Gebürgshöhen waren. Hier öfnet sich ein weites Feld, das fruchtbar an Folgen, an neuen Aussichten, und an Muthmaßungen ist. Es sey mir also erlaubt, mit aufmerksamen Blicken diese Begebenheit im Vorbeygehen zu betrachten.

Es war eine Zeit, da das Meer die ganze Oberfläche der Erdkugel bedeckte, und wo noch nicht der geringste Theil eines Felsens aus dem allgemeinen Meer hervorragte: und diese Zeit reichet bis zur Bildung der höchsten Berge. Seit dem ist das Meer niedriger geworden, bis zu dem Stande, darin es jetzt sich befindet. Aber ist diese Senkung des Meers gewaltsam und schleunig, oder stufenweise, allmählig und einförmig erfolgt? Dies ist eine große Aufgabe, deren Auflösung, so schwer sie auch zu seyn scheint, dennoch vielleicht nicht unmöglich ist.

Wir wollen zuerst annehmen, daß von dem Gipfel der höchsten Gebürge, bis zu den Küsten, in welche das Meer jetzt eingeschränkt ist, das Fallen des Wassers einförmig fortgeschritten sey: wir wollen ferner annehmen, daß die Wirkung der Regenwasser auf die Berge der Zeit gleich gewesen sey, während

wel-

welcher die Berge der Luft ausgesetzt waren: so wird daraus nothwendig folgen, daß ein 5000 Fuß hoher Berg ungefähr zweymahl schwächere Eindrücke haben müste, als die Eindrücke eines Berges von eben der Natur seyn würden, der 10,000 Fuß hoch wäre. Ich habe ungefähr zweymal schwächere Eindrücke angenommen, weil es nicht strenge wahr ist, daß die Wirkung der Regenwasser mit der Zeit in Verhältniß stehe, während welcher die Berge der Luft ausgesetzt gewesen sind Denn es ist leicht zu begreifen, daß die höchsten Berggipfel schon nicht mehr Regen traf, wegen ihrer Höhe, wenn die Oberfläche des Meers nur noch die zwey oder drey untersten tausend Fuß von ihnen bedeckte. Wenn aber diese Ursach die Eindrücke der reißenden Wasser auf die hohen Berge schwächte: so ist im Gegentheil eine andre Ursach vorhanden, welche diese Eindrücke zu verstärkern wirket. Als das Meer alle Ebenen bedeckte; so muste die Atmosphäre feuchter, der Regen stärker, und die Macht der Wasserfluthen zerstöhrender seyn, als zu der Zeit, da die Meeresfläche abnahm und die Ebnen trocken wurden. Ob es also schon uns unmöglich ist, die gegenseitigen Wirkungen dieser beyden Ursachen genau gegen einander abzuwägen: so halten wir dennoch dafür, daß unsre zweyte Voraussetzung (daß nemlich die Zerstöhrung der Berge mit der Zeit im Verhältniß stehe, so lange sie der Einwirkung der Luft ausgesetzt waren) als eine wahre Voraussetzung angesehen werden müsse.

Da nun die Schätzung, nach welcher wir festgesetzt haben, daß die Stärke der Eindrücke zweymal schwächer seyn müsse auf einem Berge von 5000 Fuß, als auf einem noch einmal so hohen Berge, auf zwey Voraussetzungen beruhet, deren eine zweifelhaft, die andre aber wahr ist: so kann diese Schäzung nicht falsch seyn, oder die erste Voraussetzung muß auch für falsch gehalten werden. Nun dürfen wir uns nur erinnern, was wir von den zerrissenen Bergspitzen der größten Höhen gesagt haben, in Vergleichung mit den abgerundeten Gestalten der niedrigen Berge, um sogleich wahrzunehmen, wie falsch es sey, daß die niedrigen Berge nur die Hälfte des Eindrucks sehen lassen, welchen wir auf hohen Bergen finden, und um folglich zu beweisen, daß die Abnahme des Meerwassers keinen einförmigen Gang genommen habe.

Die Zeit also, während welcher der in Furchen zerrissene Gipfel der hohen Berge von der Luft und vom Regen gelitten hat, ist viel länger, als die doppelte Zeit, welche seitdem verflossen ist, daß das Meer den Gipfel unserer niedrigen Berge beynahe unangegriffen verlassen hat.

Aber so gewiß diese Folge ist; so begreifen wir daraus dennoch nicht; ob das Wasser des Meers, nachdem es sich mehr oder weniger reißend von den Gipfeln der hohen Berge herabgesenkt hatte, noch lange auf der Höhe der niedrigern Berge stehen geblieben sey, oder, wenn sie die großen Gebürgshöhen langsam entblösseten, sie hernach sich schneller senkten, als sie in ihrem Fall eine Höhe von 5 bis 6000 Fuß erreicht hatten.

Um zu entscheiden, auf welchem von diesen beyden Wegen sich das Meer gesenkt habe, müste man durch eine Menge von Beobachtungen über ungleich hohe aber gleichartige Berge bestimmen, welche Stufen der Zerstöhrung mit jedem Grenzpunkt einer zunehmenden Folge von Höhen zusammentreffen. Und

auf

auf diese Art würde es nicht unmöglich seyn, das Fallen des Wassers genau und stufenweise zu bestimmen.

Wir wollen aber diese Entwürfe zu Beobachtungen, die vielleicht ungewiß ausfallen mögten, fahren lassen. Wir haben einen größern Gegenstand zu betrachten. Da wir die jetzige Gestalt der hohen Berge kennen, da uns die Ursach bekannt ist, welche sie erniedrigt hat, und die unermeßliche Dauer dieser zerstöhrenden Ursach: so wollen wir untersuchen, wie der Zustand dieser Berge beschaffen seyn muste, nachdem sie aus dem Meer hervorgetreten waren: und vielleicht werden wir entdecken, daß jene Felsen, die jetzt unfruchbar und öde dastehen, mit fruchtbaren Auen bedeckt, und voll angenehmer Wohnungen waren.

Es ist gar nicht zweifelhaft, daß die Wirkung des Regenwassers, und der daraus entstehenden Ströhme, ein grosses Zerstöhrungsmittel sey, besonders wenn es auf Regen und Fluthen ankommt, wie sie ein Meer hervorbringen muste, welches beynahe die ganze Oberfläche der Erdkugel bedeckte. Und wenn die Anzahl der Jahrhunderte, während welcher diese Zerstöhrungsmittel gewirkt haben, keine andre Schranken hat, als die Wirklichkeit der Spitzen jener alten Berge: so kann man sich leicht vorstellen, wie groß ihre Zerstöhrung hat gewesen seyn müssen.

Aber diese Zerstöhrung der Berge wirkte bloß die Trennung ihrer Theile, keineswegs aber ihre Vernichtung. Und dieß sind eben die Bruchstücke, welche im Grunde des Meers über einander geschichtet wurden, und jene Hügel und Berge von Sandstein bildeten, die auf der Oberfläche des Erdbodens zerstreuet liegen.

Wenn man nun zu dieser ungeheuren Last abgerissener Bruchstücke auf der Erdfläche, diejenigen noch hinzufüget, welche jetzt noch im Meer versenkt liegen: so kommt die volle ehemalige Größe jener Massen heraus, wovon wir nur noch das Gerippe haben.

Aber warum wollen wir die Beweise dieser Zerstöhrung der Berge so weit herholen, da sie selbst uns so augenscheinlich davon überzeugen. Wenn man nach *Allée blanche* gehen will, und seinen Weg über den Berg *Bon homme* nimmt, der über 7500 Fuß hoch ist; so siehet man zur linken einen einzelnen Felsen, der aus horizontalen Lagen grobkörnigen Sandsteins besteht, und der über den Weg volle hundert Fuß hervorragt. Als das Meer diesen Felsen bildete, stand er sicher nicht so einzeln und abgesondert da, wie jetzt, und ob er schon sehr wahrscheinlich damals höher war, als wir ihn jetzt sehen: so muste dennoch eine fortlaufende Ebene daseyn, die von seinem Gipfel bis zum Fuße der hohen Berge sich hinzog, die ihn jetzt nur noch in der Ferne umgeben. Ich muß noch hinzufügen, daß dieser Sand eine große Menge abgerundeter Steine enthält. Die herabstürzenden Bergwasser reißen zwar die Steine los und nehmen sie mit sich herunter: aber sie machen sie nicht rund. Wenn die Steine rund werden sollen: so müssen sie auf einer Ebene ruhen, wo sie entweder vom Meer- oder Flußwasser hin und her bewegt und so mit der Zeit abgerieben werden.

Eine pyramidenförmige Höhe bey *Col de Segne*, die ganz aus einer Breccia besteht, worin man sehr große kalk- und thonartige Stücken findet, leitet mich zu eben den Folgerungen. Ohne Zweifel ist dies der

Rest

Rest eines höhern Berges, als er jetzt ist; und sein Gipfel erstreckte sich bis an den Grund des *Mont blanc*.

Es würde unnütz seyn hier neue Beyspiele der Zerstöhrung zusammenzuhäufen, und man begreift hinlänglich, wie viel Leeres man ausfüllen müste, um den Bergen ihre alte Gestalt wieder zu geben. Aber es ist noch übrig, diese Gestalt zu erforschen, und ich finde nichts, was uns bey dieser Untersuchung leiten könnte, als die Analogie. Wenn alle Berge ihren Ursprung einer gemeinschaftlichen Ursach zu verdanken haben: so haben auch alle beynahe ähnliche Gestalten bekommen müssen. Da nun die niedrigen Berge ihre Gestalten am besten behalten haben: so können nur dieselben uns einen richtigen Begriff von der Gestalt machen, welche jene hohen Berge in der Urwelt hatten, wovon wir jetzt nur noch die verunstalteten Reste sehen.

Wir wollen uns also die hohen Gebürgsketten mit abgerundeten Rücken denken. Das Meer stieß an ihre Seite, nnd ihre vom Regen benetzte und von der Sonne erhitzte Oberfläche, mußte eben so gut als unsre Ebenen dem Viehe Weide geben.

Hier kommt die Beobachtung den Muthmassungen zu Hülfe, und man findet noch in jenen am Meer gelegenen Hügeln, welche in den Gründen der Thäler liegen, das alte Erdreich der hohen Gebürge: aber man findet es ausgebleicht und ausgezehrt durch die Länge der Zeit. Ich will ein Beyspiel davon geben. Man sieht in jenem Theile des Thales das sich von *Chamonix* bis nahe an *Valorsine* erstreckt, zwey Hügel von gleicher Natur, die alle beyde bis auf ihren Grund von Ströhmen zerrissen sind, und wo man also die Bestandtheile, woraus sie zusammengesetzt

setzt sind, und ihren Bau beobachten kann. Der ansehnlichste, und der einzige, bey dem ich mich jetzt aufhalten werde, scheint ungefähr 4 bis 500 Fuß hoch zu seyn. Er besteht ganz aus einer weißlichen Erde, die in horizontalen Lagen geschichtet ist, mit untermischten wenigen abgerollten Steinen. Die Erde der Oberfläche unterhält einen dichten grünen Rasen: und dennoch scheint sie von der Erde, die den übrigen Theil des Hügels ausmacht, nicht unterschieden zu seyn. Ich muß also noch untersuchen, welche Ursach sie mag haben hervorbringen können. Man nimmt gleich wahr, daß dieser Hügel nicht durch das Einstürzen der benachbarten Berge entstanden sey: Weil er so gar nicht an jene Berge angelehnet ist, daß er vielmehr inen von ihnen sehr entfernten Gipfel hat, und weil seine Bestandtheile gar nichts ähnliches mit dem Granit haben, welcher die Berge in der Nähe ausmacht, und weil seine Lagen horizontal sind.

Es ist aber eben so unmöglich, anzunehmen, daß er die Wirkung herabstürzender Ströhme sey; denn fürs erste reißen die Ströhme auf sehr abschüssigen Boden nieder, anstatt zu bauen. Auch hat die Arve und das Gewässer von *Montets* den Hügel tief durchschnitten. Zum andern hätten die Ströhme, um diese aufgehäufte Erde zusammenzuschleimmen, sich nach und nach zu einer Höhe von 500 Fuß erheben müssen, welches abgeschmackt seyn würde in einem Thale anzunehmen, dessen Fall ziemlich jäh ist: und die Ströhme, wenn sie mit diesem ungeheuren Hügel verglichen werden, sind weiter nichts als dünne Fäden von Wasser. Endlich wenn die Ströhme diesen Hügel hätten bilden können, so würde sein Rücken sich nicht da erheben, wo das Thal niedriger wird, seine Lagen

gen würden nicht horizontal, sondern parallel gegen das Thal geneigt seyn, und man würde in seinem Innersten mehr abgeschliffene Steine finden.

Nur das Meer hat also diesen Hügel bereiten können, so wie alle ähnliche, welche man so häufig in den Thälern antrift, und die Erde, dessen sich dasselbe bedient hat, sie aufzuführen, hat es nur durch jene Ströhme erhalten können, welche in der Urwelt die Oberfläche der hohen Berge zerstöhrten.

Nun ist alles in unserm System bewiesen; die Wirklichkeit jener, durch Zurückweichung des Meers aufgedeckten Inseln, die hernach in einer langen Reihe von Jahrhunderten fruchtbar wurden, ist nun nicht mehr Muthmassung; und ohne ins Romanhafte zu fallen, kann uns die Einbildungskraft diese alten Inseln als einzeln aus dem Wasser hervorragend vorstellen, wie sie auf seiner weiten Oberfläche einige zerstreute und abgesonderte Punkte ausmachen. Vor dieser Zeit war auf dem Erdboden nichts weiter als das traurige und einförmige Schauspiel eines unbegrenzten Meeers zu sehen. Aber diese Inseln wollten ein Beyspiel von einer neuen Natur geben, und so zu sagen die künftige Bevölkerung unserer Ebenen und Hügel ankündigen, die noch im Abgrunde des Meers verborgen lagen.

Man kann sich der Empfindungen einer tiefen Ehrfurcht nicht enthalten, wenn man über das Alterthum dieser ersten Länder nachdenkt. Wie viel tausend Jahre zwischen ihnen und uns! Die menschlichen Denkmale, deren Vorstellung uns mit der größten Ehrfurcht erfüllt, verschwinden vor ihnen. Kein einziges von diesen Denkmälern reicht bis in

jene

jene Zeiten, wo das Meer aufhörte, unsere Ebnen zu decken; und diese Zeit, verbunden mit derjenigen, welche das Wasser brauchte, um von dem Gipfel der niedrigen Berge sich herabzusenken, ist nur ein kleiner Theil jener unermeßlichen Zeit, welche seit dem Augenblick verflossen ist, wo die ersten Länder trocken wurden, bis zu unsern Tagen. Und wenn dann der Weltweise, voll von diesen großen Gedanken, seine Blicke gegen die Alpen richtet, um an ihnen das majestätische Denkmal des höchsten Alterthums zu betrachten, alsdenn ist seine Einbildungskraft nicht hinreichend, sich eine so große Dauer vorzustellen; sie verliert sich in der aufgehäuften Menge der Jahrhunderte.

II.

Versuch
einer neuen methodischen Eintheilung
der Blätterschwämme

von

H. J. Tode.

Als ich eine gar sehr beträchtliche Anzahl von Blätterschwämmen, die ich nach und nach zusammengebracht hatte, endlich zu ordnen beflissen seyn mußte, merkte ich mit Verdruß, daß sich mein Vorrath nach keinem der Systeme, die ich vor mir hatte, bequem wollte unterbringen lassen, und zwar hauptsächlich deßwegen, weil ich mich sehr oft genöthigt sah, Schwämme weit von einander zu trennen, die augenscheinlich aufs nächste mit einander verwandt, ja nicht selten nur bloß als Spielarten verschieden waren, und im Gegentheil andere nahe zusammenzurücken, die nach meiner Ueberzeugung nicht zu vereinigen standen.

Es muß doch auch wohl andern so gehen; wenigstens treffe ich bey den beyden neuesten, mir bekannt gewordenen Schwammverzeichnissen Spuren einer ähnlichen Verlegenheit an. In *Retzii* Prodromo Fl. Scandin. sind die Blätterschwämme nach der Farbe der Hüte rangirt. Das heißt denn doch, dünkt mich, wo es anders in der Botanik keine symbolische

bolische Bücher giebt, nach dem was unter andern schon **Haller** über diese Eintheilungsart gesagt hat, hier auf alle methodische Abtheilung Verzicht thun! In *Wiggers* (*Weberi*) Primitiis Fl. Holsat hingegen, die eine ziemliche Menge von Blätterschwämmen enthält, ist, so gern der Verfasser sonst seinen eigenen Weg gehet, keine Spur von einer bey Aufführung derselben befolgten eigentlichen Methode meinen Augen sichtbar: er mußte also wohl an ihr verzagen.

Wie sehr aber der Mangel einer sich allgemein empfehlenden Methode dem Studio des weitläuftigsten Geschlechts unter den Schwämmen nachtheilig werden müsse, brauche ich nicht zu sagen. Daher kommt es hauptsächlich, daß obgleich bereits Beschreibungen von Blätterschwämmen zu tausenden vorhanden sind, man vielleicht kaum 50 derselben bis diese Stunde als allgemein unter den Botanikern bekannt und in den Synonymien einen unangefochtenen Platz einnehmend, ansehen darf; nicht einmal die Paar Linneischen kennet man bisher ganz genau, wie dieß die Geschichte seines Agarici dentati beweiset. Man denke hier, zum Beyspiel, nur an die große Verwirrung, die unter den so zahlreichen weißen Blätterschwämmen, sonderlich unter den kleinen derselben herrscht: man versuche Licht und Ordnung in solche hineinzubringen und man wird finden, was für unsägliche Schwierigkeiten es hier giebt: das macht, es fehlt ein Leitfaden in diesem Labyrinth, das A. B. C. der Wissenschaft, wie der scharfsinnige **Fabritius** sich ausdrückt.

Aber die guten Schwämme haben in unsern Tagen so vieles auf sich müssen bringen lassen: wie? wenn bey ihnen, oder wenigstens bey den Blätterschwämmen, an eine methodische Eintheilung durch-

aus

aus nicht zu denken wäre? Das wäre freylich schlimm; das vermuthe ich indessen nicht. Schwierigkeiten, es ist wahr, recht große Schwierigkeiten, hat die Sache: desto eifriger sollte man seyn, Versuche zu machen, die schon vorhandenen Systeme möglichst verbessern, oder wenn das nicht anginge, neue Wege einschlagen. Haller, unser Gleditsch und Scopoli, Micheli, Battarra und Schäffer haben, zwar der eine mehr, der andere weniger, gut vorgearbeit: man arbeite eben so gut nach, und man thue solches zumal, wenn man glücklicherweise auf die Bearbeitung der Schwammgeschichte mehrere freye Stunden wenden kann, als es den meisten dieser berühmten und zum Theil großen Männern, ihrer sonstigen wichtigen Geschäfte und Bemühungen halber, möglich war, und es wird vermuthlich auch hier eintreffen, daß **wer da suchet, der findet.**

Ich meines geringen Theils habe, ohne Eitelkeit zu reden, lange und ernstlich gesucht, oder untersucht, und ich meyne also auch, gefunden zu haben. Schade wäre es denn doch, wenn alles, was ich entdeckt, wo nicht falsch, doch wenigstens unbedeutend und überhaupt unbrauchbar seyn sollte. Schwämme genug habe ich wenigstens verglichen, und daß die Vergleichung selbst nicht ohne Aufmerksamkeit und Nachdenken geschehen, das wird man den Charaktern meiner Familie, (denn in 8 Stämme, *(Tribus)* welche 36 Familien unter sich befaßen, theile ich, wie man unten sehen wird, meine Blätterschwämme ein) und der ihnen gegebenen Verbindung hoffentlich ansehen.

Damit nun will ich nichts weniger, als meine Eintheilung für vollkommen ausgeben; nein, auch sie hat ihre Mängel: nicht alle Familien z. B. sind über alle Einwendungen erhoben; einige mir selbst verdächtige habe ich daher mit einem Kreuz bezeichnet. Vielleicht leiden einige noch eine Zusammenschmelzung; ja vielleicht sind mir auch unter den verglichenen Schwämmen nicht einmal alle ächte Familien bekannt geworden: mit der Verbindung derselben untereinander bin ich nicht allenthalben vollkommen zufrieden, auch hie und da nicht mit den gewählten Namen, die nicht ausdrückend genug sind oder die durch die Bestrebung, sie ausdrückender zu machen, zuweilen etwas sonderbar geworden sind u. s. w. Eben deswegen nun gebe ich meine geringe Arbeit für nichts weiter, als eine bloße Skizze und einen gut gemeynten Versuch aus, der mir aber, da er mir einige Mühe gemacht hat, doch immer werth genug ist, um ihm die genaueste Aufmerksamkeit und Prüfung von Seiten der Gesellschaft und wenn es ohne Zudringlichkeit geschehen kann, namentlich von dem vortreflichen Gleditsch und O. F. **Müller** recht angelegentlichst zu wünschen und zu erbitten.

Eintheilung der Blätterschwämme.

A. Giftschwämme. (Virosi.)

I. Eyschwämme. (Volvati.)

Aus einem Ey kommend. — Im Gehölz und an Hecken.

Blätter weiß, zuweilen röthlich.

A. Muscarius *L. Schæff.* t. 27.

Anmerkung. Aus Sorgfalt, nicht zu weitläuftig zu werden, ist hier oft bey jeder Familie nur eine einzige

zige Art, welche dahin gehört, nebst ihrer, oder einer verwandten Art Abbildung, als Exempel bloß, oder Stoff zur Vergleichung und Beurtheilung angeführt.

II. Paradeschwämme. (Proceri.)

Hochstielig; ein geflügelter Ring; Stiel mit einem Knopf in den Hut eingelassen. — Unterm Gebüsch.

Blätter weiß.

A. Procerus *Scop.* n. 1465. Fl. dan. t. 772.

B. Mistschwämme. (Fimetarii.)

III. Paddenstühle. (Typhoidei.)

Hut anfangs Kolbenförmig; Blätter gewöhnlich nebst dem Hut zu Schleim werdend; Stiel weiß, hohl. — Auf Misthaufen und faulenden Sachen.

Blätter zuletzt schwarz, zuweilen braun.

A. Ovatus *Scop.* n. 1479. Fl. dan. t. 834.

IV. Oelschwämme. (Oleosi.)

Geruch, wie Baumöl; Hut glatt, oft schmierig, gewölbt, oder konisch; ein vergänglicher Kragen. — Auf fettem Boden und im Grase.

Blätter zuletzt schwarz, oder braun.

A. Extinctorius *L. Schæff.* t. 202.

A. Cereolus *Schæff.* t. 51.

V. Bohnenschwämme. (Fabacei.)

Geruch, wie Bohnen; Hut glatt, schmierig, gewölbt; Stiel weiß, saftig; kein Kragen. — Auf Misthaufen und an fetten Stellen.

Blätter zuletzt röthlich, oder schwarz werdend.

Anmerkung. Ich habe hier kein sicheres Allegat.

VI. Tropfenschwämme. (Hydrophori.)

Blätter Tropfen schwitzend; Hut gewölbt, haarig; Stiel weiß; ein vergänglicher Kragen. — Im Freyen, an feuchten Stellen.

Blätter zuletzt schwarz.

Anmerkung. Diese Familie ist von Battarra's und Schäffers Hydrophoris verschieden, und auch hier fehlt mir ein Allegat.

VII. Schimmerlinge. (Micantes.)

Hut mit kleinen schimmernden Punkten (durchschwitzenden Wassertropfen) besetzt, ausbleichend, wergartig; Stiel weiß, hohl; ein sehr vergänglicher Kragen; dunkel violetter, oder weisser Saamenstaub. Auf Misthaufen und fettem Boden.

Blätter zuletzt schwarz, oder braun.

A. Lacer *Schæff.* t. 256. coll. Fl. dan. t. 774.

Buxb. Cent IV. p. 17. t. 28. f. l.

VIII. Champignons. (Campestres)

Geruch und Geschmack sehr angenehm; Hut gewölbt; Blätter verfaulend; Stiel voll; ein dauerhafter Kragen. — Auf fettem Boden.

Blätter zuletzt schwarz.

A. campestris *L. Schæff.* t. 33.

C. Brennschwämme. (Acres.)

IX. Täublinge. (Integri.)

Blätter unverkürzt, am Rande gerade; Hut von allen Farben, am Wirbel etwas vertieft; Stiel weiß, nackt, cylindrisch, inwendig locker: Geruch

zu-

zuweilen widrig; Geschmack etwas scharf. — Im Gehölz und Grase.

Blätter weiß.

A. Integer L. (Russula *Scop.* n. 1502) *Schæff.* t. 75.

X. Pfifferlinge. (Lactescentes.)

Milchgebend; Blätter herablaufend, ästig; Hut vertieft; Stiel cylindrisch, inwendig locker und bald hohl; Geruch widrig; Geschmack brennend. — Im Gehölz.

Blätter weiß, gelbröthlich, goldgelb, röthlich.

A. Piperatus L. *Schæff.* t. 83.

Anmerkung. Auch einige nicht Milch gebende Schwämme gehören des Habitus halber hieher.

D. Fahlhüte. (Murini.)

XI: Aestlinge. (Ramosi.)

Blätter ästig, etwas herablaufend, dicht und schmal; Hut mausefahl, am Rande gewunden und knapp umgewickelt; Fleisch derbe, wohlschmeckend; Stiel voll, nackt, weiß, oft ästig. In großen Haufen wachsend. — Im Gehölz.

Blätter weißlich.

A. Terreus *Schæff.* t. 57. f. 1.

Gled. p. 113 (d) *Hall.* n. 2415.

XII. Seifenschwämme. (Saponacei.)

Geruch, wie Seife, oder frisch gewaschenes Leinengeräth; Hut mausefahl, am Rande gewunden; Blätter brüchig; Stiel weiß, voll, nackt, zugespitzt. In Haufen wachsend. — Im Gehölz.

Blätter weißlich, grau, schwefelgelb.

A. Luridus *Schaeff.* t. 69.
Gled. p. 113. (d)

XIII. **Moufferons.** (Prunuli.)

Geruch, wie Mehl; Hut mausefahl; Stiel weiß, nackt, voll, zugespitzt. — Im Gehölz und Grase.

Blätter weiß, röthlich werdend.

A. Prunulus *Scop.* n. 1508. *Batt.* p. 37. t. 13. E.
A. Albellus *Schaeff.* t. 78.

†. XIV. **Stößlinge.** (Pertusi.)

Hut am Wirbel eingestoßen, trocken, oft sehr glänzend; Geruch wie Mehl, oder auch gewürzhaft, immer sehr schwach; fast gar kein Fleisch. Stiel nackt, dünne. — Im Grase und unterm Moose.

Blätter, weißlich, schmutzröthlich, gelbroth.
Vaill. p. 66. n. 39.

Eine Zeichnung kann ich nicht anführen.

XV. **Schwefelschwämme.** (Sulphurei.)

Geruch, wie Schwefel, oder Schießpulver; Hut mausefahl, helmförmig (galericulatus) einreißend; Stiel nackt, lang, gern krumm. — Im Grase, unter Gebüschen und an Sümpfen.

Blätter weiß, oft röthlich werdend.

A. Sulphureus *Scop.* n. 1562.
Buxb. Cent. IV. p. 29. t. 29. f. 1.

E. Stockschwämme. (Lignarii.)

XVI. **Trauerschwämme.** (Tristes.)

Geruch dumpfig; Hut mausefahl, helmförmig; Blätter an der Grundfläche runzlich und bloß am Rande

Rande des Hutes kraus werdend; Stiel lang, gerade, derb, inwendig oft geschlängelt, (undulatus) und geschwänzt; bey vielen ein höchst vergänglicher, zarter Haarkragen (velum radiatum.) — Auf Stümpfen, auch an der Erde.

Blätter schmutzweiß, oft röthlich werdend.

A. Tristis *Scop.* n. 1512. *Schæff.* t. 52. f. 7. 8. 9.

XVII. **Langschwänze.** (Macrouri.)

Stiel lang geschwänzt, voll, derb, nackt. Hut oft helmförmig, oder zitzenförmig. Blätter, wie bey der vorhergehenden Familie; oft klümperiger weißer Saamenstaub; Geruch wie Rettig, zuweilen höchst widrig. — Auf und an Stümpfen und Baumwurzeln.

Blätter weiß, zuweilen rothbräunlich werdend.

A. Macrourus *Scop.* n. 1472.

A. Crassipes *Schæff.* t. 87.88.

XVIII. **Stutzblätterige.** (Abbreviati.)

Blätter nicht an den Stiel gehend; Hut glatt; Stiel nackt, saftig; Geruch, wie Rettig, auch wohl widrig süß. — Auf und an Stümpfen.

Blätter weiß, röthlich werdend, zuweilen rothbräunlich.

A. Cervinus *Schæff.* t. 10. coll. *Hall.* n. 2450.

†. XIX. **Purpurschwämme.** (Purpurei.)

Purpurfarben ins Violette übergehend; Geruch, wie Rettig, oft ohne Geruch; Hut helmförmig; Stiel nackt, hohl. — Im Gehölz und an Stümpfen.

Blätter rosenfarben, weiß, blau.

A. Vinaceus *Scop.* n. 1529.

A. Rubellus *Schæff.* t. 303.

XX. Schwarzfüße. (Androsacei.)

Stiel schwarzbraun, dünne, lang, steif, nackt. Hut weiß, trocken, gefalten, ohne Fleisch. — An Stümpfen, dürren Reisern und im Grase.

Blätter weiß.

A. Androsaceus L. *Schæff.* t. 239. f. 1.

XXI. Härtlinge. (Firmuli.)

Weiß, derb und faserhaft. — An Bäumen und Stümpfen.

Blätter weiß.

A. Valens *Scop.* n. 1487. Fl. dan t. 773.

XXII. Wedelschwämme. (Flabelliformes)

Wedelförmig, oder auch muschelförmig, holzig, oder auch faserhaft, derb oder zähe; Stiel kurz, seitwärts sitzend, oder nicht vorhanden. — An Stümpfen.

Blätter weiß, braungelb.

A. Flabelliformis *Scop.* n. 1579.

A. Quercinus *L. Schæff.* t. 57.

XXIII. Fetzenschwämme. (Bombycini.)

Eine baumwollenartige Saamendecke und Ueberzug, wovon große Fetzen am knolligen Stiel sitzen bleiben; Hut am platten Wirbel rauchschuppig; (scaber) Blätter bis zum hochsitzenden, vergänglichen Kragen mit einem Zahn herablaufend. — An Stümpfen und Baumwurzeln.

Blätter weißlich, röthlich oder braun werdend.

A. Putridus *Scop.* n. 1468. *Schæff.* t. 62.

XXIV. Holzmistschwämme. (Intermedii.)

Hut braun, ausbleichend; Stiel weiß, cylindrisch, hohl; eine vergängliche Saamendecke; in großen Haufen wachsend. — An Stümpfen.

Blätter braun; oder weißlich, grau, braun werdend.

Hall. n. 2476.

Sterb. p. 104. n. 81. t. 12. C.

XXV. Stinkschwämme. (Foetidi.)

Gemeiniglich stinkend; gelb von Farbe; faserhaft, gern gehäuft wachsend; Hut gewölbt; Blätter mit einem Zahn herablaufend; Stiel gern flockigt, unten braun; oft eine vergängliche, fließartige Saamendecke. — An Stümpfen.

Blätter hellgelb, gelbbraun, auch wohl grüngelb.

A. Dentatus *L. Schæff.* t. 35.

A. Mutabilis *Scop.* n. 1515. *Schæff.* t. 49.

F. Spinnwebschwämme. (Araneosi.)

XXVI. Brunstschwämme. (Spermatici.)

Geruch, wie männlicher Saamen; Hut zitzenförmig einreißend; Blätter stark gegen den Stiel zu geschweift; eine sehr vergängliche, spinnwebartige Saamendecke. — Im Grase.

Blätter grau, braun werdend.

A. Mammosus *L.* Fl. dan. t. 832. f. 3.

XXVII. Seidenschwämme. (Sericei.)

Hut seidenhaft, zitzenförmig, einreißend; Blätter oft sehr breit, runzlich, schlotterich, stark geschweift; Stiel lang, krumm; eine vergängliche spinnwebartige Saamendecke, fast keine Spur eines Kragens; Geruch widrig. — Im Grase und Gehölz.

Blätter dunkelgelb, braungelb, capucin.

A. Cinnamomeus *L.* coll. *Hall.* n. 2432.

A. Incurvus *Schæff.* t. 65. coll. T. IV. p. 29.

XXVIII. Violettschwämme. (Violacei.)

Eine violette gemeiniglich ins braune verschießende Farbe; Hut gewölbt, derb, schmierig; Stiel oft eingehüllt, woher ein Afterkragen entstehet; eine spinnwebartige bald braunwerdende weiße Saamendecke und oft daher ein sehr vergänglicher Haarkragen; ein widriger Geruch, der im Alter angenehm (ein Biscuitgeruch) wird. — Im Gehölz.

Blätter violett, zuweilen isabellfarben; rostfarben werdend.

A. Violacens L. *Schæff.* t. 3. 24. 34. 43. 46. 221.

A. Ochrolencus *Schæff.* t. 54. coll. *Gled.* p. 107. (f.)

G. Feuchtlinge. (Udi.)

XXIX. Schleimschwämme. (Viscidi.)

Hut und Stiel mit Schleim überzogen, auch eine vergängliche, schleimige Saamendecke; Hut meistens zitzenförmig, zuweilen gewölbt; Blätter herablaufend; Stiel gewöhnlich zugespitzt. — Unter faulenden Blättern im Gehölz, auch unter Moosen.

Blätter grau aus dem violetten; oder weiß, gelb werdend.

A. Viscidus L. *Schæff.* t. 36.

XXX. Feuerschwämme. (Flammei.)

Feuerfarben; Hut zitzenförmig, oder gewölbt; Blätter etwas weitläuftig; Stiel nackt, platt werdend,

bend, hohl, oft zugespitzt; die schöne Farbe verschießt ins Gelbe und Grüne, zuweilen ins Schwarze.

Blätter gelb.

A. Miniatus *Scop.* n. 1524. coll. n. 1527.

A. Coccineus *Schæff.* t. 302.

XXXI. Wachsschwämme. (Cerei.)

Wachsähnlich, weiß; Blätter herablaufend; Stiel nackt voll. Geruch beym Zerknirschen angenehm, sonst unmerklich. — Im Grase.

Blätter weiß.

Vaill. p. 63. n. 17.

A. Niueus *Schæff.* t. 232.

H. Gewürzschwämme. (Aromatici.)

Anmerkung. Sie haben zerknirscht, auch nicht selten unzerknirscht, einen stärkern, oder schwächern aromatischen Geruch.

XXXII. Galkertfleischichte. (Gelatinosi.)

Fast gallertartiges geringes Fleisch: Hut frühe napfförmig, oder auch genabelt; (umbilicatus) Blätter meistens herablaufend; Stiel pfriemförmig, (dilatatus) nackt; unzerknirscht meistens widrig, zerknirscht gewürzhaft riechend. — Im Grase und im Gehölze aus faulenden Blättern.

Blätter weiß; oder grau, braun werdend.

A. Concavus *Scop.* n. 1549.

Vaill. p. 73. n. 12. t. 14. f. 1. 2. 3.

XXXIII.

XXXIII. Schminkschwämme. (Fucati.)

Hut weiß geschminkt, darunter schmutzroth, zuletzt vertieft oder genabelt; Blätter herablaufend oder fast gerade; Stiel weiß, oft pfriemförmig, lederhaft, unzerknirscht ohne Geruch. — An Stümpfen und Gebüschen auch aus faulenden Blättern.

Blätter weiß, braun oder bräunlich werdend.

A. Umbilicatus *Scop. Schæff.* t. 207.

XXXIV. Lederschwämme. (Lenti.)

Zähe, wie Leder; Hut endlich vertieft oder gar napfförmig, anfangs oft fast kugelförmig, an der untern Fläche wie ausgedrechselt, oft am Rande knapp umgewickelt; Blätter meistens dicht und schmal, kraus werdend; Stiel voll, platt werdend, nackt; Geruch oft stark gewürzhaft. — Aus faulenden Blättern und unter hohem Moose.

Blätter weiß und grau; röthlich, bräunlich und braun werdend.

A. Aromaticus *Scop.* n. 1491.

Monomyces aromaticus *Batt.* p. 46. t. 21. F.

XXXV. Dürrlinge. (Tabidi.)

Meistentheils fast ohne Fleisch; Hut trocken, etwas rauh (scabriusculus) gewölbt und zitzenförmig, kapuzinerfarben (capucin) oder auch ockergelb; Blätter fast gerade; Stiel röthlich oder gelbbraun, faserhaft; zerknirscht ein aromatischer Geruch. — Im Grase und unter Moosen, auch im Gehölz.

Blätter röthlich, violett, weiß.

A. Tabescens *Scop.* n. 1537. *Schæff.* t. 48.

† XXXIV.

†. XXXVI. Zärtlinge. (Tenelli.)

Klein, zart, saftig, oder wässerig. Hut durchsichtig; Stiel fadenförmig, glatt, nackt. Zerknirscht haben sie meistens einen angenehmen, doch nur schwachen; einige aber, auch unzerknirscht, einen starken Geruch. — Im Grase, unterm Moose auch auf der bloßen Erde.

Blätter, weiß, gelblich, gelb, gelbröthlich.

A. Clavus *L. Schæff.* t. 59. f. 8. 9.

III.

Beschreibung des Hutwerfers (pilobolus),

eines neuen sonderbaren Schwammgeschlechtes,

von

H. J. Tode.

1ste Tafel.

Man kennt bisher von jenen wundersamen Schwämmen, die die ganze Masse ihres Saamenstaubes zugleich mit dem Behältniß desselben und zwar mit einer erstaunlichen Schnellkraft auswerfen, nur einen einzigen, das bekannte Lycoperdon Carpobolus L. von welchem unser botanischer Nestor noch erst vor kurzem ausführlich gehandelt hat. [1]) Allein es giebt nicht nur eine andere weiße noch unbeschriebene Art des Kugelwerfers, die ganz von dem eben genannten verschieden ist, und nur selten angetroffen wird; sondern ich bin auch zufälliger weise so glück-

1) Schriften der berlinischen Gesellschaft naturforschender Freunde. B. 3. S. 263. f.

glücklich gewesen, ein ganz neues Geschlecht von Wurfschwämmen zu entdecken, welches ich, weil hier der Hut, oder ein Knöpfchen an der Spitze abgeschnellt wird, den Hutwerfer (Pilobolus) nenne.

Ich habe von dieser Gattung bisher nur eine einzige Art gesehen: einen Schwamm, der gar nicht selten und bereits von zweyen scharfsichtigen Botanickern, nämlich Scopoli [2]) und Webern [3]) beschrieben, auch von dem letztern eines andern Umstandes halben, dessen ich unten gedenken werde, von den Schimmelarten getrennt und zu einem besondern Geschlecht, Hydrogera erhoben worden. Beyde wackere Männer haben indessen einen Hauptcharakter desselben, sein Hutwerfen, worauf eben, wie sich bald zeigen wird, sein Wasserbehältniß Beziehung hat, übersehen. Da nun überdieß ihre Beschreibungen noch verschiedene nicht unerhebliche Zusätze und kleine Berichtungen gestatten, auch der so merkwürdige und wirklich schöne Schwamm bisher noch nicht abgebildet ist: so hoffe ich, daß seine hier gegebene Geschichte und Zeichnung den Freunden der Kräuterkunde nicht unangenehm seyn werde.

Pilobolus crystallinus (mihi), der krystallartige Hutwerfer, kommt zu allen Jahreszeiten, nach vorheriger feuchten Witterung, als ein Schimmel, in großen gedrungenen Haufen, auf dem Miste des größern Viehes, sonderlich der Pferde, im Freyen hervor, (Fig. 1.) und zwar erblickt man auf solchem zuerst

2) Mucor obliquus *Fl. Carn.* 2. II. *n.* 1643. *p.* 494 *sq.*

3) Hydrogera crystallina. *Primit. Fl. Holsat. n.* 1156. *p.* 110 *sq.*

zuerst ungemein feine, zarte, haarförmige, glatte, glänzende, durchsichtige, hohle Körper von weißer, an der Spitze gelber Farbe, die sich in einen gelben, gewöhnlich schiefstehenden Knollen endigen. (Fig. 3.) An eben gedachter Spitze kommt bald ein gelber, jetzt fast kugelförmiger Knopf zum Vorschein. (Fig. 4.) Indem dieser wächst, fängt unter solchem der Stiel an, in elliptischer Gestalt aufzuschwellen; (Fig. 5.) das Knöpfchen hingegen, oder der Hut, wenn man so sagen will, wird nach und nach etwas platter, zumal unterwärts, und dabey färbt es sich oberwärts braungrün. (Fig. 6.) Die eyförmige durchsichtige Kapsel, welche in dem Maaße, wie sie sich weiter ausdehnt, immer blässer und endlich bis auf einen gelben Flecken an dem Ort ihrer Vereinigung mit dem Stiel vollkommen weiß und klar, wie Krystall, wird, ist mit einem hellen Wasser angefüllet, welches ihr durch den Stiel zugeführet wird. (Fig. 7.) Durch das Anhäufen und beständige Zudrängen dieses Wassers, oder auch vielleicht durch einen gewissen von solchem erregten Reitz, wird sie endlich am Wirbel zersprengt, und der Hut, oder das Knöpfchen, welches jetzt oberwärts aus dem dunkelsten olivenfarbenen schwarz und dabey polsterförmig; unterwärts hingegen nur wenig gewölbt und dabey tief olivenfarbig ist, (Fig. 2.) mit großer Schnellkraft und einem deutlich zu vernehmenden Geknister abgeworfen, worauf die leere Kapsel zusammen fällt, der Stiel aber eintrocknet, einknickt und sich niederlegt, (Fig. 8.) und ganze Schaaren, so zusammengesunken, sehen alsdann dem ersten Anblick nach einem kurzhaarigen, weißlichen Byssus sehr ähnlich. Die natürliche Größe des Schwammes beträgt, je nachdem sein Keim mehr oder weniger von der Oberfläche des Mi-

stes

stes, worauf er hervorkommt, entfernt ist, 2, 3 bis 6 Linien, ja zuweilen noch mehr.

Man erkennet leicht, daß der Hut, oder das Knöpfchen bey diesem Schwammgewächs den wichtigsten und merkwürdigsten Theil ausmacht; denn ganz unstreitig enthält er, wie schon Scopoli vermuthet hat, und es das Abwerfen an sich schon genugsam außer allen Zweifel setzt, den Saamenstaub: ich habe daher alle Mühe angewandt, dieses Knöpfchen möglichst genau kennen zu lernen, und da glaube ich, folgendes mit ziemlicher Gewißheit von ihm behaupten zu können.

1) Es bestehet höchst wahrscheinlich aus einer homogenen Masse; denn der Umstand, daß unterwärts die Farbe heller erscheint, ist wohl, allem Ansehen nach, bloß eine Wirkung der verschiedenen Stralenbrechung, oder des Lichts, welches von der krystallenen, mit Wasser gefüllten Kapsel unterwärts auf den Hut geworfen wird; genug, das abgeworfene Köpfchen zeigt sich, auf welcher Seite es auch mag zu liegen kommen, von Farbe, wie die Oberfläche vorher, d. i. schwarz.

2) Die Masse desselben ist glänzend glatt und dabey schmierig, oder klebrig. Dieß giebt zum Theil schon der Augenschein; ich habe aber, was den letztern Umstand betrifft, noch überdem gesehen, das ungemein kleine Würmer, wie Aale, nur mit großer Mühe sich über die klebrige Oberfläche wegarbeiteten: auch sitzt der Hut an der Stelle, wohin er geschleudert ward, allemal wie angeleimt. Wenn Scopoli daher von solchem sagt, er sey sammtartig, (modice villosus) so ist das wohl eine aus einer hier leicht möglichen fallacia optica entsprungene Behaup-

tung. Es dringen nämlich bey schnell vermehrter Wärme, z. B. durch den Odem des Beobachters und noch mehr durch das Anfassen mit der Hand, nicht nur, wie er selbst bemerkt hat, aus dem Stiele, sondern auch aus dem Wassergefäße und dem Hute selbst, eine Menge unglaublich kleiner Wassertropfen; daher läßt er, wie die Stiele, rauch, obgleich beyde an sich vollkommen glatt sind. Die letztern wird unter eben gemeldeten Umständen, zumal in der Jugend, wo sie vorzüglich stark schwitzen, jeder, der solche nicht ganz genau betrachtet, für haarig halten.

3) Die Masse des Hutes muß ziemlich weich seyn, denn sie trocknet sichtlich zusammen, wenn er abgeworfen ist: ja selbst durch das Abschleudern ändert sie nicht selten schon ihre vorige Gestalt, und wird flächer. Eben diese Aenderung der Figur nimmt man zuweilen an den unabgeworfenen Hüten der an ihrer Entwickelung gehinderten Exemplare wahr.

4) An der Oberfläche dieser Masse zeigen sich bey einer ziemlich starken Vergrößerung eine Menge heller, nahe an einander sitzender Punkte, fast wie bey der Ulva radicata *Retz.* 4). Nur scheinen solche hier nicht auf der Oberfläche selbst, sondern vielmehr in solche hineingesenkt zu seyn. (Fig. 2.) Diese Punkte, deren Daseyn wenigstens keinen Zweifel leidet, halte ich für den in der schwarzen Masse steckenden Saamen, und kaum sollte ich denken, daß ich mich hierin irrte. Ob sich an der Unterfläche des Knöpfchens gleiche Punkte finden, kann ich nicht sagen, da sich solche nicht genau genug besichtigen läßt;

4) Fl. dan. t. 660.

läßt; ich glaube es aber nicht, wenigstens habe ich sie da nicht gefunden.

Aus diesen Bemerkungen nun ist wenigstens so viel klar:

1) daß der hier beschriebene Schwamm, wenn anders das Geschlecht Mucor nicht ein wahres **Scherwenzelgeschlecht**, wie verschiedene andere Schwammgattungen, z. E. Peziza, bleiben soll, von den Mucoribus schlechterdings abzusondern ist.

2) Daß er selbst vom Kugelwerfer zu sehr verschieden ist, um mit diesem unter ein Geschlecht gebracht zu werden; obgleich beyde zu einer Ordnung, oder Familie, den **Wurfschwämmen**, oder, wie man sie vielleicht noch besser nennen könnte, den **Springschwämmen**, gehören.

3) Daß da er, wie ich glaube, mit Recht ein neues Geschlecht constituirt, dieses unstreitig von seinem Hutabwerfen und nicht von der dieß bewirkenden Wasserkapsel zu benennen ist. Ich würde dessen Charakter in der Kunstsprache etwa so ausdrücken: Fungus perpendicularis, capsulam vel placentam seminalem, apici hydrophoro styli nude insidentem, projicieus.

Will man die Entwickelung unsers Schwammes selbst beobachten, so darf man nur in feuchten Brüchen und Gebüschen, wo Pferde weiden, nicht lange gelegene Roßäpfel, die von solchem oft ganz überzogen und gleichsam vergoldet sind, auch daher leicht ins Auge fallen, auflesen und solche etwas vorsichtig, denn beym geringsten Berühren zerfließt der Schwamm, mit weißem Papier zu umgeben: so wird man dieses nach Verlauf von 8, 10 bis 12

Stunden bey einer mäßigen Wärme mit den abgeworfenen Hüten des Schwammes, wie mit feinen, schwarzen Punkten besprengt sehen, auch wenn man das Papier vor sich auf dem Tisch stehen hat, das Geknister beym Abwerfen deutlich hören. Scopoli eignet also diesem Schwamme eine gar zu kurze Lebensfrist zu, wenn er solche bloß auf einige Stunden einschränkt.

Ich hoffe übrigens, daß mir, meines Berufs halber, am Schluß dieses Artikels das Geständniß der tiefen Rührung wird verstattet seyn, wovon ich mich bey unerwarteter Entdeckung des vorhin beschriebenen gewiß erstaunenswürdigen Mechanismus dieses zarten, geringen Schwämmchens durchdrungen fühlte. So groß ist also unser Gott auch im Kleinsten! Solche Kunststücke seiner unendlichen Macht und Weisheit trift man noch auf der äußersten Gränze der Vegetation; so würdige Gegenstände der edelsten Freude und Bewunderung selbst in und auf solchen Körpern an, die gewöhnlich nur Ekel erregen, und wobey nur allenfalls die Habsucht eine angenehme Witterung hat:

Bonus odor lucri ex re qualibet!

IV.

Beschreibung des Venusschwammes,

(Hysterium.)

eines neuen Schwammgeschlechtes,

von

H. J. Tode.

2te Tafel.

Der Charakter dieses neuen Geschlechts läßt sich in der Kunstsprache, meines Erachtens, am besten folgender Gestalt ausdrücken: Fungus labiatus sessilis per labia distenta semen nudum superficiale ejaculans. Ich weiß für solches keinen bedeutendern Namen, als Hysterium, und der läßt sich wohl nicht besser, als durch Venusschwamm übersetzen.

Es ist mir von dieser Gattung bisher nur eine einzige Art bekannt geworden, von welcher ich jetzt eine kurze Beschreibung geben will.

Hysterium quadrilabiatum, vierlippigter Venusschwamm.

Mitten im Winter zeigen sich auf der Rinde dürrer Zweige beynahe kugelrunde, weiße, glatte, faserhafte Körper von der Größe eines groben Sandkornes, die schaarenweis, doch aber nicht gedrungen, an einander wachsen, dergestalt, daß sie beynahe zur Hälfte aus der Oberrinde, aus welcher sie herausbrechen, hervorragen, unterdessen daß der übrige Theil von ihnen innerhalb derselben verborgen bleibt. An ihrem Wirbel siehet man eine geradlinige, oder umgekehrt kahnförmige Erhöhung, welche sich bald der Länge nach öffnet. Dieser Schlitz wird nach und nach von einander gezogen und zeigt alsdann einen blauen Körper von gleicher Figur, woran der anfangs kaum merklich vertiefte Spalt in der Folge immer deutlicher erscheint, und solchergestat, wie seine weiße Bedeckung, zwey förmliche Lippen bildet, die sich indessen niemals öffnen. Sie sitzen auf einem pommeranzenförmigen dichten Körper von gleicher, d. i. ziemlich kompakter Substanz, und sind an der Oberfläche glatt. Man kann also diesen Körper als den Kern des Schwammes ansehen, der in der eben vorhin gedachten weißen Schale, als in seiner Rinde liegt. Diese hat eine kleine abgestumpft konische Wurzel, vermittelst welcher der Schwamm in der Rinde des Zweiges befestigt ist und aus solcher seine Nahrung ziehet. Die beyden äußern Lippen werden zuletzt gar sehr von einander gezogen, weil die beyden innern immer mehr in die Höhe schwellen, welche nun auf ihrer Oberfläche nackten blauen Saamen in der Gestalt des feinsten Puders sehen lassen. Nach vollbrachter Fruktification run-

zeln,

zeln, oder kräuseln sich diese leztern in etwas und der obere Theil des Kernes kommt auch nun einigermaaßen zum Vorschein.

Erklärung der Figuren.

Fig. 1. Der Schwamm in natürlicher Größe, wie er aus der Rinde hervorragt.

Fig. 2. Der Schwamm, wie er anfängt, sich zu öffnen, vergrößert.

Fig. 3 Der geöffnete Schwamm, dessen innere Lippen sich durch die äußern hervordrängen, vergrößert.

Fig. 4. Derselbige im Fruktificationszustande, vergrössert.

Fig. 5. Derselbige veraltet, vergrößert.

Fig. 6. Derselbe senkrecht durchgeschnitten, vergrößert.

V.

Joh. Friedr. Espers
Reise
zu den
Gailenreuther
Osteolithen-Höhlen;

aus einem an die Gesellschaft eingeschickten und an das Bayreutsche Ministerium abgestatteten Bericht gezogen.

Die auf dem Wege nach Streitberg an der Nordseite sich hinziehenden Berge, haben mir längst einer Untersuchung würdig geschienen; Sie entsprachen aber, als ich sie besah, dieser Erwartung im mindesten nicht. Schwerlich trift man größere Geschütte von Kalkstein, kaum aber Spuren von einem Petrefakt in selbigen an. Der Calx grandæva, oder marmor grandævum, (wenigstens wünschte ich diese Felsart unter dem Namen bey unsren Lithologen zu finden) liegt theils auf dem Gipfel, theils an den Gehängen, bald in sehr mächtigen Schichten, bald in ungeheuern Klötzen zu Tage aus. Er ist nach dem Granit und Glimmer vielleicht die älteste Steinart, welche wir haben. Er setzt als der Kern dieser Gebürge in eine Tiefe fort, welche wir noch nicht aus Erfahrung kennen. Von den übrigen Gattungen der Kalksteine zeichnet sich derselbe durch die sichersten Merk-

Merkmale alsobald aus. Man findet ihn oft in 5. 10. 15. bis 20. und mehr Fuß mächtigen Schichten. Sein Stoff besteht aus einem ungleich gröbern Korn, als gewöhnlich das Marmor stratarium Lin. Sein Gefüge ist niemals solide. Es gleicht einem zusammengeschütteten Schlamm, in welchem die Luft, bey der Ueberhinstürzung, Höhlungen hervorgebracht hat; In dem Innern finden sich Nester von eisenschüßigem Sand. Oft sind seine Höhlungen mit einem mergelartigen Wesen gefüllt; noch öfter haben diese von innen einen gelben traubenförmig gewachsenen Beschlag. Oft ist auch sein Aeußeres damit überlaufen. Von Versteinerungen trift man darin wenig. Fast nie ist etwas anders, als bloße Steinkerne von einer Terebratel oder von Bruchstücken der gemeinsten Ammonitensorten darinnen vorhanden. Das vollständigste, was ich noch in dieser Steinart entdeckt, war die Matrix eines ungeheuern Ammoniten, welche 4½ Fuß im Durchschnitt betrug. Durch diese Gattung der Kalkfelsen gehen die Höhlen, welche sich in der dasigen Gegend befinden. Sie sind die Mutter des Stalaktits, mit welchen die Pflanzensäure denselben erzeugt.

Die Beschaffenheit desselben kann verleiten, eine die Geschichte der Erde erläuternde Muthmassung zu wagen. Ohnfelbar ist ursprünglich die ganze Gegend, wo jetzt das Vorgebürge zu den Fichtelbrger Ganggebürgen sich findet, mit dem Stoff zu diesem Marmor grandævum, gleich einer Rinde, durchaus überzogen gewesen. Ich getraue mir, es durch den Augenschein zu beweisen: auf jeder Seite der dasigen sehr tiefen und engen Thäler, stehen vor denselben ungemein schroffe und ganz ungeheure Felsen. Nun sieht man, wie die Fugen der Schichten, von denen z. E. auf der südlichen Seite, stehenden Wänden, mit jenen auf der nördlichen sehr oft wagerecht liegen. Neigen sich irgend wo die hangenden Lagen gegen die Tiefen, so neigen sich die gegenüberliegenden meist unter einerley Winkel. Sie müssen also ein zusammenhangendes Ganze ausgemacht haben. Man wird genöthigt zu glauben, daß diese Schichten vor Zeiten hinübergelaufen; daß die mittlere nun fehlende also, in die Tiefe versunken, daß diese Thäler folglich aus einer Ebne, welche mit der gleichen Kanart bedeckt war, entstanden.

Ein Satz, der durch die Art des Baues, und die Anlage gedachter Gebürge selbst, noch mehr bestätigt wird. Sie erheben sich nicht als freystehende Hügel. Von dem flachen Lande an, zieht sich in einer Ferne von 3 oder 4 Meilen, die Gegend allmählig in die Höhe.

Man kommt auf diese Weise an sehr tiefe Thäler, ohne einen Berg überstiegen zu haben. Gegenüber glaubt man wieder hohe Berge vor sich zu finden. Ersteigt man diese Präcipissen so zieht sich deren Gipfel in meilenweite Ebenen fort. Diese schneidet das engste Thal abermals ab. Ueber selbige ragen wieder ähnliche Berge hervor. Sie sind höher, von den tiefer liegenden aber, der Anlage nach gar nicht verschieden. So ist bis an das Ganggebürge hin die Oberfläche durch Thäler zerrissen und zeigt, daß sie sonst eine sich allmählig erhebende Ebene war, welche die mächtigste Lage von Kalkschlamm bedeckt. Nach einer Richtung, die man jetzt noch an den Lagen der Thäler bemerkt, brach zur Zeit, wo die Erde ihren allgemeinen Umsturz erlitten, der unter ihnen liegende Boden.

Es sanken Meilenlange Stücken Landes nach in die Tiefe, der noch nicht erhärtete Kalkschlamm löste von beyden Seiten sich ab, und ließ an selbigen die gegenwärtig gerade angehenden Wände von Felsen. Ich getrauete mir, diese versunkene Trümmer in einer Tiefe, welche etwas mehr als die Höhe der zur Seite stehenden Berge beträgt, ganz unfehlbar zu finden. So däucht mir sind die meisten, dieser fast unzählbaren Berge entstanden. Freylich geht von ihrer Entstehungsart manches über die Geschichte der Menschen hinauf. Zur Zeit wo die jetztbewohnte Erdfläche als Meerboden unter Wasser stand, ist der Kalkschlamm auf das ursprüngliche Granitgebürge angeschlammt worden. Bey jenem Umsturz, welcher ein sechzenthalbhundert Jahr hernach, den Meerboden zu trocknem Lande gemacht, sind diese Thäler entstanden. Diese haben nachher Jahrhunderte hindurch neue Aenderungen erlitten.

Mich deucht auch von diesen ganz leserliche Urkunden in dem dasigen Archive der Erdgeschichte vorgefunden zu haben. Nachstehendes scheint an diesen Gebärgen in der That ungemein belehrend zu seyn. Die ganze Erhöhung derselben ist von ihrem Fuß an bis auf den Gipfel ein Geschütte von sehr kleinen Kalksteinen; diese sind mit einer offenbaren Schlammerde vermengt. Sie liegen in derselben, und sind damit gebunden. Beyde machen oft die abhängige Seite dieser Berge auf beträchtliche Weiten aus, jäh aber schneidet ein Sandlager dieselbigen ab. Man findet sie mehrere Lachter mächtig, wie die Hohlwege, wie die gesunkenen Stücke es zeigen. Schlammerde, Sand und Kalkgerölle gränzen oft nahe zusammen. Mit einem Schritt wechseln diese Erdlager mit dem andern ab. Nun wird man an

den

den mitunter hervorragenden Felsen einleuchtend gewahr, daß sie von Wassern angespühlt sind. Selbst die kleinen unzählbaren an den Seiten der Berge liegenden Kalksteine zeigen, daß auch diese ihre Ecken durch fortrauschende Wasser verlohren. Nöthiget das nicht zu vermuthen, es müssen durch diese Thäler mächtige Fluthen dahin gestrichen haben? Sie sind unfehlbar durch lange Zeiten so tief als die Thäler selbst gewesen. Ihre versiegenen Ueberbleibsel sind vielleicht die kleinen Flüsse, welche jetzt die Thäler durchrinnen. Oft nun durch Zufälle aufgetrübt, setzten sie an den Seiten den jetzt daliegenden Wasserschlamm ab. Sie spühlten die so jäh sich abschneidenden Sandlager ebenfalls an. Diese Thäler sind Strombette gewesen. Durch sie ist das vor ihrer aller gemeinschaftlichen Mündung in der Ebene von Erlangen liegende Sandlager abgesetzt worden. Man trift sogar in diesen die oberländliche Marina aber rund abgespühlt an. Von dergleichen Strömen kommt der noch leichtere, etliche Meilen weiter abendwärts in die sich mehr ausbreitenden Ebenen bey Neustadt, befindliche, so fruchtbare, einem wahren humo vegetabili gleichende Boden. Wo aber nahm die Natur die ungeheuern Massen zu so beträchtlichen Erdlagern wohl her? Die schauervollen Granitfelsen des Fichtelbergs, diese ursprünglichen, diese nun bloß daliegenden, diese so augenscheinlich durch Wasser entblößten gigantischen Rippen der Erde, zeigen, daß sie unbedeckt sind; zeigen daß solche mächtige Fluthen ihre ehemaligen Erdlager weiter geführt, daß diese von der Nordseite her auf sie gestoßen, daß also die ausgetretenen nordischen Meere die jetzige Bildung dieser Erdstriche bewirkt. Sonderbar ist es, daß hin und wieder die Landleute bemerken, wie ihre Berge niedriger werden. Sie wollen, es erstrecke sich der Schatten von mancher Spitze derselben in den kürzesten Tagen nicht mehr so weit, wie ehedem auf ihre Aecker. Nach aller Wahrscheinlichkeit ist diese Beobachtung gegründeter, als sie scheint. Unsre Naturkündiger wollen zwar schon lange eine durchgehende Abnahme der hohen Orte unserer Erde bemerken. Durch die das Jahr so oft fallenden Regen soll bey einem Zoll von ihrer Höhe abgespühlt werden. Nothwendig werden die Thäler um eben so viel erhöht. Schwerlich aber ist diese Hypothese befriedigend genug. Durch die Geschütte von Steinen, so wie durch ihren lettigen Grund, ja durch das Gras selbst, sind die abhängigen Seiten der Gebürge viel zu sehr gegen diese Wirkungen des Regens beschützt. Man sucht den Grund dieser merklichen Erniedrigung unsrer Berge wohl sichrer in ihnen selbst. Aus dem Fuß derselben rinnen ungemein viele Quellen. Es seigt nicht minder eine beständige Feuchtigkeit durch den Boden, über welchem sie aufgesetzt sind. Man glaubt kaum, wie viel von dem Geschütte der Kalkfelsen hierdurch aufgelöst wird; man siehet es aber an den oft mehrere Lachter mächtigen Tophlagern, welche sich dadurch so gar unter der Dammerde erzeugen. Zu dergleichen Anwüchsen nimmt die Natur den Stof von den anliegenden Bergen.

Dieser ihre Grundvesten müssen also sich auf das gemächlichste senken. Der Boden des Thals wird zugleich mit erhöht. Beydes muß mit der Zeit in den Höhen der Berge selbst einen so beträchtlichen Unterschied machen, daß es auch der Landmann bemerkt.

Unterhalb Streitberg hat sich der Beweis zu allem dem vorstehenden gefunden. Die so schnell über ihr steiniges Bett hinrauschende Wiesent hatte durch das Unterspülen des Ufers, die Erdschichten auf eine ziemliche Tiefe entblößt. Gleich unter der Dammerde strich ein Lager von Toph. Diese Steinart entsteht, es mag der unchimische Litholog sagen was er nur will, aus nichts als Kalktheilen, welche sich mit der Dammerde verbinden; aus Wassern, welche mit aufgelöstem Kalke gesättiget sind, und im Durchrinnen diese Vermischung bewirken. Hier zeigte sich also, was die aus den Bergen kommenden Quellen, was die unter ihnen durchschlagende Feuchtigkeit denselben entführt. Augenscheinlich wird der Boden dadurch erhöht. Er wird, so unglaublich es auch scheint, wirklich dadurch auf eine ganz unmerkliche Weise gehoben. Es geschieht, ohne daß es die darauf stehende Gewächse, ohne daß es die darüber aufgeführten Gebäude verspühren. Es giebt Orte in Franken, wo jedes Auge, sogar das Hervorwachsen der Tophfelsen aus der Erde zu sehen vermag.

Sie finden sich an den Gehängen der Berge, in dem baubaren Land. Sprengt man sie, da sie im Pflügen Hinderung machen, von dem Boden hinweg, so erhöht sich der Tophfels von dem unterirdischen Zuwachs nach und nach wider. Er ist binnen 10. oder 15 Jahren wider so groß, als er vorher gewesen. Dies erklärt die Entstehungsart vieler Produkte, welche sonst räthselhaft scheinen. Man begreift hieraus, wie die Landconchylien, wie die Blätter von Ellern, von Haselnußstauden, von Eichen, ja wie deren Früchte, wie die Gerippe von Thieren selbst, in die oft so tiefe Tophlager gekommen.

Bin-

Binnen ein Paar tausend Jahren kann dieses Wachsen viele Lachter betragen, es kann was sonst Oberfläche war, sehr weit in die Tiefe verbergen. Man hat ja sogar in Marmorbrüchen die verwachsenen Werkzeuge der vorigen Arbeiter angetroffen. Zu diesem Erdlager hat sich sogleich unter der jetzigen Dammerde eine Art osteocolla gefunden.

Sie entsteht unfehlbar, wenn von durchsinternden mit Kalktheilen gesättigten Wassern, deren Gemisch mit der Dammerde, an den Wurzeln der Vegetabilien abgesezt wird. Je nachdem diese stark sind, je nachdem werden hohle cylindrische Körper erzeugt. Die Erde mag so fest seyn als sie nur will, so legt sich das kalkigte an, und wächst, obschon die schwerste Erdart den mächtigsten Widerstand giebt. Nun haben sich hier Bruchstücke gefunden, deren Höhlungen bewiesen, daß sie um runde Körper, um etliche Zoll dicke Wurzeln gewesen; hier haben also, wie auch dieser Belag zur Geschichte der Erde beweist, ehedessen ganz andre Gewächse, als der für den Landmann in seinen Triften nun so gewünschte Klee, als ein nährendes Poterium, als andre Wiesenkräuter gestanden.

Mit dem Abend wurde auf unserer Reise Muggendorf erreicht. Ich bekam von neuen Entdeckungen sehr viel zu hören. In den Klausteiner Grüften sollen sich die Gailenreuther Osteolithen gleichfalls befinden, und noch eine Stunde weiter in einer ganz neuen Höhle, ganze Menschergerippe bey eben diesen Produkten liegen. Es machte mich dieses so begierig, daß ich glaubte, der günstigen Witterung mich für diese etwas entlegene Orte bedienen zu müssen. Und ich habe mich schon mit dem Morgen des 8ten Aprils nach jener Gegend verfügt.

Die

Die Lage von Klaustein, einer dem Hause Bayreuth zugehörigen Kirche, wird für ein Auge, welches Gebürge mit einem forschenden Blick zu betrachten gewohnt ist, stets ungemein viel merkwürdiges haben. Sie ist auf dem höchsten Felsen der dasigen Gegend erbaut. Von Westen her zieht sich das s. g. Tos, dieß nach meinem Bedünken eine halbe Meile in der Länge habende Thal.

Schauervoll schöners hat die Natur, oder deren ehemalige Umstürze in jenem Erdstrich wohl nichts gemacht. Bey einer Breite von 100 oder höchstens 200 Schritten, ist es zu beyden Seiten ununterbrochen mit 2 bis 3 auch 400 Fuß hohen, meist stenkrecht angehenden Felswänden besetzt. Hier gleicht eine Strecke Mauern, dorten ragen ungeheure Obelisken aus dem etwas flachern Bergrücken hervor, hier hängt gethürmter Fels über seinen Schwerpunkt nach der Tiefe als hereinstürzend herab. Kurz man geht hier unter grausenden Ruinen der erstern Welt, jäh öffnet sich dieses so enggeschloßne Thal; die beyden Seiten desselben gehen mit einem mal in die geräumige Ebene von Kirchahorn aus, sie setzen steil genug ab; man kommt wie durch eine von Gebürgen aufgeführte Pforte ins Freye hervor. Vorgebürge oder die Einfahrt zu einer Meerenge würden, wenn sich die Wasser verlaufen, etwas das diesem gleicht geben.

Auf der nordlichen höchsten Felsspitze steht nun die Kirche Klaustein; gerade unter derselben geht die jetzt zu beschreibende Höhle, in einer schwindlenden Höhe, durch den etliche Lachter mächtigen Fels. Nach einem Wege, welcher von dem Thal herauf fast nicht zu ersteigen und von der Spitze herab sehr ge-

gefährlich ist, kommt man vor eine Felswand, welche an 20 Fuß in die Höhe beträgt. Sie ist nach der Rundung wie ein zertrümmertes Amphiteater, ich weis nicht durch welche Zufälle, in der Weite von ein Paar hundert Fuß ausgebrochen und die offne Seite gegen Norden gekehrt. Ich habe vier Lager oder Schichten von Felsen übereinander bemerkt. Die Oberfläche derselben hängt etliche Schuh gegen die Grundlinie über. Dies scheint durch die Verwitterung geschehen zu seyn, wo nicht anspühlende Fluthen, (wer vermag diese aber sich auf solchen Höhen zu denken)? es wahrscheinlicher weise gethan haben. Auf diesem Lager ruht nun erst der die Klausteiner Kirche tragende Fels. So viel ich nach dem Augenmaaß urtheilen konnte, kann dieser einige 40 Fuß in der Dicke betragen.

Das ihn tragende Lager schießt um viele Fuß vor, und es ist für die Sicherheit dieser Klippen von der Natur mitten unter ihren Umstürzen bestens gesorgt. Etliche Klafter breit tropft aller Orten aus dem sehr festen Fels häufiges Wasser, das sich in dem Boden verliehrt. Die Steinart selbst zeichnet sich von den übrigen aus; sie ist ein mit gelblichtem Sande und Letten vermischter und gebrochener Kalk. Ganz auf dem Boden ward ich einer mit vieler Sorgfalt verlegten Kluft gewahr. Man hat Wasser in der Tiefe bemerkt. Dieß veranlaßte, daß man Enten hineinschwimmen ließ, welche nachher in der Gegend von Streitberg wieder zum Vorschein gekommen sind. So viel ist gewiß, daß diese Gebürge in ihrem Innern viele stehende Seen haben, und mit zusammenhangenden Kanälen durchzogen seyn müssen. Von dem Hauptfels der Klausteiner Höhle haben die zerstörenden Kräfte der Natur, gerade noch so viel Land übrig gelassen, als nöthig ist, um sie zu besehen. Man hat hier zwey Oeffnungen von Schlünden vor sich, welche nach dem Innern dieser Bergspitze ins Dunkle führen. Auf der Westseite ist das Gebürge wunderbar gestürzt, zerstört und verfallen. Gleich nach etlichen Schritten zur Rechten aber steht es noch unverändert da, gerade wie eine Mauer. Dort sind Felsen von mehr als einer Million Centner am Gewicht aus ihrer Lage verrückt. Hier ist ein Berg von Stein wie durch Kelle viele Lachter nach der Länge gespalten. Würden die Kräfte berechnet, welche hier wirksam gewesen sind, so sollte man in Versuchung kommen zu glauben, daß die Natur nichts mehr diesem ähnliches habe. Ich weiß in der That nicht, soll ich die Oefnung verfallen, geschollen, gesenkt, ausgespühlt oder wie sonst nennen, welche nach einer links gehenden Höhle ziemlich jähe unter die da liegenden Trümmer führt. Der Eingang ist mit einer Höhe von 5 Fuß, und auf dem Boden gegen 8 Schuh in der Breite, in einem gedrückten Bogen, ich weiß nicht durch welche Umstürze nach der Tiefe gemacht. So geht es viele Lachter durch verfallnes Gebürge in verschiedenen Weiten. Denkwürdiges aber wird man gar nicht gewahr. Dieser Schlund zieht sich rechts und führt in die Hauptgruft der größern hier angelegten Höhle, so daß man, in dieser aus den Oeffnungen der Seitenfelsen wieder zum Vorschein kommt.

Zur Haupthöhle ist der Eingang, rechts von der erstgedachten Oeffnung, unter dem sehr weit überhangenden Fels. Es macht derselbe einen, auf dem Boden 20 Fuß in der Weite und 10 in der Höhe habenden, Bogen. Nach dieser Richtung bildet sich ein sehr düstres Gewölbe. Nach 15 Fuß in der

Länge

Länge aber zieht sich das Gebürge wieder in die Enge zusammen. Man hat weder in der Breite noch in Absicht auf die Höhe mehr die Hälfte dieses Maaßes vor sich. An der Decke ist alles so wunderbar und unregelmäßig zerstört, daß ich mir nicht vorstellen kann, ob Wasser oder Feuer, oder beide Elemente hier ehedessen nacheinander gewirkt. Von dieser Enge trit man in einen besondern düstern Ort. Es ist eine zweyte Höhle von 74 Schuh in der Breite, die sich gegen 40 Fuß in die Länge zieht; ihre Höhe mag ein 2 oder 3 Ruthen betragen. Sie ist so gebaut, daß sich der Bogen von ihrer Wölbung in den Boden selbst, ohne weitere Seitenwände verliert. Hier kommt man aus den Oeffnungen der düstersten Winkel, gleich als aus einem Abgrunde wiederum vor, wenn man die obgedachte Seitengruft bis an ihr Ende durchsucht.

So wunderbar ausgebrochne Felsen, als diese zur Decke hat, sind mir noch nirgend vorgekommen. Es ist, als wären ungeheure kegelförmige Massen herab auf den Boden gestürzt, und davon diese fürchterliche trichterförmige Vertiefungen in der Höhe geblieben. Unten liegen große Haufen von gelbem mit einem niergelartigen Wesen gebrochenen Sande. Dieß ist die einzige Höhle mit einem sandigen Boden. Bey den andern besteht derselbe aus kalkigtem Wesen. Ich kann mir nicht vorstellen, daß selbiger eingespült ist; das so tiefe Thal würde davon erst müssen ausgefüllt seyn. Ein Sandlager welches etwa unter dem Kalkfelsen hinstreicht, ist es ebenfalls nicht; denn auf beyden Seiten dieser Gruft setzt das Kalkgebürge ununterbrochen fort in die Tiefe. Es ist, als wäre ein auf Kalkfelsen gelegener Sandhügel mit Kalkschlamm überschüttet, und so in dessen Inwendiges verschlossen geworden. So viel ist gewiß, diesen Sand hat die Natur hier nicht wie Herr von Linné will, aus den Atomis des ätherischen Regenwassers gemacht. Der Fels ist zu dicht, um ihn durch denselben zu präcipitiren. Man findet in demselben Gebeine von allerley zahmen inländischen Thieren. Sie sind aber wohl nichts anders, als Ueberbleibsel neuerer Zeiten, während welcher sich die Einwohner der Gegend, in diese fast unzugänglichen Klüfte mit ihrer Haabe zu flüchten genöthigt sahen. Doch ist es sonderbar, daß Herr Pallas, dergleichen Gerippstücke in den Grüften Siberiens gleichfalls angetroffen, wo jetzt Menschenkräfte nicht ein einziges Stück Vieh hinzubringen vermögen.

Man gelangt an dem Ende dieser zweyten Grotte zu einem Pfeiler, welchen die Natur zur Unterstüzung des Gebürges übrig gelassen. Wie bey Gewölbern, welche die Kunst anlegt, ruhen die Seitenstücke zweyer Bogen, welche eben so viele Eingänge machen auf ihm. Der zur Rechten gleicht einem Thor, welches etwa 8 Fuß unten in der Weite, zur Höhe aber ein 10 bis 15 hat nach Beschaffenheit des sehr ungleich zerrissenen Gebürges. Man kommt in ein schauervolles Gewölbe. Es ist 42 Fuß lang und eben so breit. Die Höhe aber bleibt dem vorigen gleich. Ueber die so unregelmäßigen Klüfte der Decke läßt sich nichts eigentliches bestimmen. Alles ist ganz verfallen. Es liegt hier eine Felssäule auf dem Boden, welche das Gewölbe ehedessen scheint getragen zu haben, unter Haufen von gelbem mit einem mergelartigen Wesen gebrochenen Sand. Dieser wird stets für gegenwärtige Grüfte etwas eigenes bleiben. Ich stelle mir vor, daß dieß Gebürge mit großen und kleinen Nestern, Trümmern oder Stockwerken desselben, ausgefüllt war. Durch die Verwitterung lösten sich Schaalen von dem Kalkgebürge nach und nach ab; die Sandlager stürzten herunter. Mittelst der vor Zeiten etwas durchschlagenden oder rinnenden Wasser ist das Kalkigte aufgelöst worden. Es führte diese Theile mehr nach der Tiefe, der reinere Sand also blieb liegen. Dieser aber sieht aus als äußerst durcheinander gestürzt. Er liegt hier und da in völligen Haufen. Menschenhände haben wohl, mir aber ist unbekannt nach was für Schätzen, hier ehedessen gegraben. Ich traf in dieser Grotte etliche Bruchstücke von den Atlantibus der Gailenreuther Geschöpfe an. Von innländischen Thieren liegen hin und wieder zerstreute Gebeine.

Das Gebürge setzt mit der obbemeldeten Länge etwas ab, um eine vierte Grotte zu bilden. Das Fürchterliche der vorigen artet hier in das Schreckliche aus. Von dem obgedachten gestürzten Pfeiler an hat man vier oder 25 Fuß gerade vor sich. In dem Dunkel der Höhe aber von einigen 40 Schuh verliehrt sich bey mehrern Lichtern fast das Gesicht. Man kann sich bey dieser Dämmerung nichts unregelmäßigeres und wilderes denken. Es sind ungeheure Massen von Fels aus der Deke gekloben. Wenn sie auf dem Boden lägen, würde man muthmaßen, daß sie Trichter von ehemals ausgespülten Wasserwirbeln gewesen. Sie sind an Größe verschieden. Mir gebrechen die Ausdrücke um das eigentliche Bild derselben mit Worten zu mahlen. Man sieht, daß die Höhlung dieser ungeheuern Kluft von ihrer Mitte an links eine Wendung nimmt. Sie verengert sich allmählig und scheint dadurch den Eingang zu einer fünften Höhle zu bilden. Man hat nun eine Oeffnung von 23 Fuß Weite vor sich. Ihre Höhe mag 4 bis 4½ Ruthen betragen. Ich fand hier das Gebürge noch grausender ausgespühlt, oder zerstört. Einige 20 Fuß hernach senken sich diese Felsen, und lassen noch gegen 6 Fuß eine Höhe; der noch 12 Schuh im Durchmesser bleibende Bogen ist durch einen halbverfallnen Pfeiler sehr mißlich gestützt. Auf dem Boden liegt ein mülbicht aus gelbem Sand, Stauberde und Mergel gemischtes Land. Ich weiß nicht, ist es der Mühe werth, diese Klust für die 6te Höhle zu zählen. Sie zieht sich links an die 25 Fuß fort, bleibt 10, 12, 15 Schuh breit, und hat von der Höhe einer halben bis zu einer ganzen Ruthe nach dem vorigen etwas mehr mülbichten Boden.

Diese Klüfte fangen nun an sehr enge zu werden. Es sind auf 32 Fuß in der Länge, nicht mehr als 4 Schuh Höhe, und 8 Fuß Breite über dem vorigen Boden, um an das Ende zu kommen. Ein dichter Fels schließt diese Höhlen vollkommen, ohne auch nur die Spur von einer weitern Kluft übrig zu lassen.

Hier haben sich endlich reichlichere Ueberbleibsel der Gailenreuther Osteolithen gefunden. Gegen den Anfang der letztbemeldeten Engen, ist eine Seitenöfnung ganz auf dem Boden. Es macht sie ein überhangender Fels, unter welchem selbige liegt; ohne weit in die Tiefe zu gehen. Der Boden war mit Geröll abgerissener Kalksteine des Gebürges selbst bedeckt, und das Klüftige derselben mit dem oftgedachten mülbichten Sande ausgefüllt. Kaum war einer Hand breit von diesem Wust auf die Seite geräumt, so fielen ein 10 bis 12 Stück Wirbel hervor, welche ausserordentlich starck sind. Es kam noch ein zertrümmerter Atlas, noch eine Klaue,

sonst

sonst aber keine Spur von diesen Osteolithen zum Vorschein.

Ihre Lage, ihr Ansehen, ihr Gefüge im Innern hat mich auf den Gedanken gebracht, daß sie wohl nicht von der Natur hieher gebracht worden. Diese Vertebra sind unwidersprechlich von mehrern Thieren. Es solten also die noch stärkern, die noch länger sich haltenden Tibiæ gleichfalls bey selbigen liegen. Kein Splitter aber wolte sich von diesen weiter entdecken. Vornehmlich sind die innern Bestandtheile, welche selbigen die jetzige Festigkeit geben, das allersicherste Merkmal, wie dies Erdlager sie nicht unverweslich gemacht.

Sie lagen in einem mit gelblichtem Mulen gebrochenen Sande. Das Cellulöse also derselben solte mit den feinern Theilen dieser Erdart ausgefüllt seyn. Hier wäre es bey dem dazu erforderlichen Beytritt des Wassers möglich gewesen, daß sie von den aufgelösten Quarztheilen in eine würkliche Versteinerung übergegangen. Ich kann aber nichts, als was in den Gailenreuther Klüften die gewöhnlichen Indurationen macht, in dem Innern derselben finden. Diese Produkte sind hier Werke der Kunst. Von dem Eingange an betragen alle diese Grüfte etwas über 200 Fuß. Kaum wird es merklich, daß sie in ihren Strichen sich etwas erheben. Das besonderste ist, man wird keine Spur von Stalactiten in denselben gewahr. Auch hierin zeichnen sie sich von allen übrigen aus. In viel kleinern Grüften finden sich ganze Hügel dieses Produkts. Das Gebürge der dasigen Gegend ist ordentlich mit der dichtesten Rinde davon überzogen. Gerade hier fehlt es durchaus. Ueberhaupt sind mir bisher über diesen Stein verschiedene

schiedene Fragen unerklärbar gewesen. Wie durchdringt das sie hervorbringende Wasser jene oft so viele Lachter mächtge Felsen? In einem aus ihnen gehauenen Troge, wenn dessen Boden oder Seiten nur eine Hand dick sind, hält sich, ohne durchzuschlagen, das Wasser auf die vollkommenste Art. Die Erfahrung bezeugt es auf das unwidersprechlichste. Was für eine Gattung von Wasser ist es also, welches die im Ganzen so ungeheuer dicken Felslager zu durchdringen vermag? Ist es ein anderes als dasjenige, welches durch den Regen, auf die Flächen der Berge fällt? Vermag aber Regenwasser, das so wenig von einem Acido hat, die Solution der Kalkfelsen zu bewirken? Mit welcher Art von Säure müßte es wohl gesättigt seyn, um ein solches wirksames Auflösungsmittel zu werden? Gewiß schwer zu beantwortende Fragen! Mich deucht der Mangel an allen stalactitischen Wesen in den Clausteinerischen Grüften könnte auf die eigentliche Entstehungsweise desselben leiten.

Folgende Erfahrungen haben mich auf eine Muthmaßung gebracht: Es ist über den Clausteiner Grüften die Kirche erbaut, sie sind mit diesem und noch einem Gebäude bedeckt; der Berg ist von oben ganz kahl, und nicht mit Holz, sondern bloß mit Gras nur sehr mäßig bewachsen. Nun wird Folgendes durch die Erfahrung außer Zweifel gesetzt. Je dichter die Berge oder Felsen mit Waldungen oder Gras oder Moosen auf ihrer Oberfläche bedeckt sind, in welchen sich Höhlen befinden, je mehrere Stalactiten werden sie in ihrem Inwendigen haben. An solchen Orten fault eine sehr große Menge Vegetabilien jährlich zusammen; wird hievon nicht ungemein viele Pflanzensäure erzeugt? Sie bleibt in der Dammerde

erde zurück; sie dünstet weniger an den schattigen Gegenden weg; sie wird durch die vielfältigen Regen tiefer und den unten liegenden Felsen näher gebracht. Wem ist unbekannt, wie weit sich durch die Attraction salzige Theile auszubreiten vermögen? Woher hat wohl die Natur die Kochsalzsäure genommen, mit der sie in dem von alten Salzquellen entblößten Erzgebürge das Hornsilber erzeugt? Genug, daß dies acidum vegetabile über den unter der Erde liegenden Felsen wirklich abgesetzt wird; daß es an sich Kalksteine aufzulösen vermag. Nun ist mir bey genauer Beobachtung der stalactitischen Felsen eine hier Erläuterung gebende Denkwürdigkeit an denselben erst bey dieser Untersuchung in die Augen gefallen. Nie sind dieselben durchaus solid. Ihr Korn ist offen, sie sind stets von heterogenen und minder kompakten Theilen gemischt; sie sind oftmals porös, und nicht selten mit Splittern, Klüften und Höhlungen durchzogen. Viele sehen aus, als hätten sie Pholaden durchfressen. So findet man ihre oft Bergen ähnliche Massen. Wie leicht kann sich eine Feuchte, eine Säure durch selbige ziehen; gesetzt, daß sie auch in der Dichte mehrere Ruthen betragen; giebt doch sogar der festeste Marmor im Feuer ein beträchtliches Gewicht Wasser von sich. Nun setze ich, es dringt die mit der Pflanzensäure gesättigte Feuchte in die Oberfläche derselben ein. Von hieraus sind Pori genug, die Feuchte, wie durch Haarröhrchen, weiter, ja bis durch die dichtesten Felsen zu führen. Nothwendig muß bey dem Durchgang, mittelst der Säure, von dem Kalkigten vieles aufgelöst, nothwendig muß es, wenn die Luft dazu kommt, wieder abgesetzt, und so die Stalactiten, der zu Erhaltung des Bodens über welchem wir wohnen, oft so nöthige Kitt abgesetzt werden. Da die Bergspitze in welcher sich die Klausteiner Höhle befindet, mehr kahl als die übrigen insgesammt vielleicht von jeher gewesen, da die Natur von der Pflanzensäure über ihnen nichts zu erzeugen vermochte, da das menstruum zu Verschaffung der Stalactitenmaterie fehlte; so muste es nothwendig auch an dieser gebrechen.

In der dasigen Gegend hat sich eine noch ganz unbekannte Höhle mit Ueberbleibseln von Menschen und Thiergerippen gefunden. Die Zeit erlaubte es nicht, mich in die, noch ein paar Stunden weiter gelegene Gegend, zu begeben. Durch die sorgfältigste Nachfrage aber bey Personen, welche sie befahren, habe ich Folgendes ausfündig gemacht:

Sie ist in Zewig, eine Viertelstunde von Weschenfeld und zwar so, wie alle diese Grüfte, auf einem Berge gelegen. Ihre Oeffnung hat 10 Fuß in der Weite. Sie macht einen Bogen, der ins Flachrunde ausgesprengt ist. Durch solchen ist es nicht möglich, weiter als 10 Fuß vorwärts zu kommen; man ist sodann genöthigt, sich an einem Seile haltend, in die Tiefe zu lassen. Mit diesem passirt man nicht ohne Gefahr, eine Enge, welche 7 bis 8 Klafter in der Länge beträgt. Hier fängt die Höhle an sehr geräumig zu werden. Es rinnt aus dem Felsen eine mäßig starke Quelle hervor, deren Wasser aber sich wieder in die Erde verliert. Die ganze Länge dieser geräumigen Gruft mag an 60 bis 80 Schritte, den Eingang ungerechnet, betragen. Sie ist in der Breite wenig von diesem Maaße verschieden, und also fast ins Runde gebaut. Ihre Höhe beträgt gegen 30 oder 40 Fuß, in dem sie gleich wie die Grüfte des Holenbergs sehr ungleich aus-

ausgesprengt ist. Die Felsart ist Kalkstein, wie bey den übrigen allen. Gleich da, wo die Gruft sich ins Weite zu öffnen beginnt, liegt ein ganzes, starkes, noch unverfallnes Gerippe von einem Menschen. Es ist das Hüftbein an demselbigen zerbrochen. Wenige Schritte davon findet sich ein anderes Menschenskelet. Es ist eben so ganz, und scheint der Kopf bloß, wie durch einen Hieb, beschädigt zu seyn. Das sonderbarste ist, daß man durch die ganze Höhle viele hier und da liegende Skelete von Wölfen antrifft. Beydes sind wohl Ueberbleibsel neuerer Zeiten. Mörder haben vielleicht diese zwey Leichname dorthin geschleppt, und die Wölfe sich hier selbst gefangen. Der Augenschein beweist, daß sich kein Thier so leicht wieder aus dieser Tiefe zu helfen vermag. Wenn sich eine dieser Bestien dorthin einmal verlohren, so hat der Geruch die übrigen auch in diese Falle gelockt. Ueberbleibsel der erstern Welt haben ein eigenes Gepräge, daran man solche alsobald erkennt.

Von der Gegend Claustein ist noch eine botanische Nachlese zurück. Eben hatte die schöne Fumaria bulbosa durch das ganze Gebürge geblüht. Eine weißblühende Spielart war verschiedentlich mit unter gemischt. Mir ist unbekannt, warum die neuern Botaniker ihrer so wenig gedenken. Zu dem Bau der Wurzel dieser Pflanze hat der Schöpfer seine wunderbare Stufenfolge gewählt. Bey einer Gattung, bey der Fumaria bulbosa, ist die Zwiebel durchaus solid. Bey der zweyten, bey der Fumaria cava, hat die Zwiebel eine Höhlung in ihrer Mitte. Die dritte Sorte, man sollte sie Fabaceam nennen, hat in der Höhlung ihrer Zwiebel noch eine kleinere Zwiebel. Sie nimmt sich durch ihre wenigen Blüthen, durch ihre getheilten Bracteas und sonst so sehr aus, daß ich

zweifle,

zweifle, ob es möglich sey, daß diese bloße Abartungen der Pflanzen sind, wenn sie zwey Jahre alt geworden ist.

In Absicht auf das Mineralreich möchte noch Folgendes eine Anmerkung verdienen. Die Claussteiner hochgelegene Klippe setzt, wie schon gesagt ist, ziemlich jähe gegen die Ebene ab. Von dem Gebürge selbst, dessen ausgehende Spitze sie ist, zieht sich Ost- und Nordwärts ein sehr mächtiger Rücken, welcher sich gegen Kirchahorn, in den nach besagten Ort führenden Plänen sanfte verliehrt. Auf der Mitte dieser Anhöhen liegt zu Tage aus, ein bohnenförmiges Eisenerz, an einem Lager von 10 Schritten in der Breite und ein Paar hundert in der Länge. Es scheint der Anbruch, oder das Abgespühlte eines viel weiter und tiefergehenden Erzlagers zu seyn. Alle Kennzeichen desselben ergeben, daß es unter die auf dem alten Meerboden erzeugten Seeerze gehört; es liegt unter dem gewöhnlichen Eisensand, diesem bekannten Produkte des Meers. Es finden sich die sogenannten aciculæ Echinorum ziemlich häufig unter denselben; es sitzen an den einzelnen Stücken desselben sehr oft Vermikuliten; die Bruchstücke von Hahnenkämmen, ja noch ganze Ostreæ, welche man ohne Mühe sogar für Ostreas pelagicas erkennen muß, zeugen mehr als zu deutlich hiervon. Ich sollte sogar muthmassen, daß diese unter dem Namen der Bohnenerze bekannten Körper, ehedessen Steinkerne von Marinis gewesen. Oft wird dies durch ihre Gestalt ganz unwidersprechlich gemacht. Sie haben die Bildung eines Echiniten, einer Tellin, eines Seeballs noch deutlich genug. Nur ist das sie näher kenntlich machende abgespühlt worden. In dem Salzburgischen werden sie noch in ihrer wahren Gestalt als Coni, als Echiniten in der Tiefe von 80 Lachtern gefunden, und zu einem sehr guten Eisen verschmolzen. Aus dem gegenwärtigen Bohnenerz würde man, mit Glaskopf geschmolzen, dergleichen ganz unfehlbar erhalten. Näher gegen Muggendorf hin, finden sich wirklich Spuren an hin und wieder aufstoßenden glasichten Schlacken, daß hier vormals hohe Oefen gegangen. Dort ist auch der glasköpfige Eisenstein dazu vorhanden. So streichen selbst von der hiesigen Gegend an, die zu Tag ausliegenden Eisenerze, die Spuren, daß man sie in sehr entfernten Zeiten geschmolzen, bis gegen den Fichtelberg hin; wo es mit größern Stockwerken die ganze Gegend in sehr weiten Erdstrichen durchsetzt, und also, da diese Gegenden von dem Norico Cisdanubio der Römer ein so beträchtlicher Theil sind, die von einem Horaz und Ovid als dermaßen fürchterlich besungenen Norischen Klingen, weiland eigentliche Produkte der Bayreuthschen Lande sind.

Der folgende 9te April war es endlich, wo ich die Gailenreuther Höhle gleich mit dem Morgen abermals befuhr. Ich wählte mit Vorsatz, von Muggendorf aus, den ungangbarsten Weg, um längst des Bergrückens, in welchem sich diese Grüfte befinden, von der Seite her an dieselbe zu kommen. Es kam mir stets etwas sonderbar vor, daß ich auf dieser Seitenwand des Gebürges, so weit ich sie vor diesem gesehen, nie marina bemerkt, da doch die andere, der gerade gegen über liegende Bergrücken, deren so viele von allerley Gattungen hat. Die Gegend wurde aus diesem Grunde sorgfältig durchsucht. Sie hat verschiedene etwas selten scheinende Pflanzen. Die Saxifraga tridactyla blühte an verschiedenen Felsen.

sen. Mit dem Lichine complanato waren ganze Strecken bezogen.

Ungefähr dreyviertel Stunden von der Osteolithenhöhle fängt der Bergrücken an, etwas flächer zu werden. Er ist mit einem gelben, durch einen Ocher gefärbten und mit Sand vermengten thonigten Erdlager, auf eine ziemliche Weite bedeckt. Es ist der gewöhnliche Boden für die Echiniten. Man findet jetzt in demselben noch unbedeutende Fragmente von diesem Geschöpfe. Hier waren ganze Striche mit Marinis besäet; aber so zerstört als ich sie fast nirgend gefunden habe. Mit einer jeden Hand breit lassen sich auf manchem Platz etliche Trümmer von den gefurchten Terebrateln bedecken. Mit der größesten Mühe aber, wurde ich kaum 2 oder 3 ganzer Stücke dieses so gemeinen Petrefacts gewahr, und diese hatten wenigstens etwas zerstücktes an ihrer Schale. Sie sind wohl hier nicht gezeugt, sondern scheinen mehr angespühlte Wasserauswürfe zu seyn. Eben so haben sich, in gleichem Zustand, aller Orten Bruchstücke von Corallen gefunden. Man erkennt wohl, daß diese Trümmer von Arm dicken Stäminen gewesen, und daß sie meist zu den Milleporen gehört haben. Geschlecht und Species aber lassen sich schlechterdings nicht bestimmen. Ueberhaupt sind diese Korallen, welche wir jetzt auf dem Trockenen und oft in dem Innersten der Berge verschüttet finden, von denen als jetzige Meergewächse bekannten, in dem äußersten Grade verschieden. Sie sind Beweise, wenigstens hier unwidersprechliche Zeugen, daß die hohe See über diese Berge einmal gewallt habe. Sie setzen es außer Zweifel, daß die Gailenreuther Grüfte vor Jahrtausenden unter Wasser gestanden, da sie viel niedriger, als jene Marina liegen sie können also auf die Frage: wie die bekannten Produkte an Ort und Stelle gekommen, Erläutrung geben.

So hatte ich die gedachten Grüfte, für diesmal, von einer noch nie durchsuchten Seite, von der Länge des Bergrückens her, in welchen sie sich finden erreicht. Hier zeigte sichs, daß der Fels in dessen Innerm selbige sind, wohl eine viertel Meile in der Länge beträgt. Er streicht in Einer Richtung fort durch das ganze Gebürge. Oft ragt derselbe noch in sehr großen Felsen nach dem einmal genommenen Strich aus der Erde hervor; oft sieht man nur schmale und niedrige Bänke davon; oft ist alles in einzelne durch einander liegende Trümmer zerfallen. Diese zerstörten Felsstücke haben mir denkwürdig geschienen. Bloß die äußersten Kräfte der Natur sind vermögend, dergleichen eherne Felsen in Stücke zu zersprengen, und so übereinander zu stürzen. Fluthen könnten das niemals bewirken. Unterirrdische Feuer aber mußten an Kalksteinen Spuren ihrer Wirkung zurücklassen, welche man doch hier nirgends bemerkt. Nur da kann diesen Umstürzen etwas ähnliches hervorgebracht werden, wenn die Wuth der unterirrdischen Feuer auf Felsen wirkt, welche die hohe See in ihrer Tiefe bedeckt, wie nach den Turnefortischen Beobachtungen, sich Merkmale davon in dem Archipelagus finden.

Die Gailenreuther Grüfte sind gegenwärtig ungemein wohl verwahrt und versperrt. Zu meinem ungemein großen Befremden habe ich sie sehr verändert gefunden. Kaum schienen mir binnen zwey oder dritthalb Jahren, wo ich zum leztenmal die gedachten

dachten Grüfte gesehen, solche Umänderungen möglich zu seyn. Es schien mir, als habe die Natur diese Trokenzimmer vernunftloser Geschöpfe neu und ganz anders meublirt. Fast traf ich nichts mehr von den ehemaligen stalactitischen Bildungen an. An den Wänden waren ganz andre Zeichnungen, andre, jedoch eben so abentheuerliche Gestalten. Viele der ehemaligen Figuren waren wie mit Tropfstein-Masse übergossen, unkenntlich gemacht, andere aber ganz neu, wie von Bildhauer-Arbeit getrieben. Ich vermag nicht auf die Ursache dieser Veränderungen zu kommen. So hatte sich in der dritten Gruft, wo zum erstenmal eingestiegen wird, durch das hier nun mehr rinnende als tropfende Wasser an einem Ort, der sonst nie die mindeste Feuchte gehabt, eine sehr gut gezeichnete Cascade formirt. Der Zufluß dieser in Stein sich verwandelnden Feuchtigkeit, war hier und da außerordentlich stark. Wüchsen die Wände nur zehen Jahre nach diesem Verhältnisse fort, so wären gewiß die weitesten Zugänge verstopft. Es müssen aber in diesen unterirdischen Werkstätten der Natur Kräfte wirken, davon wir lange nicht genugsame Kenntnisse haben. Die felsernen Stalactiten müssen wider aufgelöst, ihre Theile wieder flüchtig gemacht und durch die Luft ausgeführt werden. Sonst wären gewiß binnen einem Jahrhundert selbst die weitesten dieser Grüfte gänzlich verwachsen. Keine Rechnungen also können unrichtiger seyn, als wenn aus der Größe eines Stalactits oder der Rinde davon an den Wänden, auf die Jahre, binnen denen er sich angesetzt hat, auf das Alter der Grüfte selbst geschlossen wird. Ja kein Calculus kann alberner seyn, als derjenige, mit dem man aus ähnlichen Datis den Beweis zu errechnen vermeint, daß das Alter ähnlicher

cher Produkte so weit hinaus über das Alter der Menschen geht. Es wird dabey das oftmalige Wiederauflösen des Angesetzten, das wiederholte Zerstören des Gebildeten, diese tägliche Beschäftigung der Natur gar nicht in Rechnung gebracht; es muß dieses Produkte geben, in denen der Verstoß um etliche Millenaria Kleinigkeit ist. Doch sind das die Moderechnungen unsrer Zeiten.

Bey dem diesmaligen Befahren der Gailenreuther Grüfte, sollte die neugefundene Höhle und ihre Produkte mein vorzüglichstes Augenmerk seyn. Ich nahm mir aber zugleich vor, so tief als möglich einschlagen zu lassen, um durch die außerordentlich mächtige Schichten Osteolithen und deren Concreten zu kennen, und also endlich die Sohle oder das Liegende derselben zu erreichen. Man könnte sich viel erläuterndes, zur Aufklärung alles Räthselhaften dieser Naturprodukte daraus versprechen. Mit der Mühe eines völligen Tages, mit etlichen Personen aber, ist, wie höchst wahrscheinlich, kaum die Oberfläche dieser Stockwerke von congelirten Thierknochen, aufgeschürft worden.

Der Boden in der dritten Höhle ist, wie bekannt, mit einer Schaale, oder mit einer fast Schuhdicken Stalactitenrinde belegt; unter dieser schien mir jederzeit noch alles in seiner unzerstörten Lage vorhanden zu seyn. Es haben sich von jeher an diesem Orte besonders merkwürdige Stücke gefunden. Sie ist nun ganz untergraben, unter ihr aber alles, so weit sichs kommen ließ, ein einziges von Knochen congelirtes Concret, ein wahrer Bruch von Osteolithen. Alle Gattungen von Gerippstücken des thierischen Gliederbaues, Zähne, Rippen, Stücke von Köpfen,

Klauen und Wirbelbeinen, liegen hier in ungeheurer Menge, in der grösten Unordnung, ohne an Schichten oder fremd eingemischte Körper durch eine Gattung von Toph, der aus verwitterten Knochen besteht, zu denken, verbunden, in verhärteten Steinmassen über einander. Man stellt sich diese Lage von Osteolithen am besten unter einer Grube, wo Sandstein bricht, vor. So ein ganzes, so ein compaktes, so ein unzertrenntes Stockwerk von Knochenconcreten, liegt hier zwischen den Felsen. Es ist so weit abgetuft worden, daß ein Mann, wiewohl mit der grösten Mühe unter der Stalactitenschaale zu arbeiten vermag. Aller Wahrscheinlichkeit nach aber, ist mit dieser kaum die äußere Rinde entblößt. Nach den sichersten Kennzeichen setzt dieses Lager sehr in die Tiefe. Ich habe mit Erstaunen gesehn, wie es sich weit unter die Felsen zieht, durch welche diese Höhlen angelegt sind. Das so mächtige Gebürge scheint auf denselben zu ruhen. Es zerrinnen hier alle Theorien, nach welchen man diese, ungeheure Menge von verschütteten fremden Thieren, bisher noch an Ort und Stelle zu bringen vermogt. Schwerlich wird was ähnliches unter den Subterraneis in Europa gefunden. Das Thier- und Mineralreich gränzt hier bewundernswürdig an einander. Nur die tophartige Masse in welcher die Ueberbleibsel von Gerippstücken sich finden, fordert so vielen animalischen Stoff, daß ihn Francken schwerlich von seinen lebenden Thieren würde zu liefern vermögen.

Wenn man zukommen könnte, so sollte es nicht schwer werden, ganze Quader von Osteolithen-Conkreten, wie in einem Sandsteinbruche zu stoßen. Das Lager hat mit einem wirklichen Toph dem Aeußern

nach

nach alles gemein; es ist aber von einem durch aufgelösten Knochen entstandenen Stoff; ein animalischer Toph. Diese Masse ist oft mit ganzen Gerippstücken durchmengt. Gerade unter den Felsen ragte ein ganzer sehr großer Thierkopf aus derselben hervor. Ich wollte solchen mit sammt der Matrice aushauen lassen; aber er ging bey der Arbeit zu meinem grossen Leidwesen in Stücken. Durch Zeit und Geld würde es hier nicht schwer werden, mehr zu entdecken. Vor allen sollte man die als eine Decke über dies Lager hinlaufende Stalactiten-Schaale zerstufen. Bisher mußte man sie nur untergraben, und elend unter selbige kriechen. Mit den größesten eisernen Schlägeln, mit Schlägen, welche durch alle Grüfte geschüttert haben, ist dieser ehernen Schaale nichts abzugewinnen gewesen. Sie scheint von Stalaktit und thierischem Leim, durch ihre Zehigkeit unbezwinglicher als Marmor geworden zu seyn. Keile schlagen sich ein und spalten nicht. Blos durch Pulver ist sie zu sprengen. Diese Schaale scheint einen Schlund zu bedecken, wie derjenige ist, wo man mit der Leiter einzusteigen genöthiget wird. Sollte dieses seyn, so wäre nöthig, durch zu brechen, um auf die unterste Lage zu kommen. Vielleicht fänden sich Gerippe von Fischen. Wenigstens würde sich entdecken, wie mächtig dieser osteoliten Bruch ist.

Oberhalb sowol, als unter dieser Stalactitenschaale kommt man noch zu einem merkwürdigen Ort. Es ist ehedessen und noch vor drey Jahren hier alles mit Thiererde und Knochen verschüttet gewesen. Rechter Hand wurde schon dorten eine Oefnung in der Seitenwand des Felsen entdeckt. Sie gieng durch das Gebürge, es war aber kaum mit der Faust in dieselbe zu kommen. Mittelst des Abraumens aber that sich unerwartet der Eingang zu einer Höhle hervor. Mit Mühe konnte man, da die Oeffnung rund und kaum drittehalb Fuß in der Weite gehabt, sich durch selbige drängen. Man hatte an die 6 Fuß in der Länge zu kriechen, ohne sich aufrichten zu können; es ging sodann 3 Schuh in die Tiefe. Hier aber kam eine Höhle von 5 Fuß in der Höhe, 4 etwa in der Breite; die Länge möchte 1½ Ruthen betragen. Sie war in dem solidesten Felsen, hatte aber abwärts gegen ihr Ende wieder eine zirkelrunde Oeffnung, welche in die Vorhöhle der vierten dieser Grüfte ausging, wo zum andernmal nach der Tiefe die Leiter muß angelegt werden. Bey dem ausgehenden hat die Felswand nur wenige Zoll mehr in der Dicke. Der Rand derselben ist so gar scharf, wie etwa der Bruch einer durchgeschlagenen dünnen Schaale selbigen läßt. Die ganze in dem Innern des Felsen liegende Höhlung war unwidersprechlich mit lauter Osteolithen, wie der Augenschein zeigte, ursprünglich ausgefüllt. Sie hatten sich auf den Boden in fast steinernen Concreten gesetzt, und so das Höhle in dem Inwendigen des Felsen gemacht.

Es war nicht möglich, auf den Boden oder die Sohle desselben zu kommen. Hier haben sich die meisten dem Löwengebiß ähnliche Zähne gefunden. Dieser Ort hat mir zur Aufklärung mancher Dunkelheit ungemein belehrend geschienen. Diese Thierknochen liegen hier offenbar in dem Inwendigen des Felsen verschlossen. Die Oeffnung ist zu klein, daß nur eine einzige dieser Bestien durch selbige kann. Ganz unwidersprechlich also ist die so unglaubliche Menge von Gebeinen nicht von lebenden, nicht von

ganzen

ganzen sich hier etwa verkriechenden Thieren; sie sind bloß von einzelnen zerfallenen Gerippstücken hier angehäuft, die Haufen sind von dem Schlamm, der nunmehro Kalkfels ist, überschüttet worden. Sie sind auf diese Art in das Gebürge gebracht. Ihr Haufe selbst hat dieser kleinen Höhle die Bildung gegeben.

In eben dieser Höhle nun, ist der erst neuerlich entdeckte so merkwürdige Schlund, wo sich die vielen meist ganzen sehr großen Thierköpfe nebst einer ungeheuern Menge von andern Gerippstücken unzähliger Menge von Zähnen hervor gethan haben. Gleich seitwärts, wenn man mit dem Gesicht gegen die Oeffnung der vorbeschriebenen Höhle stehet, zur Linken unter der oftgedachten Schaale von Stalactit, fand sich ein gegen 18 Zoll im Durchschnitt habendes von der Natur durch den Fels gebrochenes Loch. Es zog sich jäh nach der Tiefe gegen die untern Höhlen, und ging durch das ganze Gebürge, so daß es einen in die vierte der großen Grüfte laufenden zwey Schuh hohen und eben so breiten Ausgang gehabt. Ich untersuchte diesen zuerst, um hier etwas gemächlicher, da dies ausgehende mehr Weite gehabt, in das Innere des gegenwärtigen Schlundes zu kommen. Zu meinem Erstaunen aber, fand sich diese Oefnung boshafter weise verstopft. Von innen heraus war eine Schaale mit vieler Mühe vor dieselbe gelegt. Ich wollte mich, da hier nicht beyzukommen gewesen, nach der obern Oefnuug begeben; aber auch diese war von obenherein durch hinab geworfene Steine eben so undurchdringlich verstopft. Da diese nothwendig sehr weit in die Tiefe fortgerollt sind; so muß der äußerst merkwürdige Schlund fast mit dergleichen Geröllе von Steinen, Schutt und Knochen ausgefüllt seyn. Es hat dieser Schlund verschiedene zur Seite ausgedehnte Klüfte gehabt.

Bey den vorliegenden Umständen würde es gegenwärtig so gar an einer zuverläßigen Nachricht von dem innern Bau dieser merkwürgigen Höhle gebrechen, wenn sie nicht durch eine glückliche Ereignis wäre aufbewahrt worden. Es zerfielen einige von denen, welche hier die meisten Eroberungen gemacht, unter einander. Die zuerst geheim gehaltene Entdeckung wurde durch ihre Mishelligkeiten bekannt. Ich habe davon folgende zuverläßige Nachrichten eingezogen.

In der vierten Haupthöhle, wo zum andernmal mit der Leiter eingestiegen wird, ist der Boden ein Geschütte von Erde und Knochen gewesen. Man räumte dieses Geröll nach der Felswand rechter Hand hin, und diese Höhle ist gegenwärtig so tief dadurch geworden, daß man zwey Leitern an einander zu binden genöthiget ist, um auf den Boden zu kommen.

Nun hatte man schon vorher eine verfallene Oeffnung in dieser Gegend bemerkt. Sie wurde aber erst durch das wiederholte Graben gänzlich entblößt. Man drang ein, und sah, was seit dem Umsturz unserer Erde Menschenaugen noch niemals hier gesehen, diese Osteolithen in ihrer ursprünglichen Lage mit Entsetzen. Von innen war dies durch die Natur ausgewölbte Thiergrab in Felsen folgendermaßen gebaut:

Von dem Boden der vierten Höhle um so viele Fuß etwa nach der Höhe entfernt, geht rechter Hand ein rundes Loch, das gegen zwey Schuh im Diameter beträgt, und in den durchaus ganzen und

nir-

nirgend zerrissenen Felsen führt. Man hat ungemein viele Mühe, dahin zu kommen. Es zieht sich an 5 bis 6 Schuh nach der Länge abwärts gegen den Boden, hebt sich aber bald wieder und der geschmeidigsten Person kann es widerfahren, eine Stunde lang zu stecken, ohne hinterwärts oder vorwärts sich bewegen zu können. In dieser Enge findet sich ein senkrecht aufwärts laufender Kanal. Besser werde ich ihn mit einem perpendikular in den Fels gehenden Luftloch vergleichen. Seine Höhe läuft, so viel sich abnehmen läßt, in der Weite von dritthalb Fuß gegen 16 Schuh gerade fort nach der Höhe, und ist mit dem Gebürge wieder geschlossen. Es ist gar nichts in demselben, als Stalaktiten an den Wänden zu finden, so besonders diese in das solide Gebürg laufende Oeffnungen auch immer sind. Man kommt vor denselben nicht ohne Mühe vorbey und im Fortkriechen an einem geraumigen, sehr merkwürdigen Ort, linkerhand, öffnet sich eine Niche, in welcher man gerade aufrecht stehen kann. Der Boden wird 4 Fuß in der Breite betragen, die Kluft ist, da sie sich nach etwa 6 Fuß etwas ins Engere zieht, von einer Höhe, welche das Auge nicht in diesem Dunkel erreicht. Sie scheint auf der Oberfläche des Gebürgs zu Tage ausgegangen zu seyn. An der Seite ist sie von oben herab bloß mit der Erde verfallen. Den beträchtlichsten Theil ihrer Decke von oben, so weit man sehen kann, macht ein loses Geschütte von Steinen.

Sie sind ungleich merkwürdiger, als man geglaubt. Durch alle diese Grüfte werden von Wasser glatt gespühlte Steine gefunden. Man trift sie häufig in dem Boden des ersteren Einsteigens an. In der 3. 4. und 5ten Haupthöhle werden sie sogar unter den Osteolithen in Menge gefunden. Besonders sind die Concrete unter der oftgedachten Stalactiten-Schale, so wie jene der kleinern obbeschriebenen Seitengrüfte, damit durchgemengt.

Hier machen sie von dem so engen Schlunde oben in der Decke ein Geschütte, welches selbigen schließt. Der Steinart nach sind sie verschieden. Gemeiniglich bestehen selbige aus einer Art von Wacken, welche die Gegend auf viele Meilen nicht ausgeworfen hat. Es sind viele von dem sogenannten schwarzen Kalke darunter; auch dieser bricht in der Nähe dort herum nicht aus. Zuweilen trift man große Stücke Kalkspat, eben so gestaltet, mit eingemischt an. Durchgehends zeigt sich unwidersprechlich, daß sie sehr lange im Wasser gelegen, und durch selbiges abgespühlt sind. Viele finden sich so abgerundet, wie etwa an dem heiligen Damm in dem Meklenburgschen die Granite, von der anschlagenden See eine flache und eyrunde Bildung bekommen. Ganz zuverläßig haben sie diese Gestalt dem Wasser zu danken, welches einmal hier wirksam gewesen.

Nun werde ich von den in der obgedachte Niche gefundenen Produkten reden. Sie war mit Gerippstücken des Hauptthiers, davon so viele unter diesen Felsen sich verschüttet befinden, bis auf eine beträchtliche Höhe erfüllt. Das merkwürdigste sind die viele durchgehends ganze Köpfe gewesen; diese lagen theils auf dem Boden hin, nach der Länge nächst einander, theils steckten sie mit dem Hintertheil in der Stalactiten-Rinde, so weit wie etwa in Jagdhäusern Hirschköpfe mit dem Geweyhen aufgemacht werden. Die in der Wand noch übrigen Matricen derselben haben dieses mehr als zu deutlich gewiesen.

Sie

Sie waren an Größe merklich verschieden, einige haben fast 2 Fuß in der Länge gehabt, andere kaum die Hälfte des gedachten Maaßes erreicht; an Gebiß und Zähnen fand sich keine Verschiedenheit, diese untrüglichen Charakter haben durchgehends einerley Thierart verrathen; nur verschiedene Species oder Spielarten wurde ich an den hin und wieder gezeigten Stücken gewahr. Die größesten Köpfe und Kinnladen haben stets die kleinesten Zähne gehabt; diese Köpfe sind sehr länglich und nach Verhältnis außerordentlich schmal. Der Kopf würde, wenn er mit Haut und Muskeln überzogen ist, von einem Pferdekopf viel ähnliches haben; an Größe gäben sie diesen ohnedem gewiß nicht das mindeste nach; die kleineren Köpfe im Gegentheil haben immer die größesten Zähne gehabt. Die Molares sind außerordentlich stark und breit, die Kinnladen von solchen werden nie größer, als von 8 bis 10 Zoll in der Länge gefunden, die Fangzähne sind besonders groß, und so weit sie außer den Knochen stehen, Hakenförmig an der Spitze gebogen. Sie machen ein furchtbares Gebiß, die Köpfe selbst sind ins Runde und Mopsartige, kurz zusammen geschoben. Sollten das etwa die Weibchen seyn? Aus Fragmenten, davon sich in Muggendorf noch verschiedene fanden, konnte ich schließen, daß es zwischen diesen noch drey bis vier Spielarten gegeben. Es sind Bruchstücke von so kleinen Thieren darunter gewesen, daß ich aus ihrem Bau und ihren Zähnen zwar die Thierart erkannte, aber fast nur noch säugende oder gar ungebohrne Thiere mir vorstellen konnte.

Fast allen Glauben übersteigt die in dem so engen Raum gefundene Menge von Zähnen; das

Geständniß aller derer, welche hier auf dem Beutemachen gewesen, ein allenfallsiger Ueberschlag von dem, was ich hier und da annoch vorräthig gesehen, glaubhafte Nachrichten, wie viel sie deren da und dort zum Verkauf an verschiedene Orte gebracht, versichern mich, daß es gewiß gegen ein 8 Nürnberger Metzen an Fang- Stock- und Vorderzähnen gewesen. Ueberschlägt man dieses, so ergiebt sich, daß in einem so engen Raum, Ueberbleibsel von mehr als dritthalbhundert solcher ungeheuren Geschöpfe zusammen geschüttet gelegen. Rechne ich, was jeder von denen, die Anfangs in dieser Grotte gewesen, erhalten zu haben ohne sonderliche Mühe gestand, so zeigt es sich, daß der obige Calculus nicht übertrieben sey. Ein hundert und achtzig meist ganzer Köpfe lagen auch hier noch zuverläßig beysammen. Mehr als zwey Drittel derselben wurden nun freylich um der Zähne willen verkehrter weise zerschlagen.

Etwas ungemein merkwürdiges haben mir die unter diesem Gemenge mit vorgefundenen Wolfsköpfe geschienen. Sie waren unwidersprechlich das, wofür ich sie eben erklärt, sichern Nachrichten und dem zu folge, was ich seit der Entdeckung gesehen, sind von diesen Craniis fast eben so viele, als von jenen vorhanden gewesen. An Größe konnte ich von dem Gewöhnlichen nichts Abweichendes finden; bloß einzelne Zähne und Stücke von Kinnladen wiesen, daß wahre Ungeheuer der gedachten Thiere einzeln auch hier mit zu Grunde gegangen.

Von dergleichen Molaribus haben einige $\frac{5}{4}$ Zoll in der Breite gehabt. Nach dem Verhältniß hat sich ein Wolf von der Größe wohl noch niemahlen gefunden. Noch merkwürdiger werden einem Jeden, die in der gegenwärtigen Clause häufig vorgefundenen Hundsköpfe vorkommen; an Größe sind sie den Wolfscraniis meistentheis gleich. Kleine von 4 bis 6 Zoll in der Länge waren viele vorhanden. Das sonderbarste schien mir ein gewisser Kopf, der 8 Zoll lang und über der sutura coronali nur zwey breit war, die Schnautze lief so spitzig zu, daß sie vorne kaum noch einen halben Zoll Breite behielt. Ich hätte auf eine ausländische Thierart gerathen, das Gebiß aber gab unwidersprechlich eine Abartung aus dem Hundegeschlecht. Ein mittelmäßiges sehr schmal gebautes Windspiel von der Race, wie man sie aus Dännemark hat, würde im Scelet das nähmliche seyn. Diese Produkte sind sonderbar und unwidersprechlich, zu gleicher Zeit mit den grössern und fremden Thierarten und durch einen Zufall in diese Clause gekommen; denn sie haben unter dem übrigen Gemenge von Gerippstücken gelegen. Es ist unmöglich; daß sie sich etwan in neueren Zeiten hieher verlaufen; die so tief innerhalb des Felsens gelegene Mündung, so wie der Ausgang dieser Kluft, war etliche Fuß hoch ursprünglich mit der Erde, Knochen und Steinen bedeckt. Ganz unmöglich kann jetzt, wo die Zugänge doch eröfnet sind, ein dergleichen Geschöpf, sich in diese so tief in das Gebürge gehende Clause verlieren; es würde 20 bis 30 Fuß hoch erst hinab in die Haupthöhle zu springen genöthiget seyn, und hier in der so dichten Finsterniß an den Felswänden unfehlbar zerschellen: dann müßte es die fast senkrecht stehende Wand des Gebürges wieder etliche Fuß hoch hinab klettern, um das Ausgehende des so engen in den Fels laufenden Schlundes zu finden. Noch mehrere Schwierigkeiten walten ob, um von dem Eingang her in die oft gedachte

Grotte zu kommen; diese Oeffnung liegt vollends unter dem Fels, und war mit der oft erwähnten Stalactitenschaale bedeckt. Will man demnach annehmen, daß sie mit den übrigen Thierarten durch einen Zufall zugleich hieher sind gebracht worden, so frägt es sich: wie kommen fremde und einheimische Geschöpfe, wie Land- und Seethiere, zusammen?

War ehedessen diese Gegend mit Meere bedeckt, wo haben die Wölfe und Hunde gewohnt? Ist dieser Erdstrich ursprüngliches Land, wie haben die Seegeschöpfe auf dem Trockenen gelebt? Sind diese oder jene hier ehedessen einheimisch, sind es wilde Hunde, sind also, ihre durch die Cultur erst wahrscheinlich entstandenen Spielarten schon ursprünglich gewesen?

Hierüber wird keines der gewöhnlichen Systeme hinlängliche Aufklährungen geben.

Außer diesen Geschöpfen haben sich auch hier die dem Löwengebiß so nahe kommenden sehr breiten Backzähne gefunden. Es wurden mir davon zwey an einander schließende untere Kinnladen, welche in ein Cabinet verkauft worden, ohnlängst gewiesen. Sehr viel Aehnliches war da, um sie für Löwenkiefer zu halten; nur von solcher Größe werden sie jetzt, wie ich aus Vergleichungen mit Originalen weiß, nicht mehr in dem Thierreiche angetroffen. Die Bauart der Maxillen selbst, die Beschaffenheit des vordern Gebisses, die Laniarii, welche hier außerordentlich klein, an großen Löwen aber in der That fürchterlich sind, dieses alles wird man sagen, führt demohngeachtet auf ein ganz anderes Thier; sie sind in dem engsten Verstande von einem unbekannten Geschöpfe. Auf die Leoparden, auf die sogenannten

Kö-

Königstiger ließe sich nun wohl mit einiger Wahrscheinlichkeit, der Größe nach rathen.

Der übrige Vorrath von Osteolithen war ausserordentlich groß. Es ist der Boden der ganzen Grotte, besonders die Kluft linkerhand, damit ausgeschüttet gewesen, und dies Gemenge hat aus allerley Gattungen und Gebeinen des thierischen Gliederbaues, aus Rückwirbeln, tibiis atlantibus und andern bestanden. Ohnfehlbar wäre es möglich gewesen, hier ein vollständiges Sceleт zusammen zu bringen, wenn anders sorgfältigeren Händen das Glück wäre zu Theil worden, hier am ersten zu erndten.

Gleich im Anfange der Entdeckung wurde aus eben dieser Grotte eine Tibia von dem Fuß eines Menschen zum Verkauf nach Erlangen gebracht. Sie ist das ihrer Stärke unerachtet zuverläßig gewesen. Sonst ist mir nichts dem Aehnliches zu Gesichte gekommen. Das einzige Ueberbleibsel von zu Grunde gegangenen Menschen war sie nun gewiß nicht, da ich ehedessen selbst einen Kiefer und Schulterblatt nächst dieser Grotte gefunden. Man hat aus Unwissenheit, nur nach den größesten Stücken gegriffen, die kleinern ausgeworfen, und also auch diese Denkwürdigkeiten zerstört. Zwischen den gedachten Produkten liegt eine wahre Thiererde, welche von denen durch Fäulniß aufgelösten Gebeinen unfehlbar entstand, sie war häufig, auf das reinste solvirt, und von der gelblichten Stauberde mit dem Gesichte nicht zu unterscheiden, verrieth aber, nur in gewöhnlichem Feuer, sogleich ihren Ursprung durch den Geruch. Von der Grotte laufen wieder zwey enge Schlünde in das Gebürge. Sie gehen einander gleich fortstreichend aufwärts, haben aber nicht

Weite genug, um bestiegen werden zu können; ihre Tiefe war auch sonst durch nichts zu ergründen. Bis hieher beträgt die Länge dieser durch das Gebürge gehenden Höhlung von der untern Oeffnung einige 30 Fuß; Man kommt in einen sehr engen Canal, welcher sich senkt, aber wieder nach der Höhe steigt, und so unter der Stalactitenschaale unter dem Hauptfels des Gebürges selbsten, als seiner Mündung hervorführt. In diesen Canälen wird man auf dem Boden, und an den Wänden eines wahren Flugsandes, der sich angelegt hat, eines augenscheinlichen Wasser Produkts, von dem er eingespühlt worden, gewahr. Die Wände sind mit einer dicken stalactiten Rinde überzogen; in der untern Beugung des engen Canals steht ein dergleichen geronnener Stein, dessen Höhe an drey Fuß beträgt, alles aber ist gegenwärtig außerordentlich trocken.

Gerade vor dem Ausgange dieses Schlundes hat man ein besondres Erdlager vor sich. Durch das ganze Gebürge werden die oft gedachten Osteolithen nirgend als hier in abwechselnden Stratis gefunden. Bloß in dieser Grotte, bey dem Hervorkommen aus der Tiefe findet sich an dem Felsen hin, ein gegen 15 Zoll mächtiges Lager von dergleichen Produkten. Das oberste Stratum ist Stalactit, dann liegt eine Schicht von Zähnen mit tophartigen Wesen vermischt; auf dieses folgt ein Lager von Erde, derjenigen gleich, welche den Boden der ersten Höhle bedeckt. Endlich kommen Knochen und Stalactiten durch einander gemischt, und auf diese setzt das mächtige Concretenlager wieder ordentlich fort. Diese Schichten liegen in einer ungleichen Dichte übereinander, so daß sie in einem Streichen bald schwächer, bald aber wieder mächtiger werden.

Sie sind augenscheinlich nach und nach abgesetzt worden, und ein Ueberbleibsel desjenigen Dachs, welches diese Osteolithen unfehlbar ursprünglich gehabt. Ich weiß mir ihre Entstehungsart nicht anders zu denken, als daß ich annehme, sie seyn durch umstürzende Wasser abgesetzt worden. Es muß dieses so verschiedene Körper zu verschiedenen Zeiten mit sich geführt haben. Im Trecknen wurden sie nachher mit der Stalactitenrinde überzogen. Eben hier zeichnen sich die Concretenmassen noch durch etwas eigenes aus. Wo in selbigen die Gerippstücke klüftig übereinander liegen, da sind sie mit einer braunrothen Stalactiten-Cruste bezogen.

Ich habe eben das an einzelnen Stücken aus den übrigen Grüften, wiewohl nicht so häufig, bemerkt. Es ist schwer zu bestimmen, was hier die sonst durchgehends weiß ausfallende Stalactitenmasse etwan gefärbt. Zuverläßig ist kein metallischer Körper Ursache daran, man wird nichts Eisenhaltiges an diesen Incrustationen bemerken. In wie fern aber das Thierische oder urinosum, wenn es an frischen Knochen noch weniger sich verlohren, in Verbindung mit der Kalkerde dem Stalactit eine andere Farbe zu geben vermag, das müssen Erfahrungen, welche wir noch nicht haben, entscheiden. So scheinen aber durch die vorliegende, Entdeckungen diese Grüfte sammt deren Produkten in der That noch räthselhafter geworden zu seyn, als sie es bereits vorher gewesen; es geht auch hier, wie mit allen Ueberbleibseln der ersten Welt: je mehr wir Beobachtungen sammeln, je mehr fängt das Unerklärbare an, sich unter den Händen zu häufen. Mir wenigstens sind diese Produkte noch sonderbarer geworden, seitdem

ich

ich selbige in den Eychstädtschen unter ganz und gar ausländischen Osteolithen gefunden.

Durch Zufall sind ohnweit Kahlendorf die Landleute auf eine der vorzüglichsten Merkwürdigkeiten gekommen. Gleich unter der wenige Zoll hoch liegenden Dammerde fanden sich nach Wegräumung des Grustes, welcher das dasige Triebsandlager bedeckt, verschiedene ganz außerordentlich große Gebeine. Es wies sich bald, daß ein Platz von 12 Fuß in der Länge und Breite sie ganz allein enthielt; es wurde also in der Tiefe gesucht, und hier sah man nach einer Ruthe tief, keine Spur weiter davon. Dieser ganze Raum war mit Gerippen unterschiedener Thiere erfüllt, so daß sie Wagenweis ausgeschaft worden. Leider hat niemand auch nur darauf Bedacht genommen, ihre Lage zu bemerken. Man wühlte ohne zu schonen, mit der unordentlichsten Neugierde alles durch einander hervor, außer Zweifel sind ganze Scelete da gewesen, welche auf einem Haufen gelegen. Es wurde sogleich eine Handlungswaare daraus gemacht, und hierdurch sind mir ungemein viele Stücke zu Gesichte gekommen, welche mich bewogen, mit der möglichsten Sorgfalt genauere Nachrichten einzuziehen. Zuverläßig haben 4 oder 5 Elephanten in diesem Raum, welcher kaum für einen einzigen an sich groß genug ist, beysammen gelegen. Die an Größe, an Alter, an Beschaffenheit sehr verschiedenen Zähne haben es unwidersprechlich gemacht. Es sind mir noch unausgewachsene Molares, es sind mir sehr abgeführte, es sind mir Zähne von der mittlern Größe, es sind mir eben diese wieder und zwar in der Ordnung einerley Zahn in verschiedenen Gestalten und Größen etliche mal zu Gesichte gekommen,

men, so daß der Augenschein unwidersprechlich 4 bis 5 einzelne Elephanten verrieth.

Bey diesen so großen Geschöpfen lagen noch verschiedene Büffel; ein ziemlich vollständiger Kopf gab an Größe denen nichts nach, welche unter der Erde sich sehr häufig in Siberien finden. Die an Ausmaaß mannichfaltigen Hörner und innern Futterknochen derselben haben verschiedene Thiere unläugbar verrathen. Unter den Bruchstücken ward mir eine Rippe zu Theil, welche wie der Bau zeigt, von einem sehr großen Seefisch gewesen. Ich habe unter diesem Gemenge noch Hörner von Gazellen bemerkt; nach den Spitzen von Geweyhen, nach den Läufen die ich gesehen, haben Elendthiere oder Hirsche mit darunter gelegen. Kurz es war das wunderbarste Gemisch von asiatischen und inländischen Thieren. Es ist aber das in den dortigen Gegenden nicht der einzige Fundort, von dergleichen Produkten; es werden noch hin und wieder in dem Eichstädtischen insonderheit einzelne Elephantenknochen aus der Erde gegraben. Diese Gebeine sind durchaus so calcinirt, daß weder Kunst noch Feuer etwas ähnliches hervorzubringen vermag. Merkwürdig bleibt es, daß diese Ueberbleibsel von ausländischen Thieren über dem Kalkschiefer verschüttet liegen, welcher die häufigsten Abdrücke versteinerter Krebse und Fische in dem Eichstädtischen hat. Doch ich habe der angegebenen Entdeckung bloß in Rücksicht der Gailenreuther Thiere erwähnt. Es haben sich verschiedene Köpfe der dorten mit zu Grunde gegangenen Thiere auch in dieser Grube gefunden.

Der Zahl und dem Ansehen nach haben sie mit dem Löwengebiß vieles gemein; nur die Größe weicht an den Fängen, so wie in Rücksicht der Molarum auf das merklichste ab, da erstere hier um vieles kleiner und gar nicht gleichend gebaut sind, letztere aber bey ihrer Aehnlichkeit in Rücksicht der Größe gar zu viel verschiedenes haben. Es bleibt entschieden, diese Gerippstücke sind von ausländischen Thieren. Kleinere Köpfe von Wölfen und Hunden lagen in beträchtlicher Anzahl mit darunter. Verschiedene haben mit dem Bau und Gebiß der Seehunde ungemein viele Aehnlichkeit gehabt; ich kann mich nicht überreden, daß diese Geschöpfe in dem Eichstädtischen ursprünglich beysammen gelebt. Eben so wenig sind ihre ganzen Körper hier verschüttet worden. Nach der so großen Menge von Gebeinen würde sie ein hundertmal weiterer Raum nicht zu fassen vermögen; diese Osteolithen lägen in dem Fall nicht so gar dicht über einander. Die unter ihnen sich findende versteinerte Fische zeigen, was für ein Element sie zusammengebracht; ihr Lager, ihre Decke, der Seegruß mit dem sie überschüttet sind, macht es höchst wahrscheinlich, daß Fluthen sie zusammen getrieben, daß sie in großen Haufen hier übereinander gelegen, daß sie verweset, daß der aufgetrübte Sand die übergebliebenen Knochen allmählich bedeckt. Wie aber Wasser Elephanten aus Asien in das Eichstädtische führt, dieß kann keine Einwendung erregen, da es bey der augenscheinlichen Wirklichkeit nichts als Beweisgrund gegen die Möglichkeit, also nichts als Fehlbeweis wird. Löwenartige Gebisse also in den Gailenreuther Grüften, in diesen so unläugbar durch Wasser ausgehöhlten Schlünden, anzutreffen, kann noch weniger Schwierigkeit haben; wenigstens gehören

ren die vorgedachten Zähne einem ähnlichen Thiere, die größesten Leoparden, können gar wohl auch in Rücksicht der Stärke dieser gegrabenen Zähne, das nähmliche haben. Was das Hauptthier aber betrift, von dessen Gerippe sich so unzählbare Fragmente unter den Gailenreuther Felsen befinden, so glaube ich, man müsse das Original in ganz andern Gegenden suchen. Ich habe schon ehedessen auf den Eisbär, auf den Ursus maritimus Linn. auf dieses nur den äußersten Nordpol bewohnende Ungeheuer gerathen. Aller Nachfrage unerachtet aber hat es bisher an einem Original zur Vergleichung gefehlt. Erst mit dem Anfange des heurigen Jahrs gelang es mir durch Unterstützung eines Hamburger Freundes, hierinnen etwas weiter zu kommen; es wurde mir das Gebiß von einem Eisbär zu Theil, welchen ein Hamburger Schiffer auf dem Wallfischfang erst vor kurzem erlegt. Hier läßt sich nun mit den Gailenreuther Odontopetris nicht leicht etwas ähnlichers finden. Es hat der Eisbär 4 Schneidezähne in dem obern so wie in dem untern Rachen, wie wir es durchgehends an den oft gedachten Fossilien finden. Nächst an diesen werden in dessen Obergebiß zu beyden Seiten zwey Hundszähne, und zwey in dem untern Kinnladen, mit einem Anwuchs, zur Seite der Schneidezähne durchaus gleichend gefunden. Ihre Haken ragen anderthalb Zoll und eine Linie aus der Kinnlade hervor, das Vordergebiß ist so stark, als es die Gailenreuther Thiere nimmermehr haben. Auch die Zahl und Gestalt der Molarium von dem Eisbär kommen jenen auf das vollkommenste gleich. Drey derselben stehen in dem obern, und vier in dem untern Rachen. Nur hier wurde ich einer besondern Abweichung gewahr. Diese Stockzähne haben lange die Größe der in den Gailenreuther Grüften gefundenen nicht. Der letzte Molaris in dem obern Kiefer des Originals, erreicht auf seiner Grundfläche nach der Länge kaum einen Zoll, da wo dieser Zahn an den gegrabenen immer etwa 16 oder 18 Linien hat. Eben so sind die beyden andern nach Verhältniß verschieden. Auf diese Weise mißt die untere Kinnlade an dem Eisbär bloß 16 Zoll in der Länge, da wo man sie zehen und oft mehr an denen in Gailenreuth gefunden hat. Eben so ist die Breite der Maxille verschieden. An dem Original habe ich sie 18 Linien betragend, aber an jenen meistens gegen 22 gefunden. Nichts desto weniger aber ist der auf seinen Kinnladen liegende Kopf des Eisbärs höher als einer von den bisher aus diesen Grüften zum Vorschein gekommenen Köpfen. Seine Anlage fällt mehr ins Breite, ins Zusammengeschobene, ins Runde, ich möchte fast sagen ins Mopsartige aus. Die Kopfscelete aus den Höhlen sind außerordentlich schmal, ungemein ins Lange gestreckt; sie haben zu diesem Bau ungleich längere Kinnladen und nach dem Verhältniß auch die längsten stärkeren Zähne gebraucht. Doch hat es Schwierigkeit, über diese Abweichungen, bey so viel überein kommendem, auf eine andere Thierart zu verfallen. Ich menne vielmehr, aus diesen so verjährten Ueberbleibseln der älteren Welt, Erläuterung für die Thiergeschichte der neuesten Zeiten zu finden.

Der Herr Graf von Büffon hat in dem neuesten Theil seines vortreflichen Werks eine Abbildung von dem ursus maritimus L. gegeben. Dieses Geschöpf hat in derselben einen ganz ungewöhnlich ins Lange gezogenen Kopf. Es kommt dem Ameisenbär

bär der Bauart nach gleich, zufolge des Verhältnisses ist er noch mehr ins außerordentlich Lange und Schmale gestreckt. Sollte die Zeichnung eines sogroßen Naturkündigers so gar viel Unrichtiges haben? Ich glaube nicht. Indessen hat in den mit so vieler Sorgfalt gezeichneten Vorstellungen des Hrn. Schrebers der Eisbär wieder eine ganz andere Gestalt. Auch das Urbild dieser so sehr abweichenden Figur ist nach einer Englischen Originalzeichnung gemacht. Hier ist der Kopf dieses Thiers rund, dick und nach Art der Mopse gebaut. Werden wir in der Natur aber selbst nicht gerade diese Verschiedenheit gewahr? Doch ist mir ein Original des Eisbärs nach der Zeichnung des Hrn. Schrebers unter die Hände gekommen. In den Gailenreuther Grüften werden Köpfe nach der Buffonschen Abbildung gefunden. Es sind die ins Runde gebauten ebenfalls da. Vermuthlich muß es also verschiedene Spielarten, oder wol gar Species von dem Ursus maritimus ehedessen gegeben haben, oder noch geben, ohne daß man bisher darauf aufmerksam gewesen. Eine derselben hat den so ins Lange angelegten, die andere jenen ins Runde zusammengeschobenen Kopf. Beyde sind in den Gailenreuther Grüften vorhanden, von beyden werden wieder Abweichungen angetroffen, welche vielleicht nur ein Geschlechtsunterschied sind.

Ich rechne die kleineren Kinnladen mit den grössern, ins Hakenförmige gebogenen Fangzähnen hieher. Nach meinem Urtheil also wäre die in den Gailenreuther Höhlen so ungeheure Menge von Osteolithen vormals dem Nordischen Eisbär zuständig gewesen. Ich finde eben so wenig Bedenken, die Löwenartigen Zähne für Stücke des Gebisses sehr großer Löwen, oder Leoparden zu halten. An 5 bis 6 andere hier verschüttete Thierarten sind mir unkenntlich geblieben. Aber von dem Aequator und Polarzirkel Geschöpfe mitten in Franken in einem von der Natur angelegten Felsengrabe beysammen! Dies wird Niemand befremden, wem bekannt ist, daß man ohnweit Paris Rennthiergerippe in denen von der Societät der Wissenschaften für ungestört erkannten Erdschichten; daß man ein Crokodill in dem Mannsfeldischen Schiefer; daß man ein versteinertes Bambusrohr auf dem Harz; daß man an dem Ohio, Gerippe von dem Nilpferd, Elephantenknochen in Mexiko, da ganz Amerika keine lebendigen hat, ja deren Zähne auf den Alpen, in Sibirien Capische Gazellen, an dem Eismeer Afrikanische Büffel, und über die ganze Erde Ueberbleibsel zur Zeit noch ganz unbekannter Thiere, auch sogar bisher meist unbekannter Pflanzen in dem Mineralreich gefunden hat.

So viel ist gewiß, daß kein Eisbär auf dem festen Lande so weit von dem Meer, als unser Franken davon entlegen ist, in dem Grade der Wärme, welchen wir haben, zu leben vermag. Island, die Hudsonsbay, Grönland, die Meerenge Weygaz, diese so unfruchtbare kalten Erdstriche, sind die einzigen Aufenthaltsorte derselben. In unserm Clima würde ihr Blut, so gut als bey den Rennthieren, mit dem ersten Sommer bereits aufgelöst, und sie dem unfehlbaren Tode ausgesetzt seyn. Bloß durch Zufall, durch Stürme werden einzelne derselben auf Eisfeldern zu Zeiten an die Norwegische Küste getrieben. Sie verweilen sich aber gar nicht lange daselbst, sie verlassen das Land und gehen eiligst mit der nächsten Eisscholle nach dem Nordischen Meer. Hier sind

todte

todte Wallfische und Seehunde ihr gewöhnlicher Fraß. Wer sollte ihnen zu etlichen Tausenden, dergleichen Nahrungsmittel um Gailenreuth herum zu verschaffen im Stande gewesen seyn? Gewiß alle Thiere in Franken werden dieser dort begrabenen Menge nicht auf einen Monat Unterhalt gegeben haben. Etliche tausend Zähne in einer der kleinsten Grüfte erfordern auf einen Tag zu ihrer Beschäftigung die Thiere von ganzen Provinzen. Nach und nach durch Folgen von Jahrhunderten hat sie kein Zufall hier zusammen gehäuft. Ihre Ueberbleibsel liegen unter den Felsen des Gebürges bedeckt. Wenn die Felsmaterie einmal über solche Gerippstücke hingestürzt war, so konnte nichts neues mehr von dergleichen Produkten zu selbigen kommen. Es ist auch gar zu sehr Hypothese, wann man annehmen wollte, daß etliche hundert Jahre lang die Grönländischen Eisbäre, die Asiatischen Löwen, die unbekannten Thiere eines vielleicht noch verborgenen Winkels der Erde, sollten den Trieb gehabt haben, sich in die Gailenreuther Grüfte begraben zu lassen. Nein! ein gewaltsamer Zufall hat sie hier Familienweis, die ganz verlebten, wie ihre abgenagten Zähne es zeigen, die säugenden, deren Daseyn die ihre Milchzähne noch habenden Gebisse beweisen, die frischesten und lebhaftesten von dem besten Alter, deren Knochen annoch vorhanden sind, unfehlbar zusammengebracht. Aber, welcher Zufall, in der Natur hat diese Wirkungen haben können? Wir finden von Wasser rundgespielte Steine unter diesen räthselhaften Produkten. Wir sehen Eindrücke von Schaalthieren der See selbst an dem Gebürge. Wir finden Canäle durch die Felsen geflößt. Die neu entdeckte Höhle gleicht Oeffnungen, welche Wasser durch weichere Materien macht.

macht. Die Höhlen selbst gehen durch Cataracten, durch Fälle, wie einstürzende Fluthen selbige bilden. Hier sind unfehlbar große Wässer wirksam gewesen. Gewiß aber wunderswürdige Fluthen, welche die Eisbäre aus dem nordischen Meer und die südlichen Löwen hier zusammengeführt haben. Ich fühle das Treffende dieser starken Einwendungen in ihrem vollen Gewicht. Ich nehme zu den Archiven der erstern Welt meine Zuflucht, um sie zu lösen. Nirgend sieht unsre Erde mehr verwüstet, als an dem Norder- und Süder-Pol aus. An den Küsten der dasigen Meere, auf den Inseln werden häufige Feuerauswürfe, Bimsteine, Lava und Asche gefunden. Solander und Banks sind davon in Absicht auf den Südpol unverwerfliche Zeugen; an dem Freto Magellanico bey der Terra del Fuogo glühen noch wirkliche Vulkane. Zugleich haben gedachte Reisende häufige Seekörper auf den dasigen Bergen gefunden. Sie sind meist von einer Größe, daß die unsrigen ihnen lange nicht gleichen. Folglich war der jetzige Boden daselbst ehedessen mit Meeren bedeckt. Die vulkanischen Auswürfe, von Süden her durchgehends abgerissene und gegen diese Seite steile Vorgebürge zeigen genugsam, daß unter dem Boden der See die Erde durch Gewalt innerer Feuer geborsten. Von dem Wiedereinsinken der durchschmolzenen Pole ist die Figur der Erde nach den Maupertuischen Messungen unläugbar ins Flache gedrückt. Musten nun die südlichen Meere, wenn sich durch die über alles Denken mächtige Wirkungen unterirrdischer Feuer, ihr Boden erhoben, nicht gegen die nördlichen Gegenden über die eine Hälfte der Erde sich stürzen? Nahmen diese wüthenden Fluthen nicht alles, was Thier hieß, in ihren gegen Norden wal-

lenden

lenden Strom unfehlbar mit? Ist es hier schwer zu begreifen, wie die Elephanten nach Teutschland gekommen? Nach einer mit den Gesetzen der Bewegung sehr harmonischen Theorie getraue ich mir, binnen 24 Stunden, binnen der täglichen Umwälzung unserer Erde, nach Sibirien so gar, sie sehr leicht zu bringen. Nun zeigen uns die Ruinen an dem Nordpol, daß es dort gerade solche Umstürze einmal gegeben. Die dasigen Meere sind eben so und zu gleicher Zeit aus gleicher Ursache nach dem Aequator gewallt. Bey ihrem Zusammenstoß unter der Linie brach die Cruste der Erde von der alle Vorstellung übersteigenden Gewalt. Hier wurden die Beete der jetzt die Erde umfließenden Meere dadurch gemacht. Dergleichen Hin = und Herströmungen musten sich verschiedene ergeben, bis sich die durchbrochenen Pole wieder geschlossen, bis sich alles gesetzt, bis der Meerboden unser jetziges Land gänzlich entblöst, bis durch diesen allgemeinen Umsturz die Erde, so wie sie jetzt ist, gebildet gewesen. Nun führten die nordlichen Ströme unfehlbar die Mitternachtwärts lebenden Thiere, die Eisbären, mit sich.

Aber wie sind sie gerade in die Muggendorfer Höhle gekommen? Sie liegen nicht hier allein. Eben diese Osteolithen sind durch ganz Deutschland zerstreut. In den carpathischen Gebürgen, auf dem Harz, in dem Eichstädtischen werden sie gleichfalls gefunden. Wüthende Fluthen haben sie willkührlich zerstreut. Doch die Gailenreuther Grüfte sind die Hauptniederlagen derselben! Alles zeigt, daß hier ein Cataract gewesen. Wenn der Meerboden bey Messina einmal bloß würde, so sollte die Scylla vielleicht in Gestalt ähnlicher Grüfte erscheinen. Doch gäben diese unfehlbar Schlünde von einem weit grösseren Umfang von viel ungeheueren Grüften. Sind denn aber die Gailenreuther Höhlen der ganze Wirbel? oder sind sie nur Stücke, nur übrige Canäle des ehemaligen Ganzen?

Mich däucht, sie sind nur ausgehende Canäle davon gewesen. Vielleicht waren die Schlünde des Wizerloches, der Moggaser Abgründe, des Schönensteins, des Holenbergs, [1]) dieser in einer Meile herumliegenden Grüfte, nur Seitencanäle des ungeheuren Trichters, darein die ausgetretenen Wasser gestürzt. Ihre Oeffnung, die so abgerissen, die aus so steilen Felsenwänden bestehet, scheint mir ein Beweis, daß Stücke dieser Mündung in die Tiefe gesunken; die Thäler nächst an denselben mögten dies noch mehr beweisen. Der sonst so ungeheure Trichter dieser Cataracten ist in den Abgrund gestürzt.

Zog nun ein dergleichen Wirbel nicht mit dem einstürzenden Wasser die in Meilen weiten Entfernungen dahin treibenden Thiere nach der Tiefe? konnten sie nicht in Haufen angeschüttet, konnten sie nicht in die Seitenäste dieser Cataracten eingeführt, oder mit Schlamm überschüttet, oder auf diese Art in diese Grüfte eingeführt worden seyn, wo wir sie jetzt im Trockenen finden?

1) Diese sind in einem besondern Werke beschrieben, welches vom Hrn. Esper herausgekommen ist.

VI. Be-

VI.

Beschreibung der russigen Meerquappe mit einer Bartfaser,

vom

D. Wallbaum.

§. 1.

Den allgemeinen Namen Quappe oder Trütsche, auf Lateinsch Mustela, haben die alten Schriftsteller der Naturgeschichte mancherley Fischen gegeben, welche dem äußerlichen Ansehen nach darin übereinkommen, daß sie einen aalförmigen Körper, der hinten schmaler als vorn ist, eine schlüpferige Haut, einen hervorragenden Bauch, eine lange Rückenflosse, eine rundliche und niedergedrückte Schnautze haben. Allein die neuern Naturforscher haben auf andern Merkmalen als dem äußerlichen Ansehen ihr System eingerichtet, und folglich die Quappen so weit von einander getrennet, daß sie theils zu den Stockfischen, theils zu den Rotzfischen, theils zu den Welsen und zu den Lampreten sind gesellet worden. Doch ist Jacob Theodor Klein nicht so weit von der Methode der alten Schriftsteller

steller abgegangen; sondern hat die mehresten unter die Ordnung der aalförmigen Fische, welche er Enchelyopi nennt, zusammen gebracht. [1])

§. 2.

Die russige Meerquappe, welche besonders hier beschrieben ist, wird von Linnee [2]) Ström [3]) und Müller [4]) zu den Rotzfischen, und, wie es scheinet, von Pennant [5]) zu den Stockfischen, Gadi genannt, gesellet, welchem letzten Schriftsteller ich auch beypflichte: weil diese Quappe mehr Charaktere von einem Stockfische, als von einem Rotzfische an sich hat. Sie kann also in dem Linneischen System füglicher zwischen dem Gadus Lota und Gadus Mustela gesetzt werden.

§. Der

1) *Histor. piscium* M. IV. 52.

2) *Syst. nat.* edit. 12. T. I. p. 444.

3) Beskrivelse der Fogderiet Söndmör T. II. p. 322.

4) *Zoologiæ Danicæ prodromus.* p. 43.

5) *Britisch Zoologiæ.* T. III. Editio in 8. pag. 196. tab. 32. Es ist zwar hieselbst derselbe Fisch, wie es scheint, nicht beschrieben; weil aber der Gadus trifurcatus in den meisten Theilen mit ihm überein kömmt, und nur durch die drey borstenförmigen Strahlen der Bauchflossen und kleinen Höckern an der Seitenlinie von ihm abweichet; so trage ich kein Bedenken, ihn allhier wie eine Abänderung (Varietas) anzuführen. Werden aber in der Folge des Pennants Charaktere durch genaue Wahrnehmungen als einer besondern Art bestätiget; so muß ihm doch der nächste Platz bey der russigen Quappe eingeräumet werden.

§. 3.

Der Name, welchen unsere Fischer diesem Fische geben, ist Seequabbe; obwohl derselbe mehrern Arten von dieser Gattung zukömmt. Ph. L. St. Müller nennet ihn oder eine Abänderung desselben in der Uebersetzung des Linneischen Systems Froschfisch nach dem lateinschen Blennius raninus L., welches eigenttlich froschähnlicher Rotzfisch bedeutet: weil aber durch die Benennung Froschfisch der Lophius piscatorius von andern Schriftstellern angedeutet wird; so ist sie hier nicht gut angebracht. In Schweden wird er nach des Linnei Berichte [6]) Ahlkussa, auch in Norwegen Aalekuse, ingleichen Aalequabbe geheißen; [7]) doch dieser letzte Name wird auch von einigen der Flußquabbe [8]) und von unsern

9) Siehe *Fauna Suecica* p. 113. *Artedi* in *Synonymia.* p. 111. leget diesen schwedischen Namen der Flußquappe bey, welche er in seinen Species pisc p. 107. unter dem Titel Silurus cirro unico in mente beschrieben hat.

7) Siehe *Mülleri Zoologiæ Danicæ prodr.* p. 43. Christoph Hammer ein Norwegischer Schriftsteller hält dafür, daß die Aalkuse, Blennius raninus L. (welche nach seinem Berichte einen breiten Kopf und Mund gleich wie der Frösch hat) eine andere Art Quappe als unsere russige Meerquabbe sey. Er hat deswegen diese von jener in seiner Naturgeschichte entfernet, und ihr zum Unterschiede den Namen Flosfinnet Storhue beygeleget. Weil er aber dieselben Worte in seiner kurzen Beschreibung dabey anführet, welche Ström gebrauchet, so glaube ich nicht, daß er diesen Fisch selbst gesehen, noch vielweniger genau untersuchet, und mit dem Blennius raninus verglichen hat. Siehe dessen Forsög til en Norsk Naturhistorie 1. Thl. 8. Kopenh. 1775. pag. 67.

8) Martini allgemeine Geschichte der Natur 1 T.

unsern Fischern der Aalmutter (Blennius viviperus) gegeben. Um nun die Irrung, welche die gleichlautenden Benennungen verschiedener Fische machen, aus dem Wege zu räumen; so habe ich den allhier beschriebenen Fisch in Rücksicht seiner Farbe, und des Aufenthaltes: russige Meerquappe mit einer Bartfaser 9) geheißen; absonderlich da das oben angezeigte Nennwort Seequabbe von einem solchen Fische kann verstanden werden, der sich in süßem Wasser oder in einer Landsee aufhält.

§. 4

Es hat derselbe in Ansehung der Form seines Körpers eine große Aehnlichkeit mit der Flußquappe (Gadus Lota L.), wovon er durch die rußschwarze Farbe und geringe Anzahl der Strahlen in der ersten Rückenflosse, auch durch die borstigen Spitzen der Flossen unterschieden wird. Zudem erhält er in seinem Wachsthum niemals die Größe einer Flußquappe 10) Er hat einen undeutlich schuppichten, schlüpfrigen, schwarzen, ablangen und fast kegelförmigen Körper; acht weiche borstige Flossen, wovon zwey an der Kehle sitzen, einen niedergedrückten, etwas abschüßigen und großen Kopf, der vorn bogicht und am Kinne mit einer Bartfaser begabet, auch etwas schmaler als die Brust ist, wovon der Oberkiefer hervorraget; eine siebenstrahlichte Kiemenhaut; einen keilartig zusammen-

9) Gadus, *Fuliginosus*, dipterygius, pinnis setosis, cirro mentali.

10) Gadus *Stroemi* Bürkelange dictus, hat auch einige Aehnlichkeit mit ihm. Siehe den 3. T. der Drontheimischen Gesellschaft Schriften. Tab. 8.

mengedrückten Schwanz, welcher sich mit einer kleinen abgesonderten eyförmigen Flosse endiget.

§. 5.

Seine **Farbe** ist bey seinem Leben fast überall rußschwarz, nur unter dem Bauche und der Kehle ist sie blasser oder schwarzgrau, um den Hintern kohlschwarz und in der Falte bey den Mundwinkeln weißlicht. Wenn er stirbt, wird seine schwarze Farbe blasser und fällt in das Dunkelgraue. Wischet man nun den Schleim davon ab, so erblicket man zerstreuete, kohlschwarze, kleine erhabene Punkte als Wärzchen so wohl an dem Kopfe als an beyden Seiten des Rückens. Die Augen haben einen blaulicht schwarzen Stern und einen graulichtbraunen Regenbogen, welcher gegen den Stern mit einem weißgüldenen Rande eingefasset ist.

§. 6.

Die **Bekleidung** bestehet aus einer zähen, schlüpferigen Haut, welche sich in drey Blätter absondern läßt. Das oberste Blatt, welches bey dem Leben des Fisches mit einem schwarzen Schleime bedeckt wird, ist aschgrau und mit schwarz punktirt, und das untere Blatt weißlich. Zwischen den Blättern liegen kleine, weiche, ablange, fein gezähnte, weißlichte Schuppen, wie Dachziegel über einander, welche man wegen des darüber gezogenen Schleimes im Anfange nicht siehet. Außer diesen befinden sich an dem Kopfe und an den Seiten des Rückens viele zerstreute, kohlschwarze, erhabene große Punkte, oder kleine Drüsen, welche vermuthlich den Schleim absondern, womit der ganze Fisch überzogen wird.

§. 7. Die

§. 7.

Die äußerlichen Theile.

No. 1. Der **Kopf** stellt mit seinem Umfange an den Seiten eine Parabel vor. Er ist groß und etwas schmaler als die Brust, aber breiter wie der übrige Theil des Rumpfes, niedergedrückt, etwas schuppicht und mit grauen Punkten, die von einem kohlschwarzen Ringe umgeben sind, geziert; oben etwas abschüssig und niedrig gewölbt, an den Seiten dickbackicht; unten gegen das vordere Ende aufsteigend, vorn breit und abgerundet, mit ungleichen Kiefern begabt, hinten aber stumpfwinklicht.

No. 2. Die **Schnauze** ist sehr kurz, niedergedrückt, breit und abgerundet.

No. 3. Die **Mundspalte** ist kurz, aber sehr weit; steiget an den Seiten vorwärts ein wenig in die Höhe, und endigt sich vorn am Kopfe.

No. 4. Die **Kiefer** sind kurz, weitbögicht, fein gezähnt, und treten in einander. Der Oberkiefer übertrift also den untern in der Größe des Umfangs, und läßt sich hervorziehen. Er besteht aus zwey schmalen, abgesonderten Bogen, welche vermittelst einer dünnen Haut an einander verbunden sind. An dem vordern Bogen sitzet eine schmahle häutigte Lippe. Der Unterkiefer ist etwas kleiner, hat an beyden Seiten eine dickere Lippe, und an dem Kinne eine kurze, borstenförmige, schwärzlichte Bartfaser.

No. 5. Die **Zähne** sind sehr klein, ungleich, sehr spitz, zurückgebogen, und röthlich. Sie sitzen an dem Oberkiefer, wie auch auf dem mondförmigen Höcker bey dem Anfange des Saumes, gedränget

get und ohne Ordnung; an dem Unterkiefer aber, allwo sie größer sind, in zwey Reihen etwas von einander entfernt.

No. 6. Die **Naselöcher** sind klein, gedoppelt, und sitzen hinter einander, und von einander entfernt; das erste, welches an der Mitte der Schnautze sich befindet, wird von einer Klappe geschlossen; das andre, welches nahe vor dem Auge seinen Platz hat, ist ablang und stehet offen.

No. 7. Die kugelichten **Augen** von mittelmäßiger Größe sitzen sehr hoch und vorwärts an den Seiten des Kopfes, und sind mit einer durchsichtigen Haut überzogen. Sie haben einen runden schwarzen Stern und einen gräulichtbraunen Regenbogen, der nahe an dem Sterne mit einem weiß goldenen Rande eingefaßt ist.

No. 8. Die **Kiemendeckel**, welche klein, bey dem hinterhaupte stumpfwinklicht und übrigens bogicht, biegsam, mit etwas Fleisch und einer glatten Haut bekleidet sind, bestehen aus drey Blättern, und haben einen häutigen Rand.

No. 9. Die **Kiemenhäute** liegen offenbar so wohl unter der Kehle, als auch an dem hintern Rande der Kiemendeckel, und sind mit einer dicken, schlaffen, punktirten und feinschuppichten Haut auch, mit einigen muskelichten Fasern bekleidet, daß man die sieben gekrümmten Strahlen darin ohne Zergliederung nicht deutlich sehen kann.

No. 10. Die **Kiemen** sind zusammen geschlagene Bögen von abnehmender Größe, in der Form eines Hackens, welche an dem auswendigen Rande doppelte kammförmige und strahlenweiß aus gestreckte Blutgefäße, an dem inwendigen aber in zwey Reihen kurze Zähne haben; nur den letzten Bogen ausgenommen, welcher allein mit einer Reihe sehr kleiner Zähne besetzt ist.

No. 11. Die **Zunge** ist breit, kurz, dick, abgerundet, glatt, und bestehet aus Knorpel.

No. 12. Der **Gaum** ist glatt, flach, weiß mit schwarz punktirt, hat vorn, nehmlich hinter dem Oberkiefer, einen mondförmigen und mit Zähnen bewafneten Höcker, und endiget sich an dem ersten Zwischenraume der Kiemen.

No. 13. Hinten in dem Rachen befinden sich auf den obern Enden der Kiemen zwey große, rundlich gewölbte **scharfe Höcker**, welche in zwey Felder abgetheilet und mit körnichten stumpfen Zähnen besetzet sind. Gegen diesen über liegen zwey andere lanzenförmige, scharfe Höcker unten in der Kehle auf den beyden Knochen des Schlundes. Diese Knochen findet man vor den Schlüsselbeinen bey dem Anfange des Schlundes, allwo sie mit ihrem vordersten Ende an dem Zungenbeine und mit dem Hintern an dem letztern Kiemenbogen befestigt sind.

No. 14. Der **Rumpf** ist von dem Kopfe bis an den Hintern kegelicht, von da bis zur Schwanzflosse keilartig zusammengedrückt; indem er so wohl in der Dicke als Breite allgemach abnimmt. Der Nacken ist gerade ansgestreckt, etwas flach und der Länge nach mit einer flachen Furche ausgehöhlet, welche sich bis an die zweyte Rückenflosse erstrecket. Die Oberfläche der Kehle ist gewölbt, gleich wie der Bauch, welcher wie ein flacher Bogen etwas hervor ragt. Der zugespitzte Schwanz hat flache Seiten,

welche

welche nach hintenzu sich einander nähern. Er tritt mit seinem spitzen Ende tief in die Schwanzflosse.

No. 15. Die **Seitenlinie**, welche man nur an dem Schwanze deutlich sehen kann, ist in der Mitte des Rumpfes und der Länge nach gerade ausgestreckt. Ueberdem findet man noch eine **Zwischenraumslinie**, welche von der Mitte der Stirn anfänget und etwas gekrümmet über den Kopf neben den Augen nach beyden Seiten des Rückens fortgeht, allwo sie eine fast gerade Richtung nach dem Schwanze hat, und sich in dessen Anfange verliehret.

No. 16. Der **Hintere** hat seinen Platz in einer länglichten Grube fast mitten unter dem Körper; doch ist er etwas näher dem Vordertheile desselben. Gleich hinter dem Ausgange des Mastdarms findet man in derselben Grube die Oeffnung der Harnröhre.

No. 17. Die **Glieder** bestehen aus acht schwarzen, weichen, borstigen Flossen, wovon zwey unter der Kehle und eben so viel auf dem Rücken sitzen.

No. 18. Die **erste Rückenflosse** liegt allein hinter dem Nacken gegen die Brustflossen über, in der Furche auf dem Vordertheile des Rückens. Sie ist dreyeckicht, eben so breit als hoch, aber dabey abgenutzet und so klein, daß man sie leicht übersiehet. Sie enthält nur drey ungleiche Strahlen, worunter der mittelste und längste mit einer borstigen Spitze über die allgemeine Haut der Verbidung weit hervorraget.

No. 19. Die **andere Rückenflosse** nimmt ihren Anfang nahe bey der ersten, welche sie in der Höhe übertrift; läuft in gleicher Höhe über den Hintertheil des Rückens fort; wird aber gegen das Ende des Schwanzes etwas höher und endigt sich in der Form eines spitzigen Winkels nahe bey dem Anfang der Schwanzflosse, wovon sie durch eine spitzwinkelichte Lücke geschieden wird. Sie hat über sechzig feine Strahlen, wovon die ersten zehn in der Länge zunehmen, und die letzten sechse abnehmen, und einfach sind, die mittlern aber gespalten. Die meisten von diesen ragen mit ihren borstenförmigen Spitzen über die allgemeine Haut etwas hervor.

No. 20. Die **Brustflossen** findet man an der Mitte der Schlüsselbeine in einer schräg aufsteigenden Lage. Sie sind fast oval, dreymal so lang als am Grundtheile breit, und enthalten zwanzig meistens vielspaltige Strahlen, deren borstenförmige Spitzen über die allgemeine Haut etwas hervorstehen.

No. 21. Die **Bauchflossen** liegen von einander entfernt, an dem Ende der Kehle. Sie sind klein, vorn zugespitzt, flockicht, und linienförmig, so daß die Breite zu der Länge sich verhält wie 1 zu 12. Sie bestehen aus sechs verbundenen Strahlen, worunter die beyden ersten, einfachen in lange, borstenförmige, weiche ungleiche Flocken, die mit rothgelb und schwarz gefleckt sind, weit hervor gehen, so daß der andere den ersten in der Länge übertrift. Die übrigen, welche stufenweise abnehmen, sind gespalten.

No. 22. Die **Hinterflosse** erstrecket sich von dem Hintern bis an den Grundtheil der Schwanzflosse, mit welcher sie aber nicht verbunden wird. Sie kömmt in der Form mit der hintern Rückenflosse überein; doch ist sie kürzer und ein wenig breiter. Sie wird von 54 gespaltenen und mehrentheils gleichen Strahlen ausgestreckt gehalten, worunter die

vier

vier vordersten in der Länge stufenweise zu nehmen, und die vier letzten eben so wieder abnehmen. Ihre borstenförmige Spitzen die mit einer dünnen Haut bekleidet sind, ragen über die gemeinschaftliche Haut der Verbindung etwas hervor.

No. 23. Die Schwanzflosse, welche durch einen winklichten Zwischenraum von der letzten Rükkenflosse und von der Hinterflosse abgesondert wird, ist klein, fast eyförmig, doch am äußersten Ende stumpfwinklicht und umgiebt oben und unten das äußerste und spitzige Ende des Schwanzes. Die Strahlen, welche wegen der darüber liegenden Haut sich nicht leicht zählen lassen, sind an der Zahl zwey und dreyßig, 11) welche gegen die Mitte allgemach zunehmen. Sie sind, außer der ersten und zweyten, vielfach getheilet. Die vier mittelsten stehen mit ihren borstenförmigen röthlichen Spitzen über die gemeinschaftliche Haut der Verbindung ein wenig hervor.

11) Aus der bestimmten Anzahl der weichen Strahlen in den Flossen, welche bey vielen Fischen unbeständig ist, lässet sich kein sicheres Merkmal oder Charakter hernehmen, wofern man genau auf die Zahl sehen, und keinen Numerus rotundus dafür annehmen will. Dieses zu beweisen habe ich die Anzahl der Strahlen, welche ich an drey Fischen von dieser Art wahrgenommen, hiebey angezeiget.

No. I.	B. 7.	D. 3: 62.	P. 20.	V. 6.	A. 54.	C. 32.
— II.	— 7.	— 2: 66	— 21.	— 6.	— 60.	— 30.
— III.	— 7.	— 0: 64.	— 22.	— 6.	— 57.	— 28.

Hieraus erkennet man, daß die Zahl der Strahlen in der Kiemenhaut und den Bauchflossen beständig bleibet, in den andern Flossen aber sich verändert, so wie das Alter und Wachsthum zunehmen.

§. 8.

Ob die alten Naturforscher diese Art Quappen gekannt haben, kann ich mit Gewißheit weder bejahen noch verneinen: indem ihre Beschreibungen theils unvollkommen und theils aus vielen andern Schriften unschicklich zusammen getragen sind. Die erste gute Nachricht von derselben habe ich in **Ströms Beschreibung von Söndmör** 12) gefunden. Da dieses nützliche Buch aus dem Dänischen noch in keine andere bekannte Sprache übersetzt ist, so habe ich die Beschreibung dieses Fisches herausgezogen.

„Es ist derselbe (**sagt er**) eine gute Spanne lang, auch 2 bis 3 Querfinger breit, aber bey dem Schwanze sehr schmal und dünn. Er hat eine schwarze Farbe, auch einen platten Kopf, der in Ansehung seines Körpers sehr groß, nehmlich 2½ Querfingerlang und 2 Querfingerbreit ist. Der Mund ist sehr weit und mit vielen scharfen, einwärts gekrümmten Zähnen begabet, worunter diejenigen, welche in dem Unterkiefer sitzen, größer als die andern sind. Ein Haufe dergleichen spitzige Zähne befindet sich auch an dem Gaumen. Die Augen sind ziemlich groß, und sitzen sehr niedrig auf der Nase. Der Schwanz ist klein und ablang. Die Kiemenhaut hat sieben Strahlen. Die Rückenflosse, welche einen Querfingerbreit von dem Kopfe entfernet, anfänget und sich zugleich über den ganzen Rücken erstreckt, hat 60 Strahlen. Die Brustflossen haben 17 und die Bauchflossen 5 bis 6. Die Hinterflosse ist gleich wie die Rückenflosse ausgestreckt, und hat 55 Strah-

12) l. c. T. I. p. 322.

55 Strahlen. Uebrigens ist bey allen Flossen zu bemerken, daß sie am Rande gleichsam gefranzet aussehen; weil die Strahlen wie dünne Fäden über die gemeinschaftliche Haut der Verbindung sich hervor strecken, absonderlich an den Bauchflossen, deren 2 vorderste Strahlen in eben so viele lange Borsten auslaufen. Endlich siehet man auch unter dem Kinne eine sehr kleine und feine Bartfaser oder Cirrus. In *Linnæi Syst. nat.* edit. 10. tom. I. pag. 258. findet man eine Art unter dem Namen Blennius pinnis ventralibus subsexfidis, cirro gulari, welche diesem Fische sehr gleicht. Er wird aber daselbst als ein Fisch aus süßem Wasser beschrieben; da jener hingegen sich nur allein in salzigem Gewässer aufhält. Er würde daher vielleicht besser mit folgenden Namen benennet; Blennius fuscus, ore cirrato, pinnis omnibus setaceis.“

Der **Nutzen**, welchen man von diesen Fischen hat, ist bisher noch sehr gering; weil er hier selten gefangen, und wegen seiner häßlichen Gestalt nur von geringen Leuten gegessen wird. Man hat mir versichert, daß er nicht so fett und wohlschmeckend sey, als die bunte Flußquappe.

§. 10.

Der **Ort seines Aufenthalts** ist, so viel ich davon weiß, das Nordliche Meer, und die Ostsee, wo er aber nur selten im Frühjahre gefangen wird. Wenn der Blennius raninus L. eben derselbe Fisch ist, wie es scheint, welchen ich hier beschrieben habe; so hält er sich auch in den Landseen der Schwedischen Provinzen auf, welche gegen Mittag liegen. [13])

13) Siehe *Fauna Suecica* p. 113.

§. 11.

Er nährt sich vom Raube, welches ich daraus schließe, daß ich in seinem Magen halb verdaute kleine Fische gefunden habe.

§. 12.

Die Ausmessung nach dem Pariser Maasstabe.

	Zoll.	Linien.
Die Länge von dem Mittelpunkte der Oberlippe bis zum Ende der Schwanzflosse.	9	6
— — zu den vordern Nasenlöchern.	0	7
— — — hintern Nasenlöchern.	0	9
— — zur Mitte der Augen.	1	0
— — zum Mundwinkel.	1	3
— — — äußersten Ende des Kiemendeckels.	2	8
— — — Anfange der ersten Rückenflosse.	2	9
— — — Ende derselben.	3	0
— — — Anfange der andern Rückenflosse.	3	3
— — — Ende derselben an ihrem Grundtheile.	8	3
— — — äußersten Ende derselben.	8	7
— — — Anfange der Brustflossen.	2	9
— — — Ende derselben.	4	2
— — — Anfange der Bauchflossen.	2	1
— — — Ende derselben.	2	11
— — — Ende der längsten borstenartige Flocke.	3	7

Länge.	Zoll.	Linien.
— bis zum Anfange der Hinterflosse.	4	5
— — — Ende derselben am Grundtheile.	8	3
— — zur äußersten Spitze.	8	6
— — zum Anfange der Schwanzflosse.	8	4
— — — Ende derselben.	9	6
— — — Ende des Schwanzes oder Rumpfes.	8	7
— — — Hintern.	3	11
— — — Ausgange der Harnröhre.	4	1
Länge der Bartfaser.	0	3
Entfernung derselben von dem äußern Rande des Unterkiefers.	0	1
Die Breite des Kopfes bey dem äußersten Ende des Unterkiefers senkrecht.	0	6
— überzwerch.	1	0
— bey den vordersten Naselöchern senkrecht.	0	7
— überzwerch.	1	2
— bey der Mitte der Augen senkrecht.	0	9
— überzwerch.	1	7
— bey der Mitte der Wangen senkrecht.	1	10
— überzwerch.	2	1
— des Rumpfes bey dem Grundtheile der Bauchflossen senkrecht.	2	1
— überzwerch.	1	11
— bey dem Hintern senkrecht.	1	11
— überzwerch.	1	4
— bey dem Anfange der Hinterflosse senkrecht.	1	9
— überzwerch.	1	3

Breite.	Zoll.	Linien.
— bey dem Ende derselben senkrecht.	0	5
— " " überzwerch.	0	1
— der Schwanzflosse bey dem Anfange.	0	3
— in der Mitte. "	0	6

§. 13.

Die innerlichen Theile.

No. 1. Die Brust wird vermittelst eines sehnichten Zwerchfelles von der Höhle des Bauches abgesondert, welches an den Schlüsselbeinen und dem Rückgrade befestiget ist.

No. 2. Das Herz ist klein, dreyseitig, hinten abgestutzt und daselbst dicker; hat ein zusammengedrücktes, größeres Ohr, in welches ein gedoppelter Stamm der Hohlader hineingehet, welcher von der Gegend des Rückgrades herab kömmt und vor dem Zwerchfelle den Schluud umfasset. 14)

No. 3

14) Da die Angiologia der Fische noch nicht vollkommen beschrieben, und daher der Kreislauf des Bluts noch nicht weiter aufgeklärt ist, als ihn der gelehrte Herr D. Bloch in seiner Naturgeschichte Tab. 19 durch seine microscopische Wahrnehmung ans Licht gestellet hat; so wäre zu wünschen, daß ein Anatomicus durch Hülfe der Einspritzung den Lauf und die Verbindung aller Adern im ganzen Körper genau untersuchen möchte. Es wird ihm zuerst schwer werden, eine bequeme Stelle zur Befestigung des Röhrchens, wodurch die Einspritzung geschieht, zu finden; weil keine beträchtliche Ader an den äußern Theilen des Körpers zu finden ist. Mir scheint das äußerste Ende des Herzens, wenn ein Loch hinein geschnitten wird, zur Einspritzung das bequemste zu seyn.

No. 3. Die Leber von gelblicht-rother blasser Farbe hänget an dem Zwerchfelle fest. Sie ist breit, dünn und endiget sich hinterwärts mit vier ungleichen Lappen, wovon die beyden längsten an der rechten und linken Seite bey dem Rückgrade und die andern beyden mittleren, ungleichen und kürzeren unter dem Magen und Zwölffingerdarm liegen. [15]) Die daranhängende Gallenblase war in diesem Fische durch die Fäulung verdorben und zusammengefallen, daß ich ihre Form, wie auch die Gallengänge nicht deutlich erkennen konnte.

No. 4. Der **Schlund** ist kurz, der Länge nach gerunzelt und wird vorn von den vier rauhen Höckern geschlossen, wozu auch zwey halbkugelichte Muskeln behülflich sind, welche hinter dem Zwerchfelle an dem Rückgrade sitzen und mit ihrer linienförmigen Sehne den Schlund umgeben.

No. 5. Der **Magen** ist fast kugelicht, dünn und endiget sich hinterwärts in einen kleinen Sack. Er machet mit dem Schlunde eine Höhlung aus, und ist nur von ihm durch den Mangel der Falten und dünnern Wesen zu unterscheiden. Der kegelförmige Pförtner, welcher inwendig der Länge nach runzlicht ist und aus dickern Häuten bestehet, befindet sich an der rechten Seite des Magens, allwo er

15) die Wörter **Unten** und **Oben** zeigen nicht die Lage der Theile an, so wie sie bey der Zergliederung erscheinet, indem der Fisch auf dem Rücken lieget; sondern die natürliche Lage, welche sie haben, wenn der Fisch im Wasser schwimmt: Denn was bey jener Lage unten ist, das heißt bey dieser oben.

er nicht weit von dem Grundtheile desselben hervorkömmt, und sich gegen die Leber wendet, woselbst er mit dem Zwölffingerdarm verbunden wird.

No. 6. Der ganze Canal der **Gedärme** ist nur kurz und hat nur wenige niedersteigende Krümmungen an der rechten Seite des Bauches. Der sogenannte Zwölffingerdarm, welcher bey der Leber in einen engen Bogen gekrümmet lieget, hat keine blinde Anhänge, ist aber sammt dem Mastdarme weiter als der übrige Theil des Canals.

No. 7. Zwischen dem Grunde des Magens und der Luftblase hänget an dem Gekröse ein bleichrother, kleiner, rundlicher Körper, welcher die **Milch** zu seyn scheint.

No. 8. Die **Milchsäcke** (Testes) waren bey diesem Fisch im Monat März, als ich ihn erhielt, linienförmig, niedergedrückt, am hintern Ende zusammengewachsen, und röthlicht gelb. Sie lagen unter dem Hintertheil der Schwimmblase und an beyden Seiten des Mastdarms.

No. 9. Die **Schwimmblase** hat die Form eines spatelförmigen Sackes, der hinten halbkuglicht, um die Mitte enger zusammengezogen, und vorn in zwey Hörner gespalten ist. Die Windröhre kömmt aus der Mitte des Zwischenraums der Hörner hervor, und geht an der obern Seite in den Schlund. Die Blase liegt unter dem Rückgrade und erstreckt sich von dem Zwerchfelle bis an die Gegend des Hintern.

No. 10. Die **Harnblase** ist ablang, groß und halb durchsichtig. Sie liegt über dem Mastdarm und unter dem Rückgrade am Ende der Luftblase.

No. 11

No. 11. Die **Nieren** sind röthlich=hasel=braun, niedergedrückt, sehr schmal; liegen zu beyden Seiten des Rückgrades neben einander und erstrecken sich von dem äußersten Ende der Höhle des Bauchs bis an das Hinterhaupt, allwo sie sich in eine ovale Form überzwerch ausbreiten.

No. 12. Endlich ist auch dieses anzumerken, daß an dieser Gattung Fische gleich wie an den Rotzfischen keine Rippen an den Seiten des Bauches vorhanden sind; daher ihr Bauch zur Laichzeit nach beyden Seiten ausgedehnt wird.

VII.

Ueber einen zellichten Quarz

von

C. E. Weigel.

Bey einem kurzen Aufenthalt auf dem Harze, im Jahr 1770, fand ich Gelegenheit, verschiedene Stuffen eines besondern zellichten Quarzes zu bekommen, welchen ich in verschiedenen, sonst ansehnlichen, Sammlungen nicht bemerkt habe, auch durchreisende Liebhaber der Mineralogie bey mir zuerst zu sehn bezeugt haben. Vermutlich ist er jetzt bekannter, indessen hoffe ich, daß beygehende Stuffe der gesellschaftlichen Sammlung nicht überflüßig seyn wird. Da ich nicht dazu kommen konnte, den Joachim zu Zellerfeld, woselbst er bricht, selbst zu befahren, und von Bergleuten keine hinlängliche Nachricht erhielt; so kann ich nur, nach den verschiedenen Stuffen, welche ich besitze, eine allgemeine Beschreibung mittheilen.

Die Stuffen bestehen zum Theil aus dickern und dünnern, unregelmäßig auf verschiedene Art zusammengefügten, Platten (Tafeln), welche bald rundliche, bald vierseitige Zellen gebildet zu haben scheinen. Die dünnern sind ziemlich dicht, die dickern haben

haben oft Höhlungen, welche mit kleinen sechsseitig pyramidenförmigen Quarzkrystallen bekleidet sind, auf welchen oft weiße Bleyspathdrusen sitzen, welche aber zuweilen auch in die Quarzmasse selbst hineingehen. Andere Höhlungen zeigen, wie die Flächen der Platten, welche die größten bilden, lauter aufstehende Quarzplättchen, welche ganz unregelmäßige kleine Zellen bilden und bald ganz weiß und matt aussehen, bald mit gelbem Eisenocher und staubigem schwarzen Eisenkalke überzogen sind, dergleichen auch oft die Quarzkrystalle überzieht; an einigen Stellen bedeckt jene Plättchen, wie die Krystalle, eine glänzende eisenfarbene Haut, (mit welcher auch oft der Bleyspat aus dieser Grube zu Bleyfeld, überzogen ist); andere Stellen sind mit einem stalactitischen schwarzn Blutsteine belegt, und auf einer Stuffe findet sich kalkiger Tropfstein auf einer Platte, zwischen welcher und einer zweyten schöner weißer Bleyspath strahlig hervorgeht. An der hiebeygehänden Stuffe sind die Platten nicht so sehr zu sehen; aber die kleinen Plättchen und Zellen, Krystalle und angeführte verschiedene Ueberzüge finden sich an derselben.

Die Bildung dieses Quarzes zu erklären, wird eigentlich wohl eine Kenntniß der, in der Grube und dem ganzen Gebürge vorkommenden, örtlichen Umstände nothwendig; einiges läßt sich jedoch aus der Beschaffenheit der Stuffen selbst schon schließen.

Daß die Natur hier auf dem nassen Wege gearbeitet habe, wird heutiges Tages wohl um so weniger bezweifelt werden, als die Erzeugung auf dem trocknen Wege auf die Erzgebürge immer weniger anpassend geworden ist. Wenn man gleich nicht in

Abrede seyn kann, daß Verwitterungen Dünste bewirken können, welche ihren Gehalt an andern Stellen wieder absetzen und wiederum Erze u. d. m. erzeugen können; wenn selbst die fixesten Stoffe, die Kieselerde, gewisse Metallerden, nach neuern Erfahrungen, durch Zusätze, selbst ohne den Beytritt einer beträchtlichen Wärme, in eine Luftgestalt gebracht und also auch in der Werkstätte der Natur leicht auf solche Art von einem Orte zum andern geführt werden können, um daselbst wieder abgesondert und anders verbunden zu werden, so zeigen doch die bekannten Bergwerke im Ganzen die Erfolge der Wirkungen auf dem nassen Wege. Durchseigernde Tagewässer, vorkommende Grundwässer, deren Gewältigung zur Verhütung der Ersaufung der Gesenke und Gruben nothwendig wird, fehlen fast nirgends, und der größte Theil der in ihren Gängen vorfindlichen Steinarten verräth durch das bey ihnen befindliche Anschießwasser schon den Weg, auf welchem sie erzeugt sind, wie der Unterschied einiger geschwefelten Erze, von den künstlichen Nachahmungen durch Schmelzen ein gleiches an die Hand giebt. In Ansehung mancher z. B. der Kalkarten, wissen wir die Natur schon im kleinen nachzuahmen; bey manchen Erzen geht es nach gerade auch schon an; auch in Ansehung der Kieselerde sind schon belehrende Versuche mitgetheilt, und daß die Natur sie im Wasser aufgelöset halte und daraus anschießen lasse, lehren uns Beobachtungen an den Orten ihres Anschießens und neuere Bemerkungen des häufigen kieseligen Sinters, des Geysers auf Island bekräftigen die Schlüsse. In Ansehung der Stuffen, von welchen hier die Rede ist, läßt sich solches leicht anwendbar machen. Ich habe aus der nehmlichen Grube mit Kalk übersinterte

Stücke

Stücke Bergart, alten Mann durch schwarzen Eisenkalk gebunden, mit weißem Bleyspath; weißen Bleyspath mit rußiger Eisenschwärze angeflogen; zellichten Quarz mit durchgehendem weißen Bleyspath und aufsitzendem, kalkartigen Rindensteine. Der häufige gelbe Ocher, der eisenfarbene Beschlag, an andern Stellen, gerade wie die fettig scheinende Haut der eisenhaltigen Wässer u. d. m. sind hier eben so viele Beweise einer und zwar wiederholten Wirkung auf dem nassen Wege.

Wie nun dem Quarze die löcherige oder zellichte Bildung ertheilt worden sey, möchte etwas schwerer darzu thun seyn. Sehr wahrscheinlich ist es, daß die Gestalt vorhandener Stoffe Gelegenheit gegeben hat, daß sich der Quarz darüber formen konnte. Daß die regelmäßigen Vertiefungen kieselichter Steine durch die Formung über Kalkspath und andere angeschossene Körper haben bewirkt werden können, hat Herr D. **Bloch** sehr bündig dargethan. 1) Ich kann zu den daselbst angeführten Beyspielen noch eines hinzusetzen: ein Stück einer großen Pfälzischen Achatkugel, wo die Felsart mit einer dicken Quarzrinde überzogen ist, welche oben lauter kleine pyramidenförmige Anschüsse zeigt, und auf welchen zwar kurze nach oben engere Röhren von angeschossener Quarzrinde und der Dicke eines starken Papieres stehen, die einen, offenbar später, wie die ersten, ange-

1) Von der Erzeugung der regulären Vertiefungen in verschiedenen glasartigen Steinen. Zweyter Abschnitt von den regulären Vertiefungen im Quarze, Chalcedon, Agath und Jaspis rc. in dem IVten B. der Beschäft. der Gesellsch. S. 433. f.

geschossenen pyramidenförmigen Kalkspath umgeben haben, welcher nachher wieder gelöset ist. [a]) Auch hier

a) Ich hatte in einer Anmerkung zu des Herrn Delisle Krystallographie (Anm. 191. S. 138) geäußert, daß die Krystalle, welche man in den hohlen Kieseln und Achatkugeln fände, allemal Quarzkrystalle wären. Herr Brückmann erinnert in seinen Beyträgen zu seiner Abhandl. von Edelsteinen (Braunschweig 1778 S. 159) daß sich „in den Pfälzer Achatkugeln, oder Nestern, auch öfter Kalkspathkrystalle erzeugen und sich auf den weißen und violetten Quarzkrystallen, ja in dem Achat selbst ansetzen" und bezieht sich auch auf Hrn. Colini, welcher dergleichen in seinem Tageb. einer Reise. (übers mit Anmerk. von Hrn. Schröter Mannh. 1777. 8. S. 323) beschreibt; auch Herr D. Bloch gedenkt eines solchen Stückes in seiner Sammlung (a. a. O. S. 444). Ich erkenne solche Berichtigungen dankbar, habe auch nachher Gelegenheit gehabt, selbst Pfälzische Achatkugeln zu erhalten, in welchen viele pyramidenförmige Kalkspathkrystalle angeschossen sind. Sie sind gröstentheils später, als der Quarz, angeschossen, welches sich aus der schwerern Auflöslichkeit des letztern erklären läßt, welcher daher zuerst anschießen mußte und die Kalkerde noch aufgelöset nachließ, welche zuletzt auch zum Anschießen Gelegenheit fand. Bey denen, welche im Achate oder Quarze selbst stecken, oder wie ich angeführt habe, Abdrücke nachgelassen haben, muß freylich eine spätere Ansetzung des Quarzes angenommen werden, wie solche Hr. D. Bloch zur Erklärung anwendet (a. a. O. S. 451. Diese betrift aber oft nur den umgebenden Theil; die Grundlage der angeführten hohlen Röhren ist eben so mit Quarzkrystallen bedeckt als die übrige Fläche; auf diesen Anschuß folgte also der kalkspathige und dann wiederum ein quar-

hier möchte dergleichen angenommen werden können; nur dürften solches keine angeschossene Körper seyn, weil die Gestalt zu unregelmäßig ist. Am wahrscheinlichsten mögen die Risse eines im Austrocknen begriffenen Schlammes dazu Gelegenheit gegeben haben. Sieht man im Sommer ausgetrocknete flache Teiche an, so zeigt der Moder eine Menge tieferer und flächerer Risse, zweischen welchen beynahe viereckige Säulen hervorragen und zuweilen durch Querspalten beynahe abgeschnitten werden. Wenn diese Risse mit einer Steinmasse angefüllt würden, möchte wohl eine solche Gestalt, als dieser Quarz in Ansehung seiner Platten und größern Zellen zeigt, herauskommen und in den größern Oeffnungen beym Eintrocknen Höhlungen entstehen, in welchen die Anschüsse

quarziger. Solche Fälle wiederholter Anschüsse sind in den Pfälzischen Achatkugeln nicht selten: Hr. Colini hat weißer Quarzkrystalle gedacht, in welchen grüne stecken (a. a. O. S. f.) und ich besitze selbst ein grosses Stück, wo die dünne Achatlage mit einer Drüse pyramidenförmiger Amathyste bedeckt ist, welche auf der Oberfläche mit Eisenocher angeflogen und darnach wieder mit einer ungefärbten, allenthalben gleich dicken, Quarzrinde überzogen sind, welche eine etwas unebene Oberfläche hat, und daher nicht völlig durchsichtig ist; wenn man sie aber anfeuchtet, den rothen Eisenkalk fleischfarben durchscheinen läßt. In einer andern Stuffe, welche die Hälfte einer Kugel ist, stecken innerhalb der Amethyste verschiedene offenbar später angeschossene, pyramidenförmige Kalkspathkrystalle, von welchen einer größer, als die übrigen ist, und einen kleinern, eben so gebildeten, enthält, dessen Oberfläche ebenfalls mit einer röthlichen Haut überzogen ist.

erfolgten. Die Gestalt der kleinen Zellen, welche auf den Platten stehen, kann von eben solcher Ursach herrühren. Der Quarzstoff selbst kann in diesen Rissen und Oeffnungen vor seiner Erhärtung breyartig angehäuft gewesen seyn und so beyn Eintrocknen die Höhlen erhalten haben, an deren innern Wänden nachher zum Theil Krystalle angeschossen sind; so findet man die quarzige Gangart mehrerer Gruben auf dem Harze z. B. vom Bleyfelde zu Zellerfelde, von der Zilla zu Clausthal, oft wie ausgefressen, oft durch und durch voll kleiner Löcher, deren Entstehung auf solche Art am leichtesten zu erklären ist. Diese Art der Absetzung kann, besonders, wenn sie Stuffenweise durch eine langsame Verdünstung des Wassers entstanden ist, auch selbst den Quarz zu einem solchen lockern Gewebe bestimmt haben, wie ich auch sehr geneigt bin, die Entstehung des blättrigen, sogenannten eingeschnittenen [3]) auf die Art zu erklären. Hr. D. **Bloch** hat zwar, an einigen Stuffen, zwischen steckenden blättrigen Kalkspath als die Ursache gefunden [4]) aber bey allen ist dieser wenigstens nicht die Ursache (eher zuweilen spätere Ausfüllung); ich besitze dergleichen sehr schön, vom Andreasberg auf dem Harze, wo auf den Platten zum Theil kleine Quarzkrystalle sitzen und also freyer Raum gewesen ist. Ich will indessen nicht in Abrede seyn, daß einige Beymischung kalkiger Theile auch hier etwas vermag, und möchte dies bey dem zum ersten vermuthen, welcher selbst aus lauter dünnen Platten zu bestehen scheint und daher wohl zu Cronstedts spathigem Quarze gerechnet zu werden pflegt, der-

3) Quarzum lamellos. & incisum des Hrn. von Born.
4) A. a. O. S. 453.

dergleichen ich grün mit erhärtetem braunen Kupferkalke, oder Lebererze, von Lauterberg am Harze besitze; doch muß die chymische Zerlegung entscheiden, zu welcher es mir bisher an Muße gefehlt hat.

Es wird mir bey dieser Gelegenheit noch eine kleine Anmerkung erlaubt seyn. Man pflegt oft eine lockere, schwammige, blasige Fügung für eine Folge des trocknen Weges und mit derselben versehene Steinarten schon darum für vulcanisch zu halten. Man hat aber Ursache, hierin vorsichtig zu seyn. Das Eintrocknen aus einer schlammigen Gestalt kann alles dieses auch bewirken. Ich besitze eine Folge von Mooren, aus hiesigen Gegenden, von welcher einige Stücke einer Schmiedeschlacke so ähnlich sehn, als ein Ey dem andern; andere bey ähnlicher Fügung durch den Ueberrest verocherter Gewächstheile das Gegentheil erweisen, und neben dem Uebergange, aus der Ocherfarbe zu braunem und eisenfarbenem Blutstein, auch hin und wieder ein zelliges Gewebe zeigen, welches meiner Erklärung der Entstehung des gedachten zellichten Quarzes auch günstig seyn mag, der ich noch eine Bemerkung des Hrn. Prof. **Otto** hinzufügen darf, welcher in einer Mergelgrube eine ähnliche Entstehung des Quarzes bemerkt zu haben glaubt und solche Bemerkuug vermuthlich selbst mittheilen wird.

VIII.

Beobachtung

der in der Nacht vom 10. bis 11ten September 1783

sich begebenen

Mondfinsterniß

mit einigen physikalischen Anmerkungen begleitet

von

Johann Esaias Silberschlag.

Nachdem ich mein zum Nutzen der Königlichen Real-Schule angelegtes ob zwar kleines, doch aber sehr bequemes Observatorium zu Stande gebracht, habe ich nicht unterlassen, manche Beobachtungen anzustellen und insbesonder solche, welche mich zu manchen wichtigen Entdeckungen hingeleitet haben. Zu diesen letztern zähle ich die wahren Ursachen der Aberration der Fixsterne und mehrere, die ich vielleicht bey anderer Gelegenheit mittheilen werde.

Das von mir erfundene und in den berlinischen Ephemeriden vom Jahre 1781 beschriebene Uranometron, eine astronomische Uhr, deren Pendul weder von Kälte noch Wärme verändert wird, ein gutes Barometer und Thermometer, eine vierzehnzöllige Com-

Compasnadel machen den ganzen Vorrath der wenigen astronomischen Werkzeuge aus, womit diese kleine Sternwarte ausgerüstet ist. Ihre Bauart ist übrigens so beschaffen, daß sie auf allen Seiten nach Belieben geöffnet werden kann, und um Zenithalwahrnehmungen zu machen, darf man nur die Spitze des Daches aufschlagen und sich aufrecht stehend ohne die geringste Unbequemlichkeit unter das Uranometron stellen. Dieses leistet vollkommen die Dienste eines dreyßigfüßigen Quadranten und man muß aus Unachtsamkeit nicht die gehörige und mögliche Genauigkeit angewendet haben, wenn man mehr als zwey Secunden verfehlen sollte.

Das Absehen, wornach dieses Instrument berichtiget werden kann, ist über 1200 Schritt vom Observatorium entfernet, und zehn Minuten sind hinreichend die ganze Maschine in die allerrichtigste Lage zu versetzen. Ich gestehe gern, daß es mir Anfangs manche Mühe gekostet hat ehe ich mich in dieses ungewohnte Instrument zu schicken wußte; allein nach entdeckten Handgriffen, habe ich bey jedesmaligem Gebrauche desto weniger Umstände nöthig. Zugleich ist es mein Pessage Werkzeug und es verrückt seinen Mittagsstand nicht, wenn es nach gemachten Wahrnehmungen in anderen Himmelsgegenden, in die Mittagslinie wieder zurückgestellt wird.

Jedoch ich wende mich nunmehr zu der in der Nacht zwischen dem 10. und 11ten September 1783 beobachteten Mondfinsterniß.

Meine Uhr hatte ich einige Tage vorher durch Culminationen der Sonne berichtiget, aber am Tage der Observation fielen Hindernisse vor den Durchgang der Sonne durch die Mittagslinie zu beobachten, und kurz vor der Mondfinsterniß hatten wir einen bewölkten Himmel, der uns wenig Hoffnung übrig ließ, unsern Wunsch erfüllt zu sehen. Am folgenden Tage stellete sich trübes Wetter ein, welches noch hätte hingehen mögen, ich konnte mich auf den richtigen Gang meiner Uhr verlassen, gesetzt auch, daß ich noch später sie corrigirt hätte. Allein nach geendeter Mondfinsterniß hatte ich nicht bemerkt, daß eine nackte Schnecke zu der Uhr hinangekrochen und dergestalt an den Perpendikul sich angeschlossen hatte, daß derselbe davon zum Stillstande gebracht worden. Also fehlte der zweyte Theil der Correction.

Nachdem ich mir aber die Wahrnehmungen des Hrn. Professor **Schulzen** von der Königl. Akademie ausgebeten hatte, fand es sich, daß meine Uhr nur um 5 Secunden zu früh gegangen war.

Wer mit Wahrnehmung der Mondfinsternisse zu thun gehabt, wird wissen was es für Mühe und angestrengte Aufmerksamkeit erfodere, den wahren Eintritt und die Fortwanderung der Schattenscheibe von Fleck zu Fleck zu beobachten. Ich halte es schier für unmöglich, solches bis auf 15 Zeit-Secunden mit Gewißheit bemerken zu können, zumal, da selbst die Ungleichheit der Flecken manchen Irrthum veranlaßt. Ich will daher gern gestehen, daß einige Flecken Beobachtungen nicht mit denen anderweitig gemachten auf das genauste übereinstimmen dürften. Aber für den Eintritt, Austritt und gänzliche Bedeckung des Erdschattens wollte ich wol bis auf 8 Secunden Bürge seyn. Genauigkeit genug für eine Mondfinsterniß. Es folget die Observation selbst.

Ob-

Observirte Zeit Stunden.	Minuten.	Secunden.	Wahre Zeit. Stunden.	Minuten.	Secunden.	Bemerkungen.
						Eintritt.
X	40	10	X	40	5	erreichte der Erdschatten des Mondes Rand.
—	40	58	—	—	—	trat Ricciolus in den Schatten.
—	47	35	—	—	—	Aristarchus.
—	49	20	—	—	—	Kepler.
—	56	49	—	—	—	Copernikus.
XI	6	58	XI	6	53	Plato.
—	9	0	—	—	—	Tycho.
—	11	3	—	—	—	Manilius.
—	13	35	—	—	—	Menelaus.
—	15	20	—	—	—	Dionysius.
—	20	32	—	—	—	Posidonius.
—	26	40	—	—	—	erreichte der Erdschatten das westliche Ufer der Terræ Mannæ.
—	22	30	—	—	—	Censorinus.
—	38	36	—	—	—	Langrenus.
—	39	18	—	39	13	Gänzliche Ueberschattung.
	59	8	—	59	8	Währung des Eintritts.
						Austritt.
I	19	25	I	19	20	verließ der Erdschatten den östlichen Rand.
—	21	48	—	—	—	Ricciolus trat ins Licht.
—	22	43	—	—	—	Grimaldus.
—	27	39	—	—	—	Aristarchus.

Observirte Zeit			Corrigirte Zeit			Fortsetzung.
Stunden.	Minuten.	Secunden.	Stunden.	Minuten.	Secunden.	
I	30	1	I	29	54	Kepler.
—	30	50	—	—	—	Gassendus
—	37	58	—	—	—	Copernikus.
—	41	19	—	—	—	Plato.
—	42	57	—	—	—	Tycho.
—	48	50	—	—	—	Archimedes und das westl. Ufer des dritten Sinus maris æstuum.
—	54	8	—	—	—	Menelaus.
—	56	33	—	—	—	Dionysius.
—	59	20	—	—	—	Posidonius.
II	2	15	II	2	10	Fracasterius.
—	19	0	—	18	55	verließ der Erdschatten den Mond.
	59	35		59	35	Währung des Austritts.
I	40	7	I	40	7	Zeit der gänzlichen Verfinsterung.
III	38	50	III	38	50	Währung der ganzen Finsterniß.

Anmerkungen.

I. Man hat diesesmal mit einem Dollond, welcher den Durchmesser des Mondes 68 mal vergrößerte, auf das sorgfältigste nachgespürt, ob sich etwa ein Vulkan im Monde zeigen möchte, aber vergebens. Man hat den Aristarchus desfalls in Verdacht, wegen seines vor allen andern hervorblitzenden Lichts. Allein dieser Fleck ward nach

und

und nach so dunkel, als alle übrigen, und verlor sich im Erdschatten völlig. Wahrscheinlicher kommt es mir vor, daß das Material dieses Flekken eine weiße Farbe haben oder wohl gar durchsichtig seyn mag, daher derselbe einen so hellen Glanz von sich wirft.

II. Wenn man von hohen Bergen auf die Wälder der Erdfläche herabschaut: so sehen alle Wälder schwarz aus, indem sich die Lichtstrahlen in denselben verlieren, auch ein Baum den andern überschattet. Im Monde trift man dergleichen schwarzen Flecke nicht an; selbst Lacus Somniorum, Zoroaster und manche andre, die zur Zeit des ersten Viertels sehr dunkel zu seyn scheinen, (weil sie von den hohen, den Grund umringenden, Wällen zu dick überschattet werden) zeigen nachmals, wenn die Sonne den Boden bestrahlt, eine erleuchtete Fläche, die noch dazu sehr uneben zu seyn scheint. Es ist demnach wahrscheinlich, daß unser Trabant der Anmuth der Wälder entbehren müsse. Wie wollten auch Bäume bey einem ununterbrochnen vierzehntägigen Sonnenscheine ohne allen Regen bestehen können? Denn man hat noch nie eine Wolke im Monde entdeckt. Giebt es aber keine Wolken, so findet auch kein Regen statt.

III. Das glatt abgeschnittene Licht auf den größern dunklen Stellen, die man Meere zu nennen pflegt, verräth eine ebene Oberfläche; diese Fläche ist noch dazu durchsichtig. Beydes sind Eigenschaften des Wassers, und dieses läßet uns muthmaßen, daß die Oberfläche dieses Himmelskörpers wie die Erde aus vesten und flüßigen Wesen bestehe. Ist letzters denn Wasser, so muß es doch viel durchsichtiger

seyn

seyn, als unser Meer; denn man kann die Unebenheiten des Grundes durchscheinen sehen.

Man führt dieses an, nicht als wollte man etwas gewisses behaupten, sondern nur diejenigen, welche vollkommnere Sehröhre besitzen, auf die Erscheinungen im Monde aufmerksam zu machen, ob man nicht mit der Zeit durch Sammlung mehrerer Phänomenen es dahin bringen könne, etwas genauer das wahre Mondgebäude zum Preise des unendlichen Schöpfers kennen zu lernen. Herr Staats-Rath Aepinus hat wenigstens so viel aus der Beschaffenheit der Mondsfläche deutlich erwiesen, daß dieselbe eben so wohl als die Oberfläche der Erdkugel durch eine Eruption gebildet worden. [1])

IV. Als der Erdschatten um einige Zoll in den Mond eingetreten war, bemerkte man an dessen Rande einige vor andern dunkle Stellen, welche nicht anders aussahen, als ob Dämpfe sich in dem Rande des Schattens erzeuget hätten. Ein gleiches habe schon mehrmalen bey Mondfinsternissen wahrgenommen; diesesmal aber hatte ich mir vorgesetzt, ganz genau auf diesen Umstand acht zu haben, zumal, da er mit zu den Ursachen gehöret, welche den Eintritt des Erdschattens zweyfelhaft machen, und da entdeckte ich besonders drey Stellen, die undurchsichtiger waren, als die übrigen. Der Grund hievon kann weder im Monde noch in dem Schatten-Kegel der Erde an und für sich selbst vorhanden seyn, viel-

1) S. 2. Band der Schriften der Gesellschaft naturforschender Freunde und Silberschlags Geogenie. 1 Theil.

vielmehr ist er da aufzusuchen, wo sich dieser Kegel erzeuget, nehmlich am Horizonte der Erdkugel, wo Licht und Finsterniß sich scheiden. Wenn nun daselbst hin und wieder dickes, ganze Länder bedeckendes Gewölk, in der Luft schwebt, so ist es nicht zu verwundern, wenn sich dessen Schatten auch auf dem Monde abmahlet und bemerken läßt.

V. Weil der Erdschatten nur allmälich sich verdichtet und also auch aus diesem Grunde nicht mit einer scharf abgeschnittenen Scheibe in den Mond eintritt: so muß man das Mittel jedes mal suchen. Es wird dasselbe am sichersten gefunden, wenn man von der Zeit an, da man zu zweifeln anfänget, ob der Schatten einen Mondfleck bedecke, bis zur Zeit, da dieser völlig verschwindet (welche, Zwischenzeit eine halbe Minute dieses mal betrug) das Mittel nimmt und die anfangende Undeutlichkeit genau beobachtet. Da wird man denn finden, daß in der Mitte des Halbschattens der Fleck zwar noch zu sehen, aber seine Figur nicht mehr zu unterscheiden sey. Dieses ist der Zeitpunkt, den man bey gegenwärtiger Observation in der Tabelle angemerkt hat. Es folgt daraus, daß der Erdschatten einen Kegel vorstelle, der in der Axe am dunkelsten ist und immer heller wird bis er sich an der Peripherie unmerkbar im Lichte verliert. Dieser Umstand ist der durchsichtigen Atmosphäre der Erdkugel zuzuschreiben, die selbst nahe an der Oberfläche der Erde dichter ist als in höhern Gegenden, und daher eine starke Brechung der Sonnenstrahlen veranlasset, durch welche der Erdschatten erleuchtet wird.

VI. Bey einigen Mondfinsternissen verschwindet der Mond ganz, bey den mehresten aber bleibet er mit einem dunkelrothen Schimmer noch sichtbar. Woher dieses den Erdschatten durchkreuzende Licht? und warum ertheilet es dem Monde eine röthliche Farbe? Man prüfe folgende Antwort: Jeder dunkle Körper, wenn er einen leuchtenden deckt, erscheint in einem Lichtringe, weil durch seine anziehende Kraft die Strahlen auf seiner Oberfläche nach der Axe zu gebrochen werden. Daher erblicket man auch den Mond bey totalen Sonnenfinsternissen mit einem hellen Lichtkreise eingefasset, obgleich auch seine überaus dünne Atmosphäre dazu manches beytragen kann. Indessen würde auch alsdenn ein Lichtkreis um den Mond erscheinen, wenn er gleich, wie viele mit dem Boscowitz wollen, mit gar keiner Atmospäre umgeben wäre. Folglich ist der Lichtring kein sicherer und unwiderlegbarer Beweis von der Atmosphäre des Mondes.

Die Erdkugel ist von einer hohen und dichten Atmosphäre umflossen, in welcher sogar Wolken und Dünste in Menge schweben; sie würde also bey einer Mond- Sonennfinsterniß, vom Monde aus gesehen, mit einem ungleich breitern und hellerglänzenden Lichtringe umrändet erscheinen. Dieser Ring ist überdem auch beynahe viermal grösser, als der, welcher den Mond bey Sonnenfinsternissen umkränzt; folglich rühret das Schimmerlicht des Mondes im Erdschatten lediglich von dem Glanze dieses Ringes her, da sonst nichts da ist, was unsern Trabanten erleuchten könnte, und die Erdscheibe diesesmal die Sonne so vollkommen deckte, daß erst nach einer Ver-

wei-

weilung von 1 Stunde 40 Minuten im vollen Erdschatten, die Sonne hinter der Erdscheibe den Mond bestrahlen konnte.

Ferner, da auf dem ganzen Horizonte in der Atmosphäre der Erdkugel die Morgenröthe erzeuget wird, so verschönert sich dieser Lichtring durch die Pracht der Morgenröthe, und erleuchtet den Mond mit rothem Schimmer. Endlich muß auch der von Ort zu Ort sich verdünnende Schattenkegel von diesem rothen Glanze immer mehr und mehr erhellet werden. Je weiter nun der Mond von der Erde absteht, destomehr wird er im Erdschatten erhellet. Diesesmal hatte der Mond seit dem 7ten September seine Erdferne verlassen, und erreichte seine Erdnähe erst den 19ten dieses Monats; es ist daher gar nicht zu bewundern, daß unser Trabant dieses mal dergestalt im Glanze unsrer Morgenröthe schimmerte, daß man auch mitten im Erdschatten noch seine größern Flecke unterscheiden konnte.

Zuweilen verschwindet der Mond ganz und dieses geschiehet, wenn seine Bahn ihn in der Erdnähe durch den Schattenkegel führet, die Finsterniß sich auch in geringer Erhebung über den Horizont des Zuschauers zuträgt, oder wenn in der Gegend der Beobachtung die Luft trübe geworden, wo denn der schwache Schimmer des Mondes von den Dünsten völlig verschlungen wird, ob er gleich an andern Orten, wo eine reinere und durchsichtigere Luft statt findet, noch gesehen werden kann. Hieraus folget nun, daß der Mond im Erdschatten bald heller, bald trüber erscheinen, zuweilen hier und da gar verschwinden, allemal aber, wenn er sichtbar bleibt den Schimmer der Morgenröthe auf die Erde zurück werfen müsse.

VII. Als der Mond sich völlig in den Erdschatten eingetaucht hatte, war seine östliche Seite heller als die westliche. Mitten im Erdschatten war die südliche heller als die nördliche, und nahe im Austritte erhellte sich die westliche, und die östliche war trüber. Nun läßt sich dieses sehr leicht aus der Beschaffenheit der Schattenscheibe erklären, die im Mittelpunkte dunkler ist, als gegen die Peripherie zu. (Siehe No. V.) und die südliche Seite mußte heller scheinen, als die nördliche, da bey der Conjunction der Mittelpunkt des Mondes noch eine südliche Breite von 3', 21'', besaß. Aber bey dem allen schien gleichwohl der Mond am Rande immer heller zu seyn als in der Mitte, nicht anders, als ob eine braunrothe Wolke in seiner Mitte ihn deckte. Woher diese Erscheinung? Man erwege aber auch, daß der Mond eine Kugel ist, deren Gegenstände auf der Oberfläche nahe am Rande perspektivisch zusammen gedrängeter scheinen, als in der Mitte. Eben so verhält es sich mit jedem auf die Kugel fallenden Lichte. Immer scheinet der Mond bey voller Phase am Rande heller zu seyn, als im Kerne. Hier aber, obgleich die Erleuchtung schwach war, konnte nichts andres erfolgen; daher schien der Mond wie eine Sichel, deren Helligkeit sich um ihn herum von der Ost- zur Westseite drehete Wäre aber der Mond eine Scheibe: so würde sein Schimmer durchaus gleiche Helligkeit gezeiget haben.

VIII. Es ist noch eine Wahrnehmung übrig: Der Mond hatte den Erdschatten schon auf eine Vierteltelstunde verlassen, als seine merkliche Trübheit, die nicht bey dem Eintritte, sondern bey dem Austritte aus dem Erdschatten sich zeigte, noch immer anhielt. Ich würde sie dem Halbschatten der Erdkugel zugeschrieben haben, wenn sie nur nicht stärker gewesen wäre, als bey dem Eintritte. Diese anhaltende Dunkelheit aber erschien wie ein dünner Nebel, der die Oberfläche umflörte, aus welchem kaum die Gipfel der Berge mit hellem Glanze hervorragten. Auf der übrigen Mondfläche war dieser Nebel so dick, daß man kaum das feste Land von den Meeren unterscheiden konnte, die Ufer und hellen Striche in den Meeren sah man gar nicht. Eben dieses Phänomen habe ich sehr oft bemerkt, wenn ich das letzte Vierte unsers Begleiters beobachten wollte. Hevel berichtet, ein gleiches oftmals wahrgenommen zu haben. Woher dieser dünne Nebelthau?

Giebt man dem Monde eine Atmosphäre, die zwar so dünne seyn muß, daß sie keine Wolken wie die unsrige, tragen kann, aber gleichwohl noch im Stande ist aufsteigende Dünste in sich zu beherbergen; so ist es leicht zu begreifen, daß diese Dünste, die von einer bereits von der Sonne tagelang unverrückt beschienenen Fläche aufgestiegen waren, bey einer so jähen Abkühlung, die der durch den Erdschatten streichenden Monden-Atmospäre begegnete, diese Dünste, sage ich, zusammenfallen und einen Nebelthau hervorbringen mußten. Widerfährt doch ein gleiches unsrer Erde bey Sonnenfinsternissen und zwar in den Gegenden, da der Mondschatten hinfällt, wo sich ein nasser Thau niederläßt. Zu der Zeit des letzten Viertels hat die Sonne 14 Tage lang die Mondfläche beschienen, da ist es um so weniger zu bewundern, wenn alsdenn der schief und daher schwach bestrahlte noch sichtbare Theil des Mondes bey zunehmender Abkühlung diesen Nebel erscheinen läßt. Ein mehreres ist für diesesmal nicht bemerkt worden. Vielleicht haben wir künftig Gelegenheit, noch mehr physikalische Eigenschaften unsers himmlischen Gefährten auszuspähen.

Folgerungs-Sätze.

1. Das Gewölk der Erde am Horizonte des Schattenkegels erzeuget Ungleichheiten der Schattenscheibe, und hindert die Genauigkeit der Observation.

2. Der Erdschatten wird durch den Glanz der Atmosphäre der Erdkugel erleuchtet und wird immer, heller je weiter sich sein Querschnitt von der Erde entfernt.

3. Der rothe Schimmer des Mondes rührt von der, wie ein Ring, die Erde umgebenden Morgenröthe hrr.

4. Die größere Erhellung am Rande des Mondes ist eine Folge seiner Kugelform?

5. Der Mond hat eine, wiewohl sehr dünne, Atmosphäre, woraus sich seine mehrere Trübhiet nach

nach geendeter Mondsinsterniß und bey dem letzten Viertel erklären läßt.

6. Im Monde sind solche Wälder nicht vorhanden wie auf der Erde.

7. Der flüssige Theil des Mondes ist durchsichtiger, als die Weltmeere der Erde.

Vielleicht gefällt es denen Astronomen, die ihre Augen mit vollkomneren Werkzeugen bewaffnen können, diese Wahrnehmungen entweder zu bestätigen oder zu widerlegen.

IX.

Des Forstraths von Burgsdorf

Bemerkungen

auf seiner

Reise nach dem Unterharz

desgleichen

nach

Destedt, Helmstädt und Harbke

im August 1783.

Oh — que la nature est belle!
Quel plaisir est egal a celui —
de la voir de prés!

Par l'auteur du memoire.

Zur ökonomischen Naturgeschichte an verschiedenen Quellen zu schöpfen, den Körpern unter verschiedenen Umständen, in andern Gegenden, Clima, und Boden nachzuspüren, sie aufmerksam zu prüfen, und dergleichen Beobachtungen zu beschreiben: bleibt nur rastlosen Naturforschern, ausserhalb des Zimmers und ihres Wohnortes vorbehalten!

Man

Man gewinnet destomehr, wenn wichtige Gegenstände der Erforschungen gewählet werden, deren genauere Erkenntniß und verbesserte Geschichte nicht zu gelehrten Spielwerken, sondern zu recht nützlichen Arbeiten gerechnet werden können.

Diese Wahrheiten waren für mich Bewegungsgründe zu einer kleinen Reise, die ich mit höchster Genehmhaltung, im August 1783, nach einem Theil des **Vorderharzes**, nach **Destedt** ohnweit Braunschweig, und von da über **Helmstädt** nach **Harbke** unternahm; in Gegenden also, welche dem naturforschenden Forstmann in mancher Absicht wichtig sind. Die meinigen gingen dahin:

1) Mit der Harzer **Gebürgsforstwirthschaft** an Ort und Stelle bekannt zu werden: um in den Stand zu kommen — Vergleichung mit Erfahrung anzustellen, was in dem platten Lande – nach denen, vom Harze hergekommenen Schriften und Vorschlägen, mit Nutzen anzuwenden sey?

2) In den berühmten, alten, großen Pflanzungen mannichfaltiger einheimischer und fremder **Holzarten**, die vorzüglichsten, nach ihrem Range zu sehen, zu beobachten und zu vergleichen, um von solcher Erfahrung, bey der Verbreitung meiner jungen Vorräthe, im Großen — Anwendung zu machen; meiner Wahl also eine, dem Nutzen des Staates entsprechende, nähere Richtung und Einschränkung zu geben.

3) **Persönliche Bekanntschaft** mit Männern zu errichten, die ich schon längst verehret habe, und welche Antheil an solchen Dingen nehmen, die in meinen Berufsgeschäften wichtig sind. Endlich aber,

4) Nebenher auf alles aufmerksam zu seyn, was zur Erweiterung meiner Kenntnisse überhaupt beytragen möchte, und wenn es auch nicht eigentlich zu meinem Fache gehörte.

Das war der Plan, den ich mir in voraus zu einer Reise machte, an welche ich immer mit Wonne zurück denken werde, so oft eine nützliche Anwendung vermehrter Erfahrung und erweiterter Kenntniß mich dazu auffordern wird.

Der Leitfaden zur zweckmäßigen, sichern und kürzesten Ausführung dieses Planes bestand in der Theorie, welche ich mir von demjenigen überhaupt zu erwerben gesucht hatte, was von diesen Gegenden bekannt geworden ist. Es blieb mir also nur übrig, selbst zu sehen, die mir gebliebenen Lücken auszufüllen, und gehabte Zweifel zu heben.

Einer verehrungswürdigen, erlauchten Gesellschaft statte ich den Bericht hierüber — gegenwärtig ab; Er soll keine eigentliche Reisebeschreibung von Ort zu Ort abgeben, sondern in bloßen Fragmenten — nur physikalisch-ökonomische Thatsachen darstellen, und Hypothesen über angestellte Beobachtungen zu weitern Schlüssen liefern. Die botanischen Nahmen, sind alle des Ritters seine, wenn ich nicht andere Schriftsteller dabey bemerke.

Die Kürze der Zeit meiner Blumenlese in jenen Gegenden wird bey Wohldenkenden, die wider meinen Willen — eingeschlichenen Fehler, entschuldigen.

Vor-

Unterharz.

Um ohne Zeitverlust nach dem **Harz** zu kommen, wurde sowohl nächtliches als tägliches Reisen ununterbrochen, in der gewöhnlichen Landstraße, von **Berlin** bis **Halberstadt** fortgesetzt; von hier an richtete ich erst mein Augenmerk auf Gegenstände, die mir desselben würdig schienen, und achtete der Straße nun nicht mehr. Die von **Halberstadt** aus gegen Mittag belegenen **Steinbrüche** liefern sehr derbe Bausteine, die gleich, so **ins gevierte** brechen. Man bedient sich auch ungebrannter **Thonstücke** zum Mauerwerk im Trocknen.

Ein durchgehends mehr brauner Letten, mit fetter Gartenerde stark und tief gemischt, hier und da mit verwitterten kleinen Kalksteinen besäet, hatte die zum Theil noch darauf befindlichen **Feldfrüchte** überaus reichlich ernähret. Vom höhern Unkraute rein, lagen die abgemäheten Halme, wie ausgelesen auf dem Schwadte. Meine seit verschiedenen Jahren an Sand und Sandprodukte der Berliner Gegend gewöhnte Aufmerksamkeit, fand die bey uns in fleißig beschickten Gärten befindlichen **Unterfrüchte** hier auf dem freyen Felde. Ich wunderte mich, sehr wenig Tartuffeln, und weder **Tabacks**- noch **Krappbau** in einer solchen Landschaft zu finden, da diese Gewächse doch wohl denen, ganze Fluren bedeckenden Saubohnen, Zwergbohnen und Pastinak, vorzuziehen seyn möchten; Ich erfuhr aber, daß man die **Tartuffeln** der häufigen Kornfrüchte wegen hier nicht achte; Taback und Krapp aber den überaus beschäftigten Landmann zu sehr versäumen würden.

An solche Zäune ist hier bey einem großen Holzmangel nicht zu gedenken, wie der Ueberfluß an Holz — dergleichen in der Mark uns machen ließ. Mauern, oder lebendige Hecken von sehr guter Art, nicht zu künstlich, doch dauerhaft: letztere von Weißdorn, Cratægus Oxyacantha; Schwarzdorn Prunus spinosa; Hainbüchen Carpinus betulus; entsprechen völlig der Absicht. Die fleißigen Hände der Landleute hatten, ohngeachtet überhäufter Feldarbeit, durch ineinanderflechten der Zweige, nachpflanzen, und beschneiden — die Dichtigkeit der Hecken sehr vermehret und immer unterhalten. Niedrige Lage, für Mauern zu weich, und für Heckenstämme oft zu naß, zeigt auch überall die Holzsparkunst bey den Befriedigungen, die man von Weidenzweigen in solche Knüppel flechtet, und mit Büscheln des allerdünnsten Reises oder Dornes, gleich wie mit einem Dache, bedecket.

Der Holzmangel, welchen diese Gegend fühlt, hindert indessen nicht, auf den Dörfern, durchgehends Ziegeldächer von recht gutem Brande, und selbst noch stark mit Mauerkalk verstrichen — zu finden.

Außer dem ganz unbedeutenden Erdholz-Sträuchgen der Hauhechel Ononis spinosa, habe ich von Halberstadt aus, über drey Meilen weit, nicht eine einzige wilde Holzpflanze entdecken können. Nur Weiden oder Pappeln, an den Rand der Bäche gesteckt, zeigten sich zu enge und so gesetzt, als wenn man hier zweifelte, daß Pappeln und Weiden an einem andern Orte, als dicht an den Ufern wüchsen. Berge, und zum Ackerbau, selbst zur Viehweide, untaugliche Wände, Abhänge und steinichte Plätze, waren wüste, und entflammten, bey

mir

mir den Wunsch, berechtigt zu seyn, die nöthige Holzkultur, in einer, von Holz so sehr entblößten, im Ganzen aber überaus fruchtbaren Gegend, zu treiben, und also nach Beschaffenheit des Bodens und der Lage, solche Plätze — mit **Birken, Lehnen, Weißbüchen, Rüstern** rc. **Schlagholz** anzubauen.

Man würde hierdurch gar viel, des bey beschwerlichem Wege, vier Meilen weit herzuholenden dürren **Fichtenreises** entbehren können, wovon jede Fuhre zu 2 Schock Bündel, in Halberstadt über 4 Rthl. auf der Stelle (**am Harze**) aber, nur 6 Gr. ohne Hauerlohn kostet.

Der Einwand dagegen, und die Entschuldigung, daß dergleichen wüste Flecke auf den Fluren, nicht mit Holz angebauet wurden, war sonderbar genug! Man hält nähmlich dafür und fürchet, daß Bäume und Sträucher an den Feldern, ein Gehäge der **Sperlinge** abgeben würden; man bedenkt aber nicht, daß der Schaden, welchen die Sperlinge an Körnern thun, gegen den Vortheil sehr geringe sey, welchen sie durch Vertilgung der Raupen- und Käferarten stiften; welche, wenn sie überhand nehmen, der Erndte weit mehr schaden.

Selbst die **Gesetze, welche auf die Ausrottung der Sperlinge abzielen, stammen aus solchen Zeiten her, in welchen wenig in der ökonomischen Naturgeschichte**, noch weniger aber in deren Anwendung **gethan worden ist.**

Aber noch viel geringer wäre endlich wohl der **Sperlingsfraß** gegen drückenden Holzmangel zu achten? Es ist indessen **ein ganz neues Bedenken wider die Holzkultur**, und **daher anmerkenswerth!**

Der Anblick des Harzes — von der Höhe des Dörenburger Zollhauses war prächtig. Links hinter mir, die sogenannten Spiegelberge von Halberstadt; dahinter, das in der Entfernung dem Auge sich entziehende Harzgebürge, Anhältischen Antheiles. Vor mir, das Bergschloß **Wernigerode**, einer Felsenklippe von fern ähnlich, die im Begrif ist, ins Thal und in die darinnen liegende Stadt herab zu stürzen!

Der Rücken der Berge erhob sich schräge nach Westen bis in die mit Wolken umhüllte höchste Spitze des weltbekannten **Brockens**, oder Blocksberges, (Bructerus). Von da abfallend, und wieder abwechselnd steigend, siehet man die blauen Gebürge bis **Goßlar** und weiter hin, theils den Horizont abschneiden, theils in den jetzt gewöhnlichen Nebel sich unvermerkt verlieren.

Vor dieser hintern Gruppe fällt das platte, aber doch in einem Amphitheater nach dem Walde sich erhebende Land der Grafschaft Stollberg Wernigerode sehr deutlich in die Augen, so wie der Schlangenförmige Gang des in Wiesen, über Wacken und Kiesel rieselnden, mit Pappeln und Weiden dicht besetzten Baches, **Holztemme**, die vordere Gruppe ausmacht.

So ist bey einem ohnweit **Minzleben** belegenen alten runden Wartethurm, die nähere Uebersicht dieses vortreflichen natürlichen Gemähldes noch beschaffen, welches den Zeichner einladet, und des größten Meisters würdig ist. Kam jemahls ein gutes Fernrohr meinem an sich scharfen Auge, zu meiner Zufriedenheit — zu Hülfe, so war es hier; wo ich Mühe hatte, mich von diesem Anblick loszu-

reißen,

reißen, um mich dem Plane meiner Reise gemäß, den Gegenständen selbst zu nähern.

Die Art des Feldbaues, so wie der Boden und dessen Güte, bleibt bis hieher auf Halberstädtschen Fuß. Weiter hin zeigen sich mehr Feldsteine und Wacken, von brauner und grauer Art, auch brauner Schieferklumpen in einer fetten Erde.

Von dergleichen Steinen haben die fleißigen Hände des Landmannes, zwischen den Ackerstücken — schon in alten Zeiten Rheine aufgesetzt, (um solche davon zu reinigen). Diese Steinrutschen bewuchsen mit Mooß und Flechten, durch deren wiederholte Verwesung, und mittelst des sich anhängenden Staubes, eine Ausfüllung der Zwischenräume und Bedeckung von fruchtbarer Erde erzeuget worden war. Diese hatte einen beträchtlichen Zuwachs von denen darinnen aufgewachsenen und wieder zerstörten Pflanzen erhalten, und war jetzt im Stande, Remisen Gebüsche und Bäume zu nähren, deren jährlich abfallendes Laub gedachte Erdlage immer mehr vermehret.

Die Holzarten, welche diese, mit Mühe von Menschen gebildeten, und von der Natur zur Unterhaltung mannichfaltiger Gewächse nach und nach tauglich gemachten Rheine — jetzt bekleiden, sind; 1. der **Weißdorn** Cratægus oxyacantha; 2. **Schwarzdorn**, prunus spinosa; 3. **Weinrose**, Rosa eglanteria. 4. **Hanbuttenstrauch**; Rosa canina. 5. **Brombeerstrauch**, Rubus Fruticosus; 6. **Haselstrauch**, Corylus Sylvestris; 7 **Haynbüche**, Carpinus betulus; 8. **Hartriegel**, Cornus Sanguinea; 9. **Spillbaum**, Evonymus europæus; und an tiefern Orten, mit unter, 10. **Eschen**, Fraxinus excelsior.

Alle

Alle diese Holzarten sind in natürlichen Wegen der Verbreitung der Gewächse, von denen nach den Harze hin gelegenen Vorhölzern hierher gelanget; es bedürfte also nur solcher unglücklicher Zeiten, in welchen die Kultur der Felder darnieder liegt, und die **Natur wäre bereit**, jene herrlichen **Fluren in Wald zu verwandeln:** dadurch aber der Nachwelt eine gleiche Erscheinung zu machen, wie wir jetzt täglich an solchen Wäldern haben, welche die Zeichen vorher gewesener Ackerstücke an sich tragen.

Ich freute mich hier, endlich wenigstens wieder Gebüsche zu sehen, nachdem ich oben bemerkter Maaßen ohne nur einmahl dergleichen zu finden, verschiedene Meilen gereiset war.

Auch hier auf den Gräflichen Dörfern ist die ländliche **Bauart** sehr solide. Hohe Fundamente zu allen Gebäuden, mehrentheils eichene Schwellen, maßive Wetterseite, oder ausgemauertes Fachwerk, noch ins besondere, gleich den Dächern, mit Hohlziegeln bekleidet, und stark mit Kalk verstrichen, zeugen von den guten Umständen der Bewohner. Diese Bekleidung scheint zwar den Gebäuden nicht vortheilhaft zu seyn, denn bekanntlich faulet darunter das daselbst im Bau verwandte Holz; allein die heftigen, in diesen Gegenden vor dem Gebürge, wüthenden Westwinde, machen solches nothwendig, und verwittern sonst diese Seite der Gebäude bey jeder andern Bauart!

Das **Bauholz**, vom Harze her, bestand entweder aus **Eichen**; oder **Fichten.** (Pinus picea du Roi) — **welche leztere hier uneigentlich Tannen genennet werden.** Nur in denen Gegenden,

genden, wo die Nadelhölzer, Tannen, Fichten und Kiefern beysammen gefunden werden, als zum Beyspiel am Thüringer Walde, herrscht kein Mißverständniß, wie selbst beym Ritter Linnee, welcher Pinus abies mit Pinus picea verwechselt hat.

Hier, wo gewiß kein Holzmangel zu spüren ist, wird man doch durchaus keine groben todten Zäune gewahr; die schönsten lebendigen Hecken befriedigen die Gärten, und selbst die Höfe der Einwohner: ohngeachtet dergleichen nicht wenig Mühe, auf manchen steinigten Stellen zu setzen, gekostet haben müssen. Bey dem Dorfe Triebeck habe ich Hecken bis eilf Fuß hoch und dabey sehr dichte angetroffen. Die hierzu angewandten Holzarten waren die nemlichen, welche ich vorher auf den Feldrheinen, in den Remisen, als wildwachsend — angezeiget habe. Gepflanzte Eschen, Fraxinus excelsior, zeigten sich überall bey den Dörfern, als Kopfstämme, in sehr gutem Wuchse, in welchen die verschiedenen Obstbäume in großer Menge auf diesem fruchtbaren, doch steinichten Boden standen.

Noch vor Triebeck erreichte ich ein Schlagholz; der Hau am Wege trug jetzt einjährige Loden, welche aus Eichen, Haynbüchen, Eschen, Haseln, Weiß- und Schwarzdorn bestanden. Als Laßreiser prangten darinn schöne 16 — 18 jährige meist gepflanzte Eichen und Eschen; ich schätzte deren 30 Stück auf jedem Magdeburger Morgen; das Feldholz war rund herum mit Waitzen umgeben, ich konnte aber nicht spüren, daß die Sperlinge hier mehr Schaden als bey Halberstadt gethan hätten!

Ich fuhr durch zwey, jetzt kaum einiges Wasser enthaltende Bäche, die ihren Ursprung im Gebürge haben. Man konnte aber sehr deutlich sehen, mit welcher Gewalt und welchem Fallen — sie öfters angelaufen und ausgerissen waren. Das sicherste Zeichen ihrer Herkunft war der aus jener Gegend mit herunter geführte Granitsand, der jetzt ganz trocken da lag.

Unter dergleichen Beobachtungen gelangte ich an einen steinigten Lehmberg vor **Ilsenburg**, und am Fuße des Harzes belegen, an. Die **Fichten** (Pinus picea du Roi) zeigten sich hier zuerst; ihr Wuchs war gut, er würde aber noch besser seyn, wenn sie nicht einzeln stünden, und in ihrer Jugend nicht vom Vieh verbissen worden wären.

Eine Privatholzung, zum adelichen Fräulein Kloster Triebeck gehörig, enthielt rechterhand des Weges, vom Thale herauf, eine schöne **Pflanzung junger Eichen** von 35 bis 40 jährigem Alter; übrigens aber **raume Eichheyde** mit schlechten, alten zopftrocknen Mastholze der **Wintereiche**, Quercus robur.

Die schlechte Beschaffenheit dieser Bäume war schon aus dem felsigten sehr seichten Boden zu vermuthen, ohne daß man nöthig hatte, das Auge bis in die Gipfel zu erheben. Sollte die schöne Pflanzung nicht tiefern Grund haben, so muß ein gleiches widriges Schicksaal dieselbe in der Folge treffen!

Bis durch dieses Holz hatte **Ilsenburg** sich mir versteckt, und ich befand mich unvermuthet darinn, und in der angenehmen Empfindung des Geräusches, welches der über große Steine stark fallende **Ilsenfluß** als eine Caskade macht.

Meine Zeit war zu eingeschränkt, und mir zu edel, um Bequemlichkeit und Ruhe nach Tag- und nächt-

nächtlichen Reisen suchen zu können. Ich hatte mir vielmehr vorgenommen, an diesem Tage noch die Wanderschaft — zum **Brocken** zu Fuße anzutreten, um mich ganz ungehindert — Beobachtungen zu überlassen.

Die Güte des dasigen Herrn **Oberforstmeisters von Landwiest**, welche ich überhaupt wegen willfähriger und freudschaftlicher Beförderung meiner dortigen Absichten zu rühmen schuldig bin, verschafte mir gleich nach abgelegtem Besuch, auf die nützlichste und unterhaltendste Art, alle Gelegenheit — die ich mir wünschen konnte.

Beym Antritt meiner Wanderung wurde mir von wolgedachtem Herrn selbst — die kleine Pflanzung beym sogenannten **Waldhofe** (der Oberforstmeisterlichen Dienstwohnung gezeiget. Sie ist ein Ueberbleibsel von der Betriebsamkeit des bekannten seeligen Herrn von **Zanthier**, unsers würdigen und noch verehrten Herrn Kollegen, dessen kurze Lebensgeschichte im **ersten Bande unserer gesellschaftlichen Schriften** Seite 412 sich befindet.

Diese kleine Anlage, welche vor 14 Jahren gemacht worden ist, hatte damahls die rühmliche Absicht — in der Nähe eine **Sammlung fremder Holzarten** im kleinen bey der Hand zu haben, um diese zu beobachten, und denen völlig bekannt zu machen, welche auf jener berühmten **Forstschlule zu Ilsenburg** sich aufhielten, (in welcher die Grundlage zu manchen nachher groß gewordenen Forstmännern gemacht worden ist, deren der Preußische Staat, auch einige zu besitzen, sich rühmen kann.)

Die Sammlung daselbst bestand jetzt aus einzelnen, selten aus mehrern, Exemplaren — nachfolgender Holzarten:

a) An

a) An Laubhölzern.

1. Nordamerikanische Platane, Platanus occidentalis.
2. Virginischer Tulpenbaum, Liriodendron Tulipifera.
3. Silber Pappel, Populus alba.
4. Nordamerikanische schwarze Eiche, Quercus nigra.
5. Nordamerik. Scharlacheiche, Quercus rubra.
6. Nordamerik. Schwarze- oder Zuckerbirke, Betula nigra.
7. Nordamerik. zähe Birke, Betula lenta.
8. Nordamerik. schwarze Wallnuß, Juglans nigra.
9. Gemeiner Ahorn, Acer pseudo platanus.
10. Lehne; nordischer Spitzahorn, Acer platanoides.
11. Kleiner Ahorn; Maßholder; Weißneper, Acer campestre.
12. Rothblühender Virginischer Ahorn, Acer rubrum.
13. Tatarischer Ahorn, Acer tataricum.
14. Eschenblättriger virginischer Ahorn, Acer negundo.
15. Roßkastanie, Aesculus hyppo castanum.
16. Nordische weiße Else oder Eller, Betula alnus incana.
17. Virginischer Trompetenblumenbaum, Bignonia catalpa.
18. Häynbüche, Carpinus betulus.
19. Hopfen Haynbüche Carpinus ostria.
20. Blasen Senne Colutea arborescens.
21. Hartriegel; Härtern, Cornus sanguinea.
22. Großer Virginischer Weißdorn, Cratagus coccinea.

23. Boh-

23. Bohnenbaum, Cytisus laburnum.
24. Spillbaum, Evonymus europæus.
25. Süße Castanie, Fagus Castanea L. (Castanea sativa MIHI.)
26. Carolinische Esche, Fraxinus caroliniana.
27. Traubenkirsche, Prunus padus.
28. Virginische Traubenkirsche, Prunus virginiana du Roi.
29. Gerberbaum; Hirschkolben, Rhus coriaria.
30. Virginischer Schotendorn, Robinia pseudoaccacia.
31. Virginische wohlriechende Brombeer, Rubus odoratus.
32. Speyerling-Bastard, Sorbus hybrida.
33. Weidenblättrige Spierstaude, Spiræa Salicifolia.
34. Weiße Spierstaude, Spiræa alba.
35. Große virginische Spierstaude, Spiræa opulifolia.
36. Türkischer Flieder, Syringa vulgaris.
37. Schlingbaum, Viburnum lantana.
38. Rüster, Ulmus campestris.

b) An Nadelhölzern.

1. Die Weymouthskiefer, Pinus strobus.
2. Russische Ceder, oder Zürbelkiefer, Pinus cembra.
3. Lerchenbaum, Pinus larix.
4. Gileadsche Balsamtanne, Pinus balsamea.
5. Edeltanne, Pinus abies alba (du Roi.)
6. Nordamerikanischer Lebensbaum, Thuja occidentalis.
7. Rothe virginische Ceder, Juniperus virginiana.
8. Gemeiner Wachholder, Juniperus vulgaris.

In Absicht deren Wuchses und Fortkommens, in diesem rauhen Clima und gutem, doch steinigten Boden — fand sich:

1) Daß die **Nadelhölzer**, in der Art wie sie standen, ganz gut gedeihen; nur die **Lerchenbäume**, sind überhaupt hier sehr spannrückigt und krumm, welches wegen der Rohreife und der drückenden Last — des hier häufig fallenden Schnees, bey denen, dieser Hölzart eigenen, sehr dünnen und langen Trieben, wohl unvermeidlich ist.

Die **Weymouthskiefern** hingegen, hatten in jedem Jahre fast drey Fuß und drüber sehr vertikal geschoben. Ein überhaupt 17 Jahr alter, im dritten Jahr gepflanzter Stamm, hatte an 40 Fuß Höhe, und die untere Diametralstärke betrug wenigstens 12 Zoll.

Die **russische Ceder** oder Zirbelkiefer Pinus cembra, war gegen die übrigen **merklich zurück**, wie ich jederzeit von dieser Holzart — in allen Pflanzungen bey meinen Reisen angetroffen habe, und Herr **Pallas**, in ihrem Vaterlande selbst bemerket hat. Sie empfiehlt sich wirklich weniger, zum Anbau im Großen, als man im Anfang viel zu voreilig gethan hat.

2) In Absicht der **Laubhölzer** habe ich, die **amerikanischen Eichen** ausgenommen, kein sonderliches Wachsthum hier bemerkt. Die mehresten Exemplare waren klein, struppigt, unansehnlich, und hatten von der Kälte und dem Schneedruck, öfters — viel gelitten. Jene Eichen aber, waren schon über 20 Fuß hoch, und vier Zoll auf dem Stamm im Durchmesser stark.

Die Kürze der Zeit, und eine jetzt nur flüchtige Uebersicht der untereinander her liegenden Exemplare, können leicht manche Sorten meinem Blick entzogen haben; es dürfte auch meiner Erinnerung ein Theil entfallen seyn, indem ich hier nicht gleich notiren konnte. Hinter dieser kleinen Plantage ist eine **Schneidemühle** befindlich, auf welcher die fichtenen Blöcke, auf Herrschaftliche Rechnung, zu Brettern und Latten, zum Verkauf geschnitten werden.

Diese Wirthschaft gefiel mir ungemein, und entsprach meiner Meynung, welche ich in meiner Geschichte vorzüglicher Holzarten Th. 1. Seite 392 in der Anmerkung, zu der in der Mark gewöhnlichen Blocklänge von 24 Fuß — geäußert habe.

Hier werden Blöcke von 10. 12. 15. 20füßiger Länge, von 10 Zoll Zopfstärke an — geschnitten; die Bretter daraus haben nach ihrer verschiedenen Länge, Breite und Dicke — ihre verschieden bestimmten Preise.

Der Handel mit Brettern und Latten nach dem platten Lande, ist hier in der That nicht gering; er macht einen Hauptzweig des Forstertrages, um so viel vortheilhafter aus, als man das rohe Material — verfeinert debitiret.

Vorräthe von verschiedenem **fichtenen**, oder wie sie es nennen, Rothtannen Bauholze, welches **in der Saftzeit gehauen**, und gleich **geschälet**, im Winter aber, vom Gebürge nach dem Waldhoff gebracht worden, sind hier zur Hand; um die Bedürfnisse des bauenden Landmannes — jahr aus, jahr ein, gegen baares Geld zu befriedigen. Besonders sind geringe Sortimente gangbar, und das stärkere Bauholz wird hier nur selten abgesetzt. Es ist dieses gerade das Gegentheil von unsern Märkischen Bedürfnissen. Eben dieses rechtfertiget hier auch das festgesetzte Alter zum Umtrieb der Reviere. Extrahölzer, von 60 Fuß Länge, und 15 — 18zölliger Zopfstärke, würden im Gebürge verfaulen, oder höchstens zu Kohlholz aufgeschlagen werden müssen, weil solche, nicht wie bey uns, mit 12 — 16 Pferden hier abgefahren werden können: sondern die Baustämme, mit Menschenhänden von den Bergen herunter geschafft werden müssen.

Der Holzhandel, (bloß die Schmiedekohlen ausgenommen) wird gar nicht auf dem Walde, sondern bloß am Waldhofe oder der Holzniederlage, zu vielem Vortheil der Forst und zur Verhütung der Unterschleife getrieben.

In diesem, dem Ilsenthale, siehet man auf manchen Standpunkten einen Theil des Brockenberges vor sich: welcher den Anblick macht, als wenn hier eine Wand das Ende der Welt bestimmte. Rechts und links, thürmen sich die mit vermischten, in Hauigte getheilten Holzarten bewachsenen Berge — fast steil empor, und alles dieses giebt — eine zwar eingeschränkte, doch höchst romantische Aussicht.

Im sogenannten Ilsenthale, welches durch den wechselsweise kleinen, oft sehr starken Ilsenfluß rauschend, und von Felsensteinen herabstürzend — durchströhmt wird, ist der Boden, in Absicht der Erdarten und deren Lagen sehr verschieden. Die häufigen Steine und Felsenstücke aber, sind nur — entweder Wacke; brauner Klumpschiefer, und höher herauf, weiß und rother oder weiß und schwarzer Granit, Quarz und sogenannte Violensteine sind nur sehr einzeln wahrzunehmen.

Diese Steine überhaupt, welche das mehreste der Oberfläche bedecken, sind zum Theil in Gruz, theils in gelbe Kleyerde, Letten, schwarze vegetabilische Dammerde, selten aber in Sand gefüttert; es wäre denn, daß das Wasser dergleichen dazwischen

ge-

gespült hätte; und dann ist es doch nie märkscher glasartiger Sand, sondern zermalmter Granit, oder dergleichen Wacke.

Der Ilsenfluß selbst, ist mit verschiedenen Laubholzarten dicht überwachsen, unter welchen sich doch einzelne **Fichten** vermengt befinden. **Ellern**, **Ahorn**, **Schwalkenbeerstrauch** (Viburnum opulus); **Härtern**, **Eschen**, **Haseln**, **Hayn**- und **Mastbüchen**, sind unter denselben die vornehmsten und häufigsten: sämmtlich aber von niedrigem und zwerghaftem Wuchse. Dumpfigte, immer feuchte Lage und Stand; beständige Ausdünstung des Flusses und des Thales — Nebel und harte anhaltende Winter, halten den Wuchs zurück, und begünstigen vielmehr das Ueberziehen vom Mooß und mit Flechten, welche hier zu Hause sind. Ohnerachtet das Wasser dieses Flusses aus Bergbrüchern und Fennen, wenig aber aus klaren Quellen entspringet, so ist es durch die beständige Läuterung über Steine und Granitgrus — doch dermaaßen klar und helle, daß sein Geschmack dem schönsten Brunnenwasser nichts nachgiebt. Einiger Antheil von Eisen wird durch den röthlicht gelben Ansatz der überströmten Steine verrathen, welcher sich wohl von der auf der weitern Anhöhe befindlichen Eisenerde der Torfbrücher, mit herunter schwemmen mag. Stehende Dümpfels am Bache sind mit einer glänzenden schillernden Fetthaut bezogen, die, in der Hand gerieben, einen Asphaltischen, und widrigen Geruch giebt.

Die schwarze **Forelle**, ist der einzige Bewohner dieses Flusses; Auch sie verliert sich je höher je mehr.

Wenn man, nach der, von unserm werthgeschätzten Herrn Kollegen, dem Herrn Oberconsistorialrath Silberschlag — vor einigen Jahren angestellten trigonometrischen Höhenmessung des Brockens, (welche sich in dem 4ten Theile der Beschäftigungen unserer Gesellsaft Seite 332 — 407 beschrieben befindet, und aus verschiedenen Stationen geschehen ist), bedenket: daß der Fall dieses Flusses, von seinem Ursprung bis ins Weltmeer 3486 pariser Fuß beträgt; so wird man leicht einsehen, welche Menge von Zufluß vorhanden seyn müsse, um dessen Lauf ununterbrochen zu erhalten, und die Betten des Flusses angefüllt zu sehen!

Der Ilsenstein, eine Felsenklippe vom Fluthbette 230 Duodecimalfuß hoch, wird gleich merkwürdig, so bald man in das Thal kömmt; er ist in vorangeführter Abhandlung schon so genau beschrieben, daß ich anjetzt nichts, außer meine dendrologischen Beobachtungen, die ich an dieser Klippe machte, hinzuzufügen habe.

Die Kiefer, Pinus sylvestris, welche sonst gar nicht in dieser Gegend zu Hause gehört, hat sich zwischen den Ritzen der Felsen des Ilsensteins — häufig niedergelassen: Auf welche Art, ist unbekannt; ihr Wuchs ist struppigt, und es ist besonders, daß diese Art, aus dem herabfallenden Saamen, sich bis jetzt noch nicht weiter verbreitet hat.

In mehr gedachter Abhandlung ist sehr richtig bemerkt, daß auch die Rothtannen oder Fichten (Pinus picea du Roi) hier oben ein sonderbares Ansehen haben. Ihre Nadeln sind weit dünner, kleiner, spitzig schärfer und gelber, als im Thale und auf besserm Boden. Verschiedene von mir gesammelte und untersuchte Exemplare, haben mich indessen mit wohlgedachtem Herrn Verfasser wider alle andre Einwendungen überzeugt: daß bloß der fel-

sigte

sigte magere Boden, dürrer Sand, und ein rauhes Clima, die Ursachen der Verschiedenheit sind; eine fremde Art in diesen zu erblicken, muß ich schlechterdings ganz verneinen.

Ich hatte mir vorgenommen, die schräge **Höhe, von Ilsenburg, bis auf die höchste Spitze des Brockens** — hodometrisch zu erforschen; allein die mannichfaltigen Beobachtungen, und die mir sehr angenehme Begleitung des Herrn Oberforstmeisters — wobey ich sehr viel interessantes von der Forstwirthschaft des Gebürges erfuhr, verschoben die Ausführung dieses Vorhabens — bis auf den Rückweg, bey welchem meine Forschbegierde — dergleichen Messung mir eher gestatten würde. Diese machte jetzt meinen Gang auch viel zu sehr herumstreifend, und entfernte mich zu weit von der wahren Richtung, als daß ich mit einiger Genauigkeit, den Weg hätte abschreiten können!

Jenseit des Ilsensteines, ebenfalls linkerhand des Flusses, an einer steilen Wand des **Jevernberges**, sah ich einen neuen **Büchenhau** (Schlag). Wie mir nun diese Holzart, wegen der darüber seit vielen Jahren angestellten allergenausten Erforschung, noch immer sehr am Herzen liegt, so suchte ich auch hier Bestätigungen und Rechtfertigungen meiner dem Publikum darüber gegebenen Schriften, und fand sie überall.

Der Ort war noch nicht als Schlagholz an der Reihe gewesen, woran überhaupt noch dreyzehn Jahr im Ganzen fehlen; weil die Eintheilung auf 40 Jahr, vor 27 Jahren geschehen ist; er wurde vielmehr jetzt zum ersten Male regulär geholzet. Man war damit beschäftigt, die Ausbeute — in **runden Meilern** zu verkohlen, deren jederzeit fünf

 nach

nach der Verfassung angebracht sind, um die Bedürfniß der ansehnlichen Werke ununterbrochen zu befriedigen: von welchen Herr D Zückert in seiner **Naturgeschichte und Bergwerksverfassung des Unterharzes.** 8. Berlin 1763 ausführlich handelt.

Einiges **Nutzholz** an Achsenstücken, Felgen, Pflugsbuchsen, Naben- und Speichenholz, (welches alles ich im ersten Theile meiner Geschichte ausführlich abgehandelt habe), fand ich übergehalten, um zum Verkauf und auch für die Herrschaftliche Berganspannungen, bereit zu seyn.

Diese Anspannungen bestehen in verschiedenen Karren mit starken Pferden (meist Hengsten) bespannt, welche auf Herrschaftliche Kosten unterhalten werden, um die Kohlen nach denen administrirten hohen Oefen, Hämmern, Drathütten, und den Werken der Grafschaft überhaupt zu transportiren.

Das Alter der Büchen, die Menge der Standbäume, so übergehalten waren, und die hohen Stöcke oder Stubben — ließen mich mit Grund vermuthen, daß man wegen des hinreichenden **Wiederausschlages** besorgt sey: sich also wohl mehr auf die Wiederbesaamung auf einständige Bäume verlassen müsse.

Ich merke diese Umstände an, und nahm mir vor, bey meiner Zurückkunft vom **Brocken**, darüber zu sprechen.

Meine Beurtheilung des Befundes war denn auch mehr denn allzurichtig; denn man gestand mir frey: daß der Augenschein, der in 12 — 14 Jahren abermahls an die Reihe treten sollender Schlaghölzer gelehrt hätte, daß man von der Fortsetzung dieser Wirthschaft im Gebürge wieder abgehen müsse,

be-

besonders aber auf Einständer die Absicht zu richten, und folglich viele Jahre zuzugeben hätte; weil jene Eintheilung — zu voreilig gemacht worden wäre. Noch mehr bestätigte sich diese Nothwendigkeit, als ich dergleichen 26 — 27 jährige Schlaghölzer nachher selbst sah. Ich fand sie durchgehends nicht von der Beschaffenheit, daß sie in 13 — 14 Jahren, als küftig Kohlholz abgetrieben werden könnten; drey — vier Zoll war ihre untere Diametralstärke bey nur geringer Höhe, und überhaupt waren der Stangen nur wenig. Zum Glück hatte man den Fehler begangen, eine Menge **Laßreiser, Oberständer, Doppel Oberständer** und besaamende **Hauptbäume von Büchen** ausser den andern Laubholzarten — stehen zu lassen: welche daher im ersten Anblick, und dem ungeübten Auge versteckten, daß dieses vor 26 — 27 Jahren — Schlagholz Gehaue gewesen waren [1]); — daher sie für dermaleinst doch einige Ausbeute versprechen.

Ich kann mit Wahrheit nicht sagen, daß ich oben im Gebürge einen gut ausgeschlagenen Büchenort gefunden hätte. Die Büchen Standbäume erstreckten sich aber noch bis fast ans Brockenbette, wo sie an den Wänden oberhalb der Ilse mit den Fichten vermengt stehen. Höher hinauf aber verdrängt die Nässe und das rauhe Clima diese Holzart gänzlich. Nur struppigte nie Gedeihen versprechende Fichten, doch bessere **Birken** nehmen da den Platz; welche letztern doch, sobald sie sich über die erstern empor

 heben,

1) Ein mehreres von den Folgen solcher Wirthschaft siehe im meiner Geschichte vorzüglicher Holzarten Th. 1, sechste Abhandlung.

heben, eine Beute der Sturmwinde in dem lockern Moor- und Torfboden werden.

Auch hier hat man Ursach zu sehr übeln Ahndungen. Das kleine in vorigen Zeiten kaum bemerkte Insekt, der sogenannte **schwarze Wurm**, Termestes typographus L. welcher auf dem Churhannöverischen Antheil des Harzwaldes so gräulichen Schaden an den Fichten in neuern Zeiten angerichtet hat, nimmt in hiesigen Revieren schon sehr überhand. Man siehet sich bereits genöthiget deswegen von der Folge in der Schlagwirthschaft verschieden abzugehen, um dem Einreißen dieses Uebels durch Vorhauungen in etwas vorzubeugen, welches jedoch niemals als ein hinreichendes Mittel gelten dürfte.

An gefälleten starken Stämmen von Fichten, habe ich **dieses Insekt** noch über dem sogenannten **Spiegels Lustbrunnen** in einer solchen Höhe über der Meeresfläche häufig angetroffen, in welcher wahrhaftig sonst wenig für unsere Herrn **Insektologen** zu jagen vorkömmt. Die weitere Ausbreitung dieses gefährlichen Geschöpfchens, welches nicht einmal das rauheste Clima scheuet, läßt mit seiner häufigen Vermehrung betrübte Folgen befürchten.

Auf den bekannten **Zitterklippen** zwischen den Felsen und Rollsteinen fand ich den **Vogelbeerbaum**, Sorbus aucuparia; hier Quitschenbeerbaum genannt, mit seiner Zierde, den schönen rothen Früchten — im besten Wuchse und folglich von der Kälte unbeschädigt.

Der Unterschied der **Fichten** wurde immer merklicher, je höher man in das Gebürge kam; denn anstatt daß die unten in dem Reserve-Revier, der sogenannten **Kammer** — befindlichen, von einer ausnehmenden Höhe und Stärke waren; so fielen die

die oberhalb der Zitterklippen stehenden immer elender und pyramidaler aus, und waren mit **Flechten**, nemlich mit Lychen farinareus; L. coralloides; L. parietinus und L. amplissimus sehr verunstaltet bedeckt. Auf der Westseite waren sie mehrentheils bis in die Spitze der Zweige beraubt, und bildeten daher eine fast dreyeckige Pyramide, deren Ecke gegen Westen — der Stamm selbst ausmachte. Die untersten Zweige verlohren sich im Sphagno auf der Erde.

Die **Heidelbeeren**, Vaccinium Myrtillus; **Krons**- oder **Preußelbeeren** Vaccinium vitis idæa, **Trunkelbeersträuche** Vaccinium uliginosum, fanden sich nach der **Heinrichshöhe** zu — immer häufiger und ansehnlicher, und bewiesen, daß sie auf ihrem rechten Platze waren. Ihre Früchte reifen hier später als im platten Lande; denn jezt am 20 August 1783 war erst die volle Lese der schwarzen Heidelbeeren, welche durch die von weiten Orten her ins Gebürge kommende Armuth gehalten wird.

Elende, spannrückigte, vom Schneedruck mit den struppigten Fichten zugleich gebogene, zerbrochene oder verstümmelte **Lerchenbäumchen**, standen an dem mit Steinen belegten Fußsteige jenseits des Ilsenflusses **auf morastigem Boden**. Sie sind zu der Zeit des seel. Herrn von Zanthier angesäet worden. Es stünde dahin, ob ein wiederholter Versuch, zumal ohne Vermischung mit denen sich ohnedem hierher nicht schickenden Fichten, nicht besser gerathen möchte, weil bekannt ist, daß die Lerchenbäume in der Nässe und im ähnlichen Clima gar wohl gedeihen, worüber die Reisen der Herren Pallas und Krascheninickow mehr Licht verbreiten; und wie mir auch aus Erfahrung selbst bewußt ist.

End-

Endlich gelangte ich — nach **vierstündigen** Beobachtungen und manchen Bemühungen, an die sogenannte **Heinrichshöhe**, an diesen kahlen Klumpen, bey dem darauf befindlichen Wirthshause und **Torfverkohlungswerke** — an.

Durch die erhitzende Bewegung des Körpers beym Bergsteigen, zumal des letzten steilen Steiges, war mir die heftige Kälte nicht gleich merklich, in der ich mich befand. Beym Eintritt in die Stube befremdete es mich nicht wenig, einen eisernen Ofen glühend in den Hundstagen zu finden, ohne sonderliche Hitze davon zu spüren.

Nachdem ich mich erholet und in der eingeheitzten Stube etwas abgekühlet zu haben glaubte, versuchte ich die Wirkung zu fühlen, welche die freye Luft anjetzt auf mich haben würde. Ich begab mich vor die Hausthüre, und wurde gleich mit einem Dampf umgeben, der von meinem Hauch und meiner Ausdünstung entstand.

Ich hielt es meiner Gesundheit nachtheilig, mich so bald, nach einer so starken Erhitzung einer in dieser Jahreszeit unterhalb so ungewöhnlichen Kälte bloß zu stellen, und war damit zufriden, jetzt hinter dem Hause der bereits ¾ untergegangenen Sonne nachzusehen, bey welcher Gelegenheit die **Spitze des Brockens eine Wolke gebar**, und die Kälte immer heftiger wurde, so daß sie unter den Gefrierpunkt kam.

Mein Führer äußerte über die Wolke seine Unzufriedenheit, und weissagte aus diesem aufsteigenden dicken Dunste, welches das **Brauen des Brockens** genannt wird, auf morgen unklares, und meinen Beobachtungen widriges Wetter.

Al-

Allein dieser Verdruß verschwand noch diesen Abend, denn ehe es ganz finster wurde, erhob sich ein sanfter Westwind, und führte diese Wolke mit sich ins Thal, und weiter hin ins platte Land, worauf im Zenith endlich die möglichste Klarheit eins nächtlichen, mit Sternen besäeten Himmels herrschte.

Die Anwesenden übernahmen es wechselsweise, zur gehörigen Zeit den Aufgang des Mondes zu bemerken, damit ich auch dieses Schauspiel hier ganz in seinem vollen Glanze sehen möchte; wozu ich vorher die nöthigen Anstalten, und die Aufstellung meines Fernrohres verfügte. Der Aufgang erfolgte nach meiner Secundenuhr 28 Minuten 4 Secunden später als nach meinem Berliner Taschenkalender, auch noch ins besondere nach der Höhe meines Standpunktes, und des daher sehr vergrößerten Horizontes vorher zu schließen war.

Die Ursach der Verweilung, welche sich erst nach dem Aufgange mir entdeckte, lag in dem dicken undurchsichtigen Dunste, welcher das platte Land in Osten bedeckte, wohin er seit wenigen Stunden, von meinem jetzigen Aufenthalt, wie ich bereits gemeldet habe, herab gewehet worden war; daselbst aber ziemlich hoch vor dem Monde schwebte; also hoch über dem wahren Horizonte — kam der halb abnehmende Mond, wie ein Triangel hervor, dessen Basis nicht so scharf abgezeichnet war, als wenn selbige vom reinen Horizonte gebildet worden wäre.

In eilf Minuten und 13 Secunden war er ganz herauf und von dem Gewande entblößet, das ihn bisher zum Theil verhüllt hatte; die doppelte vorbeyeilende Bewegung, war an der baldigen Vollendung des angefangenen Auftrittes Schuld; da einmahl der Mond stieg, anderntheils aber der entfernte Dunst sich bey der Abendkühle immer schneller senkte. Der Mond ließ seinen sanften Schimmer auf die niedrige zurückgelegte Wolke fallen, färbte sie mit Silber, und entdeckte mir daher, was ich vorher gesagt habe. Er erleuchtete die Scene vor mir allmählig, deren einzelne Theile, die Berge, er Sprung für Sprung darstellte.

Die Kälte hatte über 3 reaumurische Grade abgenommen, nachdem die Sonne — unter; der Mond aber — aufgegangen war.

Ich durchsah sodann die hier befindlichen 3 starken Quartbände des sogenannten **Brockenbuches**, welche mit den Nahmen und Einfällen aller derjenigen beschrieben sind, die diesen merkwürdigen Ort besucht haben. Man trift darin sehr vermischte und aus dem erhabenen unterhaltend — lehrreichen — ins Pöbelhafte fallende Gedanken an. Anstatt der Einschrift stiftete ich hier mein Andenken dadurch, daß ich mein in Kupfer gestochenes Bildniß, in diesem Brockenbuche befestigte. Nachdem ich die hier gemachten Beobachtungen notirt hatte, versuchte ich der Ruhe mich zu überlassen, um dadurch mich auf die ermüdenden Bemühungen des folgenden Tages vorzubereiten, welche ich mit dem frühen **Aufgang der Sonne**, diesem prächtigen Anblick von der Spitze des Brockens — anzufangen, mir vorgenommen hatte. Mein Geist war aber noch zu lebhaft und fleißig, um meinem Körper Schlaf zu gestatten. Er schwärmte noch auf dem heute zurück gelegten Wege herum, und rekapitulirte manche Beurtheilung über gesehene Dinge.

Die struppigten Fichten, welche oberhalb der Zitterklippe einen so großen Raum im Gebürge bis zur Heinrichshöhe, als soweit ich damals das Terrain konnte — einnehmen, gefielen mir in aller Absicht nicht, weil keine Hoffnung da war, daß solche jemals auf irgend eine Art nutzbar werden könnten. Ich stellte mich jetzt in Gedanken an die Stelle — sowohl des Herrn Besitzers, als der Verwalter dieses beträchtlichen Grundstückes, und überlegte, was ich in solchen Fällen thun würde, um es für dermaleinst in guten Stand zu bringen. Das Resultat war dem fernern Leben der krüppelhaften Fichten zuwider. Ich zog Abtheilungsgraben von der Höhe in die Thäler, und aus solchen in die Ilse: machte die Wolken einsaugenden Brücher abfließend, dichter, gangbarer für das Vieh, und zu einer gesündern Weide. Die Steine, welche sich meinem Vorhaben zu widersetzen schienen, überwand ich nach der Erfahrung, da der sogenannte **Pflasterweg**, welcher daselbst 2000 Schritt lang durch Kunst gemacht ist, mir bewiesen hatte, daß man sich hier von Kleinigkeiten und einigen Kosten nicht abschrecken lasse, wahrhaftig nützliche Anlagen zu machen. Die größte Schwierigkeit schien in der Wiederbehölzerung der Blößen zu bestehen; denn die früh einbrechenden und lange anhaltenden Winter des Gebürges vereiteln jede Pflanzung der tiefer unten erzogenen Stämme, die entweder im Frühlinge schon im vollen Treiben sind, wenn sie oben gepflanzt werden könnten, oder im Herbste noch nicht zu vegetiren aufgehört haben, wenn oben — schon der tiefe Schnee vorhanden ist. Ueberhaupt endlich, weil dergleichen Stämme nicht füglich an dieses Clima zu gewöhnen seyn dürften. Mancher würde hier ohne Umstände alles besäen

wol

wollen; allein es würde darauf ankommen: 1. Ob eine hinreichende Menge Saamen von solchen Holzarten aufzutreiben wäre; die sich auf diesen Boden, in dieses Clima, und solche Lage schicken; denn diejenigen, welche jetzt hier zum Theil den Platz einnehmen sind gänzlich, zu verwerfen, wovon der Augenschein schon den Beweis abgiebt. 2) ob der mit hohem Grase Heidelbeerstrauch, Sphagnum und filix bewachsene und von den Strömen des schmelzenden Schnees überschwemmte Boden zur Holzsaat so leicht artbar und tauglich gemacht werden könnte; und 3) ob eine im Großen zu unternehmende Saat nicht allzugroßen Gefahren — von Frost und der Witterung überhaupt ausgesetzt wäre; anstatt daß in Erwählung der Pflanzung, die Saat oben in kleinen Pflanzkämpen im Kleinen versucht — und immer fortgesetzt werden könnte?

Nur dreyerley Holzarten scheinen der Absicht mit Vortheil zu entsprechen; nehmlich:

1) Die **nordische weiße Eller**, Betula alnus incana.
2) Der nordische Spitzahorn oder die **Lehne**, Acer platanoides und
3) Die **Birke**, Betula alba. (Im Fall der Boden erst Dichtigkeit erhalten hat.)

Mit diesen Holzarten müsten auf der Süd-Westseite sowohl der **Heinrichs**- als der **Brocken**höhe bearbeitete **Saatplätze** angelegt werden, in welchen nach und nach eine hinreichende Menge Pflanzstämme an Ort und Stelle angezogen würden, die gleich jung im Gebürge verpflanzt werden könnten. Da die Kosten einer dergleichen Anlage — so geringe, die Aussichten aber so gut sind; so dürfte dieser

Vorschlag wohl Beyfall zu erwarten haben, zumal da bis nach einem erwünschten Fortgang der Saatplätze, und angestellten Versuchen mit pflanzen alles übrige nach alter Art gelassen werden kann.

Es ist aber auch gar kein Zweifel, daß die **nordische Eller** nicht gut gedeihen sollte, sobald die übermäßige Nässe vermindert worden ist. Schon die **gemeine Eller** Betula alnus glutinosa, welche bey uns im platten Lande noch eher von späten Frösten leidet, und auch länger als die Nordische vegetirt, stehet ganz munter — nahe bey Spiegels Lustbrunn, mit allen Kennzeichen eines ungekränkten Wuchses, weil sie in diesem Clima um so später zu treiben anfängt; Desto eher aber ist alles Gute von ersterer mit Grund zu erwarten.

Der **Birke** fehlt jetzt nur ein fester Standplatz, und die **Lenne** ist uns von den norwegischen Gebürgen als hierher schicklich wohl bekannt.

Alle diese drey Holzarten aber sind vollkommen der hiesigen Bedürfniß angemessen, welche vorzüglich in tüchtigem **Kohlholze** bestehet. Ich würde noch die **Silberpappel** anrathen, die selbst im Nördlichsten des Landes Kamtschatka angetroffen wird, wenn nur das Holz als Kohlenholz taugte.

Nachdem ich dieses wichtige Werk in Gedanken ausgeführt hatte, so konnte ich ganz ruhig schlafen.

Der folgende Morgen und eine klare, in diesem Sommer seltene Witterung, schenkte mir die Gelegenheit das bekannte prächtige Schauspiel der Natur — den **Aufgang der Sonne**, denen davon vorhandenen Brocken-Beschreibungen gemäß, bewundrungsvoll und aufmerksam zu sehen.

Ich eilte zur rechten Zeit aus meinem Nachtlager nach der noch eine halbe Stunde weitern Spitze des Gebürges, und sah mich bey Erwartung der **Sonne** über so viel Millionen glückliche und seufzende Geschöpfe weit erhaben, bey dem Anfange aber eine Gegend nach der andern, in Licht und Klarheit kommen. Diese Reihe traf auch das in Südwesten belegene Ebenbild des Brockens, den Inselberg bey **Gotha** (meinem Vaterlande), und dieser Berg zeigte sich auf 16 Meilen weit in seiner ganzen Pracht. Fast eben so weit war die Aussicht rund herum, so daß der Horizont in seinem Umkreis fast hundert Meilen hatte, die ich mit einem Blick bereisete.

Die Freude war kurz, denn bald bedeckte der **Nebel** die entfernten Gegenden, besonders in Norden, Nordost und Ost, und verkleinerte meinen Gesichtskreis bis auf 10 Meilen im Durchmesser Etwas westlich thürmten sich allmählig **Gewitterwolken** auf, deren Ergießung ich auf der Stelle abzuwarten wünschte. Mein Führer versicherte mich aber, daß solche nicht eher als am Abend sich ereignen würde. Ich gab daher nach, und schickte mich zum Abschiede von diesen Scenen an, besuchte den 18 Fuß unter der höchsten Höhe belegenen klaren Brunnen, welcher innerhalb 24 Stunden an 1440 Cubikfuß Wasser liefert, so in die Ilse herab fließet, daher auch wohl der eigentliche **Ursprung** dieses Flusses ganz füglich — von hier aus als der höchsten Quelle, bestimmt werden kann. Ich schrieb meinen Nahmen an einen Balken des obersten Hauses, sammelte das Empetrum nigrum — **Pickbeerenstrauch**, das **Rennthiermooß**, Lichen Islandicus, und **suchte vergebens nach der Zwergbirke**, Betula nana foliis orbiculatis crenatis. (Siehe du Roi Harbk.

Baum

Baumzucht Th. 1. Seite 99) welche nach einer im Brockenbuche befindlichen Anmerkung, von zweyen Leuten aus Helmstädt, Nahmens Joh. Aug. Stöps und Christian Biereke, gleich linker Hand, wenn man rechts herum gehet, gefunden worden seyn soll. Auch der Herr Hofmedikus *D. du Roi* hat sie hier nicht finden können; und der Ritter von Linné hält sie in seinen amoen. acad. hier für falsch angegeben: welcher Entscheidung ich bis nach näherer Ueberzeugung — aus Erfahrung beypflichten muß.

Ich bestieg den Ueberrest der sogenannten Teufelskanzel, deren größter Theil in diesem Sommer von fremden jungen Leuten — schwerlich aus eben der Absicht — eingestürzet worden ist, aus welcher ehedem Götzen zerstört wurden. Diese Steine und der sogenannte Hexenaltar, gaben durch manche schöne Alpenflechten und Moose einen Beytrag zu meinem Cabinet.

Das schon hinlänglich beschriebene und bekannte Torfwerk zwischen der Spitze des Brockens und der Heinrichshöhe, sowohl als das Langensche an der Churhannöverschen Grenze, welche mit dem Elendrevier am Brocken hinaufläuft, zogen wie die Torfverkohlungsanstalten meine Aufmerksamkeit nach sich. [2]) Tausende von Jahren sind erforderlich gewesen, die sichtbaren Torfschichten auf 12 und mehr Fuß Teufe zu bilden. Der Stoff ihres Zusammenhanges waren die übereinander hergewachsenen, und jährlich vom Schneedruck zusammen ge-

2) Durch die Güte des Herrn Hofmedikus *D. du Roi* besitze ich ein Modell eines Torfverkohlungsofens, welches derselbe von dem seel. Herrn von Zanthier erhalten hatte.

gepreßten Ausschößlinge der Vaccinia, als: V. Myrtillus, V. Uliginosum, V. Vitis idæa, V. Oxycoccos; desgleichen der **Pickbeere**, Empetrum nigrum; **Torfmoos**, Sphagnum palustre; **Kolbenmoos**, Lycopodium clavatum. L. alpinum, L. complanatum, der **Torfheide**, Erica Tetrallix; **Torfblume** Juncus niveus, und die **Wurzeln der Fichten**; auch, wer sollte es glauben? des **Haselstrauches**, dessen Spuren jetzt nicht mehr auf ganze Meilen weit zu finden sind!

Der **obere Torf** war locker und leicht, und die weniger zusammen gepreßten, weniger veränderten Gewächse waren noch ganz deutlich zu erkennen. Tiefer hatte die Masse sich sehr gesetzt, und war weit fetter und schwerer; daher auch die ganz unten auf dem Erdboden vor einigen tausend Jahren gewachsenen **Tannen- und Haselwurzeln**, gleichsam einbalsamirt, und noch ganz frisch waren. Mein Cabinet weiset Stücke davon auf, die einen übeln **asphaltischen Geruch** haben, und noch weit ärger stinken, wenn sie ins Feuer kommen.

Alles Herumsuchens ohngeachtet habe ich **nichts weder von Würmern noch Insekten wahrgenommen, ganz oben auch keine Vögel**; besser unten aber, liessen sich **welsche Holzschreyer** oder **Nußhäher**, Corvus Caryo catactes L. hören: die wahrscheinlich in diesen Einödden gebrütet haben werden, und welche man anderwärts nur auf dem Zuge, in den deutschen Wäldern — findet. Unterhalb der Zitterklippen traf ich einen **Auerhahn** (Tetrao Urogallus L.) an.

Des Nachts hatten verschiedene **Rothhirsche** (Cervus Elaphus L.) die **Spitze des Brockens besucht**, um das darauf wachsende kurze trockne

Gras

Gras zu äsen. Ich beobachtete dieses aus den frischen Spuren, und bemerkte auch hier, daß im steinigen Gebürge die Spur der Hirsche allezeit weit stumpfer und gedrängter, als wie in plattem Lande und weichem Boden ist.

Dieses Gebürgswildpret — soll schwächer als das im platten Lande seyn, wie auch die zu **Ilsenburg** gesehenen Hirschgeweihe mir diese Sage bestätigten. Das Gegentheil hiervon findet man aber auf dem Gebürge des **Thüringer Waldes**, allwo das **Rothwildpret** besonders stark zu seyn pflegt.

Bey meiner Rückkehr von der Spitze nach der Heinrichshöhe traf ich verschiedene dem Gastwirth gehörige **Ziegen** an, welche mit zum Unterhalt dienen, da sie bey der Brockenweide — an zwey Maaß Milch des Tages geben. Schaden können diese Thiere hier nicht thun, da doch kein junges Holz vorhanden ist. Zwey **Küchengärtchen** waren in den Ruinen oder dem Grundmauerwerke abgetragener **Torfschuppen**, angelegt. Sie enthielten **schlechten Grünkohl gute Tartuffeln** und einige **flatterhafte Laktuke.** Ueberhaupt hatten diese Küchengewächse viel Aehnlichkeit mit solchen, welche im Schatten oder dumpfigen Stande zu geil getrieben haben: wobey der Mangel an Luftsäure sich verräth.

Zu Michaelis, oder **Ende des Herbstmonates, wird der Brocken** mit sammt denen daran liegenden Torfwerken und Gebäuden **verlassen;** denn der tiefe **Schnee** und die **große Kälte** unterbrechen bis spät im Frühling alle Gemeinschaft mit den umliegenden Oertern. **Man kann überhaupt nur vier Monat zum Aufenthalte oben**

 rechnen.

rechnen. Frühling und Sommer folgen sich unmerklich, und mit dem Herbste ist auch der tiefe Schnee schon da. Die **Vegetation gehet daher schnell von statten:** für welche überhaupt **eilf Wochen** angenommen werden können.

Von der Spitze oder dem **Brockenhause** bis nach dem Wirthshause auf der Heinrichshöhe, war ich 3000 Schritt in einer halben Stunde gegangen, wobey ich den mannichfaltigen Aufenthalt abrechne, der manche Stunde wegnahm.

Von hier an legte ich den **Rückweg nach Ilsenburg** ohne alle Nebengänge zurück, um meiner Messung, deren ich anfänglich schon gedacht habe, diejenige Genauigkeit zu verschaffen, deren eine bloße Abschreitung nur immer fähig ist. Ich konnte nach einem gesetzten Gange auf jede Minute hundert Schritt, und deren fünf — auf eine Rheinländische Ruthe im Durchschnitt rechnen. Ob nun zwar die Stationen nach der Meynung und Angabe meines Führers angemerket wurden, welches gegen die von andern angegebenen Benennungen und Scheidungen der Gegenden gar sehr verschieden seyn konnte, so muß am Ende doch die Summe richtig seyn, die ich von der Spitze des Brockens bis an die obere Schneidemühle vor Ilsenburg, wo das eigentliche Ilsenthal und der Wald sich anfängt, durch 19500 Schritt in $3\frac{1}{4}$ Stunde erhielt, welches nach obigem Verhältniß 3900 laufende Ruthen beträgt.

Es folgt hieraus und aus der Silberschlagischen Erkundigung der perpendikulären Höhe, daß der schräge hinauf gehende Weg, zwölfmal länger als jene sey.

Un

Ungeachtet der beschwerlichen Zurückwanderung bey einer drückenden Mittagshitze, sollte der heutige Tag mir noch manches Neue darstellen; ich besah die Einrichtung der Anfangs gedachten **Schneidemühlen**, der **Drathütte** und des obern **Eisenhammers**, nicht weniger des **hohen Ofens**, woselbst ich die **viererley Arten von Eisensteinen** mir geben ließ, aus welchen hier ein sehr schmeidiges und **gutes Eisen** verfertiget wird, wovon Herr D. **Zückert** in dem vorangeführten Werke gehandelt hat.

Der Herr Oberforstmeister von **Landwiest**, machte diesen Nachmittag mit mir einen Ritt:

1. **Nach der Friedrichsplantage.**
2. **Nach der beym Eckernkruge** und
3. **In dem ganzen Ilsenburgischen Oberforstmeisterlichen Landreviere umher.**

Wir kamen zuerst durch den sogenannten **Winberg**, ein **Schlagholz** von vortreflichem Boden. Der daran befindliche Weitzen, so wie der aus verschiedenen Laubholzarten bestehende 16jährige Wiederwuchs, bewiesen dessen wahre Güte und letzterer zeigte den Unterschied einer fruchtbaren und in gemäßigten Clima liegenden Aue, gegen das Gebürge, dessen Schlaghölzer ich vorher gesehen hatte.

Die **Friedrichsplantage** ist mit Wahrheit schön zu nennen; sie zeuget noch — von der Betriebsamkeit des seel. Herrn von **Zanthier**.

Ein ablanger, gut mit Planken verhägter, und einige Morgen haltender Platz auf einem guten lettigten Boden ist in verschiedene Quartiere abgetheilt, deren jedes fast mit einer besondern Holzart — mehr oder weniger pranget. Die hieher **gepflanzten** dichtstehenden Stämme sind mehrentheils jetzt 16 Jahr alt.

Die Sorten sind:

1. Fagus sylvatica. Eine Menge wohlbekommener **Mastbüchen**, welche nach derjenigen Methode gepflanzt sind, die Herr D. du Roi Th. 1. Seite 257 u. f. von hier beschrieben hat, und welcher ich aus Erfahrung Th. 1. Seite 93 meiner Geschichte beygepflichtet habe.

2. Pinus Larix. So wie ich vom **Lerchenbaum** im Gebürge angemerkt habe, verhält es sich hier auch. Sie sind sehr hoch für ihr Alter, und ungeachtet des dichten Standes doch äusserst krumm und spannrückig.

3. Acer pseudo - platanus, **gemeiner Ahorn**, äußerst schlecht.

4. Acer platanoides, **Lehne** — schlecht.

5. Pinus picea (du Roi) **Fichte** (hier **Rothtanne** genannt), gut und noch viel besser, als sie in gleichem Alter am Gebürge in unverrücktem Stande ist.

6. Pinus strobus, die **Weymouthskiefer**, ist ganz **vorzüglich**, macht jährlich dreyfüßigen Aufsatz, bey einer recht verhältnißmäßigen Stärke.

Man siehet, daß sie dicht stehen wollen, um sich von ihren untern Aesten von selbst zu **reinigen**, welches gegen das **zwölfte Jahr** alsdenn geschiehet. Das **Beschneiden** ist ihnen aber sehr **schädlich**, weil aus jeder Wunde eine Menge Harz fließt, wie ich hier an solchen Weymouthskiefern gesehen habe, deren Zweige, weil sie in den Gang gehangen hatten, abgeschnitten worden waren. Sie blieben gegen die innern um einige Fuß im Wuchs zurück.

7. Ju-

7. Juniperus communis. Der **gemeine Wachholder**, stand wirklich besser, als man in einem allzuguten Boden wohl erwarten sollte. Sie waren mehrentheils 10 — 12 Fuß hoch und 3 bis $3\frac{1}{2}$ Zoll im Durchmesser, auf dem Stamme stark.

8. Betula alba, die gemeine **Birke** oder **Maye**, wuchs sehr gut und machte lange gerade starke Leiterbäume und Deichselstangen aus.

9. Populus alba. Die **Silberpappel** stand äußerst schlecht und war ganz verkümmert, der Boden ist hier zu gut.

10. Pinus rubra, die **schottische Kiefer** ist recht gut, doch lange nicht so hoch, als die Weymouthskiefern.

11. Pinus virginiana, die **Jerseykiefer** war kürzer.

12. Pinus Maritima, der langnadliche **Pinaster**, noch kürzer.

13. Pinus cembra. Die russische **Ceder** oder **Zirbelkiefer** war hier zwar in Menge, doch aber ganz zwerghaft gegen alle übrige, in der Plantage befindliche, Holzarten.

14. Fagus castanea. Der süße **Castanienbaum** war zwar fruchttragend, doch nicht von gutem Wuchse, weil er viel Nebenschüsse aus der Wurzel getrieben und vom Froste sehr oft an den Spitzen Schaden gelitten hatte. Kurz er war buschartig.

15. Carpinus betulus, der Hornbaum oder die **Haynbüche**, war wie sie gewöhnlich in einem 16jährigen Alter ist.

16. Quercus robur, die gemeine **Wintereiche**, ist vor 16 Jahren aus einem Eichelkamp, schon etwas groß, ausgehoben und hier gepflanzt worden, wo sie recht gut gedeihet. Sie ist wohl 28 bis

30 Jahr alt, wie ich nach denen in jenem Eichelkampe mit befindlichen, und gesehenen Nadelhölzern schliessen muste.

17. Sorbus hybrida, der **Bastard Speyerling**, trägt zur Zeit noch keinen Saamen; man hat daher selbigen durch Pfropfen auf Birn- und Quitschenstämme hier häufig vermehrt.

18. Pinus cedrus. Ein einziges elendes Exemplar von der **Ceder von Libanon**, schmachtet, und scheint auch vom späten Froste und von dem diesen Sommer gefallenen Sonnenregen sehr gelitten zu haben.

19. Cupressus Thyoides. Mit einer **weißen Ceder** verhält es sich gleicher Gestalt.

20. Liriodendron Tulipifera, der **virginische Tulpenbaum** ist einmal und zwar ganz buschicht hier befindlich; es sind Versuche zum ablegen daran gemacht und nicht vollführet worden.

21. Viburnum lantana, der **Schlingbaum**, (Strauch) wächst gut.

22. Betula alnus incana, die nordische **weiße Eller**, ist mit den Birken fast gleich groß; sie würde noch größer seyn, wenn sie nicht auf einem so gar guten Boden stände. Den bereits häufig ausgefallenen und darunter aufgegangenen Saamen **wünschte ich auf den Blocksberg**!

23. Sorbus aucuparia, die Stämme der **Ebereschen**, hier Quitschen genannt, sind vermuthlich in der Wildniß ausgehoben und hier eingepflanzt; ihr Wuchs ist wegen Mangel an tüchtigen Wurzeln schlechter, als er es bey solchen Stämmen ist, die in Baumschulen erzogen worden sind.

24. 25. **Birn und Aepfelstämme** sind zum Theil hier veredelt, und endlich giebt es noch einige verschie-

schiedene kleine, unansehnliche **Strauchholzarten**, die ich jetzt übergehe.

Der **Boden** war durchgehends im ganzen Reviere sehr gut, und begünstigte die Schlagwirthschaft. Die Stammloden hatten in den jungen Gehauen unglaublich gesommert (getrieben) und bestanden größtentheils in **Birken**, **Ellern** etwas **Buchen** und **Eichen**.

Bey dieser Art von Wirthschaft, nach welcher das Revier in 30, 40, 50 Theile abgeblocket war, hatten die vorher daselbst Ueberhand gehabten **Fichten** den obgedachten Laubhölzern Platz gemacht. Die Scheidungspunkte der Gehaue waren auf der Basis mit eichenen Nummerpfählen bemerket, welche 4 Fuß über der Erde herausragend, 4 Zoll ins Gevierte stark und mit Nummerblechen versehen gewesen waren. Eben diese Bleche haben ein gleiches Schicksaal mit denen in der Mark gehabt: daß sie entweder ganz verloschen oder entwendet worden sind.

Ich erhielt hierbey aufs neue Gelegenheit, diese Bezeichnungsart aus Erfahrung zu verwerfen, und das beym Churmärkl. Schlageintheilungswesen von mir veranlassete Einmeisseln der Nummern, dieser — vorzuziehen.

Von diesen Pfählen ab waren die Perpendikulär- oder Schlagscheidungslinien mit **Vogelkirschbäumen** (Prunus avium) zur Bemerkung bepflanzt worden; welches im Kleinen und in so gutem Boden, unter den Laubhölzern hier gar wohl statt findet und mit zur Zierde dienet. Unter dem hohen Nadelholze aber, besonders auf großen dürren Kienheiden, ist das Bepflanzen dieser Linien mit auszeichnenden Holzarten weit mißlicher; theils wegen der Unterdrükkung; theils auch wegen des schlechten und zum Pflan-

Pflanzen allzumagern Bodens. Unter dergleichen Betrachtungen und Vergleichungen gelangten wir zur großen Plantage, am Eckerkruge beym Eckerflusse, welcher die Grenze mit den Herzogl. Braunschweigischen Forsten ausmacht.

Die Plantage liegt tief in einem kalten Thale, und leidet jährlich viel vom Froste.

Außer den Weymouthskiefern, nordischen Ellern und den Eschen — stand hier alles schlecht und schorfig, wie von den mehresten Holzarten auf einem so kaltgründigen Boden schon vermuthet werden muß.

Besonders zeigten die süßen Castanienbäume, welche hier in großer Menge angepflanzet worden waren, einen mißlungenen Versuch: und daß eine so feuchte und kalte Lage wie diese, sich für sie nicht schicke. Sie sind sehr klein, buschicht, mit vielen Schößlingen umgeben und, bey trocknen Spitzen, über und über mit Moos und Flechten bedeckt.

Im verwichenen Frühlinge hat man aus der Friedrichs Plantage sehr viel fünfjährige Virginische- und Weymouthskiefern noch hierher gepflanzt, wozu die Reihen umgegraben worden sind. Die Hitze und ungewöhnlich anhaltende Dürre dieses Sommers hat aber in dem lockergemachten Boden so tief gewirkt, daß nicht ein einziger Stamm das Leben behalten hat. Ein am Johannestage sehr stark gefallener korrossivischer Sonnenregen, mag auch wohl einige Schuld haben. An den Laubhölzern und dem Lerchenbaume siehet man noch allerdings die Spuren davon.

Die einbrechende Nacht und die verflossene Zeit meines hiesigen zweytägigen Aufenthaltes, machten den fernern Beobachtungen ein Ende, und ich entfernte

fernte mich aus dieser Gegend, in welcher die Forstökonomie nach wahren Gründen mit demjenigen Erfolg getrieben werden kann, der von verhältnißmäßigem Etat und einer guten Einrichtung abhängt.

Ich kam des andern Morgens sehr früh nach **Wernigerode**, um die Anlage und Situation des dasigen **Thiergartens** zu sehen.

Beym Eintritt in denselben (in welchem das Gräfl. Residenzschloß, dessen ich vorne von weitem gedacht habe — liegt) überraschte mich der Anblick einer Menge des sehr zahmen, sowohl rothen als silberfarbigen, **Bleßwildprets**, welches auf dem grünen mit Obstbäumen besetzten vordern Platze ganz ruhig vor mir blieb.

Diese **von dem gemeinen edlen Hirsch** (Cervus Elaphus L.) **sich bloß durch die Farben auszeichnenden Abänderungen** sind seit vielen Jahren in diesem Thiergarten unterhalten und recht ansehnlich vermehrt worden.

Es fällt indessen manches Stück wieder in die ganz rothe Hauptart zurück, nemlich ohne Flecke vor der Stirne, und ohne weiße Füße (Läufe) zu bekommen: wie mit allen Varietäten im großen Naturhaushalte sehr gewöhnlich ist.

Der Ritter von **Linné**, gedenkt derselben so wenig als der Graf von **Büffon**; in dessen Naturgeschichte, in der deutschen Ausgabe, es der seel. D. **Martini** im 3. Theile von den vierfüßigen Thieren, Seite 82 in der 95 Note, aus Döbels Jägerpraktika — suppliret. Herr **Martini** hat aber im Anfange der Note sehr geirret, da er die in der Potsdammer Heide gesehenen weißen Hirsche und Thiere für edles Wildpret (Cervus Elaphus L.) gehalten hat: da es doch nur das hier gewöhnliche Dam-

wild-

wildpret (Cervus Dama) gewesen seyn kann, an welchem die weiße Farbe sehr gemein ist. Auch unser Freund, der Herr **Graf von Mellin**, gedenket dieser Verschiedenheiten des Edelwildpretes in seiner Anweisung zur Anlegung, Verbesserung und Nutzung der Wildbahnen ꝛc. Seite 143.

Um das hier im Thiergarten befindliche besonders gefärbte und gezeichnete Wildpret — **rein** fortzupflanzen, so wird das einfärbig roth ausfallende, wie ich vernommen habe, weggeschossen, ehe dergleichen Thiere, sie mögen männlichen oder weiblichen Geschlechts seyn, zur Vermehrung fähig sind. Einige Tage vor meiner Ankunft soll dieses mit einem Stück geschehen seyn.

Manche haben theils breite, theils schmale, schneeweiße Blessen am Vorkopfe; andere sind auch noch überdem, oder besonders mit vier weißen Läufen oder Füßen sehr schön ausgezeichnet. Mit den silberfarbenen hat es, der weißen Abzeichen wegen, gleiche Bewandniß. Dieses Wildpret macht in Wahrheit einen so seltenen und schönen Anblick, daß ich der Sammlung unserer **Gesellschaft**, sowohl von der rothen als silberfarbenen Abart, ein wohlausgestopftes Exemplar wünschte. Ich würde auch so frey gewesen seyn, den regierenden würdigen Herrn **Grafen von Stollberg** darum zu bitten, wenn dessen Abwesenheit mich nicht überhaupt verhindert hätte, **Demselben** diejenige Hochachtung zu bezeugen, welche **Ihm** jedermann, wegen seiner bekannten persönlichen guten Eigenschaften — schuldig ist.

In diesem Thiergarten wird noch außerdem eine Menge **weißes, schwarzes** und **buntes Dammwildpret** unterhalten, welches gewöhnlich sich im Hin-

Hintertheile aufhält, und im Sommer nur selten vorn zum Vorschein kommt.

Es ist hier zugleich überall das Schöne mit dem Nützlichen auf das genaueste verbunden. Sowohl Geschmack als wahre Oekonomie, leuchten bey allem demjenigen hervor, was ich hier vor mir fand. Die Forsteintheilung leidet hier keine Ausnahme, sondern der Thiergarten muß im Verhältniß seiner Größe, das seinige an Jahresschlägen sowohl als das übrige Revier abgeben.

Die jungen Gehaue werden, wegen des Anfalles und Schadens vom Wildpret, mit einem leicht weiterzubringenden **Lattengatter** umgeben und befriediget, bis daß der junge Wiederwuchs dem Wilde — entwachsen ist; und dann dient dieser Zaun an einem andern Orte.

Man sieht leicht, daß dieses Mittel in einem reichen und dabey doch Nutzen abwerfenden Thiergarten zur Erhaltung des Holzwuchses so nothwendig, als bey einem ansehnlichen Wildstande im Freyen — rathsam ist. Es erfordert nur die erste Auslage, und eine geringe Unterhaltnng ersetzt dieses aber hundertfältig.

Das Schlagholz bestand größtentheils aus **Mast- und Heynbüchen, Ahorn** und **Saalweiden** (Salix caprea). Schöne, **gutgepflanzte Eichen**, wiederlegten die falsche Meinung, daß man von dergleichen kein Bauholz hoffen dürfe, und alles übrige an diesen Bergen stand in dem besten Wuchse.

Einige kleine, zerstreuete, hinlänglich verhägete Plantagen, zum Theil mit fremden Holzarten, bezeigten die Thätigkeit, mit welcher man sich hier

über

über Vorurtheile wegsetzt, und entsprachen durch ihr Gedeihen der gehabten guten Absicht.

Der süße Castanienbaum stand hier in einer nordwestlichen beschützten Lage, auf mäßig trocknem Boden eines Abhanges in sehr gutem Wuchse, ohne von Frösten gelitten noch den größtentheils aus dieser Ursach sonst treibenden Wurzelstamm-Ausschlag gemacht zu haben. Es schien, als ob diese älteren Bäume zum größeren Unternehmen in der Eckerkrugplantage Veranlassung gegeben hätten, welche bloß wegen des widrigen Bodens und Lage — mißlungen ist.

Die zur Einfassung gepflanzten Weymouthskiefern zeichneten sich auch hier vor allen andern Holzarten aus.

Da es bey warmen Wetter regnete, so begaben sich aus dem lockern braunen Schiefer Klumpen, (der Hauptmasse des ganzen Schloßberges oder Thiergartens) eine sehr große Menge Molche oder Salamander hervor. Sie sind schwarz mit Orangegelben Flecken gezeichnet, und es ist die Lacerta Salamandra, No 47 nach Müllers vollständigem Natursistem des Ritters von Linné.

Auch bey Ilsenburg an dem linken Ufer der Ilse (von unten herauf) sollen dergleichen Amphibien in solcher überaus großen Menge wohnen, daß man in kurzer Zeit ganze Kornsäcke voll davon anfüllen könnte; welches ich denenjenigen zur Nachricht mittheile, welche außer dem was Müller sagt davon Gebrauch zu machen verstehen.

Hier endigt sich mein kleiner Beytrag zur ökonomischen Naturgeschichte des Harzes, an welchem ich nur 48 Stunden zugebracht habe. Ich glaube nach dem Verhältniß der jetzt angewendeten

deren Zeit, ein andermal durch einen längern Aufenthalt, nützlicher als jetzt zu seyn.

Oestedt
im Braunschweigischen

Der genommenen Abrede zu Folge, kam ich mit meinem Freunde, Herrn Hofmedikus D. *du Roi* zusammen, und wir besuchten **Oestedt**, **Helmstädt** und **Harbke**; Oerter, an welchen sich mir in dieser schätzbaren Gesellschaft — so manche interessante Gegenstände darstellten, wo ich so glücklich war, sehr angenehme Bekanntschaften mit Männern zu machen, welche die Achtung der gelehrten Welt und des Publikums sich längst erworben haben, und von deren gefälligen Bezeigen ich durchdrungen bin.

Der **Garten zu Oestedt**, zwischen Braunschweig und Helmstädt, ist im **Hirschfeldischen Gartenkalender 1782** schon treffend und schön geschildert, und diese von mir an Ort und Stelle verglichene Beschreibung der Anlagen und Beschaffenheit des Ganzen leidet keinen Zusatz.

Herr D. *du Roi* stimmt mit mir in Ansehung der Lieblingswissenschaft der physikalisch-botanischen Baumzucht überein; um so mehr waren unsre Beobachtungen auf die dahin einschlagenden Gegenstände mit Aufmerksamkeit gerichtet. Die Mannichfaltigkeit der zum Theil noch höchst seltenen Baum- und Straucharten, die mit dem besten Geschmack geordnet sind, und unter den gewöhnlichern dem Kenner hervorleuchten, ergötzet hier, und macht den Unterscheid sehr merklich, welcher sich zwischen dergleichen reichen Sammlungen und bloß einfachen, langweilig zu durchwandelnden, Alleen und hohen Hecken — gemeiner Art befindet. Bey der jährlichen Vermehrung der Arten, welche hier, ohne Kosten zu scheuen, geschiehet, wird mit gutem Gedeihen so manches in der Folge für Deutschland nützliche Gewächs, naturalisirt. Es wird dadurch wenigstens Gelegenheit gegeben, sie zu verbreiten, genauer kennen zu lernen, und also ihrem Nutzen, den sie unstreitig haben müssen — nachzuspüren. Man darf dieses von einem so nahe wohnenden du Roi gewiß nicht vergebens erwarten.

Einen vorläufigen Beweis hiervon giebt derselbe durch die mir und unserer **Gesellschaft** zu diesen Bericht versprochene Beschreibung und Abbildung einer **neuen noch seltenen Ahornart** mit fein ausgeschnittenen krausen Blättern: Acer laciniatum, welche zuerst im Catalogue of Plants and Seeds, which are sold by *Conrad Loddiges* etc. at Hackney, near London. 8. London 1783, und daraus in der **neuern Baumzucht** 8. Leipzig 1783, angeführt wird.

Die neuen und noch höchst seltnen Holzarten;

Cornus alternifolia; **Hirschfelds** Gartenkalender 1784. Cornus citrifolia v. **Münchh. Hausvat.** 5 Th. S. 360.

Betula Quebeccensis;

Evonymus purpurea;

Ginkgo biloba;

Sophora tetraptera;

Veronica decumata (aus den **Falklandsinseln**) sind sämmtlich hier im besten Wachsthum, und lassen uns in der Folge dergleichen Beschreibungen hoffen.

Unter den schon bekanntern doch seltenen Holzarten, prangen hier vornehmlich

1. Fa-

1. Fagus latifolia Americana, F. grandi folia; Hirschfelds Gartenkalender 1784.
2. Laurus benzoin.
3. Liquidambar Styraciflua.
4. Malus Sibirica.
5. Populus albissima.
6. Viburnum acerifolium.
7. Betula rugosa *du Roi* u. dergl. m.

Die nordamerikanischen **Laubholzarten** überhaupt, zeigen in dem guten Boden und der theils niedrigen Lage dieses Gartens große Vorzüge vor den ein- und ausländischen **Nadelhölzern** des Geschlechts Pinus. Es werden daher nur blos die letztern Arten in wenigen Exemplaren unterhalten. Der Fuß des neuangelegten großen Englischen Berges verspricht denselben indessen doch besseres Gedeihen, wenn man sie, ohne die herrliche Aussicht zu hindern, daselbst anpflanzen wollte. Ein Hippophae rhamnoides, (**Meerkreuzdorn**) von ganz ungewöhnlicher Höhe und Stärke, völlig baumartig, über einen Fuß dick, ist in diesem Garten merkwürdig, der zugleich einen Schatz an seltenen zärtlichen Gewächsen aus wärmern Zonen in den Häusern hat. Es ist jedoch alles dieses bloßes Gartenwerk, und daher dem gemeinen Forstmanne weniger interessant, als demjenigen, der auch seine einzelne Gegenstände genau beobachtet, prüfet und aus einzeln Erscheinungen in Absicht des Fortkommens der Beschaffenheit und Eigenschaften in mancherley Boden und Lage — Anwendungen mit Nutzen aufs Größere zu machen fähig ist.

Ich bemerke also hier, nach den allgemein vorangeschickten Nachrichten meine Beobachtungen, an denen in unserm Clima ausdauernden, im Destedter

Garten, in gutem Boden und niedriger Lage verpflanzten vorzüglichen Holzarten; übergehe aber jetzt zum Theil die weniger wichtigen.

1. Die Arten und Abarten aus dem **Ahorngeschlechte** erfreuen sich durchgehends des munteresten Wachsthumes. Acer Sacharinum und A. negundo, zeichnen sich besonders aus. Der vorher erwähnte A. Laciniatum, welcher noch klein ist, verspricht gutes Fortkommen, ja so gar Vermehrung durch den Fleiß des geschickten Gärtners.

2. Aus dem Geschlechte Aesculus habe ich bloß die gemeine **Roßkastanie** gefunden. Der Boden scheint ihr zu gut und feucht, und der Stand zu schattenreich zu seyn.

3. Die **Birken** allesammt sind im Verhältniß der Arten vortreflich. Betula Quebeccensis bleibt zwergartig, und liefert in diesem Jahr 1783 in der geringen Höhe von wenigen Fußen, schon reichlich Saamen. Der Destedter Garten besitzt sie aus Saamen, welcher dem Herrn *D. du Roi* aus **Quebeck** zugeschickt worden ist. Man darf sie weder mit der Betula nana, noch B. pumila — verwechseln, sie ist vielmehr **eine eigene Art** und der gemeinen Birke verkleinert ähnlich.

Betula alnus incana, die **nordische weiße Eller**, überraschet mit ihrem starken Wuchse.

4. Der **Trompetenblumenbaum**, Bignonia catalpa, scheint hier weniger als in sandigen und doch dabey feuchten Gegenden vom Froste zu leiden, und blühet jährlich.

5. Coriaria myrtifolia, will hier in Niedersachsen so wenig als in andern Gegenden des nördlichen Deutschlands im Freyen ausdauern.

6. Die

6. Die Sammlung der Arten aus dem Geschlechte Cornus ist ziemlich vollständig und im besten Fortkommen.

7. Cupressus Lusitanica, bringt hier (jedoch im Winter im Hause verwahrt) reifen Saamen, von welchem ich selbst gesammelt habe. Die dauerhaften nordamerikanischen Arten, welche selbst in ihrem Vaterlande nassen Stand verlangen, sind hier in ihrem Fache. Schon oft habe ich diese in andern Sammlungen widernatürlich auf hohen trocknen Sandbergen, aber auch elend genug, angetroffen.

8. Cytisus laburnum, der großblättrige **Bohnenbaum**, würde hier hohe Bäume abgeben, wenn er unter dem Schatten anderer nicht verdämmt oder unterdrückt worden wäre.

9. Eleagnus angustifolia, der **wilde Oehlbaum**, findet sich hier von besonderer Höhe und Stärke. Die trocknen Spitzen der Zweige, und selbst manche ganz abgestorbne beweisen doch, daß diese Holzart, für uns so wenig als in ihrem Vaterlande erheblich, sondern außer der schönen wohlriechenden Blume, womit sie Gärten und Pflanzungen zieret, ohne Nutzen seyn dürfte.

10. Evonymus. **Spillbaum** (Pfaffenhütchen) ist von allen Arten anzutreffen, der neue rothblühende Evonymus purpurea, dessen ich oben gedacht habe, ist eine besondere Art aus dem nördlichen Amerika.

11. Ueber F gus latifolia, derjenigen amerikanischen **Büche**, welche in meiner **Geschichte vorzüglicher Holzarten** Th. 1. Seite 8. die breitblättrige **Büche** genannt worden ist — waren wir hier im Stande, an schönen und häu-

sigen großen Exemplaren, Beobachtungen anzustellen. Wir fanden sie durchgehends nach Vergleichung mit der gemeinen Art, *Fagus sylvatica* foliis ovatis accuminatis glabris, undulatis: obsolete dentatis MIHI — von dieser sehr ausgezeichnet, so wie ich an jenem Ort ausführlich schon beschrieben habe. Da sie hier in gutem Boden und kühler Lage stehet, so treibet sie überaus große und rein gezahnte Blätter, unterscheidet sich auch nach des Herrn D. du Roi Bemerkung durch viel **kürzere und wollige Blattstiele.**

12. Die Arten Fraxinus **Eschen**, sind weniger ansehnlich als man in solchem Boden vermuthen sollte, der viele Schatten scheint sie zurück zu halten, und sie werden in solchem Stande zu sehr mit Mooß und Flechten bedeckt.

13. Den ungewöhnlichen merkwürdigen Wuchs, einer Hippophae rhamnoides habe ich oben schon beschrieben.

14. Für die Amerikanische Arten Juglans ist der Boden zu fett und der Stand zu schattig; sie leiden aus ersterm Grunde, so wie die Arten Fraxinus aus dem letztern: in ihrem Vaterlande siehet man Juglans nigra, J. oblonga, J. glabra auf elendem Boden zu vorzüglicher Höhe und Stärke der Blokstükke gelangen, J. alba, oder die **Hikorynuß** nimmt aber gern guten Boden an.

15. Unter den **Wachholderarten**, Juniperus, hat die **rothe virginische Ceder** J. virginiana den Vorzug; es scheint also, daß dieser nützliche Baum auch bey uns mit allerley Boden zufrieden sey. Es ist bekannt, daß er in dem wärmern und kältern, auch mit unserm Clima ähnlichen Nordamerika, auf dürren Heiden angetroffen wird, wo

er eben so hoch und stark als in den fetten Auen von Virginien erwächst. In allen Ländern und auch in jedem Boden bleibt doch sein Wuchs äusserst langsam; wodurch er sich nicht sonderlich empfiehlt.

16. In keiner Sammlung habe ich den Liquidambar styraciflua so häufig als hier gefunden, wo er bald in der Gestalt eines Baumes, bald eines Strauches erscheinet. Die Stämme, welche im Schatten stehen, sind sehr mit Flechten bedeckt. Ich halte dafür, daß ihnen eine freye mittägliche Lage mit Schutz vor den Nord- und Ostwinden weit angemessener in solchem guten Boden wäre.

17. Der **Tulpenbaum**, Liriodendron Tulipifera ist schön und hier auch dauerhaft.

18. Ich brauche nicht zu wiederholen, was ich von den **Nadelhölzern** aus dem Geschlechte Pinus — bereits überhaupt gesagt habe. Sie sind hier schorfig, gröstentheils unansehnlich, und geben den Beweis, daß sie nicht hierher gehören. Der **Lerchenbaum** macht indessen doch eine Ausnahme, und wir wissen von dieser Holzart, daß sie nach den Berichten der Herrn **Kraschеminikow** und **Pallas**, in niedrigen Thälern an den Ufern des Kamtschatkaflusses und sonst in dergleichen — im nördlichen Asien so gut als auf den steilsten Anhöhen wohlwachsend angetroffen wird.

19. Alle Arten der hier befindlichen **Eichen** sind im schönsten Wuchse.

20. Da die **Weiden** (Salices) nicht sonderlich zur Zierde der Gärten gereichen, so vermisset man hier manche der vornehmsten Gattungen und Arten. Die vorhandenen stehen im Schatten, und sind nicht in dem besten Zustande.

21 Sambuccus nigra, foliis ex albo eleganter variegatis, weißscheckigter Flieder, findet sich hier wider alle Vermuthung von ungewöhnlicher Dauer und Schönheit. Man verkennet das Gewächs wegen der großen fleischigten, fetten und dabey doch durchaus so künstlich gefleckten Blätter, bey welchen hier auf keine Weise eine Schwäche der Konstitution, zum Grunde der Dauer des Bunten — liegen kann.

22. Die einheimischen und fremden Lindenarten wachsen schnell und prächtig.

23. Viburnum lantana, der Schlingbaum; (eigentlicher Strauch) ist in Menge im besten Wachsthum; man erkennet hier den ihm erforlichen Boden und Stand.

24. Hier so wenig als in andern Gegenden des nördlichen Deutschlands will der Ulex europæus, vulgo Genista spinosa, stachlichte Ginster, im Freyen und zu Hecken fort, ohnerachtet dieser Strauch doch hier und da uns angepriesen, und demselben ohne Kenntniß — aus fremden Schriftstellern wärmerer Länder viel Lob nachgelallet worden ist.

25. Was ich endlich von Ulmen und Rüstern gesehen, war durchgehends schön und schnellwüchsig.

Ich schließe überhaupt aus den vorstehenden hier gemachten Beobachtungen:

a) Daß man einen Beweis mehr habe, wie ein guter Boden, der nicht allzustrenge ist, das Fortkommen aller Nordamerikanischen, auf schlechterm Grunde zu Hause gehörenden Laubholzarten ganz ungemein befördere.

b) Die

b) Die Gewächse auf gutem Boden, wenn er auch etwas feucht ist, den Wirkungen der Fröste weniger als auf sandigem ausgesetzet sind; die etwa aber vom Froste sich ereignende Zufälle nicht so schädliche Folgen haben, sondern viel eher hergestellet werden.

c) Daß es zur Verschiedenheit der Eigenschaften bey den Holzarten gehöre, entweder einen freyen oder aber einen bedeckten schattenreichen Stand zu verlangen. Ich finde bey Beobachtung und Vergleichung aller bekannten Arten, daß man die Anwendung machen könne, wie überhaupt:

A) diejenigen welche aus **geflügelten Saamen** sich vermehren einen **freyen**; hingegen

B) diejenigen, welche schwere **unter sich fallende Saamen** bringen, einen bedeckten und schattigten **Stand** vertragen, ja öfters, besonders in der Jugend — verlangen.

d) Daß die **harzigen Nadelhölzer** des Pinus Geschlechts, je mehr sie von fetter Substanz sind, ihren mehresten Zufluß aus der freyen Luft, weniger aber aus der Erde verlangen, letzterer ihnen zumahl in fettem Boden, auch weniger homogen sey, vielmehr aber den allen Härzbäumen erforderlichen Zufluß weit geistiger, brennbarer Theile mit der Luftsäure — hindere, in das Wachsthum derselben überzugehen.

e) Daß manche Holzarten in allerley Boden und Lage wohl gedeihen, anstatt und wie so manche andre darin besonders eigensinnig sind.

f) Daß endlich bey gut gepflanzten Stämmen kein Unterschied im Wachsthum gegen diejenigen zu spüren ist, welche an ihrem Saamenstandort unverrückt geblieben sind. Wollte man sich doch mehr von Vorurtheilen losmachen, welche aus dem natürlichen Mißrathen widernatürlicher und unsinniger Pflanzung entstanden sind: und dagegen nach bewährten Grundsätzen im Großen, mehr den Weg der Pflanzung einschlagen, so würde es in der Folge ein besseres Ansehen um die leeren Flecke in den deutschen Wäldern gewinnen; welche durch die im Großen so oft fehlschlagende Saat, wohl schwerlich hergestellt werden dürften.

Helmstädt.

Hier wurden wir mit sonderbarer Güte von dem würdigen Herrn Hofrath und Professor **Beireis**, dem Freunde meines Begleiters, aufgenommen, von welchem ich die Merkmahle entnahm, wie sehr derselbe als Mitglied unserer Gesellschaft sich dieser zu verpflichten suchet.

Ich hatte auch zugleich das Vergnügen, die persönliche Bekanntschaft des Herrn Bergraths und Professor **Crell** zu machen, und mit demselben eine nähere wissenschaftliche Freundschaft und einen Briefwechsel zu stiften. [3])

Die **Beireisische Sammlung an Naturalien, Präparaten, Instrumenten, Kunstsachen, Maschinen und Büchern**, welches alles ich nur obenhin besehen konnte, würde denen damit Un-

3) Dieser wakre Mann und große Gelehrte, welcher unserer Gesellschaft naturforschender Freunde als Mitglied — zur Zierde und Ehre gereichet, ist nachher auf Königl. Befehl auch zum Mitglied der Akademie der Wissenschaften in Berlin ernannt worden.

Unbekannten von mir entstellet werden, daferne ich mich in einige Beschreibung dieser Sachen einließe, so wie ich das gesehene Münzkabinet, und den Reichthum der darin befindlichen goldenen Münzen und Medaillen gänzlich übergehe.

Unter den ganz sonderbaren Kunstsachen und Maschinen, sind mir jedoch, außer der schon so bekannten künstlichen Delolmescher Uhr, zweyerley Erfindungen besonders merkwürdig und nützlich vorgekommen, deren nähere Bekanntmachung durch den Herrn Besitzer, als eine schätzbare Anweisung zur Vermehrung der Reisearten angesehen und mit Beyfall aufgenommen werden müßte, ohngeachtet schon etwas davon in Leupold. Theat. Machin. Hidr. zu finden ist. Die eine theilet dem Menschen das Vermögen mit, sich senkrecht auf dem Wasser beliebig zu erhalten, und mit Vorräthen und Zeitvertreiben versehen, ohne alle Gefahr — ganze Reisen vermittelst der beyden an den Füßen befestigten Schwimmeklappen zu machen.

Die andere bestehet in einem ganz sonderbaren Wagen, worin man einzeln sich selbst, oder sammt einem Gefährten — abwechselnd ohne sonderliche Ermüdung und Kraft so anhaltend und schnell in allen Wegen und Krümmen fortschaffen und die Fahrt lenken, auch auf der Stelle umkehren kann; daß dieser Mechanismus schwerlich durch einen mit guten Pferden bespannten Wagen nachzuahmen ist.

Diese so sonderbaren als nützlichen Erfindungen wären doch wohl gewiß der aerostatischen Maschine an beyden Seiten zu stellen?

Nach dieser kleinen Ausschweifung komme ich grade nach

Zarbke.

Harbke.

Dieser, im **Magdeburgischen** dicht an der Gränze von Helmstädt belegene Ort, ist theils wegen des vorigen als des jetzigen würdigen und gelehrten Herrn Besitzers; theils wegen der mit allgemeinem gerechten Beifall aufgenommenen **Dü Roischen Harbkischen Baumzucht**; auch endlich aus der schönen **Gartentheorie** des Herrn Justitzraths **Hirschfeld**, und aus seinem **Gartenkalender**, genugsam bekannt.

Aber nicht nur Gärtnerey, sondern Baumzucht — im Großen, ist hier recht forstmäßig zu finden; mehr als man gewöhnlich zu sehen pfleget. Ich sage, Nutzen und Schönheit streiten verbunden um den Vorzug, und bieten dem Kenner und Liebhaber ein weites Feld dar.

Da also alles schon beschrieben, gedruckt und in Kupfer gestochen dem Publikum vor Augen liegt; wie sogar die Forstcharte, welche von der Güte des Herrn Besitzers, Herrn Berghauptmannes **von Veltheim**, unsers vielgeschätzten Herrn Kollegen, mir verehret worden ist; so bleibt mir nichts zu schildern, sondern blos anzumerken übrig, was seit der Herausgabe der Harbkischen Baumzucht (seit 1771) über das Fortkommen der beschriebenen Holzarten, anjetzt von uns beobachtet worden ist. Ich hoffe dadurch einen gemeinnützigen fortgesetzten Beitrag zur Naturgeschichte derselben hiermit zu liefern. Er muß um so interessanter seyn, da er in dem Bericht vaterländischer Wahrnehmungen an darinnen erwachsenen fremden, zum Theil sehr nützlichen Baumarten, bestehet, und die Liebhaber der Baumzucht aus einheimischer Erfahrung belehret, welchen Arten der

Vorzug eigentlich vor so vielen andern gebühre; und wie die Vermengung derselben, in Absicht des einförmigen und unverhinderlichen Wuchses, in Pflanzungen — ohne unnütze Spielwerke geschehen müsse.

Boden und Lage als wahre Hauptursachen der Veränderungen, die an einerley Gewächsen so vielfältig bemerket werden, müssen dem Folgenden billig voran gehen, um von dem einen auf das andere mit Grund zu schließen. Was demnach die hiesigen Pflanzungen betrift, so machen sie so wohl erhabene, theils sehr trockene und magere, theils mittelmäßigfruchtbare Anhöhen, als auch Thäler und Vertiefungen von gutem Boden aus.

Eine jede Veränderung der Lage und des Bodens pranget mit wohlgewählten, dahin schicklichen Arten, einheimischer und fremder Hölzer, welche die übrigen dem Boden und der Lage — minder angemessenen bey den ersten Versuchen älterer Zeiten, zurückgesetzt haben.

Die neben einander belegenen Pflanzungen bloßser Nadelhölzer, befinden sich an abhängigen Hügeln und auf ebenen Flächen; der Boden ist leimartig mit vielem Sande vermischt, mehr trocken als feucht. Gegen Norden und Nordost sind sie durch eine hohe Wand von Büchen geschützt; gegen Nordwest indessen den Sturmwinden völlig ausgesetzt.

Das sogenannte **Florida**, eine große Pflanzung, theils einheimischer, meist aber ausländischer gewählter Laubholzarten, hat verschiedenen Boden. Im Thale, welches ehedem ein Teich gewesen, ist er fett und feucht, doch nicht strenge, sondern mit einigem Sande vermischt. Die gegenüber nach Mittag abhängende Anhöhe hat einen schlechten trocknen, leimartigen, mit Sandsteinen vermischten und mit

Heide

Heide (Erica vulg.) bewachsenen Boden. Die gegenüber liegende Anhöhe ist frischer und fruchtbarer. Das Thal streichet folglich gerade von Osten nach Westen, hat aus ersterer Gegend her vollkommen Schutz wider die daher kommenden kalten Winde, ist aber gegen Westen und die wüthenden Stürme von daher ganz offen. Näher zur Sache selbst: Vor alten Zeiten sind an nackenden, trockenen Bergen hier in der Forst, sehr weitläuftig Eichen gepflanzt worden, deren von Zeit zu Zeit weniger werden. Um diese allgemein in gehörigen Anwuchs zu bringen, säete man, wo ich nicht irre, im Jahre 1766, auf dem davor belegenen Platze **Buchen**, **Hainbuchen**, **Ahorn** und **Birken**, und die Flecke auf welchen die Saat nicht angeschlagen hatte, sondern leer geblieben waren, **bepflanzte man** 1771 mit dreyjährigen **Lerchenbäumen**, 5 und 6 Fuß weit von einander.

Diesen wohlangebaueten Ort anzusehen ist ein wahres Vergnügen, welches ich wenigstens mit dem Herrn D. **du Roi**, ohngeachtet des während unserer Wanderung unaufhörlich fortdauernden Platzregens empfand. Die achtzehnjährigen **Buchen** und **Birken** stehen im allerbesten Wachsthum, und die verpflanzten **Lerchenbäume**, welche nun 15 Jahr alt sind, haben mehrentheils eine Höhe von 24 bis 30 Fuß und drüber: bey 6 bis 8 Zoll Stärcke. Ob diese nun zwar über die 3 Jahr ältere Buchen empor sind, so bemerkt man doch nicht die allermindeste Unterdrückung oder Hinderung, welche den Buchen durch die Lerchen zugezogen wäre; vielmehr läßt die ganze Anlage den größten Nutzen erwarten.

Für die **Ahorn** aber war der Boden zu steil und trocken, welches das krüppelhafte Ansehn gegen

die

die Büchen, Birken und Lerchen beweiset. Ihr Verlust ist hingegen durch die Menge der dichtstehenden obgedachten Arten mehr als reichlich ersetzt.

An den Außenseiten gegen Westen, treffen die Sturmwinde die schlanken Lerchenbäume, von welchen manche daselbst gerückt und nach Osten geneiget worden sind.

Um diesem Uebel abzuhelfen, bedienet man sich hier eines preiswürdigen Mittels; indem man fünf Fuß lange zugespitzte eichene Pfähle, in einiger Entfernung vom Stamm, auf der Westseite des Baumes schräge nach Westen geneiget, zwey Fuß tief einschlägt; vermittelst derselben werden die Bäume durch starke Bänder oder Wieden wieder herbeygezogen, in ihre gehörige Richtung gebracht und darin fest erhalten; ohne daß die Wurzeln dabey einigen Schaden leiden, wie man aus dem guten Fortkommen leicht sehen kann.

Unter dieser Forstanlage befindet sich eine das Holz durchschneidende Allee, welche mit wohlwachsenden fremden **Eschen**, als: Fraxinus ornus, Frax. rotundifolia und Fr. Caroliniana bepflanzet ist. An den steilen mittäglichen Anhöhen über dem vorgedachten Teichgrunde, in dem sogenannten Florida, ist der **Lerchenbaum** auf 5 bis 6 Fuß weit auseinander gepflanzt, desgleichen der Nordamerikanische **schwarze Wallnußbaum**, Juglans nigra; der **Virginische Schotendorn**, Robinia pseudo-accacia und der große **Virginische Sumach**, Rhus Typhinum (welcher sich sehr durch Wurzelbrut ausbreitet). Diese Sorten sind ungemein wohl daselbst bekommen; hingegen bleiben andere zum Versuch dahingepflanzte Bäume, als der **Tulpenbaum**, **Platanus**,

tanus, die **Virginische Traubenkirsche**, Prunus padus virginiana; nebst den Ahornarten völlig zurück.

In dem Thale selbst war von 24jährigem Alter alles groß und dergestalt erwachsen, daß in Deutschland sonst schwerlich die fremden Bäume beisammen von so ansehnlicher Höhe und Stärke gefunden werden dürften. Da hier der gute Boden und die Lage einerley ist, auch die Stämme, wie oben gesagt, von einem Alter gepflanzt worden sind, so will ich deren verschiedenes **Fortkommen** in drey Classen theilen; woraus sich ohne weitläuftige Beschreibungen ergiebt, welche Arten eigentlich bey- und unter einander gebracht werden dürfen, ohne sich zu unterdrücken; und welche daher der Erwartung durch ihren schnellen Wuchs entsprechen werden.

I. 1. Der **Nordamerikanische Platanus**, Platanus occidentalis.
2. Die **Silberpappel**, Populus alba.
3. Der Virginische **Schotendorn**, Robinia pseudo acacia, von welchen Sorten beträchtliche Blöcke vorhanden sind, (an diese Classe grenzen die ersten Arten der folgenden).

II. 1. Der **Tulpenbaum**, Liriodendron Tulipifera.
2. Die **Virginische Traubenkirsche**, Prunus Padus virginiana, deren Holz dem Mahagoni gleich geschäzt wird.
3. Die Nordamerik. **schwarze Eiche**, Quercus nigra.
4. — — — **kastanienblättrige Eiche**, Quercus rubra.

5. Die

5. Die Nordamerik. Scharlacheiche, Quercus rubra.

6. Die blühende Esche, Fraxinus ornus.

7. — Manna-Esche, — rotundifolia. MILLER.

8. — Nordamerik. weiße Esche Fraxinus americana.

9. — schwarze Esche aus neu England — Fraxinus novæ Angliæ MILLER.

10. Der Nordamerik. schwarze Wallnußbaum, Juglans nigra.

11. Die Nordische weiße Eller, Betula alnus incana.

12. Die Nordamerikanische zähe Birke. Betula lenta.

Ungeachtet alle diese Bäume in der Folge eben so hoch und stark als die ersten werden, so ist ihr Wuchs doch nicht so schnell.

III. 1. Die Varietäten der rothen Eiche, als:

a) Quercus foliorum sinubus obtusis: angulis acutis seta terminatis, inter media vix tridentatis margine integerrima LIN. *hort. Gliff.* 448. DU ROI Th. II. p. 268.

b) Die niedrige rothe Sumpfeiche, Quercus palustris. DU ROI 7.

c) Die niedrige rothe Sumpfeiche mit kleinern Blättern, DU ROI 7. b.

2. Die weidenblättrige Eiche, Quercus phellos.

3. Der Steinweichselbaum, Prunus Cerasus mahaleb.

Diese sind an und vor sich von minderer Größe, und werden auch noch mehr zurückgehalten, sobald sie mit andern schnellwachsendern Baumarten vermischt gepflanzt worden sind.

Auf dieses sogenannte **Florida**, folgt eine **Pflanzung von** ungefähr 16 **jährigen Lerchenbäumen; Weymouthskiefern**, (Pinus Strobus) **Zirbeln**, Pinus Cembra; Amerikanischen und Chinesischen **Lebensbäumen**, Thuja occidentalis; T. orientalis; **Ahornarten; kleinblättrigen Ulmen;** zwey und drey nadlichten **Nordamerikanischen Kiefern**, Pinus echinata; **Fichten**, Pinus picea DU ROI; (an Abhängen und auf ehemaligen wüsten Plätzen von lettigem kaltgründigen Boden).

Die **Lerchenbäume und Weymouthskiefern haben den Vorzug vor allen übrigen.** Die **Fichten** und noch weit mehr die **Zirbeln**, bleiben dagegen im Wuchse sehr zurück. Pinus echinata bleibt zwischen diesen und den übrigen von mittlerer Größe, und hat die sonderbare **noch nicht angemerkte Eigenschaft**, daß sie auch **am Stamme junge Büschelnadeln austreibt.** Die **Ahornarten** sind hier auch ganz zurück, die **Ulmen** aber halten sich mit den obgedachten mittlern Nadelhölzern gleich hoch; die höchsten Weymouthskiefern sind über 32 Fuß lang.

Eine ganz reine, **bloß aus Lerchenbäumen bestehende große Pflanzung**, in welcher solche ebenfalls auf 5 und 6 Fuß weit aus einander in dreyjährigem Alter vor 18 Jahren gesetzt worden sind,

ver-

verspricht einen herrlichen Schatz des besten Bauholzes, jetzt 40 Fuß und drüber hoch, und 8. — 10 Zoll auf dem Stamm im Durchmesser stark.

Das Gras stehet darunter, und zwar **auf Mittelboden**, als **wie auf einer Wiese**, unerachtet die Bäume mit ihren Zweigen ganz zusammen sind, und den ganzen Teppich bedecken. Es ist hieraus um so mehr zu folgern, daß der Lerchenbaum keine andere Holzart unterdrücke, wie auch hier die Erfahrung durchgehends lehrt.

Diese Beobachtung veranlaßte mich, nachher mit dem würdigen **Herrn Besitzer** darüber ökonomisch zu sprechen, und in ersterer Rücksicht den Lerchenbaum, als eine der Viehtrift in den Wäldern angemessene Holzart zu betrachten; denn **erstlich** entreißet sein schnelles Wachsthum ihn in einigen wenigen Jahren der Gefahr, vom Vieh verbissen zu werden, und es bedarf folglich dergleichen Anlage weit kürzere Zeit, der Weide entzogen und vorenthalten zu werden.

Zweytens trift man auch unter dem dicht stehenden Lerchenholze doch vieles schönes Gras an, wie bey andern Holzarten der Fall nicht ist. Indessen beweiset die hiesige Erfahrung das Gegentheil dieser gleißenden Hypothesen: da **das unter diesen Bäumen wachsende Gras den Schaafen so zum Ekel und zuwider ist, daß sie es nicht anrühren.** Es würde anderer Gestalt auch zu Ende des Monaths August in einer offenen Trift nicht mehr in solchem guten Zustande seyn.

Eine Pflanzung von Fichten Pinus picea **und Weißtannen** Pinus abies alba DU ROI, **in** welcher die Stämme 4 — 5 Fuß weit von einander gesetzt sind, verspricht das schönste Bauholz, dergleichen schon mancherley vorhanden ist: und giebt den **Beweis, daß die immer grünen Nadelhölzer Deutschlands, auch auf die vortheilhafteste Art, durch die Verpflanzung angebaut werden können.** Dieser Augenschein und diese ältere Erfahrung, hat den Herrn Besitzer bewogen, ein so nützliches Geschäft mit gutem Erfolg fortzusetzen, und er bebauet von Zeit zu Zeit auf solche Art die noch zum Theil wüsten, zum Gute gehörigen, Grundstücke.

Der sogenannte **Berg Libanon**, mag auch in der That an **libanonschen Cedern**, Pinus Cedrus reicher seyn, als es der wahre Libanon noch ist. Diese **Cedern** hier, sind um so mehr eine wahre Seltenheit, da es unstreitig die ältesten und größten beysammen in Deutschland seyn dürften. Sie gedeihen in diesem Clima recht gut. Bey einem 24 jährigen Alter, sind sie ungefähr 18 Fuß hoch, und 8 — 9 Zoll stark, zeigen aber noch jetzt einen spannrückigten und spitzigen Wuchs, wie sie denn in Absicht desselben, überhaupt dem mit ihnen verwandten **Lerchenbaum nicht gleich kommen.** Feuchter Boden ist ihnen allerdings nicht angemessen, man siehet solches auch hier an denen die tiefer stehen. Eine ähnliche Erfahrung habe ich in dem niedrigen **Krausenschen Garten zu Berlin** gemacht, woselbst der einzige ziemlich erstarkte junge Stamm vom Froste getödtet wurde.

Ich selbst besitze einige hundert junge Stämme dieser Art auf magrem trocknen Boden, welche vom Saamen an, im Freyen die härtesten Winter ohne allen Schaden aushalten, und von denen bey der Verpflanzung auch nicht ein einziger zurück geblieben ist.

Besser unten am **Libanon** befinden sich gepflanzte **Canadische Fichten**, Pinus canadensis; **Balsamtannen**, Pinus balsamea; **Weymouthskiefern**, Pinus strobus; **Hemlockstannen**, Pinus abies americana DU ROI; **rothe Cedern**, Juniperus Virginiana &c. alles in dem besten Wuchse. Besonders zeichnen sich in 24 jährigem Alter ein Paar Weymouthskiefern aus, welche 17 — 18 Zoll auf dem Stamm im Durchmesser halten, jedoch spitzig auslaufen und nicht verhältnißmäßig hoch sind, wovon die Ursach in ihrem entfernten Stande zu suchen ist, in welchem sie sich mehr ausgebreitet und mehr in die Stärke als in die Höhe getrieben haben. Die übrigen Arten aus dem Geschlechte Pinus von gleichem Alter, sind 24 bis 30 Fuß hoch, und 8 — 9 Zoll stark. Die rothen Cedern hatten dagegen nur eine mittelmäßige Höhe von ungefähr 18 Fuß, bey 6 Zoll Stärke.

In jüngern (vierzehnjährigen) **Pflanzungen seltener Nadelhölzer** prangen die **weiße Ceder**, Cupressus Thyoides von mittlerer Größe gegen die andern, obgleich der Boden nicht naß, dennoch aber fruchtbar ist. Der **Krumholzbaum**, Pinus montana ist im ersten Wuchse kriechend, hebt sich aber in der Folge, bleibt dennoch niedrig gegen die andern Arten dieses Geschlechts.

Ungeachtet ich in diesem Berichte kaum den vierten Theil der Arten erwähne, welche ich beobachtet und angemerkt habe, und mich, um die Grenzen einer Abhandlung nicht zu überschreiten, bey Beschreibung des Gesehenen mit völliger Hinweglassung aller Nebendinge und Verzierungen — einschränke, vielmehr mich blos an die recht vorzüglichen Baumarten jetzt gehalten habe; so glaube ich doch, daß diese kurze Vergleichung des verschiedenen Wuchses nicht ganz fruchtlos seyn dürfte. Denn nach den Resultaten dieser sämmtlichen, mit Aufmerksamkeit an verschiedenen Orten, unter verschienen Umständen gemachten Erfahrungen empfehlen sich nachstehende Holzarten, für unser Deutschland wegen ihrer Dauer und des vorzüglich schnellen Wuchses — ganz besonders.

I. An Laubhölzern.

a) Auf fettem Boden.

1. Platanus occidentalis.
2. Robinia pseudoacacia.
3. Quercus rubra.
4. — nigra.
5. — prinos.
6. Liliodendron Tulipifera.

b) Auf Mittelboden.

1. Betula lenta.
2. — alnus incana.
3. Populus alba.
4. Ulmus angustifolia.
5. Juglans nigra.

II. An

II. An Nadelhölzern.

a) Auf fettem Boden.

b) Auf Mittelboden.

1. Pinus larix, auf allerley.
2. — Strobus.
3. — rubra, nimmt auch mit leichtem und trocknem vorlieb.

Die fleißigere Kultur derselben muß uns zur Ehre und zum Vergnügen, unsern Nachkommen aber zum größten Vortheil gereichen.

X.

D. Joh. Phil. du Roi

Herzogl. Braunschw. Hofmedici

Beschreibung

einer neuen

Ahorngattung

des

krausblättrigen Ahorns,

(Aceris laciniati.)

S. die 4te Kupfertafel.

Diese Ahornart habe ich schon seit verschiedenen Jahren in den Pflanzungen zu Luklum nicht weit von hier bemerkt, woselbst sie als ein junger Baum im Dickigt gepflanzt stehet. Der verstorbene Landcommenthur des deutschen Ordens, Graf von der Schulenburg, hat ihn nebst mehreren seltenen Stücken ehedem aus England erhalten, und er hat in seinen Blättern und seinem Wuchse so viel Fremdes, daß er das Auge des Liebhabers auf sich ziehen muß. Die englischen Gärtner verkaufen ihn unter der Benennung Cut leaved Maple, Divided leaved Maple, und er heißt in Conrad Loddiges Cata-

Catalogue of Pants and Seeds. London 1777. Acer laciniatum, so wie er unter diesem Namen in der **Ludwigschen neuern wilden Baumzucht** steht. Neu muß er auch noch in England seyn, denn ich finde ihn weder bey **Miller** noch andern angeführt. Dem aufmerksamen deutschen Beobachter ist er indessen nicht ganz entgangen, da ihn Herr **Lauth** in seiner Dissertation de Acere No. 4. Acer crispum benennt. Ich wage es, ihn jetzt genauer zu bestimmen, und liefre zugleich davon eine genaue Abbildung auf der Kupfertafel, damit sich diejenigen, die ihn besitzen sollten, auf keine Weise irren können. Nur Schade, daß ich von seinen Blumen und Saamen nichts zu sagen weiß; es mag sie daher dereinst ein anderer beschreiben und dadurch das Ganze vollständig machen.

Mir ist er:

ACER *laciniatum* foliis quinquepartito-palmatis, laciniatis, basi productis: laciniis in setas terminatis.

— — Loddiges Catal. 12.

— *crispum* foliis quinquepalmatis, irregularibus, in setas terminatis, crispis. *Thom. Lauth Diss. inaug. de Acere. Argentor. MDCCLXXXI.* 4.

The cut leaved Maple.

Erable á feuilles de Griffon.

Der krausblättrige Ahorn.

Das **Vaterland** dieses Ahorns ist noch nicht gewiß bekannt, denn der Englische Gärtner ließ noch vor kurzem jeden seltenen Baum mehrentheils aus Nordamerika herstammen. Herr Lauth führt jedoch von den in dem Straßburger akademischen Garten vorhandnen an, daß solche von einem Französischen Schiffshauptmann von Mahon auf Minorka mitgebracht worden wären, und wenn diese Angabe richtig ist, so läßt sich leicht begreifen, wie der Handlungsgeist ihn zuerst in England hat bekannt werden lassen.

Dem Bau und der Farbe der Blätter nach, scheint er am nächsten an die Lenne, Acer platanoides, zu gränzen, Herr Lauth hat ihn auch auf sie folgen lassen. Die Blätter haben fünf unter sich äußerst ungleiche tiefe schmale gezahnte Einschnitte, die großen Blätter sind fünftehalb Zoll lang und fünf Zoll breit, der mittelste Einschnitt hat dritthalb Zoll Länge und einen Zoll Breite, die übrigen Einschnitte sind kürzer und schmaler; der Rand derselben ist wellenförmig gebogen und gekräuselt, und die Zähne und Spitzen gehen in feine borstenartige Spitzen aus, die nach innen krumm gebogen sind. Herr Lauth vergleicht sie daher mit Habichtsklauen, und giebt ihnen den französischen Namen. Alles dieses verschaft den Blättern ein sonderbares Ansehen, nach welchem man sie beym erstem Anblick leicht als kränklich, von Insekten angenaget und dadurch zusammen gezogen und aufgerollt halten sollte; bey genaurer Betrachtung ist dieß aber nicht so, und das Blatt erscheint vollkommen gesund. Die Abbildung zeigt diese Angabe deutlicher. Des Blattes Farbe ist oberwärts dunkelgrün, unterwärts etwas heller, beide Seiten sind aber glatt und glänzend.

Das Hauptkennzeichen, wodurch dieser Ahorn sich von der **Lenne**, A. platanoides, und dem **Zuckerahorn**, A. saccharinum, unterscheidet, geben die Blätter an, die unten nach dem Blattstiele mit denselben vereinigt spitz zulaufen und nicht abgeschnitten sind, (Folia basi in petiolum producta s. decurrentia, nec emarginata) und so würden bey der Vergleichung dieser benannten Ahornarten untereinander die **Linnéschen** Acer platanoides und saccharinum künftig wohl den Zusatz: foliis basi emarginatis, haben müssen. Nach dieser Beschreibung richtet sich, wie man siehet, meine Definition; Folia quinquepalmata durfte ich nicht sagen, da die Blätter nicht aus fünf handförmigen Abtheilungen bestehen, und selbst A. saccharinum L. führt nicht folia quinque partito - palmata, sondern eigentlich folia quinqueloba, durch welche Bestimmung also auch die Beschreibung dieses Aceris laciniati ihr unterscheidendes eigenes erhält. Der gekräuselte Rand der Blätter ist und bleibt nach meiner Meynung ein geringeres Kennzeichen zur Unterscheidung; vielleicht ist er auch an ältern Stämmen weniger vorhanden.

Die **Rinde** ist glatt, in der Farbe bräunlich und mit weißlichen Punkten besäet, die **Zweige** selbst sind dünn und zart.

Auch in dem Straßburger Garten ist der Baum noch klein. **Loddiges** zählt ihn unter diejenigen, die 20 bis 40 Fuß Höhe aufwachsen. Nach den Bemerkungen, die ich mit seinem Wuchse gemacht habe, kann derselbe nicht hoch ausfallen, daher ich ihn unter die Bäume mittler Höhe fürs erste noch annehmen muß, unerachtet ich dabey gestehe,

stehe, ich habe außer den in Luklumschen Garten vorhandnen ihn daselbst und in dem von Veltheimschen Garten zu Destedt nur auf andern Ahornstämmen durch das Copuliren fortgepflanzt gefunden.

In Pflanzungen empfiehlt er sich bey seiner Seltenheit durch den feinen Wuchs und das sonderbare Ansehen der Blätter.

Braunschweig,
im Februar
1784.

XI.

Beschreibung eines schuppichten Frosches,

von

D. Joh. Jul. Wallbaum.

In der Edlerischen Naturalienkammer habe ich unter vielen andern Seltenheiten einen sonderbaren Frosch gefunden, welcher sich durch seine schuppichte Bekleidung von allen andern unterscheidet. Ob er nun gleich von seiner natürlichen Farbe in dem Spiritus etwas verlohren hatte, so will ich doch davon hier eine Beschreibung mittheilen, wenn sie gleich nicht vollkommen mit dem lebendigen Thiere übereintrift. Ich habe bisher noch in keinem Schriftsteller davon etwas aufgezeichnet gefunden, und muß deswegen meinen Nachfolgern die Mühe überlassen, den Namen, welcher ihm in seiner Heymath oder an andern Orten beygelegt ist, auszuforschen. Ich nenne ihn wegen seiner besondern Bekleidung den **schuppichten Frosch** [1]). Da mir nicht bekannt,

1) RANA *squamigera*, fascia squamosa super dorsum semicincta; plicis lateralibus, et gulari; palmis tetradactylis, semipalmatis plantis pentadactylis, palmatis; unguibus orbiculatim dilatatis.

kannt ist, ob man dergleichen Schuppen an andern Fröschen schon bemerkt habe.

Er kömmt in der Größe und der Form seines Körpers größtentheils mit unserm grünen eßbaren Frosche überein. Er hat einen ablangen, niedergedrückten, oberwärts etwas schuppichten und unterwärts warzigten **Körper** mit vierfingerichten halb verbundenen Händen und fünffingerichten ganz verbundenen Füßen, an deren Enden ausgebreitete tellerförmige häutige Nägel sitzen.

Die **Farbe** an diesem Exemplare war greiß mit braun marmorirt, nehmlich auf der Oberfläche des Körpers und an den Seiten mit dichten kastanienbraunen Punkten und einigen solchen zerstreuten Flecken gezeichnet, welche auf dem Kopfe und auf der vordern Hälfte des Rückens klein und rundlich, aber auf dem Hintertheile des Rückens und den weichen Seiten linienförmig und schlänglicht waren. Auf den Füßen befanden sich auch dergleichen Punkte und Flecke in der Form einiger Querbänder. Auf der Unterfläche des Körpers war die Farbe weißlich; an der Kehle auf dem Bauche und an den Lenden aber mit feinen schwarzbraunen Punkten schwach schattiret, doch in den hohlen Händen gelblicht.

Die **Bekleidung** bestand aus einer glatten löchrichten Haut, welche an dem Rumpf schlaf und in zwey länglichte Falten, die über den weichen Seiten und den Lenden lagen, zusammen gezogen war. Ueber der Mitte des Rückens lag eine bogichte schuppichte Binde, welche von einer Lende über die weiche Seite und quer bey den Schulterblättern hindurch bis zur andern Lende sich erstreckte. Die Schuppen, welche diese Binde ausmachten, waren sehr klein,

halb

halb durchsichtig, bloß, rautenförmig, mit einer Furche der Länge nach ausgehöhlt und lagen abwechselnd in vier Reihen wie Dachziegel über einander, so daß die Spitze einer jeden Schuppe von der rechten nach der linken Seite gekehrt war und auf der folgenden Schuppe ruhte. Ueberdem fand ich noch ein kleines Stück von einer schuppichten Haut an dem linken Schienbein angeklebt, woran die Schuppen wie länglichte Vierecke aussahen. Daher muthmaße ich, daß das rechte Bein und auch wohl die Lenden mit einer gleichen schuppichten Haut vorher überzogen gewesen und in dem Spiritus verlohren gegangen sind. An der Kehle, an dem Bauche und an der Unterfläche der Lenden saßen kleine Warzen dicht aneinander. Ob nun die Bekleidung und Farbe bey dem Leben dieses Frosches eben so beschaffen sey, als ich hier angezeigt habe, werden die Naturforscher ins künftige entscheiden, welche Gelegenheit finden, ihn lebendig zu sehen.

Um die Theile des ganzen Körpers genauer zu betrachten, will ich sie einen nach dem andern hier abhandeln.

Der **Kopf** ist groß, fast so breit als der Rumpf, niedergedrückt, schief gegen die Erde gerichtet, im Umfange halb eyförmig, vorn abgeründet, hinten von dem Rumpfe nicht unterschieden, als nur durch eine überzwerche Falte, welche unten zwischen der Kehle und der Brust liegt; oben am Hinterhaupt etwas gewölbt; an dem Scheitel und der Stirn abschüssig und ein wenig ausgehöhlt, über den Augen bucklicht, unten fast flach; an den gebogenen Seiten von den Augen an bis zum äußersten Ende der Schnautze von oben nach unten abschüssig und an den Schläfen ausgehöhlt. Ueber dieser Höhlung be-

fin-

findet sich ein hervorstehender bogichter Rand, welcher von dem hintern Augenwinkel bis an die Schultern geht.

Die **Schnautze** ist sehr kurz, breiter als lang, stumpfwinklicht und vorn abgerundet.

Die **Mundspalte** ist gerade, weit, und geht von der Spitze der Schnautze bis unter die Ohren.

Die **Kiefer** sind fast gleich lang, biegsam, bogicht, zahnlos und treten in einander. Der obere übertrift den untern in der Höhe und ein wenig in der Länge, hat eine weiche dünne Lippe, und hinter derselben einen scharfen Rand. Der untere ist dünn, sehr niedrig, oben scharf, und bestehet aus einem linienförmigen knorplichten Bogen und aus der Haut der Kehle, welche den Zwischenraum ausfüllt.

Die **Zunge** liegt verkehrt, ist fleischicht, oben flach und zottig, fast rund, doch breiter als lang, hinten ausgekerbt, auf den dritten Theil frey und vorn an dem Unterkiefer und der Kehlenhaut fest gewachsen.

Der **Gaumen** ist ausgehöhlt und glatt.

Die **Naselöcher** sind sehr klein, halbrund und sitzen seitwärts über dem Ende der Schnautze.

Die **Augen**, welche in diesem Subjekt zusammen gefallen waren, sitzen hoch an der Mitte der Seiten des Kopfes, die Augenschirme welche man bey den Menschen die Augenbraunen nennet, stehen wie gewölbte Buckel höher als die Scheitel.

Die **Ohrlöcher** sitzen über der Mundwinkeln etwas niedriger als die Augen, mit welchen sie in der Größe überein kommen, und sind mit einer halbdurchsichtigen Haut, welche wie ein Trommelfell aus-

ausgespannt ist, gänzlich zugeschlossen, so daß man davon auswendig nichts mehr sieht, als eine flache Grube, welche ein hervorragender, ringförmiger Rand umgiebt.

Der **Rumpf** ist eyförmig, niedergedrückt, anderthalbmal so lang als der Kopf, und von denselben nicht deutlich abgesondert, oben am Rücken flach und etwas bogicht, unten niedrig gewölbt und an beyden Seiten fast mit zwey Falten begabt; die größeste derselben nimmt von der Falte unter der Kehle ihren Anfang, geht über die Schulter und der weichen Seite fort bis zur Lende; die andre, welche etwas schmaler ist, kömmt von dem Oberarme und geht unter der ersten weg bis zu der Lende, wo sie sich mit der ersten vereinigt.

Der **Hintere** liegt hoch bey der Zusammenfügung der Lenden. Er ist rund herum runzlicht und mit einer gekerbten Klappe von oben herab bedeckt.

Die **Glieder** sind vier starke ungleiche Schwimmfüße. Die vordern, welche wir **Arme** nennen wollen, sind niedergedrückt, etwas breit, kürzer als der Rumpf, und haben eine vierfingerichte halbverbundene Hand, die etwas breiter und ohne die Finger halb so lang, als der Unterarm ist. Die Haut derselben sieht unterwärts gelblicht greiß aus, oberwärts aber haselbraun mit kastanienbraunen überzwerchen, ungleichen Flecken in Felder abgetheilt. Der größeste von diesen Flecken, welcher in der Mitte blasser ist, sitzt mitten auf dem Unterarm; ein anderer, etwas schmaler, auf der Hand, und noch andere linienförmige auf den Gelenken der Finger. Was die Finger selbst anbetrift, so sind sie von ungleicher Länge, niedergedrückt, unterwärts gelenkicht, und daselbst auf jedem Gelenke mit einer hervorstehenden Warze begabt, an dem ersten Gliede mit einer kurzen Schwimmhaut untereinander verbunden, übrigens aber frey und an beyden Seiten gesäumt, auch am Ende mit einer ausgebreiteten tellerförmigen Haut statt der rechten Nägel begabt. Der Daumen, welcher an dem inwendigen Rande der hohlen Hand nahe bey ihrem Grundtheile sitzt und gegen die Mitte der Höhle gewendet liegt, hat drey Glieder, wovon das erste mit den Knochen der flachen Hand verbunden, das zweyte und dritte aber frey ist. Er gleicht in der Länge der flachen Hand. Der zweyte Finger ist zwar nicht so lang als der Daumen; weil er aber an dem inwendigen Rande der flachen Hand seinen Sitz höher hat, so steht er etwas weiter hervor als der Daumen. Er besteht aus zwey Gliedern. Der dritte hat drey Glieder, und ragt vor allen andern hervor, der vierte oder der auswendige hat auch drey Glieder, ist aber etwas kürzer als der dritte, und doch länger als der zweyte.

Die eigentlichen **Füße** übertreffen die Arme mehr als zweymal in der Länge, und haben fünf verbundene Zehen. Sie sind auswendig auf jedem Gliede mit zwey bräunlicht schwarzen Querbinden bezeichnet. Die spindelförmigen und niedergedrückten Lenden sind mit einer schlaffen Haut bedeckt, welche in drey länglichte Falten zusammen gezogen darüber liegt, wovon die mittelste von dem Hintern bis zum untersten Gelenke derselben sich erstreckt; die übrigen beyde befinden sich an dem vordern und hintern Rande derselben. Die Schienbeine sind niedergedrückt, spindelförmig, dünner und etwas länger als die Lenden, auch an dem auswendigen und inwendigen Rande gesäumt. Die Fußröhren (Tarsi) sind fast stockförmig etwas zusammen gedrückt, und ungefähr halb so lang als die Schienbeine. Die Plattfüße breiten sich vorwärts aus, sind länger als breit, und fünffingricht. Die Zehen von zu- und abnehmender Länge, sind unterwärts gelenkig und mit einer Schwimmhaut bis an das äußerste Gelenk verbunden. Zwey davon sitzen an dem inwendigen Rande des Plattfußes und die übrigen an dem vordern Rande. Die erste Zehe an dem inwendigen Rande bey dem Anfange des Plattfußes hat drey Glieder; die andere sitzt an demselben Rande etwas höher und hat nur zwey Glieder, die dritte übertrift die zweyte in der Länge und besteht aus drey Gliedern. Die vierte als die allerlängste hat vier Glieder. Die fünfte und äusserste ist der dritten gleich, so wohl in der Länge als in der Anzahl der Glieder.

Die falschen Nägel sind weißlicht, breiter als die Glieder, oben gewölbt und unten platt, und bestehen aus einer weichen tellerförmigen Haut, welche das letzte Glied oben und unten umgiebt, und nur das Ansehen der Nägel hat.

Seine Heymath weiß ich nicht mit Gewißheit anzugeben. Der Liquor, worin er aufbewahrt ist, schien mir nach dem Geruch Rum zu seyn, und daher glaube ich, daß er aus Amerika gebracht sey.

Die Ausmessung.

	Zoll.	Linien.
Die Länge von dem äußersten Ende der Schnautze bis zum Ende des Rumpfs.	2	9
— — — — der ausgestreckten Füße. . . .	6	8

Länge.	Zoll.	Linien.
— bis an die Naselöcher.	0	$1\frac{1}{2}$
— — — Mitte der Augen.	0	6
— — — Stirn in senkrechter Linie.	0	2
— — das Genick.	1	2
— — den Mundwinkel.	0	9
— — die Mitte der Ohrlöcher.	0	9
— — — Schultern.	0	10
— — — Lenden.	2	4
— — den Hintern.	2	9
Die Länge der Arme mit den Fingern.	1	9
— des Oberarms.	0	8
— — Unterarms.	0	7
— der Hand mit dem längsten Finger.	0	10
— des Daumens.	0	6
— — zweyten Fingers.	0	4
— — dritten Fingers.	0	7
— — vierten Fingers.	0	5
— der Füße.	3	11
— des Schenkels.	1	1
— — Schienbeins.	1	3
— der Fußröhre.	0	9
— des Mittelfußes.	0	6
— der ersten inwendigen Zehe.	0	4
— — zweyten —	0	4
— — dritten —	0	5
— — vierten —	0	7
— — fünften —	0	5
Die Breite des Kopfes vor dem äußersten Ende des Unterkiefers — senkrecht.	0	2
— überzwerch.	0	3
— bey der Mitte der Augen — senkrecht.	0	5

Die

Die Breite.	Zoll.	Linien.
— = = überzwerch.	0	9
— bey den Mundwinkel senkrecht.	0	6
— = = überzwerch.	0	11
— des Rumpfes bey dem Anfange des Rückens senkrecht. =	0	7½
— = = überzwerch.	0	11
— bey der Mitte des Rumpfs senkrecht.	0	8
— = überzwerch.	1	0
— vor den Lenden senkrecht. =	0	5
— = überzwerch.	0	4
— des Oberarms um die Mitte senkr.	0	2
— = überzwerch.	0	3
— des Unterarms senkrecht. =	0	2
— = überzwerch.	0	4
— der flachen Hand in der Mitte senkr.	0	1
— = überzwerch.	0	4
— der Lende um die Mitte senkrecht.	0	3
— = überzwerch.	0	4
— des Schienbeins in der Mitte senkr.	0	2
— = überzwerch.	0	3½
— der Fußröhre senkrecht.	0	2
— = überzwerch.	0	1½
— des Plattfußes überzwerch.	0	3

Beschreibung eines Meerfrosches,

von

D. J. J. Wallbaum.

Ob gleich der schrecklich große Frosch, welchen ich hier beschreibe, den specifiken Charakter, welchen der Ritter von Linné seinem Meerfrosche beygelegt, nicht völlig an sich hat; so trage ich doch kein Bedenken, ihn für diese Art zu halten, weil er mit der Beschreibung und Abbildung des Seba größtentheils übereinkömmt, nach welcher der Ritter, wie es scheint, den specifiken Namen gemacht hat; denn ich glaube kaum, daß er den Frosch selbst gesehen habe. Ich will deswegen die Beschreibung des Seba hier zuerst hersetzen, damit der geneigte Leser sie mit der meinigen vergleichen möge.

„*Rana marina Americana mas.*

„Ein seltener Virginischer Frosch männliches Geschlechts. [1])

„Die

1) *Thesaurus* T. I. p. 120. tab. 76. n. 1.

„Dis ist ein seltenes Stück, desgleichen ich von solcher Größe bey niemand gesehen habe. Wenn seine vordersten und hintersten Pfoten ausgestreckt werden, so ist er über eine halbe Elle lang; und falls er nicht aufgetrocknet gewesen wäre, so hätte man ihn noch weiter ausrecken können. Er ist überdem am ganzen Leibe, nur den Kopf ausgenommen, so wohl mit großen als kleinen erhabenen Flecken gleichsam wie mit Warzen besetzt. Der Leib ist dunkelgrau die Flecken aber sind heller und oberwärts graugelb. Ueber den Rücken und zwischen den Schulterblättern ist er meistens bucklicht, und mit weißlichten Streifen gleichsam abgetheilt. Ueber den vordern Pfoten sitzt auf jeder Seite ein Schild, wie ein Schwerd [2]) eines kleinen Schiffes gestaltet, so als wenn es darauf geklebt wäre, von hellgrauer Farbe, mit vielen kleinen schwarzen Punkten besetzt. Der Kopf ist mit fuchsrothen hin und wieder laufenden Streifen bedeckt.

 Die

2) Ein Schifsschwerd ist ein Anhang an jeder Seite eines niedrigen mittelmäßigen Schiffes, welches keinen hervorstehenden Kiel hat, um damit auf flachem Wasser zu fahren. Die Holländer nennen solches Schmacke. Dieses Schwerd hat die Form eines ablangen ovalen Thorflügels, und ist fast so lang als der Rumpf des Schiffes, und so breit als die Höhe desselben ungefehr beträgt, auch eine Handbreit dick. Auswendig an dem Bauche des Schiffes ist auf jeder Seite ein solches Schwerd mit Thürangeln so befestigt, daß man es aufheben und niederlassen kann. Wenn der Wind dem Schiffer in seinem vorhabenden Laufe seitwärts kömmt; so läßt er eines von denselben an der gegenüberstehenden Seite in das Wasser herab, welches alsdann das Schiff steif hält und hindert, daß es nicht nach der Seite getrieben werde.

Die Augen sind groß und hell, die Ohren sind rund stehen nicht hervor und haben eine geringe Oeffnung. Die Zunge ist breit und sitzt vorwärts an dem Unterkiefer fest. Hinten zwischen den Aarsbacken und dem Steisse zeigen sich vier ablange Auswüchse, welche wir nicht für Hoden sondern für einen Auswuchs der Natur halten. Die vordern Pfoten haben vier Finger und an jedem Finger vier Glieder, wovon die vordersten breit und mit Nägeln, so wie sie an den Fingern der kleinen Kinder sitzen, begabt sind. An den hintern Pfoten sind gleicherweise vier Finger sammt einem Daumen. Zwischen den hintern Fingern bey dem Grundtheile sind sie vermittelst einer Zwischenhaut ein wenig zusammengewachsen. Es scheint, daß diese Art Frösche so wohl zu Lande als im Meer ihre Nahrung suche.“

Beschreibung.

Der Frosch, welcher vormals in der Edlerischen Naturalienkammer unter der Nummer 49 ist aufbewahrt worden, [3]) hat einen ungemein großen, ovalen, niedergedrückten und warzigten Körper, der vorn stumpfwinklicht, hinten stumpf, oben fast flach und bucklicht, auch mit löchrichten ovalen Schulterküssen begabt ist. Ferner hat er einen mittelmäßigen Kopf mit großen muschelförmigen Augenschirmen, kurze Arme mit vier getheilten Fingern, und lange Springfüße, woran fünf halbverbundene Zehen sitzen.

Die

3) Er ist nachmals in der Auction von dem Naturalienhändler Dolmar für einen Louisd'or gekauft worden.

Die **Farbe** dieses Frosches, welcher schon lange im Spiritus gelegen hatte, war allenthalben gelblicht-greiß, mit unregelmäßigen, blaßbraunen Flecken, sowohl auf dem Kopfe als Rücken und auf den Schulterküssen, geziert; imgleichen auch mit Castanienbraunen erhabenen Punkten, welche in der Mitte einer jeden Warze sich befanden, verdunkelt.

Zur **Bekleidung** dienet ihm eine dicke, zähe, nackte Haut, welche fast allenthalben bald mit mehren, bald mit wenigern Warzen besetzt ist; nur die Scheitel, Stirn und Schulterküssen ausgenommen, auf welchen eine glatte Haut liegt. Die meisten Warzen sind erhabenrund, von einander abgesondert, und von verschiedener Größe. Die großen sitzen weit von einander entfernt längs dem Rücken in vier langen und eingekrümmten Reihen. Zwey derselben fangen von dem Genick an, und gehen zu beyden Seiten des Rückgrades herunter nach dem Steiße zu; die andern beyden nehmen oben bey den Schulterküssen ihren Anfang, und laufen oben über den Seiten gekrümmt fort, und endigen sich auch bey dem Steiße. Die kleinen Warzen sitzen dichter aneinander auf dem Rücken, an den Seiten des Rumpfes und auf der auswendigen Fläche der Füße. Sie ragen mehr hervor als die allerkleinsten, welche sehr gedrängt an der Unterfläche des Körpers liegen.

Die Theile.

Der **Kopf** ist kurz, auf die Hälfte schmaler und niedriger als der Rumpf, niedergedrückt, im Umfange fast dreyeckicht, so daß die Breite am Hinterhaupte die Länge des ganzen Kopfes übertrift. Die Scheitel und Stirn sind glatt, ein wenig abschüsschüßig und ausgehöhlt, indem sie an beyden Seiten von den erhaben Augenschirmen und darnach von einem hin und her gebogenen Rande, der über der Schnauße einen spißen Winkel macht, eingeschlossen sind. An den Seiten, welche nach vorn etwas gekrümmt zusammenlaufen, ist er vorwärts von oben herab steilabschüßig und flach, doch dabey etwas uneben; indem eine schiefe Rippe vor dem Auge und noch eine andere lange und gerade unter demselben Auge herdurchgeht, auch einige kleine Warzen über der Haut hervorragen. Auf beyden Augen steht ein großer, knorplichter, warzichter und wie eine runde Muschel gewölbter Augenschirm 4) in einer horizontalen Lage und höher als die Scheitel empor, dessen bogichter und gekerbter Rand über dem Auge wie ein Dach hervorragt. Von dem hintern Ende desselben geht ein erhabener kielförmiger Rand bis an die Seite des Genicks, welcher das kurze und etwas warzichte Hinterhaupt an beyden Seiten von den senkrechten Schläfen absondert.

Die **Schnauze** ist kurz, stumpfwinklicht, vorn stumpf, fast eben so hoch, als die Scheitel, und hat am äußersten Ende eine halbstockförmige Rippe, welche von dem winklichten Ende der Stirne bis zum untern Rande des Oberkiefers senkrecht herabsteigt.

Die **Nasenlöcher** sind oval und offen, sie sißen unter dem Rande der Stirne nahe am Ende der Schnauße und schief gegen einander gekehrt.

Die **Augen** waren an diesem Frosche eingefallen und daher nicht deutlich zu erkennen.

Die

4) Supercilium.

Die **Augenlieder** sind dünne und häutig, das obere ist schmal, linienförmig und allein unbeweglich. Es hängt von der Unterfläche des Augenschirms senkrecht herab. Das untere ist breiter, mondförmig, beweglich und am Rande fein gekerbt.

Die **Ohrlöcher** sind mit einer übergespannten Haut gleich einer Trommel geschlossen. Aeußerlich sieht man also nichts mehr von den Ohren als eine eingedrückte, ovale Grube mit einem dünnen, ringförmigen Rande umgeben, welcher über dem Gelenk der Kinnladen sich befindet.

Die **Mundspalte** ist gerade, tief eingeschnitten, sehr weit, und geht bis zum Ende der Schnauze.

Die **Kiefer** sind im Umfange wie ein krummlinichter stumpfer Winkel gebogen, und von vorn nach hinten gerade, zahnlos, von ungleicher Länge und treten in einander. Der obere hat unten einen scharfen Rand, welcher mit weitläuftigen harten, hervorragenden Punkten besetzt und unter der Spitze der Schnautze ausgekerbt ist. Hinter demselben an der inwendigen Fläche sitzt etwas höher noch ein anderer häutiger Rand, worauf bey geschlossenem Munde der Unterkiefer ruht. Die inwendige Oberfläche ist tief ausgehöhlt, und durch eine überzwerche Rippe von dem Gaumen geschieden. Hierbey befinden sich zwey ovale Löcher, welche in die Höhle der Nase gehen. 5) Der Unterkiefer ist dünn, linienförmig, viel niedriger und eben so an den Seiten gebogen als der Oberkiefer, übrigens aber gerade. Er hat ober-

5) Ich habe dergleichen Löcher bey den Schildkröten schon wahrgenommen. Siehe meine Chelonographia p. 2. No. 4.

oberwärts einen stumpfen Rand, der vorn zwiefach ausgekerbt ist. Den großen Zwischenraum füllt unterwärts die dehnbare Haut der Kehle aus.

Die **Zunge** liegt in dem Munde verkehrt. Sie ist länglicht eyförmig, hinten breiter und abgerundet, auch auf die Hälfte frey, oberwärts etwas gewölbt und zottig, vorn stumpf und daselbst an dem Unterkiefer, wie auch an der Kehlenhaut festgewachsen.

Der **Rumpf** ist eyförmig, hinten enger als vorn, niedergedrückt, oben flacher als unten, auf dem Genicke und dem Schulterraume 6) etwas ausgehöhlt, über den Schultern schwulstig, hinter der Mitte des flachen Rückens etwas bucklicht, an den Seiten bauchicht, allwo eine lange Falte der Haut von dem Schulterküssen bis an die Lende hervorragt; unten an dem Bauche gewölbt, an der Brust aber fast platt. Auf jeder Schulter und zu beyden Seiten des Genicks liegt eine schwammichte Geschwulst, wie ein Küssen, dessen äußerer Rand über den Oberarm hervorragt, welche ich deswegen Schulterküssen nenne. 7) Es erstreckt sich von dem Schlafe bis zum Ende des Schulterblattes, und der hintere Rand desselben steht höher als der Rücken hervor. Es ist fast eyförmig, gewölbt, glatt und mit kleinen runden Löchern wie ein blecherner Durchschlag.

Der **Hintere** befindet sich hinter dem Steißbeine oben an der Zusammenfügung der Aarsbacken in

6) Interscapulium.

7) Seba nennt diese Theile Schilde in uneigentlichem Verstande.

in einer abschüssigen Lage, und ist rund umher mit strahlichten Runzeln umgeben. Die vier großen nebeneinander liegenden Höcker, welche Seba in seiner Abbildung nach einem trocknen Exemplare vorgestellt hat, waren an meinem Subjekte nicht zu sehen, als nur dann, wenn die Füße hinterwärts ausgestreckt wurden. Alsdenn zog sich die schlaffe Haut in vier dicke Runzeln, welche bey dem Hintern abwärts gerichtet waren, zusammen. Wer dermaleinst Gelegenheit hat, diese Art von Fröschen lebendig zu sehen, wird entscheiden können, ob die angezeigten Höcker wirklich vorhanden sind, und in diesem Falle möchten sie nur bey den Männchen oder Weibchen allein zu finden seyn, und den Unterscheid des Geschlechts anzeigen.

Die **Glieder** bestehen aus vier ungleichen Pfoten, die vordern oder sogenannten Arme sind kürzer als der Rumpf, stark von Muskeln und gegen die Brust beweglich; daher denn der Ellbogen nach der Seite auswärts steht, und die Hände unter der Brust gegen einander gewendet liegen. Die flache Hand ist kurz und breit, oben gewölbt, unten runzlicht, warzicht und mit vier getheilten ungleichen Fingern begabt. Der Daumen hat drey starke Glieder, und steht unten an dem inwendigen Rande der flachen Hand fast überzwerch oder abwärts gekehret, so daß ein großer Winkel zwischen ihm und dem folgenden Finger eingeschlossen wird. Der zweyte Finger, welcher dünner und kürzer als der Daumen ist, hat nur zwey Glieder. Der dritte übertrift den Daumen in der Länge, und besteht aus drey Gliedern. Der vierte ist kürzer als der dritte, aber länger als der zweyte und hat drey Glieder. Die hintern Pfoten oder die eigentlichen Füße übertreffen in der

Länge den Rumpf mit dem Kopfe, und liegen wie ein lateinisches Z hinten an den Seiten des Rumpfes. Die kegelichten dicken Lenden nehmen den ganzen Schenkel ein. Das Schienbein ist zusammengedrückt, eben so lang als der Schenkel; und hat an dem Hintertheile eine fleischichte Wade. Die Fußröhre [8]) ist niedergedrückt und halb so lang als das Schienbein. Der Plattfuß, sammt den Fingern übertrift in der Länge die Fußröhre; der Mittelfuß aber allein ist breiter und viel kürzer als derselbe. Die Zehen sitzen strahlenweis an dem Mittelfuße, so, daß davon drey an dem inwendigen Rande und die übrigen zwey vorn sich befinden. Sie nehmen in der Länge stufenweise zu und ab. Sie sind nur an dem ersten Gliede mit einer kurzen, mondförmigen Schwimmhaut an einander verbunden. Der erste und kürzeste an dem inwendigen Rande des Mittelfußes steht unten schief abwärts und hat zwey Glieder, gleich wie der zweyte; der dritte besteht aus drey Gliedern; der vierte ist der dickste und längste unter allen, und enthält vier Glieder; der fünfte ist auf die Hälfte kürzer als der vorhergehende, und hat drey Glieder.

An dem äußern Ende der Zehen sind keine eigentliche Nägel vorhanden, sondern das letzte abgeründete Glied an jeder Zehe ist mit einer kastanienbraunen glatten Haut rund um bekleidet; oben auf derselben nahe bey dem Gelenke liegt überzwerch eine kleine Falte, wie der Saum an einem Nagel, daher es von fern scheint, als wenn Nägel auf den Zehen wären.

Seine

8) Tarsus.

Seine Heimath ist nach der Angabe des Seba Virginien. Ob er aber in dem Meere seinen gewöhnlichen Aufenthalt habe, daran zweifele ich sehr, weil der Bau seiner Füße, nicht so beschaffen ist, daß er damit durch die ungestümen Wellen des Meeres schwimmen kann. Ich halte ihn deswegen für einen Landfrosch, der sich an den Ufern der Flüsse oder einer Landsee aufhält. Wenn dieses in der Folge für richtig befunden wird; so müste der lateinische specifike Name des Ritters von Linne' abgeändert werden; weil er keinen richtigen Specialcharakter enthält. 9)

Die Ausmessung nach dem Pariser Maaßstabe.

	Fuß.	Zoll.	Linien.
Die Länge von der Spitze der Schnautze bis zum Ende des Rumpfes.	0	6	3
— bis zum Ende der hinterwärts ausgestreckten Füße.	1	1	0
— bis an die Naselöcher in senkrechter Linie.	0	0	4
— bis zur Mitte der Augen.	0	1	1
— bis an die Stirn in senkrechter Linie.	0	0	6
— bis an das Genick.	0	1	8
— bis an das äußerste Ende des Unterkiefers.	0	0	$1\frac{1}{2}$

Länge.

9) Sollte dieser Name nicht angemessener seyn? Rana (Gigas) superciliis verrucosis conchatis, scapulis pulvinatis, palmis tetradactylis fissis & plantis pentadactylis subpalmatis.

Länge.	Zoll.	Linien.
— bis an den Mundwinkel.	1	6
— bis an die Mitte der verschlossenen Ohrlöcher.	1	8
— bis zum Anfange der Schulterküssen.	1	10
— bis zum Ende derselben.	3	10
— bis an den Oberarm.	2	10
— — die Lenden.	5	2
— bis zum Hintern.	6	3
— der Arme sammt den Fingern.	4	0
— des Oberarms.	1	8
— des Unterarms.	1	6
— der flachen Hand.	0	8
— des Daumens.	0	8
— des zweyten Fingers.	0	6
— des dritten —	0	9
— des vierten —	0	6
— der Füße.	7	6
— des Schenkels.	2	4
— des Schienbeins	2	4
— der Fußröhre.	1	4
— des Mittelfußes.	1	0
— des ersten oder innersten Fingers.	0	3
— des zweyten —	0	4
— des dritten —	0	8
— des vierten —	1	3
— des fünften —	0	7
Die Breite des Kopfs bey dem äußersten Ende des Unterkiefers senkrecht.	0	6
— überzwerch.	0	7
— bey den Naselöchern senkrecht.	0	9
— überzwerch.	0	11

Breite.

Breite.		Zoll.	Linien.
—	bey der Mitte der Augen senkrecht.	1	0
—	überzwerch.	1	9
—	bey dem Mundwinkel senkrecht.	1	0
—	überzwerch.	2	6
—	des Rumpfes bey dem Anfange des Rückens senkrecht.	2	0
—	überzwerch.	2	8
—	bey dem hintern Ende der Schulterküssen senkrecht.	2	11
—	überzwerch.	4	0
—	hinter der Mitte des Rückens an dem Buckel senkrecht.	3	1
—	überzwerch.	3	7
—	nahe vor den Lenden senkrecht.	2	4
—	überzwerch.	2	8
—	des Unterarms senkrecht.	0	7
—	überzwerch.	0	10
—	des Schienbeins in der Mitte senkrecht.	0	8
—	überzwerch.	1	0
—	der flachen Hand in der Mitte.	0	5
—	überzwerch.	0	10
—	des Plattfußes in der Mitte senkrecht.	0	5
—	überzwerch.	0	10
—	der Schulterküssen in der Mitte senkrecht.	0	9
—	überzwerch.	1	8

Eine Spielart des Meerfrosches.

Ich habe in der Edlerischen Naturalienkammer noch einen großen Frosch unter No. 69 gefunden, welcher in den mehrsten Theilen dem vorigen gliche, aber in der Farbe und Größe von ihm abwich. Wenn die ausländischen Frösche zu gewisser Zeit ihre alte Haut ablegen und eine neue bekommen, wie Rösel an den einheimischen Fröschen bemerkt hat; so halte ich diesen für einen jungen Frosch der vorigen Art, welcher seine alte Bekleidung kurz vor dem Fang abgelegt hatte. Ich will deswegen nur hier die Farbe und den Unterscheid, welchen ich in der Vergleichung mit dem vorigen gefunden habe, anzeigen, um den Leser mit der Wiederholung der vorigen Beschreibung nicht zu ermüden.

Der **Körper** war etwas kleiner, und in der Bildung dem vorigen gleich.

Die **Farbe** war gelblichtweiß mit großen ungleichen, braunlichtgreisen Flecken an dem Genick und an dem Schulterraume, und mit braunen erhabenen Punkten auf dem übrigen Theile der Oberfläche des Körpers; auch mit solchen bleygrauen an der Unterfläche schattirt:

An der **Bekleidung** habe ich nur das Veränderte wahrgenommen, daß die äußere Reihe der großen Warzen nicht von dem hintern Ende der Schulterküssen, sondern von dem Hinterhaupt dicht an dem vordern Ende des Schulterküssens ihren Anfang nahm.

Die **Augen** waren groß, kugelicht, und ragten etwas hervor. Eine dünne, durchsichtige, ganze Haut bedeckte dieselben. Der Regenbogen hatte eine schwärzlichte Farbe, und der Stern schien mir oval zu seyn.

An der **Schnauze** fehlt die oben beschriebene senkrechte Rippe. Es saßen daher die **Naselöcher**, wel-

welche sich zuschließen ließen, noch näher an der Spitze der Schnautze.

An den Ohren war das Trommelfell halb durchsichtig, und der ringförmige Rand mit erhabenen Punkten besetzt.

Die übrigen Theile des Körpers kamen mit den Theilen des vorigen Frosches völlig überein, nur die Größe ausgenommen, welche ich deswegen hier genau angezeigt habe.

Ausmessung.

	Zoll.	Linien.
Die Länge von der Spitze der Schnautze bis zum Ende des Rumpfs.	4	11
— bis zum Ende der hinterwärts ausgestreckten Füße.	9	6
— bis an die Naselöcher in senkrechter Linie.	0	4
— bis zur Mitte der Augen.	1	1
— bis an die Stirn in senkrechter Linie.	0	5
— — das Genick.	1	2
— — das äußerste Ende des Unterkiefers.	0	1
— — den Mundwinkel.	1	1
— — die Mitte der verschlossenen Ohrlöcher.	1	2
— bis zum Anfange des Schulterküssens	1	4
— — Ende desselben.	2	7
— bis an den Oberarm.	1	7
— — die Lenden.	3	10
— bis zum Hintern.	4	11
— der Arme sammt den Fingern.	2	8

Länge.	Zoll.	Linien.
— des Oberarms. .	1	2
— des Unterarms. .	1	1
— der flachen Hand. .	0	6
— des Daumens. .	0	6
— des zweyten Fingers. .	0	4
— des dritten — .	0	6
— des vierten — .	0	4
— der Füße. .	5	6
— des Schenkels. .	1	7
— des Schienbeins. .	1	8
— der Fußröhre. .	0	11
— des Mittelfußes. .	0	9
— des ersten oder innersten Fingers.	0	2
— des zweyten —	0	3
— des dritten —	0	6
— des vierten —	0	10
— des fünften —	0	5
Die Breite des Kopfes bey dem äußersten Ende des Unterkiefers senkrecht.	0	5
— überzwerch.	0	6
— bey den Naselöchern senkrecht.	0	6
— überzwerch.	0	6
— bey der Mitte der Augen senkrecht.	0	9
— überzwerch.	1	3
— bey dem Mundwinkel senkrecht.	0	9
— überzwerch.	1	9
— des Rumpfes bey dem Anfange des Rückens senkrecht.	1	2
— überzwerch.	1	7
— bey dem hintern Ende der Schulterküssen senkrecht. .	1	10
— überzwerch.	2	10

Länge.

Breite.	Zoll.	Linien.
— hinter der Mitte des Rückens an dem Buckel senkrecht.	2	0
— überzwerch.	2	10
— nahe vor den Lenden senkrecht.	1	6
— überzwerch.	1	7
— des Unterarms in der Mitte senkrecht.	0	5
— überzwerch.	0	8
— des Schienbeins in der Mitte senkrecht.	0	5
— überzwerch.	0	8
— der flachen Hand in der Mitte senkrecht.	0	$2\frac{1}{2}$
— überzwerch.	0	7
— des Plattfußes in der Mitte senkrecht.	0	$2\frac{1}{2}$
— überzwerch.	0	8
— der Schulterküssen senkrecht	0	11
— überzwerch.	1	4

XII.

Einige Bemerkungen der diesjährigen Winterkälte

von

C. L. Gronau.

Die zu Anfang dieses Jahres eingefallene Kälte ist in der That merkwürdig, und giebt dem diesjährigen Winter mit Recht eine Stelle unter den kältesten Wintern dieses Jahrhunderts.

Nach meinen Bemerkungen hat zwar die Kälte den Grad vom Jahre 1740 nicht erreicht. Am 7ten Januar früh um 8 Uhr war sie am heftigsten.

Nach Farenht.	Rosenthal.	Reaumür.
3.° unter Null.	861.°	15.°

Die Bemerkungen einiger meiner Freunde stimmten genau mit den meinigen überein, andere hatten

Farenht.	Rosenth.	Reaum.
6.° unter Null.	855.°	16.°

Wer es weiß, wie ungemein viel auf die Lage des Thermometers gegen den Wind, und auf andere Neben-

Nebenumstände ankömmt, dem wird diese Verschiedenheit eben keine große Verwunderung verursachen.

Auswärts und an einigen nicht so weit entfernten Orten muß diese Kälte sehr viel größer gewesen seyn.

Ich habe dem jüngsten Herrn von Knobloch, der sich jetzt auf der Universität zu Frankfurt an der Oder befindet, und ein Freund der Natur, und besonders der Wetterkunde ist, folgende merkwürdige Bemerkungen zu danken.

Den 26. Dezember v. J. stand Farenheits Thermometer, früh um 8 Uhr, auf 50.°, die Kälte nahm nach und nach ab, es fing an stark zu schneien, so daß der am Tage gefallene Schnee wohl eine Viertel Elle betrug. Abends um halb 8 Uhr stand das Thermometer 24.° bey Schnee, Hagel und Glatteis. Um 10 Uhr 30.° bey Regen und Sturm. Um 12 Uhr 37.° das Barometer war bis auf 27.° ′ herabgesunken. Der Sturm hielt die ganze Nacht an, und die Wärme der Luft nahm so zu, daß den 27. früh um 5 Uhr, bey noch anhaltendem heftigen Sturm das Thermometer bis auf 43.° heraufgestiegen war. Der Wind, der sich zuerst aus SW. erhoben hatte, gieng durch W nach NW, wodurch die Kälte so schleunig zurückgeführt wurde, daß bereits um 8 Uhr das Thermometer 22.° wies. Der Schnee erhielt vom Regen und Frost eine fingersdicke Eisrinde.

Den 31. Dezember früh stand das Thermometer gerade auf Null. So auch Abends um 9 Uhr. Gegen die Nacht nahm die Kälte auf eine ausserordentliche und ungewöhnliche Art zu, dergestalt, daß es in der Nacht um 1 Uhr 10.° unter Null wies.

Den 1. Januar früh war es 6.° unter Null.
Den 2. früh 5.° unter Null.

Der höchste Grad der Kälte war also in Frankfurt

Farenht.	Rosenthal.	Reaumür.
10° unter Null.	847.°	18¾.°

Ein außerordentlicher und fast unglaublicher Grad! der aber durch die Bemerkungen meines Bruders, des ehemaligen Professors in Warschau, Friedrich Wilhelm Gronau, der sich jetzt in Rathenau aufhält, bestätiget wird.

Den 30. Dezember früh zeigte sein Thermometer, welches freylich, da ich es im vorigen Sommer in seiner Lage selbst gesehen, sehr frey, gerade nach Norden hängt, 14.° nach Farenheit
Abends um 8 Uhr 7.°

um 10 Uhr gerade auf Null,
um 11 Uhr 3.° unter Null.

Der Himmel blieb ganz heiter und die Kälte nahm so außerordentlich zu, daß das Thermometer den 31. Dezember, früh um halb 8 Uhr, 10.° unter Null, ja um ein Viertel auf 9 Uhr gar 11.° unter Null anzeigte. Ein andres nicht so frey hangendes Thermometer zeigte 10.° an, folglich wäre die größte Kälte in Rathenau

Farenht.	Rosenthal.	Reaumür.
11.° unter Null	845.°	19¼.°

Am Abend dieses Tages um 11 Uhr stand das Thermometer auf 3.° unter Null.

Im

Im Januar scheint die Kälte dort nicht ganz so strenge gewesen zu seyn, als bey uns, wie nachfolgende bis zum 11. Januar fortgesetzte Bemerkungen zeigen.

	Nach Farenheit.		Morg.	Mitt.	Ab.
Den 1.	Streifwolken, Wind, viel Schnee	SO. NO.	3.	11.	12.
— 2.	Heiter, Abends Wind	N. SO.	11.	14.	7.
— 3.	Streifwolken, starker Wind	O.	9.	14.	8.
— 4.	Streifwolken, heiter, Wind	SO.	1.	9.	4.
— 5.	Heiter, Wind	SO.	3.	13.	5.
— 6.	Nebel, Sonnenblicke, heiter Wind	O.	0.	12.	4.
— 7.	Heiter, Wind	O.	3. unter 0.	8.	4.
— 8.	Heiter, Wind	O.	2.	12.	8.
— 9.	Streifwolken, Wind, helle	SO.	3.	15.	6.
— 10.	Heiter	SO.	3.	14.	4.
— 11.	Rohrreif, trüb	SW.	14.	20.	12.

Was mich in dem Vertrauen auf die Richtigkeit dieser Bemerkungen bestärkt, ist nicht nur die genaue Uebereinstimmung in Ansehung des höchsten Grades der Kälte, sondern auch eine andere von dem Herrn Grafen von Bork mir mitgetheilte Beobachtung.

Dieser große Freund und Beförderer der Meteorologie hatte am 16. Februar 1782 früh um 7 Uhr 10.° unter Null, da einer meiner Freunde, ein genauer und eifriger Beobachter des Wetters, nur 1.° unter Null bemerkte, welches auch mit meinen Beobachtungen genau übereinstimmt.

Nachrichten aus Holland zufolge, wurde die Witterung zu Anfang dieses Jahres in Meden nicht weit von Gröningen und der Küste der Nordsee folgendermassen bemerkt:

Den 1. Januar	Schnee, Wind	O.	10.°
2.	Hell	O.	16.°
3.	Schnee, Sturm	O.	19.°
4.	Trübe, Wind	SO.	12.°
5.	Hell	SO.	11.°
6.	Hell	O.	7.°
7.	Hell	SO.	0.
8.	Hell	SO.	8.°
9.	Trübe	O.	12.°
10.	Hell	SO.	7.°
11.	Nebel, hell	SW.	14.°
12.	Trübe	SW.	26.°

Folglich der stärkste Grad der Kälte:

	Farenht.	Rosenthal.	Reaumür.
den 7ten	0.	867.°	$14\frac{1}{4}$.°

In Wittenberg ist nach den Beobachtungen des Hrn. Prof. Titius, der höchste Grad der Kälte bemerkt worden

	Farenht.	Rosenthal.	Reaumür.
den 7. Morgens	7.° unter Null	853.°	$17\frac{1}{2}$.°

In Mannheim ist nach den Zeitungen die Kälte am heftigsten gewesen:

den 1. Januar früh

Farenht.	Rosenthal.	Reaumür.
9.° unter Null.	849.°	$18\frac{1}{2}$.°

In Wien soll sie gar

Farenht.	Rosenthal.	Reaumür.
17.° unter Null.	834.°	21.°

und in Siebenbürgen

Farenht.	Rosenthal.	Reaumür.
19.° unter Null	830.°	22.°

erreicht haben.

Da-

Dagegen meldet mir ein Brief eines Freundes aus Genev vom 15ten Januar folgendes:

„Der diesjährige Winter will gar nichts bedeuten, gegen das was wir Winter zu nennen pflegen. Fast beständig haben wir eine gelinde Luft, und entweder starken Nebel, oder regnichtes Wetter. Dann und wann kommt wohl einmal ein Frost, aber er dauert selten länger als zwey bis drey Tage, und selbst bey dem schönsten Wetter siehet man den Horizont nie ganz von Nebel frey, woran ohnstreitig die Nachbarschaft der hohen Gebürge schuld ist. Es fällt öfters Schnee, aber kaum bleibt er 24 Stunden liegen, dann ist alles wieder zu Wasser geworden. Der Wind, vor dem sich die Genfer am meisten fürchten, ist der Nordwind, der hier zu Lande la Brise genannt wird; er kömmt von der Seite des Sees. Noch hat man ihn nur erst einmal in seiner ganzen Stärke empfunden, weit öfter aber la Brise noire, oder den Nord-Westwind. Nach dem Himmelsstrich zu urtheilen, sollte der Winter in Genf sehr gelinde seyn, allein die Nachbarschaft der hohen Gebürge macht ihn zuweilen heftig genug, so daß in manchen Jahren ein Theil des Sees zugefroren seyn soll.“

Merkwürdig ist es, daß gerade vor 100 Jahren im Jahre 1684. ebenfalls ein sehr strenger und anhaltender Winter war; besonders waren der 1. 9. 23. 24. 27. 28. und 30ste Januar die kältesten Tage. Ich hoffe indessen nicht, daß man mich dieser Bemerkung wegen für einen Vertheidiger des sogenannten hundertjährigen Calenders und der gestrengen Herrschaft der Planeten ansehen wird.

Das

Das Verhältniß der stärksten Grade der Kälte in den kalten Wintern dieses Jahrhunderts, ist nach den Bemerkungen, die ich der mittheilenden Güte meiner würdigen Freunde zu danken habe, und nach meinen seit einigen Jahren fortgesetzten eigenen Beobachtungen, folgendes:

Jahr.	Tag.	Farenht.	Rosenth.	Reaum.
1709	10. Januar.	3.° unter 0	861.°	15.$\frac{3}{4}$.°
1716	17. —	5.° unter 0	857.°	16.$\frac{3}{4}$.°
1729	21. —	4.' unter 0	859.°	16.$\frac{1}{4}$.°
1731	25. —	4.° unter 0	859.°	16.$\frac{1}{4}$.°
1740	7. Februar.	6.° unter 0	854.°	17.°
1755	8. —	8.° unter 0	851.°	17.$\frac{3}{4}$.°
1766	9. Januar.	2.° unter 0	862.°	15.$\frac{1}{2}$.°
1774	9. Dezembr.	2.° unter 0	862.°	15.$\frac{1}{2}$.°
1776	27. Januar.	8.° unter 0	851.°	17.$\frac{3}{4}$.°
1777	18. Februar.	2.° unter 0	862.°	15.$\frac{1}{2}$.°
1782	16. —	1.° unter 0	864.°	14.$\frac{3}{4}$.°
1784	7. Januar.	3.° unter 0	861.°	15.$\frac{3}{4}$.°

So daß 1755 und 1776 die größte Kälte bemerkt worden. Ihre Wirkung 1776 zeigte sich sogar auf der Insel St. Thomas, einer der Caraiben, zwischen den 18. — 19.° nördl. Breite, woselbst den 20. Januar das Thermometer 27.° nach Farenheit zeigte, und der eingefallene Frost mit Schnee begleitet war, welches daselbst etwas unerhörtes ist, wie man leicht daraus schließen kann, daß bereits den 26. Februar die Wärme 89.° Farenth. erreicht hatte.

Was die Ursachen der diesjährigen merkwürdigen Kälte gewesen seyn mögen, und ob sie in dem im vorigen Som-

Sommer bemerkten sogenannten Heiderauch ihren Grund habe, das getraue ich mir nicht zu bestimmen. So viel ist richtig, daß sehr oft bey ungewöhnlicher Kälte eine Art Nebel entstehet, der sich bey heiterer stiller Witterung nur in der Unterluft erzeuget, ein schnelles Fallen des Thermometers verursacht, und die Kälte gar sehr vermehret; dies war 1740. den 7. Februar, auch 1776 den 27. Januar der Fall, und ich erinnere mich ihn öfter bemerkt zu haben.

XIII.

Beschreibung der Atlasmücke und ihrer Puppe (Tipula Sericea.)

von

Otto Fabricius,
Prediger am Waisenhause in Kopenhagen.

3te Tafel.

Da der selige D. Martini im dritten Theil seiner alphabetischen Geschichte der Natur S. 471 gestehet: daß Er die Atlasmücke nirgends, als im Linne' angezeigt gefunden, wo sie Syst. Nat. (Ed. XII.) p. 978, 58. unter dem Namen Tipula Sericea mit wenigen Worten beschrieben wird, und auch seitdem von diesem Thierchen nichts weiter als eine Wiederholung der kurzen Linne'ischen Beschreibung in Hrn. Prof. *Fabricii* Syst. Ent. 756, 54 mir vorgekommen ist, ich aber so glücklich bin, diese Lücke der Naturgeschichte ausfüllen zu können, so will ich hiermit meine Bemerkungen, als einen Nachtrag zur Geschichte dieser noch seltenen Mücke mittheilen.

Die Puppe ward mir, auf eine unerwartete Weise, zuerst bekannt. Ich suchte nämlich in einem nor-

norwegischen Flusse nach Polypen an den Wasserlilien und andren Flußgewächsen, glaubte auch dergleichen erhascht zu haben, als ich ein polyp-ähnliches und sich selbst bewegendes Thierchen an der untern Seite einiger Blätter wahrnahm; in der Hoffnung einen Polypen gefunden zu haben, bracht ich es in mein Haus, es genauer zu betrachten, allein der vermeinte Polyp barst unter meinen Augen, und eine kleine Fliege mit zwey Flügeln kroch heraus. Nun sah ich, zu meiner nicht geringen Verwunderung, daß es eine Puppe gewesen, und auf diese Weise kam ich auf die Spur der Verwandlung dieser kleinen Fliege. Vielleicht hätte ich dies Geheimniß der Natur nicht entdecken sollen, wenn ein solches Ungefähr mir nicht behülflich geworden wäre. Aber selbst die Natur ist ihrem Liebhaber günstig.

Die **Atlasmücke** ist eine der kleinsten ihrer Gattung (Tipula); denn kaum ist sie drey Linien lang, und über den Rücken nur eine halbe Linie breit. Nicht allzubestimmt redet **Linne**, wenn er sagt: sie sey etwas größer als eine Laus, und seine zur Vergleichung so oft gebrauchten Läuse und Flöhen müssen mannichmal eine außerordentliche Größe gehabt haben. Sie ist in der **Gestalt** einer Fliege ähnlicher, als einer langbeinigen Mücke; doch unterscheidet ihr Mundgeräthe sie von den Fliegen. Der **Kopf** ist klein und rund. Die großen, dicht an einander sitzenden Augen sind kupferglänzend, nächst am Munde schwärzlich, und nehmen fast den ganzen Kopf ein. Die **Fühlhörner** sind fadenförmig, und kaum länger als der Kopf. Die **Fühlspitzen** sind gekrümmt, gegliedert, und von grauer Farbe. Das **Bruststück** ist auf dem **Rücken** mehr plattrund, als die **Brust**, die zwischen den Beinen hervorragt. Der

schmale

schmale Hinterkörper ist länger als die Flügel, und hinten (wenigstens an meinem Exemplare) wie eine Zange gestaltet. Die Flügel sind ziemlich breit, und haben vorn eine schwärzliche Rippe; unter dieser sitzen die gelben Balanzierstäbe. Die zwey vordersten Beine sind die längsten, die vier übrigen fast von gleicher Länge, und die zwey hintersten ungleich dicker, da sie keilförmige Schienbeine haben. Der ganze Rücken ist schwarz; der Bauch grünlich, und die Beine, sonderlich die ersten, sind am Schenkel, und die letzten auf der einen Seite am Schienbeine weißglänzend. Der ganze Körper ist wie Sammet, rauh und glänzend; doch sind hier und da etliche kahle Flecken, die in einer gewissen Richtung weiß erscheinen, als die Spitze des Bruststücks, ein halbmondförmiger Fleck an jeder Seite desselben, der vorderste Theil des Bauches und zwey Punkte an dem letzten Gliede desselben; die Brust ist auch kahl, aber schwarz, und nicht, wie das übrige Kahle, weißglänzend.

Die Puppe ist einer Dute gleich, unten zugespitzt, oben räumlicher. Aeußerlich siehet man eine zarthäutige Scheide, welche ohne Zweifel aus den Bestandtheilen der Wasserpflanzen von der Made gemacht ist, und einen cylindrischen Körper enthält. Dieser ist die eigentliche Puppe, worinn die Fliege zusammengewickelt liegt. Sie hängt von dem Blatte der Wasserpflanze herab, als in einem Hangbette, weil die Scheide dem Blatte angekleistert ist. Der cylindrische Körper ragt ein wenig außer der Scheide mit seinem Vorderende, der einem Kopfe gleicht, hervor, und ist auf beyden Seiten mit etlichen Franzen besetzt. Er kann sich in der Scheide bewegen, nicht aber sich völlig in dieselbe hineinziehen.

Mit den Querfurchen seines Hintertheils hält er sich fest, und kann sich vorwärts und rückwärts bewegen. Wenn man diesen Körper aus der Scheide herausnimmt, sieht man sie in folgender Gestalt. Der **Vordertheil**, wo der **Kopf** liegt, ist stumpf, etwas schmäler, als das Bruststück, hat vorn zwey kurze, stumpfe, weiche **Drüsen**, die als zwey Ohrlappen an den beyden vordersten Ecken sitzen; die dem Blatte zugewandte Seite ist rund, die entgegengesetzte aber schräg-flach mit einer in der Mitte, der Länge nach, gezogenen Furche. Das **Bruststück** oder **Mitteltheil** des Cylinders zeigt eine Fortsetzung der Schrägheit des Kopfes, so daß diese Schrägheit vom Kopf gegen die Brust aufwärts geht, und die Brust buckelicht macht. Auf der dem Blatte zugewandten Seite siehet man etliche kleine Schrägfurchen, die von den unterliegenden zusammengewickelten Flügeln herrühren, wie man es an den Schmetterlingspuppen zu sehen pflegt. Der **Hintertheil** ist schmäler, und nach dem Ende zugespitzt, hat etwa acht Querfurchen. Von dem Mitteltheil gehen die oben erwähnten zwey **Franzen**, wie **Arme**, eine auf jeder Seite, eigentlich an der untern Seite des Bruststücks eingewurzelt; sie sind ästig, da jeder Arm in drey Aeste, jeder Ast in zwey ganz feine Faden, und folglich jeder Arm sechsmal getheilt ist. Die **Scheide** ist beynahe wie das Blatt, woran sie sitzet, von blasser Farbe, und durchsichtig; der **cylindrische Körper** ist, so lange die Puppe jung ist, grünlich; wenn sie älter wird, erscheint sie von dem unterliegenden und durchscheinenden schwarzen Mücklein, das nun seinem Auskriechen nahe ist, schwärzlich; die **Franzen** sind weißlich.

Wenn die Atlasmücke aus ihrer Puppe ausgehen soll, bricht das Häutlein des Kopfs, und sie dringt durch, sucht die obere Seite des Blattes, entwickelt ihre Flügel, und fliegt davon. Ihre Puppe mit Armen und Scheide bleibt zurück, und kann nie mehr ihre Wohnung ausmachen.

Diese langbeinige Mückenart trifft man häufig an den norwegischen Wässern, zwischen den hohen Felsen, wo sie in den heißen Tagen des Sommers bogenweise schwärmen. Im Jahr 1778 im Monat Julii fand ich viele Puppen in einem nicht schnell laufenden Flusse, als ich in Norwegen in einem zwischen hohen Felsen tief liegenden Thale, Drangedal genannt, Prediger war. Sie saßen alle festgeklebt an der untern Seite der Blätter der Potamogeton lucens Flor. Dan. Tab. 195. Flor. Norv. 944. In demselben Monat geschah auch die Verwandelung der Puppe in eine Mücke. Ihre Eyer und die daraus kommenden Maden habe ich noch nicht gesehen; ohne allen Zweifel aber muß sich diese auf dem Grunde des Flusses oder an den Wasserpflanzen aufhalten, welches ein anderes Ohngefähr wohl zeigen wird.

Erklärung der Figuren. Tab. III.

Fig. 1. Die Atlasmücke, in natürlicher Größe.

Fig. 2. Die Puppe in natürlicher Größe, wie sie an der Wasserpflanze sitzt.
a. Die Wasserpflanze. b. Die Scheide.
c. Der cylindrische Körper mit vorragendem Kopf und Franzen.

Fig. 3.

Fig. 3. Die Scheide, etwas vergrößert.

a. Das obere räumliche Ende. b. Das untere zugespitzte Ende.

Fig. 4. Der Körper aus seiner Scheide ausgenommen, von unten gesehen, und etwas vergrößert.

Fig. 5. Derselbe von oben.

a. Der Kopf. b. Die Drüsen. c. Die Brust. d. Der schräg-gefurchte Rücken. e. Der Hintertheil. f. Die Franzen.

XIV.

Beschreibung des Satteltrågers (Gryllus Ephippiger.)

vom

Herrn D. Fiebig.

— Quaeso, ne nostra legentes, quoniam ex his spernunt multa, etiam relata fastidio damnent, quum in contemplatione naturae nihil possit videri supervacaneum.

PLINIUS Secund. in Hist. Nat. Libr. XI.

Als ich im Monate September des vorigen Jahres eine halbe Meile von Wien mit Herrn Westhofen, meinem Freunde, Pflanzen sammelte, hörten wir auf einmal bey einer Staude von dem Viburnum lantana einen Laut, der zwar jenem von einer gemeinen Grylle nahe kam, aber doch etwas ganz eigenes hatte, und von jenem der bekannten verschieden war. Wir nahmen bald auf dieser Staude eine Menge ungeflügelter ganz sonderbarer Gryllen wahr, und als

als wir sie etwas länger und näher beobachteten, hatten wir das Glück, einige in der Begattung zu bemerken. Es blieb uns also kein Zweifel übrig, daß es ausgebildete Insekten wären. Da sie einen ganz ausgezeichneten Bau hatten, so hoffte ich sie bald bestimmen zu können, wenn sie von einem Entomologen beschrieben wären. Allein ich suchte ihre Beschreibung in Büchern vergebens; einige Insektenkenner, denen ich sie zeigte, kannten sie eben so wenig, andere hatten ein einzelnes Stück, und hielten es für eine Larve. Ich besuchte nach einiger Zeit eben denselben Ort, und fand sie immer nur auf dem Viburnum lantana, sah auch hernach einige junge von derselben Art, die noch nicht ausgebildet waren.

Sie gehören zu derjenigen Abtheilung des Ritters, welche er *tetigonia* nennet; denn das Weibchen hat einen säbelförmigen Fortsatz. Man könnte sie nach Linne'ischer Sprache folgendermaßen kurz also beschreiben:

Gryllus tetigonia aptera, thorace fornicato, posterius rotundato, distante, membranas duas conchoideas imbricatas resonantes subtegente.

Grylle mit einem säbelförmigen Fortsatze, mit gewölbtem, hinten abgerundetem, in die Höhe stehenden Bruststücke, welches zwey auf einanderliegende muschelförmige, wiederlautende Häute halb bedeckt. Tab. III. Fig. 6. 7. 8.

An Farbe ist sie dunkelgrün, hier und da etwas rostfarbig, an beyden Seiten des Körpers geht eine gelbe Linie vom Kopfe an bis an den Steiß. Der Kopf ist kegelförmig, von dem vordern Theile des Bruststückes etwas bedeckt; an dem Hintertheile des Kopfs, mit welchem er unter dem Bruststücke verborgen liegt, hat er einen schwarzen Spiegel. Die

Fühlhörner sind lang und borstenförmig, die Fühlspitzen gegliedert, die obern haben drey, die untern zwey Glieder. Das Bruststück ist fast wie ein englischer Sattel gestaltet. Vorne schließt es wie ein Halsband um den Kopf, hinten wird es breiter und stehet mehr in die Höhe, beym Männchen, Fig. 6. stärker als beym Weibchen. Fig. 7. Der Rand ist gesäumt.

Unter diesem Bruststücke liegen zwey trockene, gewölbte, netzförmig geaderte Häutchen kreuzweis über einander. Diese haben nach vorne zu einen kleinen Fortsatz, mit welchem sie auf beyden Seiten artikuliren. Diese kleinen Maschinen sind bey dem Männchen größer, und ragen weiter unter dem Bruststücke hervor, als beym Weibchen. Ich habe ganz deutlich und oft gesehen, daß diese Gryllen durch eben diese Häutchen den besondern Laut von sich geben, wenn sie nämlich diese trockene und unebene Häutchen in die Höhe heben und auf einander reiben. Das Männchen und das Weibchen thun dieses; nur ist das Gryllen des Männchen stärker und lebhafter als jenes des Weibchen. Wenn man sie anrührt so gryllen sie; sie können aber nicht lange in einem fort diesen Laut von sich geben, sondern setzen öfters ab. Der Leib ist beynahe cylindrisch, und bestehet aus neun in einander gesteckten Ringen. Am Ende hat er zwey kleine Schwanzspitzen. Das Weibchen hat einen gekrümmten säbelförmigen Fortsatz, der an der Basis dick dreyeckig, an den Seiten gefurcht, unten aber schneidend, und am Ende spitzig ist. Die Hinterfüße sind fast um die Hälfte länger, als der Körper.

Daß diese Insekten ausgebildet und keine Larven seyen, beweiset ihre Begattung, die ich mehr als einmal gesehen; ferner die Jungen gleicher Art. Bey diesen war das Brustſtück noch nicht hinten vom Körper abstehend und erhaben, die muschelförmigen Häutchen noch sehr klein, nicht gewölbt, und die Anfänge derselben waren nur zu sehen.

Bey den unausgebildeten geflügelten Gryllen Fig. 8. liegen zwar die Anfänge der Flügel und Flügeldecken auch in Gestalt zweyer Häutchen unter dem Bruststücke; es sind aber deren zwey auf jeder Seite, und sie sind glatt: das Bruststück ist auch bey keiner Art so gebildet.

Diese Art hat etwas ähnliches mit dem **Schnurrbart**, *gryllus palpatus* des Sulzer; dieser hat aber viel größere Fühlspitzen, *palpos*, das Bruststück ist platt und aufliegend, und die muschelförmigen Häutchen fehlen ihm, die Hinterfüsse sind weit länger. Diese Grylle hält Sulzer auch für ausgebildet, ob er gleich ihre Begattung nicht gesehen hat.

Man könnte die beschriebene Grylle, in Betracht des Bruststücks, den **Sattelträger**, *gryllus ephippiger*, nennen.

XV.

Abgekürzter Beytrag zu Bemerkungen über die höchstnöthige Aufsicht auf den allgemeinen Gebrauch des weißen Arseniks; zu dessen Geschichte bey allerhand Nahrungszweigen der Stadt- und Landwirthschaft.

Bey Gelegenheit eines Schreibens von der Schaafzucht in Ostfrießland,

vom

Herrn Professor Gleditsch.

Obschon eine wohl und wirksam eingerichtete Polizey ihre heilsamen Absichten durch schicklich vorbauende und ernstlich dauerhafte Einrichtungen zum gemeinen Besten allenthalben geltend zu machen sucht; so entgehen ihrer mit Scharfsinn verbundenen Wachsamkeit dennoch manche sehr viel bedeutende Vorfälle, die entweder zu ihrer Kenntniß gar nicht kom-

kommen, oder aber unter einer ganz fremden und unschuldigen Gestalt dermaassen versteckt sind, daß zuweilen die allersichersten Maaßregeln dagegen ihre Kraft verlieren müssen. Der Folgen halber muß man sich indessen bey seinen Anstalten auf alle Fälle vorbereiten, damit es nicht bloß oder allein unter einer sehr unzeitigen Nachsicht bey gutem Willen sein Bewenden habe. Denn es würde zu viel gewagt seyn, wenn man die öffentliche Sicherheit, Ruhe und Ordnung, nebst dem Vermögen und Leben andrer rechtschaffenen Mitbürger ohne Anstalten in Gefahr gerathen lassen wollte! Nichts kann also dringender und der allgemeinen Sicherheit halber nothwendiger seyn, als diejenige allgemeine und thätige Vorsorge, nach welcher unter andern alle und jede schädliche oder leicht schädlich werdende Materialien, eben so, als viele weit unschuldigere, daraus gearbeitete, aber dennoch vor andern weit leichter und öfter einem schädlichen Mißbrauche ganz frey ausgesetzte Sachen, sowohl in ihrem ersten rohen Zustande, als in und nach der geschehenen Bearbeitung und Ablieferung vorher genauer untersucht werden, als daß dergleichen dem niedrigsten Pöbel und dem darunter befindlichen allerschlechtest denkenden Antheile von Menschen auf Treu und Glauben so willkührlich überlassen werden dürften *)! So weit nur Ansehen und Kräfte hinreichen, beweiset sich auch die wachsame Polizey thätig und wirksam.

Da es indessen weder Raum noch Absichten verstatten, in gegenwärtiger Abhandlung von allen schädlichen rohen Materialien oder deren Produkten zu gedenken,

*) Humanoque cadit serpens afflata veneno?

denken: so kann es hier bey der Betrachtung einzelner Vorfälle sein Bewenden haben, welche sich vor andern bey der Anwendung des **reinen, weißen, krystallinischen Arseniks**, als einem der ersten unter den **Mineralgiften** äußern; dergleichen man in Absicht auf dessen Schädlichkeit bekannt zu machen für gut gefunden hat, daß sie davon statt vieler andern in aller Betrachtung gelten kann.

Es stehen aber unter unsern geschicktesten und berühmten Schriftstellern nicht wenige in den Gedanken, als ob es besser sey, bey allen Kenntnissen und Gefahren, von den Eigenschaften **solcher Gifte, die fast in jedermanns Händen sind**, und zugleich sehr gebräuchliche Materialien beym Fabriquenwesen ausmachen, so wenig als möglich bekannt werden zu lassen: damit das Schädliche davon, als ein wahres Geheimniß, nur unter den Sachverständigen allein verbleiben möge! Dadurch glauben sie, Mißbrauch und Schaden genugsam verhindern zu können. Allein, wie spät möchte es nicht seyn, die Nachrichten von solchen Eigenschaften mancher rohen Materialien und vieler dadurch verursachten unglücklichen Anwendungsfolgen zu unterdrücken!

Dürfte ich hier zur Erläuterung dessen, was oben gesagt worden ist, nur beyläufig denjenigen eben so fürchterlichen als betrübten Zeitpunkt **etlicher, ehedem in dem besten Theile von Italien lebenden, abscheulichen weiblichen Ungeheuer**, statt aller in Erinnerung bringen: welchen man den Namen der **Würgeengel** mit Recht geben könnte; so würde hier die Hauptsache dadurch in ihr völliges Licht gesetzt seyn. Von jener Zeit an, sind die so schreckhaften Namen von einer *Tophana*, *aqua Tophania*

phania und *Aquetta di Napoli*, sattsam bekannt geworden und geblieben, und die Nachfolger von solchen Vergiftern sind noch nicht ausgestorben. Daben aber kann es mehr als wahrscheinlich gewiß seyn, daß die damaligen päbstlichen Verordnungen, die wahre Beschaffenheit des Giftes nebst den Arten der Vergiftungen, ihrer schrecklichen Folgen halber, viel mehr zu verdecken und unkennbar zu erhalten gesucht, als daß darinnen die wahren Umstände richtig angegeben worden wären: ob diese Gifte schon nach der Zeit, in etlichen Hauptstädten der größten Länder noch immer durch etliche abscheuliche weibliche Handelsleute unter der Hand verkauft, auch wohl nach den Keißlerischen Nachrichten, ungescheuet außer Italien verschickt worden sind.

Zwar kann man manchen, auch vielen von dergleichen sehr groben Ausschweifungen durch Aufmerksamkeit und Thätigkeit ziemlich vorbeugen; es lässet sich aber auch bey den besten Anstalten nicht alles übersehen, oder allem Uebel auf einmal abhelfen; folglich stehet auch von der allerbesten Polizey nicht alles zu gleicher Zeit zu bewirken und zu verlangen. Eben so bleiben, aus ähnlichen Ursachen, manche sehr heilsame Vorschläge zu gewisser Zeit und wichtiger Ursachen halber unbrauchbar, dabey sich unter der Hand Mißbrauch und Schaden gleichsam lange Zeit schleichend fortpflanzen, ehe sie recht bekannt und zur Abstellung offenbar genug werden. Denn es bleibt zum Beyspiel die allgemeine Schädlichkeit mit den übrigen muthmaßlich verdächtigen Eigenschaften vieler roher, sehr giftiger, dabey aber gangbarer Fabrikwaaren an und für sich eben so gewiß, als hernach die daraus weiter verarbeiteten Produkte, Geräthschaften und Instrustrumente noch wirklich gefunden werden. Im gewöhnlichen Verkehr und bey der ersten Bearbeitung ist der eine Theil der rohen Materialien oft am schädlichsten, wie etliche daraus verfertigte Produkte. Doch nicht alle: in welchem letztern Zustande verschiedene, außer dem **allerschlimmsten Mißbrauche,** aufhören schädlich zu seyn. Im Gegentheil können, laut Erfahrung, die aller**unschädlichsten Materialien und daraus verfertigte Produkte, Instrumente** und übrige **Geräthschaften**, außer ihrer bestimmten Anwendung, bald und oft schädlich werden. Hiervon zeugen die an sich sonst ganz vortreflichen Naturkörper und deren Produkte mit allen weiter daraus verfertigten Sachen; als welche bloß durch unsere Schuld, aus Mißverstand, durch Unwissenheit, verkehrte Anwendung oder Zufälle allein Schaden anrichten: am gewissesten und geschwindesten aber, so bald oder so lange sie sich in der Gewalt der nach Willkühr handelnden, ganz unwissenden oder zu schlecht gesinnten Menschen befinden, durch welche sie eben so schlecht behandelt und angewendet werden.

Unter solche können wir auch folgende aus guten Gründen rechnen, die zwar ihrer Masse und Grundmischung nach, an sich ganz unschädlich sind, und aus **Erde, Holz, Stein, Knochen, Horn, Leder, Borsten, Metall** und **Gläsern** gearbeitet werden: woraus sie die Handwerker und Künstler **zu einer erlaubten und fast vorgeschriebenen Anwendung** ausbilden, und ihnen an **Größe, Schwere, Härte, Gestalt** und **Farbe eine besondere Haupteigenschaft** und Einrichtung dazu geben. Weiter besitzen dergleichen Naturprodukte und daraus gebildete Körper, außer der mechanischen

Wir-

Wirkungsart an und für sich, keine eigenthümliche innere Kraft zu wirken; sie haben vielmehr zu ihren Wirkungen schlechterdings **eine fremde Kraft** vön nöthen, **die sie in Bewegung setzet**, und darinnen erhält. So lange diese fremde Kraft anhält, dauert ihre Wirkung; sonst hören beyde mit einander fast zugleich auf. Von der Wirkung dieser voran-gezeigten Körper ist hier die Rede nicht weiter.

Doch hat man auch von dem Gegentheile manche ganz sichere Erfahrungen, daß sich nämlich gewisse, ihrer Natur und Wirkungsart nach, **schlechterdings schädliche Materialien**, die bloß den Namen nach, ohne weiter von ihrer recht schädlichen Seite gekannt zu seyn, bey etlichen Zweigen der Stadt- und Landwirthschaft, besonders bey den Fabriken, dergestalt erhalten haben: daß demohngeachtet den Bösewichtern doch kaum eingefallen, einen üblen Gebrauch davon zu machen, durch welchen, außer bey den allerseltensten Zufällen, Schaden entstanden seyn sollte, dem man weiter nachzudenken Ursache gefunden hätte. Woraus denn einige, nach der gleich Eingangs angeführten Meynung, schliessen zu können geglaubt: Man entzöge den **gutgesinneten Mitbürgern** nichts, wenn man ihnen **durch Verschwiegenheit, mit der Furcht die Gefahr** zugleich benähme, den Boshaften aber weder Veranlassung, noch **eine gewisse Art eines Unterrichtes** durch Nachrichten gäbe, durch welche sie der Sicherheit und Ordnung im Staate, dem Vermögen und Leben andrer Mitglieder zu gefährlich werden könnten.

Ob man nun gleich unter Bestimmung gewisser Zufälle, öftere Beyspiele aufweisen kann, welche sowohl gegen solche von **gewissen schnellen scharfen**

Gift-

Giftarten, ihrer Eigenschaften und Schadens halber streiten, **die zugleich gangbare Fabriken- und Handwerksmaterialien ausmachen**, als sie in gewisser Betrachtung auch für eben dieselben zuweilen angeführet werden können: so lässet sich doch aus keinen von beyden die sichere Folge ziehen, daß die Polizey der Gifte halber, so, wie überall nicht gleich wachsam und thätig seyn, und folglich jeden Umstand ohne Anstalten und weitere Untersuchung der Sachverständigen einem ungewissen Schicksal überlassen dürfte. Nur bleibt bey mancherley geschwinden Abänderungen und oft nicht immer vorherzusehenden Abänderungsarten solcher Umstände noch immer die wichtigste Frage: wie alsdenn **das nöthige Verfahren** eigentlich, ohne, oder doch mit dem wenigsten Nachtheile auch mit Nutzen und Bestande einzurichten stehe, damit **der heimlichen Bosheit, Gewalt, Gefahr** und **Vermehrung von neuen Unglücksfällen** am sichersten vorgebeugt werde? Man höre dieser Umstände halber, den mühsamen Naturforscher, der bey seinen Versuchen und Entdeckungen Natur und Kunst überall zu verbinden gewohnt ist, bevor man sich wagt, Aussprüche zu thun, Anstalten und Verordnungen mit Nachdruck zu machen, zumal solche, welche mit der Zeit die Kraft von Landesgesetzen erhalten sollen.

Doch ohne hier etwa den Schein eines nach Recht und Billigkeit urtheilenden, Richters insbesondere anzu nehmen, gehen meine Gedanken nur überhaupt dahin, daß die Landespolizey bey allen dergleichen Vorfällen und Gelegenheiten **jederzeit ihre eigene Rechte, Ursachen, Macht** und **Mittel** vor sich habe, wirksam zu bleiben: sie finde nun dabey auf der einen Seite wichtigere Gründe

vor

vor sich, gewisse Sachen auf einige Zeit noch geheim zu halten, oder auch zur Zeit aus entgegenstehenden Ursachen eben dieselben, nach allen ihren Umständen völlig bekannt zu machen.

Zu solchen Gedanken, dergleichen ich über gegenwärtigen Vorwurf geäussert habe, hat mir der in verschiedenen Ländern, **bald mit größerer Freyheit, bald unter mehreren oder auch fast gar keinen Einschränkungen erlaubte öffentliche Verkauf** und **Gebrauch** gewisser rohen oder verarbeiteten der Gesundheit und selbst dem Leben der Menschen **höchst schädlichen Materialien** Gelegenheit gegeben. Unter diesen befindet sich ein recht ansehnlicher Theil, den man seiner **vorzüglichen Schädlichkeit und höchst schnellen und heftigen Wirkungsart halber, den Namen des Giftes** gegeben: mit welchen sich aber der Handwerker und Künstler, durch die Länge der Zeit, ohne Bedenken umzugehen gewöhnet hat. Berg- und Hüttenleute, Mineralogen, Chymisten, Aerzte, Künstler und Handwerker halten dergleichen Materiale für eben das, was sie wirklich sind, nämlich für **Gifte**.

Statt aller solcher Natur- und Kunstprodukte ist hier der **reine weiße krystallinische Arsenik**, in gewissen Umständen, zum Gegenstande meiner Betrachtung vor andern gewählt worden, ohne daß ich dazu die Nachrichten aus andern Schriftstellern entlehnen wollte: da er sich von jeher unter den **Giften** besonders ausgezeichnet hat. Im gemeinen Leben giebt man ihm, des Gebrauches halber, den Namen des **Mücken- Mäuse-** oder **Ratzengiftes; des Ratzenpulvers, Hüttenrauches, Hüttengiftes**, des **Giftmehles** und so weiter. Es verstehet sich von ihm von selbst,

daß

daß er das heftigste und schnell wirkendste grobe Gift fast aller Thiere sey.

Dieser weiße Arsenik ist bey uns noch heut zu Tage unter allerley Gestalten und Mischungen mit andern Materialien, vornemlich zu Verfertigung, Scheidung, Erhöhung und Verschönerung mancher sehr gewöhnlichen Fabrikprodukte und Geräthschaften, noch immer in eben demselbigen, wo nicht in einem weit stärkern Gebrauche, als er bey etlichen alten Völkern vor langen Zeiten gewesen seyn mag. Die Stadt- und Landwirthschaft haben ihn daher zeitig genug kennen lernen; auch sind damit sogar bey Vieh- und Feldwirthschaften insbesondere manche arsenikalische Versuche mit ungleichem Erfolge vorgenommen worden.

Die Anwendung des Arseniks als Arzeneymittel haben die Landesgesetze den Aerzten auf Pflicht und Gewissen überlassen, deren Vorrechte sich der gemeine heilende Pöbel ganz unbefugter Weise, zum Schaden der Kranken zugeeignet, dem sonst die Polizey gar nicht gemeinet ist, ein bloßes Schwerdt zu einem so freyen Gebrauche in Händen zu lassen *).

Nach Lage und Maaßgabe solcher Umstände, haben sich die Aerzte schon längst pflichtmäßig vereiniget, die öffentlichen Vorbauungsanstalten gegen den Schaden der von Seiten der Apotheken und Materialhandlungen beym gewöhnlichen Verkaufe und Anwendung des Arseniks und mehrerer Giftarten leicht entstehet, auf das vorsichtigste zu unter-

*) Nemo igitur fidat arsenico, draco hic nunquam mitescit. vid. *El. Camerar.* Disquisit. de venenorum indole ac dijudicatione. Tübing. 1725.

Gmelin. Geschichte der Mineralgifte. S. 131.

terstützen. Vermöge dieser verbleiben **Verkauf, Transport** und **Anwendung** von Arsenik und **ähnlichen gleich schädlichen Materialien** nur sichern Personen, dergleichen durch öffentliche Gesetze dafür erkläret worden sind. Merkwürdig aber ist es, daß sich beym einzelnen Verkaufe und Anwendung des **Arseniks im Kleinen**, das meiste Unglück äussert, bey großen Fabrikenarbeiten aber viel weniger oder selten.

Daß der **rohe Arsenik** in den **Gifthütten** gewonnen werde, und nachdem er daselbst zu einem **reinen weißen krystallinischen** Arsenik gemacht worden, in einer sehr beträchtlichen Menge nach fremden Ländern gehe, ist bekannt. **Bergreichenstein in Schlesien** liefert durch die Handlung mehr als etliche hundert Centner, welche jährlich verfertiget und auswärts verbraucht werden. Durch die Wage wird er Anfangs zur Versendung in größere und kleinere Portionen abgetheilet, an Ort und Stelle aber, zu ganzen und halben Pfunden auf gleiche Art so lange behandelt, bis er endlich zum einzelnen Verkaufe im kleinernen etlichemal abgewogen, umgepackt und eingerichtet worden ist. Bis dahin, und zu den allerletzten Abtheilungen des Arseniks durch die Wage, vernimmt man nichts, oder sehr selten etwas von einem dabey entstandenen Unglücksfalle: ob man gleich deshalben nicht in Abrede seyn kann, daß dergleichen sich dennoch nicht zuweilen ereigne; ohne daß es allezeit öffentlich bekannt gemacht wird. Denn die Wirkung des Arseniks wird oft mit andern verwechselt, und aus mancherley Absichten nicht immer für die wahre Ursache eines unglücklichen Zufalls gehalten, wenn sie auch dergleichen wirklich ist. Sobald aber **der Verkauf des**

Arsenikes in kleinere und die kleinsten Gewichte zu einem ganzen oder halben Lothe, Quentchen und Skrupel vor sich gehet, und die Anwendung damit gemacht wird, so bemerkt man im gemeinen Leben davon den durch **Bosheit**, **Unwissenheit** und **Nachlässigkeit** verursachten Schaden gar zu oft.

Dabey verdienet noch ein Umstand bessere Aufsicht und Abänderung, welcher noch vor dem Verkaufe im Kleinen vorhergehet, welchem man den Namen einer unter Begünstigungen mancher höchst eigennützigen Materialisten **eingeschlichenen schädlichen Gewohnheit** mit Recht geben kann. Man unterdrückt die Anzeige der Wirkung davon, als etwas zwar gewöhnliches, aber weniger gefährliches, welches man Spuren nennet, die blos von der nachlässigen Verwahrlosung der Arbeiter allein entstehen sollen: die aber, die Wahrheit zu sagen, von der Gefahr, in welcher sie sich bey ihrer Arbeit befinden, selten recht, oder noch viel zu wenig unterrichtet sind.

Der Schaden aber entstehet durch **das feine staubende Arsenikmehl, beym Mahlen, Stossen, Zerreiben, Sieben und Verpacken** des noch **harten krystallinischen Arseniks**. Es wird dieses heimlich gefährliche Geschäfte durch gemeine Handarbeiter, unwissende Bediente und Lehrpursche betrieben, die man auch wohl sonst bey andern dergleichen leicht schädlich werdenden Arbeiten in Laboratoriis anstellet: zu welchen sich ein Sachverständiger nicht lange, auch sehr ungern und selten, wie bey den mancherley Bleyarbeiten, gebrauchen lassen will. Man giebt indessen vor, die Gewohnheit mache alle davon entstehende Zufälle erträglich und zuletzt sehr unbedeutend: ob sich gleich bey einer cachektischen

Farbe

Farbe und Ansehen anhaltende Brustbeschwerden mit Krämpfungen, und bey denen vorher recht jugendlich blühenden Körpern, wenigstens ein langsames und frühzeitiges Abzehren, mit oder ohne andere Zufälle, einfindet. Aehnliche Umstände werden oft bey solchen ungesunden Personen bemerkt, welchen ein Fieberpulver von Arsenik, Küchensalz und Pfeffer; die bekannten Fieberpillen von Krebssteinen und Arsenik, oder die berühmten arsenikalischen Fiebertropfen, statt anderer sicherer Mittel, eingegeben worden sind. Zu verwundern ist es, daß bey grossen Fabriken, in welchen der Arsenik in Menge verarbeitet wird, nicht öftere Unglücksfälle ausbrechen: es müßte denn seyn, daß derselbe bey der Verarbeitung, in gewissen Vermischungsarten, keine oder nicht so heftige und schnelle Wirkung thun könnte.

Wenn nun der Arsenik unter mancherley, nicht immer bekannt gewordenen, Umständen, in verschiedenen kleinen Gewichten, zu einem feinen Pulver zubereitet worden, so gehen dessen einzelner Verkauf und Anwendung, wie schon gesagt, unter mehr oder weniger Aufsicht vor sich. Von besondern Unglücksfällen wird man wenige oder doch nicht öfterer an einzelnen Orten gewahr, als an solchen, in denen man dem daraus entstehenden Schaden recht ängstlich vorzubeugen sucht. Doch treiben Unwissende und Verwegene zuweilen den Mißbrauch des Arseniks so weit, daß dessen schädliche Wirkungen, die aus natürlichen Eigenschaften entstehen, erfolgen müssen.

Zum Beyspiel dienen nachfolgende bekannte Vorfälle. Bey der in den Jahren 1767 und 1768 heftig grassirenden Viehseuche wurde der Arsenik

senik dem Rindvieh als Arzeney innerlich mit dem traurigsten Erfolge gegeben: welche sich damals in vielen Gegenden hauptsächlich entweder als eine faulartige Staupe zeigte, oder auch mehr und sehr schnell mit einer heftigen Entzündung in den Brand übergieng. Unsere öffentlichen Blätter thaten damals sehr gründliche und ernstliche Erinnerungen; dagegen andere den ganz widersinnichsten Gebrauch des Arseniks bey dieser Seuche vertheidigten.

In Ostfrießland und den benachbarten Landschaften wurden sonst die räudigen Pferde mit einer scharfen Lauge von Tabaksasche und Sublimat gewaschen, wie man bey uns dergleichen noch mit einer arsenikalischen Salbe schmieren lässet; dabey man desto sicherer zu seyn glaubet, wenn solchen Pferden etwas von gestoßenem Schwefel zugleich eingegeben würde. Die ostfriesischen Bauern bedienen sich noch einer Krätzsalbe von ungesalzener Butter und Sublimat, wie die Einwohner des einen Theils von Siberien.

Eben diese Landleute stehen ferner in etlichen Gegenden in den besondern Gedanken, daß ein im Wasser aufgelöster Arsenik, auf Schaafmist gegossen, sobald er sich damit recht vereiniget habe, den Acker vorzüglich fruchtbar mache. Wie es denn fast jedem Bauer bey gewisser Gelegenheit nachzurechnen nicht schwer seyn würde, wie viel er nach gewissen Jahren von Arsenik auf seine Weide und Acker gebracht habe. Die 76ste Bemerkung des 3. und 4ten Bandes der Tagebücher einer römisch-kaiserlichen Akademie der Naturforscher thut von den hieher gehörigen Umständen Erwähnung; die gegenseitige Meinung aber kann man im fünften Stück der sehr beliebten hannöverschen Anzeigen

vom

vom Jahre 1755 finden, wo zugleich die vom Herrn Ritter über diesen Gegenstand gemachten Anmerkungen alle Aufmerksamkeit verdienen.

Die sehr empfohlene **Düngungsart der Felder mit Kalk und Arsenik**, über welche die Erinnerungen der praktischen Naturforscher schlechterdings gehört werden müssen, braucht noch manche Bestätigung durch Versuche und Erfahrungen, wie der Nutzen einer solchen Mischung, wegen der **vorgeschlagenen Vertilgungsart des Brandes im Getraide.** Ueber den ersten Vorschlag will ich hier mich in keine Betrachtung einlassen, und wegen des letztern bin ich zwar eben so wenig geneigt, Nachrichten von Thatsachen zu bezweifeln; sie müßten denn gegen die Natur der Sache und allgemein erkannte physisch-chymische Grundsätze offenbare Widersprüche enthalten.

Denn ob es schon unwidersprechlich gewiß ist, daß die **Gährung**, **Fäulung** und das **Feuer** im Stande sind, die Verbindung der natürlichen Bestandtheile in der Grundmischung der Körper zu trennen, aus einander zu setzen, umzukehren und auf verschiedene Arten auf das neue zu verbinden; so ist es auch gleichfalls von vielen mineralischen Grundmischungen durch Erfahrungen hinreichend erwiesen; daß sich dergleichen ungebildete Massen, wenn sie durch den äussersten Grad bis zu ihren entferntesten Bestandtheilen aufgelöset und mit der größten Heftigkeit noch nicht zerstöhret worden sind, größtentheils, auch wohl nicht ohne allen Abgang, wieder herstellen lassen. Wo aber vorbesagte natürliche oder gewaltsame Wirkungen die Verbindungen der Grundmischung eines organischen Körpers, mit dessen bestimmtem innern Bau durch eine eigentliche Zerstöhrung ganz aufheben, so ist auf unserer Seite kein Mittel übrig, sie zu ihrem vorigen Zustande wieder zurück zu bringen. Denn ein dergleichen Gedanke streitet gerade gegen die Hauptzeugungsordnung und den Zweck, welchen die Natur durch die Anlage eines wohl und regelmäßig bestimmten Baues der Körper in gewissen Naturklassen, ihrer Gattungen und Geschlechter halber, durch den Uebergang des Stoffes des einen in den andern festgesetzt, von dessen unbegreiflich zarten Anlagen und Ausbildungen in Saamen, Knospen und Keimen wir die Meister nicht sind.

Was für vergebliche Vorstellung also von einer unerweislichen Kraft machen sich nicht seichtdenkende Köpfe, durch ihren zu voreiligen Beyfall, zu einem solchen Vorgeben, wenn sie sich einbilden lassen, daß die **Wiederherstellung ganz zerstörter organischer Naturkörper, durch die Wirkung flüchtig-beizender Mineralsubstanzen**, dergleichen Arsenik und **lebendiger Kalk** sind, statt haben können.

Wenn man den **Brand im Getraide**, den man im eigentlichen Verstande den **Tod** nennt *), schon **in seinem ersten Zustande** genau untersucht, das ist zu der Zeit, wenn der schon abgestorbene Mittelpunkt des Markes in dem Keime noch tief in den Hülsen eingewickelt ist; so kann man zum voraus die künftigen brandigen Pflanzen unter dem Getraide entdecken. Das äussere Ansehen dieser Pflanzen, mit den übrigen völlig gesunden verglichen, wird uns zwar einigen Verdacht erregen; aber doch noch

*) Necrosis.

noch nicht, oder doch nicht immer davon überführen, ehe sich die innern Theile der Hülsen, die den **versteckten Brand** enthalten, etwas mehr auszudehnen anfangen: welches **Waizen**, **Gerste**, **Hafer** und **Hirsen**, mit den **Schwaden** und etlichen andern **Gräsern** hinreichend beweisen. Man wird nehmlich den **Brand**, und zwar **diese eigentliche Art des Brandes**, die von demjenigen, welchen **Nedham** und der **Hausvater** in ihren Schriften angeführt, imgleichen von dem **Steinbrande** oder **Mutterkorne** *) ganz verschieden ist, **unter der Gestalt von schwarzblauen haarförmigen Faden** oder **Fasern** gewahr werden, theils in dem Mittelpunkt der Keime, theils bey der Ausdehnung, in den schuppigten Hülsen selbst unter der Gestalt von aufgetriebenen Gefäßen, die mit einen schwarzen stinkenden Safte erfüllet, finden. **Dieser Brand** nimmt mit der Entwickelung der Pflanzen sehr stark zu, und verbreitet sich, bald nur allein, oder doch vornehmlich in denjenigen **markigen faserigen Antheilen**, die **die Anlage der ganzen Aehre oder Raspe**, mit dem obern Theil des Halmes ausmachen; bald sind **die ganzen Blumen** völlig abgestorben und zerstöhrt, bald nur der **Mittelpunkt derselben mit den Saamenkörnern**. Der Rest der übrigen noch auszubildenden Theile, zumal der äussern, wächst noch einige Zeit schmachtend fort, bis er endlich, seine natürliche Farbe und Glanz verlierend, welk und zusammengeschrumpft erscheint **).

*) Clava cerealis.

**) Man kann von diesen und andern hieher gehörigen Umständen die Nachrichten in der fünften Abhandlung meiner vermischten physikalisch-botanisch-ökonomi-

Ob also schon bey der Landwirthschaft manche angebliche arsenikalisch-kalkige Versuche zur Wiederherstellung der durch den Brand halb oder ganz abgestorbenen Saamenkörner gemacht worden seyn können; so ist doch nirgend von dem guten Erfolge, welchen dergleichen Vorschläge und Versuche insgemein davon zum voraus versprechen, ein richtiger Beweis vorhanden: sondern vielmehr solche Erscheinungen, aus welchen ganz deutlich hervorgeht, daß man sich bey Vergleichung von Sachen und Umständen gar sehr geirrt habe.

Sachverständige werden demnach vielmehr aus alten Erfahrungen wissen, daß sich niemand rühmen dürfe, von frühzeitig abgeschnittenen Pflanzen- und Getraidearten einen natürlich vollkommenen Saamen, wie er zu einer dauerhaften Vermehrung auf dem Acker seyn muß, erbauet zu haben. Wie sie denn ferner durch Erfahrungen überzeugt genug sind, daß ein zu spät reifendes, auch noch überdem bey naßkalter Witterung unreif geerndtetes, zweyschüriges, oder auch im Felde nicht gehörig abgetrocknetes Getraide, welches in diesem Zeitpunkt eingefahren und derb über einander gepackt worden, gar zu leicht und bald nach dem Erhitzen, dumpfig und schimmlich werde. Was aber Erhitzung, Gährung und Fäulung in einem frischen, halbtrocknen, noch kurz vorher in seinem Milchsafte gestandenen Saamen, in dessen Grundmischung gradweise für eine Art von fehlerhafter Veränderung machen: was

nomischen Schriften S. 105—156. De necrosi vegetabilium, in partes florales cerealium grassante mit mehrern nachsehen.

was ein solcher in seinem mehlig- schleimigen Marke fehlerhaft gewordener Saamen, bey und nach seinem endlich erfolgenden Auskeimen, verschmachtende fehlerhafte Pflanzen hervorbringe, glaube ich hier von neuem abzuhandeln nicht nöthig zu haben.

Solcher Umstände halber, welche nach Vernunft und Erfahrung physikalisch richtig sind, hat man Gründe genug für sich, auf ganz andere Mittel zu denken, vielmehr die bey den ersten wirthschaftlichen Anstalten begangenen wichtige Fehler schlechterdings zu verbessern, als sich vorzunehmen, denen durch den Brand völlig zerstöhrten und abgestorbenen höchst zarten Ueberbleibseln, einer unausgebildeten Blumen- und Saamenanlage, durch die Wirkung eines flüchtigen fressenden Kalks und Arseniks das Leben wiederzugeben, oder zu seinem natürlich organischen lebendigen Zustande zurück zu bringen.

Aus etlichen gebirgischen Ländern, wo das Berg- und Hüttenwesen in einem starken Betriebe stehet, wird jährlich nach dem übrigen Europa eine recht beträchtliche Menge von reinem weißen krystallinischen Arsenik geliefert. Zu einem Beweise kann deshalb das königliche Oberbergamt Reichenstein in Schlesien dienen: als woher über Breßlau und Hamburg nach Holland jährlich so viel gebracht wird, daß man leicht von mehr als etlichen hundert Centnern sprechen könnte. Holland verbraucht davon für sich allein bey seinem Schiffsbau und Fabriken etwas ansehnliches, verschickt aber fast noch mehr nach Westphalen, Ostfriesland und weit entlegenere Provinzen. Beym Schiffbau wird ein sehr beträchtlicher Theil von Arsenik mit Theer vermischt

mischt verbraucht, um den Schiffsboden und die innersten und untersten Lagen der Schiffe gegen die Fäulung des Holzes und gegen den Schaden von allerhand Gewürme und Ungeziefer zu verwahren. Beym übrigen so starken Verkehr mit **Arsenik** und dessen Verarbeitung bey den übrigen Handwerken, Fabriken und andern wirthschaftlichen Bedürfnissen bemerkt man, wie schon gesagt, auch hier keine öftere oder schlimmere Unglücksfälle, als sich anderwärts ereignen: und der Verkauf desselben ist in Holland und Ostfriesland im Großen und Kleinen, fast freyer als irgendwo. Was aber ist bekannter, als daß manche Materialisten und Apotheker den Arsenik an Nachbarn, Landleute und fremde Käufer des Gewichts halber, mit **Buchweizenmehl** und **dem feinsten Sande** wohl zusammengerieben verkaufen? Andere wollen darunter **weissen Thon** oder auch **Gipserde** entdeckt haben.

Da nun die Landleute den **reinen Arsenik** zum äusserlichen Gebrauch bey ihrer Viehwirthschaft nicht überall aufrichtig erhalten zu können glauben, indem statt desselben und unter seinem Namen, **zu Tödtung des Ungeziefers**, ein Pulver aus **Gipserde, weissem Thon, weissem Pfeffer, Sabadille, etwas Arsenik, weisser Stärke** oder **Buchweizenmehl** verfertiget wird, so halten sich diese, der Sicherheit wegen, an gewisse Apotheken; **da der äusserliche Gebrauch** des **Arseniks bey der Schaafwirthschaft** als erlaubt, ohne Schaden beybehalten worden ist.

Es ist aber, ehe ich von der eigentlichen Anwendung **dieses Materials** selbst etwas anführe, vorher von der ganzen **Land**- und **Viehwirthschaft in Ostfriesland** nur so viel noch zu erinnern:

nern: daß sich dieselbe auf sehr vorzügliche und dieser Provinz ganz eigene Umstände bey einer noch besondern Lage, Boden, Gewohnheiten, Einrichtung und einem davon abhangenden natürlichen Ueberfluß von Fruchtbarkeit der Weide gründe. Diese letztere ist, sowohl von der in unserm besten Bruch- und Feldgegenden, im Halberstädtischen, Magdeburgischen, an der Elbe, Spree, Havel und Oder, als auch in Schlesien und Pommern, so wie in erhabenen, ebenen und magern Sandländern ganz verschieden.

Wo nun der ostfriesische Boden sehr sandig gefunden wird, liegt er zum Theil noch unbebaut, und ernährt hin und wieder ganz einzelne nicht sehr zahlreiche Schaafheerden, auch an vielen Orten nur wenige und einzelne Stücke, denen man nur eine sehr eingeschränkte Weide anweisen kann. Ist aber ein solcher Grund etwas besser, so wird er schon zu mehreren Nutzungen angewendet. Zum Fettmachen der Schaafe werden die in etwas niedrigern Gegenden belegenen Dämme und Ufer eingeräumt. In nassem, schweren und sehr fetten Boden werden, ausser etlichen Stücken für kleine Wirthschaften, gar keine Schaafe gehalten: weil daselbst die Kuhmelkereyen mit den übrigen Arten der Viehzucht für das Rindvieh ihre besondere natürliche Vorzüge behalten.

Da also der Bauer von der Schaafzucht weniger als anderwärts macht, und die kleinen Wirthschaften diese, einiger kleinen Vortheile halber, nicht ganz vernachlässigen, die aus den unmittelbaren Gebrauch einer selbst gewonnenen Wolle herkommen: so wissen sie sich aus der Gegend des Texels in Holland eine sehr große und wollreiche Art von Schaafen zu verschaffen, von denen das Stück bis neun Pfund gute und feine Wolle bringen kann. Diese

Wolle

Wolle wissen sie sogleich zu einem besondern Gespinnste mit besonderm Vortheil anzuwenden. Dabey richten sie ihre, bey den anderwärts schon erzogenen Schaafen alsdenn nöthige kurze und gute Pflege, zu einer höhern Nutzung auf eine so besondere Art ein, die sie gegen andere der Mühe gewiß werth halten können.

Ueberhaupt sucht der Landwirth von diesen und allen übrigen Artikeln in einer kürzern Zeit die besten Vortheile zu ziehen, die er in dasigen Gegenden davon immer erwarten kann. Das Schaafvieh, welches in **Ostfriesland** eben so lange gemolken wird, als bey uns gewöhnlich, muß den größten Theil des Jahres, bis zu einem starken und tiefen Schnee auf der Weide im Freyen aushalten, durch dessen Härte es zugleich abgehalten wird, Nahrung darunter zu suchen. Nach Ausgang des Winters werden, nach Verschiedenheit der Witterung, zwar die Schaafe vor der Wollschur, wie anderwärts gewaschen; um dieselben aber an Haut und Wolle von allem fettigöligen Schmutz und von Ungeziefer vollkommen zu reinigen, ehe sie auf die Frühlingsweide gebracht werden, damit sie desto besser gedeihen, giebt man ihnen noch eine **ganz andere Wäsche.** Diese findet **bey trächtigen Schaafen nicht länger statt, bis zur Hälfte** desselben Zeitpunkts; sonst aber geschiehet sie bey allen, auch den Lämmern, so kurz als möglich vorher, ehe man sie auf die Weide bringt, welches alsdenn sogleich geschiehet.

Zu einem solchen **Schaafwaschen**, von dem in der Abhandlung die Rede ist, bedienet sich der **ostfriesische Landmann** des **reinen fein gemahlnen Gift- oder Arsenikmehls**, auf eine Art, welche seit langer Zeit daselbst und vielleicht in mehrern Ländern ohne alle Furcht und Schaden im Ge-

brauche

brauche geblieben ist. Man nimmt gedachten **ganz unverfälschten Arsenik** aus den Apotheken, welche dem Landwirthe so **viele Lothe** verabfolgen lassen, **als er Schaafe der Zahl nach** damit zu waschen vorgiebt; nur müssen diesen abzuholen weder Kinder, noch andere unbekannte Personen gebraucht werden. Jedes Schaaf oder Lamm wird im Stalle von den übrigen ganz abgesondert, wenn es die Wäsche erhalten soll, und in eine solche Stellung gebracht, darinn es mit dem Halse und Kopfe aufrecht stehen muß. In dieser wird es so lange fest gebunden erhalten, daß es sich weder belecken, kratzen, noch sonst rühren kann, bis es völlig abgetrocknet ist.

In eben der Stellung wird das Thier mit einer **lauwarmen Lauge gewaschen, welche mit einem ganzen Lothe fein gemahlnen, weissen Arsenik durch Kochen in sechs Quart Wasser** gemacht wird. Die Bauern lösen den Arsenik nach einer von ihnen besonders angenommenen Zeitrechnung auf, über die sie sich auf folgende Weise ausdrücken: daß das Kochen der Lauge so lange anhalten müsse, als man sonst gewohnt sey, eine Pfeife Tabak auszuschmauchen.

In dieser **Lauge tauchen sie einen dicken wollenen oder andern Lappen ein**, und lassen die Lauge, die sie davon **recht in der Mitte des Rückens**, vom Halse an bis auf das Kreuz dergestalt und langsam abträufeln lassen, daß sie sich überall durch die Wolle auf beyden Seiten recht durchziehen kann, und die Wolle des Schaafes bis über beyde Keulen davon ganz naß wird. **Der Kopf allein bleibt vom Waschen frey**, mit welchem man so lange fortfähret, als von der warmen Lauge etwas übrig ist. Das Wasser läuft nach und nach über den Bauch aller Orten ab und träufelt auf den Mist: von welchem der Landmann glaubt, daß er, **wenn er mit der Arsniklauge wohl vermischt** sey, hernach den Acker **weit besser dünge als ein gemeiner Schaafmist.** Vielleicht hat derjenige Schriftsteller, der den Arsenik zur Düngung der Felder vorgeschlagen, seine Erfindung mit Verschweigung der Hauptumstände eben daher genommen, oder doch die Veranlassung dazu leicht daher nehmen können.

Ziehet man also alle bey vorangezeigten Umständen von jeher wohl bemerkte Fälle in Erwegung, so wird sich finden, daß dabey eines der **giftigsten gangbar gebliebenen Materialien** mit wenigen oder auch ohne sonderliche Unglücksfälle, lange Jahre durch Bauern und gemeine Handwerksleute bearbeitet worden sey. Unter den vielerley wirthschaftlichen Nahrungszweigen kann hier **die Schaafzucht** in einer der ansehnlichsten Provinzen, dergleichen **Ostfriesland** ist, zu einem sichern Beyspiel dienen: dabey der Arsenik nach Anzahl der Schaafe jährlich nur einmal **lothweise** verbraucht wird. Wollte man nun seine Gedanken weiter auf andere ziemlich allgemeine und weitläuftige Gewerbe, Handwerks- oder Fabrikanstalten bey der Stadtwirthschaft richten, wo dessen im Großen beständig fortgesetzter Gebrauch, Jahr aus Jahr ein, **in jeder einzelnen Anstalt insbesondere, auf einmal ein oder etliche Pfunde zugleich erfordern**; so würde man die Menge des verarbeiteten **Arseniks** nicht wenig beträchtlich finden.

Bey denen dazu beständig abwechselnden Anwendungsarten dieses Materials, müssen ausser der Nachlässigkeit und Vorsicht, noch manche besondere

nicht

nicht bekannte Ursachen obwalten, warum sich eigentlich des Arseniks besondere Schädlichkeit und ein Mißbrauch desselben, bald mehr oder weniger, bald gar nicht äussere? Vielleicht hat man aus einer daher fliessenden Erfahrung und Gründen keine Ursachen zu haben geglaubt, deshalben besorgt zu seyn.

Nach genauer Zergliederung solcher Umstände, läßt sich aus ähnlichen Fällen auf die **gemilderte Wirkung** und **Heftigkeit des Arseniks bey der Schaafwäsche als eines äusserlichen Mittels** leicht schliessen. Denn von demjenigen Schaden, welchen die Menschen sich und andern bey einer nachlässigen und verkehrten Anwendung zufügen, wie es theils mit wirklich schädlichen, theils mit unschuldigen Materialien und Instrumenten zuweilen geschehen kann, ist hier die Rede nicht.

Zu jeder **Arseniklauge für ein einzelnes Schaaf oder Lamm**, wird, wie schon gesagt, ein **Loth** von diesem **Material** genommen: welches nach dem kleinsten Gewichte aus 240 **Gran** bestehet, die man also **in zwölf Pfund** oder sechs **Quart Wasser** durch Kochen auflöset. **Jedes Pfund oder Nössel Wasser**, wenn man es in 24 **Unzen** abtheilt, hält **in 12 Pfunden** zusammengenommen 384 **Loth**. Diese lassen sich in 1536 **Gran** weiter abtheilen, welche mit **Drachmen oder 60 Gran multiplicirt** 92,160 Gran ausmachen: daß also in gedachten 92,160 **Gran von kochendem Wasser** überhaupt 240 **Gran reiner weisser Arsenik** enthalten seyn muß.

Eine solche **Verdünnung** des Arseniks ist an und für sich beträchtlich genug, weil er sich in einer so **überwiegenden Menge von Wasser** überaus stark vertheilt befindet, daß man auf **fünf**

Drach-

Drachmen Wasser nicht vielmehr als ein halbes Gran davon rechnen kann. Man nehme auch nach der Meynung anderer an, daß zuweilen dazu drey Quart oder nur sechs Pfund Wasser gebraucht werden, und folglich statt eines halben Grans etwa ein ganzer angenommen werden müßte: wobey überdem der äusserliche Gebrauch, welcher nicht weiter fortgesetzt wird, die Sache selbst entscheidet. Zur Erläuterung dessen, was von der sehr verdünnten Lauge des Arseniks angeführt worden, verdient noch in Erinnerung gebracht zu werden, was zum innerlichen Arzeneygebrauche, mit dem starken Vitriolöl, um dessen mineralische allerschwereste und fressendste Säure zu mäßigen, vorgehet; wenn man einen *Spiritum vitrioli* mit einem starken Zusatz von Wasser macht.

Den Arsenik löset das lauwarme oder auch kochende Wasser zwar auf; er wird aber dadurch gemäßiget, daß er in den zwischen der Wolle befindlichen ölig-fetten Schmutz eingreifet, diesen auflöset, die Haut davon wie vom übrigen Ungeziefer reiniget und mit sich in der Lauge wegführt.

Welche Veränderung aber mag ausserdem hernach in der mit Wasser verdünnten Arseniklauge, während seiner Vermischung und Vereinigung mit dem, nach verschiedenen Graden, in seiner Fäulung stehenden Schaafmiste vorgehen? was wird er hernach nach Verbreitung in der verschiedenen Ackererde für Eigenschaft annehmen? welche vorzügliche Wirkung kann aus dessen Vereinigung bey der Saat entstehen? Alle diese Umstände verdienen eine nähere und fortgesetzte Untersuchung von Seiten des praktischen Naturforschers, ehe man dessen Vorzüge zur Empfehlung eines guten Düngers anwenden kann.

XVI.

XVI.

Fortgesetzter Beytrag zur Geschichte merkwürdiger Versteinerungen und Steine,

von

Joh. Chr. Fuchs.

Potsdam 1783.

Felix ille, qui potuit rerum cognoscere causas.

Jede genaue Untersuchung und Prüfung der Körper unsers Erdbodens, und folglich die ganze Naturgeschichte, gründet sich unstreitig auf einen **neugierigen Verstand**, und auf ein **schwaches Gesicht**. Hätten wir bessere und schärfere Augen: so würden wir die wahre Beschaffenheit der Naturkörper aus ihren untrüglichen Merkmalen jederzeit mit einem Blicke richtig wahrnehmen, und uns nicht so oft vom Schein und Irrthum blenden lassen. Wenn auf der andern Seite die Neugierde unsern Verstand nicht reizte, die wahre Beschaffenheit der Werke der Natur immer mehr und näher zu entdecken, als der Augenschein sie darstellet; wenn wir nicht durch jenen Sporn gereizt, unaufhörlich bemüht wären, mehr von ihnen zu erkennen, als was wir beym ersten Anblick, und oft nur flüchtig sehen, oder das was wir schon oft und deutlich gesehen zu haben glauben, gründlicher zu erforschen: so würde unsre Kenntniß der Natur immer äußerst ungewiß, schwankend nnd mangelhaft bleiben, ohne jemals einer Verbesserung und Aufklärung fähig zu seyn. Diese Unvollkommenheit zu vermeiden, und der Naturgeschichte so viel Licht und Festigkeit zu geben, als möglich ist, wird also wohl nichts rathsamer und nothwendiger seyn, als daß man jede Gelegenheit nutze, Beobachtungen und Erfahrungen, besonders wenn sie noch mit Einwürfen und Zweifeln bestritten werden, so oft und so sorgfältig genau zu wiederholen, als man Gelegenheit dazu findet, ohne sich im geringsten zum voraus um das zu bekümmern, was am Ende herauskommen möchte, wenn nur die wahre Beschaffenheit der Natur dadurch immer mehr entdeckt werden kann.

Man wird mir verzeihen, daß ich diese wichtige Regel zu meiner Entschuldigung hier voraussetze, da ich jetzt von einigen in den vorhergehenden Bänden unsrer Schriften mitgetheilten Beobachtungen und darauf gegründeten Behauptungen wiederholte Proben und Beweise nachbringe, zu welchen ich seit der Zeit gelanget bin.

1) Daß die theils versteinerten, theils kalcinirten Elephantenzähne und Knochen, die ich mehr, als einmal hier gefunden habe, wirklich keiner andern, als jener Thierart eigen gewesen seyn können, das-

davon bin ich durch eine doppelte Veranlassung noch fester, als vorher überzeugt worden. Ich hatte im Frühjahr abermals einen, mehrentheils kalcinirten Elephantenbackenzahn gefunden, welchen die Wellen des ausgetretenen Havelstrohms aus einem hohen Sandufer von dessen unterster Thonlage zu Tage gebracht hatten. Vielleicht wäre ich auf diesen Zahn, und auf noch einige, an einem Paar andern Stellen gefundene, Trümmern dieser Art, da ich schon längst im Jahr 1774, einen ähnlichen Zahn gefunden hatte, und da die Platten desselben durch das eingedrungene Wasser so auseinander getrieben waren, daß sie erst wieder zusammengesetzt werden musten, weniger aufmerksam gewesen, wenn nicht eine Recension im hunderten Stück der Göttingischen gelehrten Anzeigen mich zu einer wiederholten Prüfung aufgefordert hätte Diese Recension betraf die Schrift eines gewissen **Gallandat**, aus dem neunten Theil der Abhandlungen der Vliessingischen Gesellschaft der Wissenschaften über das Elfenbein, welches der Verfasser bey seinem Aufenthalt auf der Guineischen Elfenbeinküste vorzüglich soll kennen gelernt haben. Besonders fiel mir die Nachricht des Recensenten auf: „daß der Verfasser die Zähne und Knochen, die man in mitternächtlichen Ländern in der Erde gefunden und bisher für Elephantenzähne ausgegeben habe, aus sehr guten Gründen, für Wallroßzähne und Knochen erkläre, und dadurch nicht nur die Meynung eines Hunter, der sie für Trümmern einer verlohrnen Thierart hielt, sondern auch die scheinbaren Folgen mit einem mal umstoße, welche der Graf von Büffon daraus hergeleitet habe." Ich habe jene Schrift zwar nicht gelesen, da sie Deutschland noch nicht übersetzt erhalten hat, und kann also von den gerühmten Gründen nicht urtheilen, woraus die angeführte Erklärung hergeflossen seyn soll. Aber das weiß ich dennoch ganz gewiß, daß niemand bessere und augenscheinlichere Gründe nebst mehr Einsicht und Unpartheilichkeit gehabt haben kann, die in Sibirien an Ort und Stelle gesehene große Menge ungeheurer Thierknochen und Zähne, ja gar zu vielen hunderten aufgehäufte Skelette richtig zu beurtheilen, als unser über alles Lob erhabene Freund Pallas. Dieser große und ächte Kenner der Natur wäre gewiß nicht fähig gewesen, Wallroßgerippe für Elephantengerippe und Wallroßzähne für Elephantenzähne zu erklären. Ohne Zweifel kannte er den großen Unterschied zwischen beyden durch genaue Beobachtungen an wirklichen Originalen aus Skeletten des Peterburgischen Kabinets. Wie sehr unterscheidet sich das Elephantenskelet, durch seinen ganzen Knochenbau, bloß in der Abbildung, welche der Graf von Büffon Hist. natur. à Paris, gr. 4. Tom. XI. Pl. IV, nach einem Original des Königlichen Französchen Kabinets mitgetheilt hat, von dem Skelet eines großen Seehundes, (Phoka) das man in eben demselben angeführten Werke Tom. XIII, Pl. LII. pag. 414. sehen kann. In des letztern Knochenbau ist die gröste und nächste Aehnlichkeit mit dem Gerippe eines Wallrosses ausgedrückt, weil der Graf außer der aufgetrockneten Haut, dem Kopfe mit den Zähnen den Füßen und einem, noch nicht einem halben Fuß langen, ungebornen Thiere, kein vollständiges großes Original vom Wallroß hatte. Wie groß und in die Augen fallend ist hier der Unterschied in dem ganzen Knochengerüste, von einem Elephantengerippe. Wie ungereimt würde es nun seyn, wenn man annehmen wollte, daß alles das, was Hr. Pallas in seiner Reisebeschreibung durch verschiedene Provinzen des Russischen Reichs ꝛc. und in seinen Beobachtungen über die Berge und die Veränderungen der Erdkugel besonders in Beziehung auf das russische Reich ꝛc. nebst Georgi und Gmelin, in ihren berühmten Reisebeschreibungen, von Elephantenknochen und Zähnen nebst so vielen ganzen Gerippen erzählen, welche sie so häufig in jenen mitternächtlichen Ländern in der Erde fanden, Selbstbetrug oder Unwahrheit gewesen sey? wer wird sich unterstehen dürfen, oder im Stande seyn, wider die Einsicht und Ehrlichkeit solcher drey einmüthigen Zeugen nur etwas, das ihre Beobachtungen der Falschheit oder des Irrthums verdächtig machen könnte, einzuwenden; die größten und besten Naturkenner sind vielmehr alle ganz auf ihrer Seite. Herr Schreber versichert im zweyten Theil seiner Beschreibung der Säugthiere, S. 256 — 258, daß schon seit ein Paar Jahrhunderten die Sache, welche Gallandat wegerklären will, mit fester Gewisheit entschiden sey, und daß schon seit so langer Zeit Elephantenknochen und Zähne in allen Europäischen Ländern unter den Fossilien aufgehört haben, Seltenheiten zu seyn, ja daß endlich auch so gar in Canada, Peru und Brasilien, im nördlichen Amerika, wo Elephanten ebenfalls nie gelebt haben, Knochen und Zähne derselben gefunden sind. Der Graf von Buffon hat nicht allein in seinen Epochen der Natur B. 1. S. 29 — 33, aus unwidersprechlichen Gründen bewiesen, daß die in Sibirien und den übrigen nördlichen Ländern des Erdbodens, so wie in Nordamerika, bisher entdeckten großen Knochen wahre und wirkliche Ueberbleibsel von Elephantengerippen

rippen und so wenig von der Seekuh als einem andern Seethier sind; sondern er hatte auch schon längst vorher in seiner Naturgeschichte, (s. den 8ten Band der deutschen Uebersetzung vom Herrn Professor Otto S. 218 und f.) die überwiegenden Gründe seiner Gewisheit in dieser Sache, die ihm anfänglich selbst zweifelhaft war, angezeigt, und der Uebersetzer hat dieselben vermittelst der Geschichte aus **Gmelins** Reisen durch **Sibirien** von 1738 — 1740, mit seinem Beyfall in einer Anmerkung unterstützt. **De-lüc** hat in seinen physikalischen Briefen über die Geschichte der Erde in einer so ausgemachten Sache gar nichts mehr zu zweifeln gefunden. Ich will nur auf die einzige Stelle im 2ten Bande jener Schrift, nach der deutschen Uebersetzung S. 598, verweisen. Und wie viele Stimmen großer Naturforscher, die auf dieser Seite sind, könnte ich noch anführen, wenn die angeführten nicht schon überflüssig zureichend wären? Wenn man vollends erwägt, daß nach des Hrn. **Pallas** Versichrung beynahe an allen Flüssen in **Sibirien** sogar sehr wohl behaltenes Elfenbein in so großer Menge angetroffen wird, daß es einen eigenen Handelszweig dort ausmacht: so müste entweder niemals jemand in jenen Gegenden wahres Elfenbein kennen gelernt haben, oder es müste jedem gleichviel seyn, ob er, statt desselben, Wallroßzähne erhielte, wenn jene Waare neben so viel andern aus dem Vaterlande jener Thiere zum Verkauf gebrachten ächten und frischen nicht in der Erde gefundenen Zähnen, das nicht wirklich wäre, wofür sie ein so erfahrner und glaubwürdiger Naturkenner ausgiebt. Und hat man wohl nöthig, nach **Guinea** zu reisen, um Elephantenzähne von Wallroßzähnen unterscheiden, oder überhaupt das Elfenbein kennen zu lernen,

da

da unsere Drechsler sogar in dieser Kunst Meister sind. Durch diese Probe habe ich wenigstens einige mal Ungläubige gedemüthigt und überzeugt, die meine hier gefundenen Elephantenzähne nicht für ächt erkennen wollten. Ueberdem aber weiß ich, ohne irgend einen Widerspruch zu achten, überzeugend gewiß, aus Vergleichung vermittelst der entscheidendsten Merkmale, welche im 8ten Theil der übersetzten Thiergeschichte des Grafen **von Büffon**, S. 238 — 244 nach Originalen geschildert sind, und aus Zusammenhaltung mit Originalen selbst, daß ich wahre Elephantenzähne, und andre neben ihnen angetroffene Knochen dieser Thierart hier wirklich gefunden habe.

Die Zähne des Wallrosses beschreibt der Graf **von Büffon** hist. Nat. Tom. XIII. pag. 422 so, daß man durch ihre äußerliche Gestalt, Größe und innerliche Bildung sie auf den ersten Blick von Elephantenzähnen sehr leicht wird unterscheiden können. Sie sind besonders bey weitem nicht so groß, wie Elephantenzähne. Der Bürgermeister **Anderson** giebt in seiner Beschreibung von **Island**, S. 232 den größten Hauzahn eines Wallrosses den er gehabt hat, 2 Fuß 1 Zoll lang, und am dickern Ende 8 Zoll, nach Pariser Maaß, im Umfange an. Ein solcher Zahn pflegt nach sächsischem Gewicht 4½ Pfund schwer zu seyn. Was ist aber dies alles gegen einen Elephantenstoßzahn? die Backenzähne des Wallrosses sind, im Verhältniß gegen die Elephantenbackenzähne, noch viel kleiner, besonders allemahl kegelförmig gebildet, und bloß mit ihren zugespitzten rauhen Wurzeln in den Kinnladen befestigt. An den breitern Enden sind sie vom Abnutzen durchs Käuen insgemein sehr unregelmäßig und uneben. Alles das gerade und offenbare Gegentheil von Elephantenzähnen.

Dennoch läugne ich nicht, und meines Wissens hat noch kein Naturverständiger es geleugnet, daß unter den versteinerten ausländischen Thierknochen und Zähnen auch solche gefunden seyn können, und noch gefunden werden mögen, die sich vom Wallroß herschreiben. **Bergmann** erzählt in seiner physikalischen Beschreibung der Erdkugel Th. 1. S. 235 daß Zähne von Wallrossen in **Sibirien** beym **Anadir** und **Tschucktschi** Vorgebürge in großer Menge gefunden werden, einige sogar 4 Fuß lang, und 35 Pfund schwer. Bey **Bologna** sey ein Wallroßschedel mit Backen und Langzähnen gefunden. Eine genaue Beobachtung entscheidender Merkmale wird allemal leicht entdecken und unterscheiden lassen, was man eigentlich gefunden habe: und das däucht mir, dürfte auch wohl nöthig seyn, bey 4 Fuß langen und 35 Pfund schweren angegebenen Wallroßzähnen: Nur muß man nicht wider alle Wahrheit und Erfahrung, wie **Gallandat** es gemacht haben soll, vom einzelnen aufs allgemeine schließen. Die Meinung eines **Hunter**, und den Traum eines Grafen **von Büffon** umzustoßen, kann keine noch viel ungegründetere Meinung, kein wenigstens eben so täuschender Traum weder hinreichend noch nöthig seyn. **Hunters** Schwärmerey, nach welcher der Erdboden von allen übrigen Thierarten gewiß gänzlich und sehr bald müßte entvölkert worden seyn, wenn eine so ungeheuer große Raubthierart, welche Zähne wie Elephanten gehabt hatte, überall so zahlreich auf demselben gehauset haben sollte, ist schon genug durch sich selbst vermittelst des Erfolgs, und endlich alsdenn sogar überflüßig wiederlegt, wenn jene Knochen, wie längst bewiesen ist, dem Elephantengeschlecht angehören. Und des Grafen **von Büffon** Roman verliert auch sogar allen Schimmer von Wahrscheinlichkeit, wenn man bedenkt, daß nun von so vielen ehrlichen und zur Beurtheilung oder Prüfung geschickten Beobachtern die klärsten Spuren überall an Ort und Stelle entdeckt sind, wie jene Elephanten und andre große Landthierknochen und ganze Gerippe durch Ergießung des Meers über den vor jener Revolution bewohnten Erdboden an ihre Lagerstätten gebracht seyn müssen, und sich auch nur da erhalten haben, wo sie in dem vielleicht erst lange nachher völlig abgelaufenen Meerwasser der Zerstöhrung zu trotzen vorbereitet waren, oder zum Theil noch mit der Haut durch eine beständige Kälte der Gegend im Eise erhalten wurden; welches gewiß in dem überall asiatisch heißen Utopien des Grafen **von Büffon** nicht hätte geschehen können.

Im übrigen ist die Meinung des **Gallandat** vielleicht nicht einmal wegen ihrer Allgemeinheit neu: ob ich schon niemand weiß, der so dreist allem gegrabenen Elfenbein die Wirklichkeit abgesprochen hätte. Ohne Zweifel dachte **Leibniz** nach §. XXXIII. seiner Protogææ pag 61. an das Wallroß, oder dennoch gewiß an ein ihm ähnliches Seethier, wenn er jenen großen in der erwähnten Schrift abgebildeten unstreitigen Elephantenbackenzahn einem Seethier in der beygefügten Aufschrift zueignete; woraus hernach ein lächerliches Mißverständniß in dem Namen des Orts, wo man ihn gefunden zu haben berichtet hatte, das fabelhafte **Tydasthier** machte. Nirgends aber hat dieser Philosoph behauptet, daß alles gegrabene Elfenbein ein Blendwerk sey. Er gesteht vielmehr in seiner Protogæa §. XXXIV. daß die in der **Scharzfelder Höhle** gefundenen und auf der XI Kupfertafel abgebildeten Knochen von keinem andern Thier,

 als

als dem Elephanten seyn können; auch im *otio Hannoverano* p. 24, daß die damahls bey Gotha in Thüringen gefundenen großen Thierknochen zum Elephantengeschlecht gerechnet werden müsten, und fügt noch hinzu, daß ähnliche Knochen im Braunsweigischen, in Brabant, und auch in China gefunden wären. Dennoch will er S. 31 bey Gelegenheit dessen, was Tengel von einem ausgegrabenen Elepharenskelet geschrieben hatte, lieber glauben, daß jene Thiere in den Ländern, wo man ihre Knochen nun fände, ehemals gewohnt hätten, oder daß es daselbst in der Urwelt solche große Seethiere und Amphibien gegeben hätte, als annehmen, daß sie durch die Sündfluth, die er übrigens für außerordentlich und allgemein hält, an ihre jetzigen Lagerplätze gebracht wären, ohne dennoch den geringsten Grund von allen diesen Ungewißheiten anzugeben, oder §. XXXIV. Protogæa zu läugnen, daß unter andern möglichen Fällen auch eine Wasserfluth jene Knochen in die Scharzfelder Höhle habe führen können. Welche Wiedersprüche! auch Leibniz war nicht immer Leibniz — Indignor, quandoque bonus dormitat Homerus! Hor. Der Ritter von Linné hat in der 12ten Ausgabe des von Müller verdeutschten Natursystems, Th. 1. S. 172, es nur als einen Wahn angeführt, daß die Wallroßzähne und die Gerippe dieser Thiere, die in Sibirien in den Sand gerathen wären, das von den Russen sogenannte Mammotovakost seyn sollten. Wallerius, der dieses im Ernst glaubte, behauptete dennoch, daß das Mammotovakost vom gegrabenen Elfenbein unterschieden sey, und läugnete also des letztern Wirklichkeit keinesweges. S. desselben Mineralreich S. 454.

Die

Die Schwierigkeit, Elephantengerippe so weit aus ihrem Vaterlande in die nördlichen Länder der Erde zu versetzen, als solche bisher gefunden sind, hat vermuthlich den guten **Gallandat** zu jener seltsamen Meinung verführt, so wie der Ritter **von Linne'** in seiner Reise durch **Schonen** beynahe aus einem ähnlichen Grunde annahm, die Muschein und Korallen, die in keinem der **Schwedischen** Meere zu Hause sind, und welche er in einer Höhle von $\frac{3}{4}$ Meilen des **Balsberges** fand, wären durch das **Sargesso**, eine Art schwimmender Seekräuter, dahin gebracht worden. Die Anmerkung, welche der scharfsinnige und gründliche Herr Hofrath **Kästner** im 10ten Bande des Hamburgischen Magazins S. 221, bey dieser Stelle jenes großen Naturforschers macht, kann ich hier nicht ungenutzt lassen, um theils jenem witzigen Einfalle des Ritters den ganz einfachen Gang der Natur entgegen zu setzen; theils auch als eine beyfallswürdige Uebereinstimmung mit dem, was ich im vorigen Bande unserer Schriften behauptet habe. „Durch welche Mittel wären wohl auf diese Weise die Crokodille, die Elephanten und Wallfische in die Höhlen in **Deutschland** gekommen? Ja da man auf den Bergen in **Europa** die Pflanzen und Muscheln beyder **Indien** antrift: sollte man wohl so eigensinnig seyn, zu leugnen, daß sie hätten dahin kommen können? **Die Veränderungen, welche die Sündfluth erregt hat, müssen in Wahrheit sehr groß gewesen seyn. Ein allgemeines Meer, das von den heftigsten Winden erregt worden, hat gar leicht den Schlamm und die darin klebenden Muscheln sehr weit fortführen können, und hat überdem noch viele Monath Zeit gehabt, sie bis**

nach

nach Europa zu bringen. Das Sargesso wächset nirgends als in den Aethiopischen Meeren, und hat Sibirien unmöglich mit den Elephantenknochen anfüllen können, die daselbst so häufig zu finden sind, daß man mit diesem Elfenbein Handlung treibt." Sonst wäre ich ohne in Absicht der Elephantenknochen andres Sinnes zu seyn, sehr geneigt, mit Erlaubniß jenes großen Mannes zu glauben, daß die versteinerten Conchylien des Balsberges ein uralter Bodensatz aus jenem vorweltlichen Zustande des Erdbodens seyn könnten, da derselbe für seine gegenwärtige Einrichtung umgeschaffen wurde, und ohne Zweifel weit länger unter einem einzigen Meere stand, das ihn überall bedeckte, als wir insgemein zu glauben pflegen: weil unter denselben gar keiner Spur von versteinerten Resten irgend eines Landthiers erwähnt wird. [1]) Brydone hat in seiner Reise durch Sicilien und Maltha, Th. 1. S. 302, die sehr richtige Anmerkung gemacht, „daß ganz Sicilien ehemals Meeresgrund gewesen sey, und daß dieses außer den von seiner vulkanischen Natur hergenommenen Beweisen, auch aus den auf dem Berge bey Agrigento in einer Höhe von 14 bis 15 hundert Fuß über der Meersfläche zu findenden Seeprodukten, Meerschnecken, Austern und dergleichen erhelle." Und sollte wohl unter allen Ländern des Erdbodens ein einziges seyn, über welches eine ähnliche Anmerkung entweder nicht schon gemacht wäre, oder dennoch aus ähnlichen Gründen, nicht

1) De Lüc physikal. und moral. Briefe über die Geschichte der Erde S. 547. Krügers Geschichte der Erde §. 79.

nicht gemacht werden könnte? die mehresten versteinerten Seethiere, Fische, Conchylien und Seegewächse sind also mehr als wahrscheinlich ein Nachlaß jenes allgemeinen Meeres, das den neu umgeschaffenen Erdboden, wer weiß wie lange bedeckte. Ohne Zweifel ist dies einer mit von den Gründen, warum es unendlich mehr Seeprodukte, als Dinge aus dem Pflanzen und Thierreiche unter den Versteinerungen giebt. Alle versteinerte Reste von ausländischen Landthieren sind unstreitige Spuren späterer Ueberschwemmungen. Ueber die Richtung aber, welche jene große Wasserfluth auf dem Erdboden genommen haben muß, wodurch so große Veränderungen in Versetzung der Landthiergerippe und Knochen gewirkt, und uns als natürliche Räthsel hinterlassen sind, hat der Herr Berghauptmann von Veltheim in seinem Grundriß einer Mineralogie eine sehr merkwürdige und schon oft bewährt gefundne Erfahrung zu bedenken empfohlen, diese nehmlich, „daß **man in den Flözgebürgen der nordischen Länder viele Produkte der südlichen Länder, dagegen in den Flözgebürgen der südlichen Länder keine absolute Produkte der nördlichem Länder finde.**“

Daß eine ehemals auf unserm Erdboden gewiß vorgegangene große Veränderung durch eine ganz ausserordentliche Ueberschwemmung angenommen werden müsse, wenn man diese und ähnliche Erscheinungen erklären will, davon wurde schon **Gmelin** auf seiner Reise durch **Sibirien** in den Jahren 1738 — 1740 durch ähnliche Urkunden überzeugt. Ich will nur so viel aus jener Reisebeschreibung hier anführen, als zu meiner Ueberzeugung etwas beygetragen hat.

„So

„So lange man, heißt es daselbst, S. 158, einem alten Gemälde, einer alten Münze, einem alten Holz- oder Kupferstich in den Alterthümern einigen Glauben beymißt, eben so lange dürfen wir auch diesem so erstaunlichen **Vorrathe von Elephantenknochen** nicht allen Glauben absprechen. Diese Arten von alten Münzen sind vermuthlich nicht nur älter, sondern auch **wichtiger** und **gewisser** 2) als alle alten Münzen der Griechen und Römer, wie der sinnreiche Herr **von Fontenelle**, und aus ihm Herr **Scheid**, sich an einem Orte ausdrückt. Da sie auf unsrer ganzen Erde zerstreut sind: so zeigt dieses unfehlbar eine große Verändrung an, die ehemals auf derselben vorgegangen ist. Ich vermuthe, die Elephanten haben sich von den Orten, wo sie zu Hause gewesen sind, um ihrem Untergange zu entgehen, (diesen Untergang drohete ihnen sicher nichts anders als eine in ihrer Heimath ausgebrochne sehr große Wasserfluth und Ergießung des Meers, die mit fortreißender Gewalt ihren Abfluß gegen Norden fand) verlaufen, so weit als es hat geschehen können. Ihr Schicksal ist verschieden gewesen. Einige sind gar weit weggekommen: einige haben vielleicht da sie schon todt waren, durch den Zufall einer Fluth noch weit fortgebracht werden können. Die noch lebenden aber, wenn sie sich gar zu weit nach Norden verlaufen hatten, musten nothwendig wegen ihrer Zärtlichkeit ihr Leben lassen. Andre hingegen, die nicht so weit gekommen waren, konnten in einer Fluth

2) Diese Naturkunden sind reell, sie sind das Faktum selbst nebst dem Beweise. Man würde Beringers Schicksal verdienen, wenn man Jahrzahl und Datum zu dieser Gewißheit fodern wollte, ehe beyde Schriftzeichen hatten.

Fluth ersaufen, oder vor Müdigkeit umkommen. Aus einer Verändrung, die mit unsrer Erde durch Verwandlung der Meere in Land und des Landes in Meere vorgegangen ist, läßt sich hier nichts erklären. Diese Veränderungen, welche nothwendig und ohne alle Wunderwercke geschehen sind, eröffnen uns einen zierlichen Weg, unendlich viel Erscheinungen in der Natur zu erklären, die wir ehedem nicht zu erklären wusten. Nur müssen wir nicht verlangen, daß alles dadurch aufgeklärt werden soll. An einem **Woodward** und **Scheuchzer** war es eben so unrecht, daß sie alles von der allgemeinen Sündfluth herleiteten, so wie an andern, die alles nur besondern Ueberschwemmungen zuschreiben, auch das ein Fehler ist. — (Vergl. mit de **Lüc** 2tem Bande der physikal. Briefe über die Geschichte der Erde) doch ich bekümmere mich hier gar nicht darum, daß sie da sind, und daß es **Elephantenknochen sind.** Ihre Größe darf uns nicht abschrecken. Die hervorragenden Zähne oder Hauer sind bis 4 Arschin lang, (die Arschin macht 28 Zoll einer Hamburger Elle: 4 Arschin machen also 9 Fuß 4 Zoll, zwölfzölligen Maaßes) auf 6, Herr von **Strahlenberg** sagt gar, 9 Zoll in ihrem Durchmesser dick, und im Gewicht findet man die größten 6 bis 7 Pud, (240 bis 280 Pfund) schwer. — Es giebt ja aber auch frische von den Elephanten genommene Zähne, die 8 bis 10 Schuh lang sind, und 100, 140, 150 bis 168 Pfund wiegen." So weit **Gmelin**. **Lopes** hat Elephantenzähne von 200 Pfund gesehen. Eben so schwer, und 8 Fuß 4 Zoll lang, und 10 Zoll breit, sah die Elephantenwaffenzähne **Gallandat**. Noch nie aber habe ich gehört, oder gelesen, daß irgend wo jemals so

große

große Wallroßzähne wären in der Welt gesehen worden.

Daß man wenigstens mehr als ein Dutzend widersprechende Meinungen ausbrütete, die Wirklichkeit der Elephantengerippe und Knochen in den nördlichen Ländern des Erdbodens zu erklären oder wegzuerklären, daran war wohl vornehmlich Schuld, daß man jene natürlichen Erscheinungen nicht einmal in der Natur selbst zu sehen, noch weniger an Ort und Stelle genau und mit erforderlicher Kenntniß der Natur, auch zweckmäßiger Vergleichung, zu untersuchen für nöthig hielt. Erfindungen des Witzes, Schwärmereyen der Einbildungskraft, durch Büchergelehrsamkeit zusammengestoppelte Aehnlichkeiten, tiefsinnige Grübeleyen, oder dreiste und oft widersprechende Meynungen, die alle weit von der Natur entfernt lagen, und wovon oft keine Spur in derselben anzutreffen war, musten die Stelle der Erklärung solcher natürlichen Räthsel vertreten. Wie hätte sonst **Theophrast**, und ein großer Theil des Alterthums, das gegrabne Elfenbein für ein Mineral halten können? Eben so lächerlich war die **Philosophie der faulen Vernunft** der folgenden Zeilen, welche aus dem gegrabenen Elfenbein bald **Riesenknochen** machte, bald eine **unbekannten Ursach**, oder den **Astralgeist** dasselbe hervorbringen ließ. **Nördliche Elephanten!** davon noch **Raspe** im Beytrag zur Naturhistorie von **Hessen** S. 7. vor wenigen Jahren geträumt hat, sind wohl mit jener großen Elephantenähnlichen Thierart einerley, die **Leibnitz** in den nördlichen Ländern in der Urwelt für einheimisch, jetzt aber für ausgestorben hielt. Und was sind beyde anders, als Geschöpfe der Einbil-

dungs-

dungskraft? die in den ältesten Zeiten in den Europäischen Ländern herumgeführten Elephanten, die Elephanten der Römer in Deutschland, so wie die Elephanten des Gengiskan in Sibirien oder eines andern Kriegers, der diese Thiere dort auf das Schlachtfeld geliefert hätte, sind nichts weiter als leere Erfindungen, die auch alsdenn, wenn sie wirklich gewesen wären, das nicht beweisen könnten, was sie beweisen sollen. Hunters Raubthiere der ganzen alten Welt mit Elephantenzähnen sind widersprechende Ungeheuer. Die Knochen und Zähne des Wallrosses, der Seethiere oder Amphibien lassen sich leicht von Elephantenzähnen und Knochen unterscheiden. Der allerunglücklichste Einfall war wohl der Wahn, daß die Elephantenzähne in die nördlichen Länder durch verunglückte Schiffe gekommen, oder daß diese Thiere aus den in der Vorwelt in Brand gerathenen Wäldern ihres Vaterlandes nach jenen nördlichen Gegenden entflohen wären, wo die gegenseitige Wirkung der Kälte ihnen den Untergang zugezogen hätte. Daß jede Gegend des Erdbodens durch beständige Fortrückung der Wendepunkte, alle Klimata nach und nach, und also der jetzt kalte Norden die brennenden Sonnenstrahlen des heißen Himmelsstrichs schon durchwandert, und folglich auch einstmals alle Thierarten desselben gehabt habe, oder daß der ganze Erdboden vor seiner Abkühlung von dem Brande, darin er vor seinem jetzigen Zustande sich befunden habe, überall asiatisch heiß gewesen sey; das alles sind ohne zureichenden Grund angenommene Einfälle und unerwiesene Schwärmereyen. Es bleibt also kein anderes Mittel übrig, diesen Knoten zu lösen, als das anzunehmen, wovon sich in der Natur selbst, auf der ganzen jetzt bewohnten Oberfläche des Erdbodens, so weit dieselbe der menschliche Fleiß bisher hat durchforschen können, in den Flözgebürgen die augenscheinlichsten Spuren zeigen: daß eine ganz außerordentliche und große Wasserfluth, man mag sie nun mit der jetzt unbilliger Weise so sehr verachteten Bibel eine Sündfluth oder wie man sonst will nennen, jene großen und ausländischen Landthierknochen und Geripppe dahin geschleppt und fortgewälzt haben müsse, wo man sie jetzt in Gesellschaft mit andern Meersprodukten, und so gelagert findet, wie sich nur aus einer solchen Ergießung des Meers begreifen läßt, dessen Fluth und Wellen sie von ihrer Heimath dahin führten, wo sie jetzt zusammengeschlemmt liegen. Nach eben den Gründen urtheilte der alles tief untersuchende **Bergmann** in seiner physikalischen Beschreibung der Erdkugel S. 305. „Man hat in unsern Zeiten (schreibt er daselbst) die Schwierigkeit (nehmlich jene Erscheinung zu erklären) dadurch heben zu können geglaubt, daß die Pole verrückt und folglich die Klimata geändert worden. Es hat also zu einer Zeit, sagt man, in **Sibirien** eine Indianische Hitze und folglich auch der Geburtsort der Nashörner gewesen seyn können. Eine solche Verändrung, glaubt man, habe auch das Meer über ungleiche Strecken gezogen, und davon sieht man die unzählige Meeresbrut, die aller Orten gefunden wird, als Kennzeichen an. **Aber die Astonomie erkennet dieses System nicht: und daher fällt das ganze Gebäude von selbst. Was jetzt mit einiger** (man kann, däucht mir, nach allen von so vielen Beobachtern bisher angestellten Untersuchungen sicher sagen, mit der größten und möglichsten) **Wahrscheinlichkeit gemuthmaßt werden kann, ist daß die Sündfluth**

die

die gefundenen Thiere an so entlegene Oerter hingeführt habe. Sie sind ohne Zweifel ungeschickt und schwer zu solcher Seereise gewesen. Aber man weiß, daß organische Körper, die specifisch schwerer sind als Wasser, oben fließen, so bald eine innerliche Gährung bey ihnen zu entstehen anfängt. Die meisten sind in die völlige Verwesung gegangen, und haben nur Horn und Geripppe hinterlassen. Aber einige wenige sind so dicht eingebettet worden, daß die Luft ausgeschlossen wurde, und man weiß, daß es besonders bey so groben und festen Theilen, als die Haut und Sehnen des Nashorns sind, zur Befreiung von der Zerstöhrung nichts mehr bedürfe."

Jetzt kann ich in Erzählung dessen, was ich von den bisher bekannt gemachten lithologischen Beobachtungen, bestätigt gefunden habe, weiter gehen. Und hier werde ich mich kürzer fassen dürfen.

2) Die im 4ten B. unsrer Schriften, S. 249 beschriebene Bauart der sogenannten **sägeförmigen Orthoceratiten** habe ich an einigen versteinerten Körpern dieser Art auf der Oberfläche eines Paars jener grauen hier abermals gefundenen Steine, darin man sie anzutreffen pflegt, durch wiederholte Beobachtungen bestätigt gefunden.

3) Von derjenigen Art versteinerter Meerkörper, welche man bisher von einer sehr entfernten Aehnlichkeit, **Muskatenstuffe** genannt hat, kann ich auch ein Paar hier gefundne neue Beyspiele anführen, die beyde, sonderlich das eine sehr deutliche Stück, auch sogar ungeschliffen ganz klar an den Tag legen, daß diese Versteinerung zu den gestirnten Fungiten, oder Astroiten mit zureichendem Grund gerech-

net werden muß, wie ich sie im 4ten B. uns. Schrif. S. 256 u. f. dafür erklärt habe.

4) Die Anzahl meiner **gestirnten Kettenkorallithen** ist auch durch ein hier gefundenes Stück vermehrt worden. Die Versteinerung ist kalkspathartig im Kalkstein.

5) An einem, ohne Nachricht woher es sey, erhaltenen Stück des sogenannten **Staarensteins**, welchen einige bisher für versteinertes Holz gehalten haben, und den der Herr Leibmedikus **Brückmann** in der zwoten lehrreichen und gründlichen Fortsetzung der Beyträge zu seiner Abhandlung von Edelsteinen rc. für versteinerte Rohrhalme und Rohrwurzeln mit untermischten cylindrischen Wurmröhren und hin und wieder dazwischen gekommenen sternförmigen Röhrenkorallen anzusehen geneigt ist, habe ich, nachdem die Politur hinzugekommen war und die Entdeckung erleichtert hatte, abermals deutlich wahrgenommen, daß die erste Erklärung dieser Versteinerung, welche in der Abhandlung von Edelsteinen, S. 232 gegeben war, und der ich in dem mehrmals angeführten 4ten B. unsrer Schriften beytrat, den Vorzug verdiene. Ich kann hier so, wie an allen meinen übrigen **Staarensteinen** nichts anders als eine **gestirnte Röhrenkoralle** finden. Damit will ich aber nicht läugnen, daß bey andern Stücken dieses Steins auch die übrigen vorher angezeigten möglichen Fälle, nach sichtbaren und sichern Merkmalen, statt finden können. Sonst dient der Staarenstein zu einem klaren Beweise wirklich achatartig versteinerter Körper, weil diese Versteinerung allemahl wahrer Achat ist. Die in meinen vorigen Beyträgen angezeigten und hier gefundenen Beyspiele achatartiger

ger Versteinerungen will ich hier nicht wiederholen. Was mag aber wohl der wahre Grund seyn, warum in den Achatnieren und Trümmern niemahls Versteinerungen angetroffen werden, obgleich diese Steinart in versteinerten Muscheln, Schnecken, Korallen, Hölzern u. s. w. schon oft sich gezeigt hat. **Davila** hat im Catal. de Curios. S. 152 Astroiten aus dem **Zweybrückischen**, Ammonshörner aus der **Normandie**, Turbiniten von **Soissons**, Krötensteine von eben daher, eine Fischkinnlage auch daher, und Schnecken in gelbem mürben Sandstein bey **Siena**, als achatartige Versteinerungen nahmhaft gemacht.

6) Von jaspisartigen Versteinerungen, von hornsteinartigen Versteinerungen im Jaspis, von kalkspatartig versteinerten Entrochiten in gelb- roth- und grünbuntem Jaspis könnte ich noch einige neu gefundene merkwürdige Beyspiele beschreiben, wenn ich nicht schon oft genug solche Urkunden der Verwandlung im Steinreiche vorgelegt hätte. Einen in hellen, schwärzlichen Hornstein verwandelten Entrochiten, mit weislicher Schale, der über einen Zoll lang ist, in dunkelbraunem Jaspis, in dessen Mitte eine sehr zierlich schattirte Schraube zu sehen ist, nebst einem fünfeckigen Sternsäulenstein auf der andern Seite, wo der sonst jaspisartige Mutterstein noch mit Salpetergeist brauset, kann ich dennoch nicht unbemerkt lassen.

7) Von quarzartigen Versteinerungen, deren Möglichkeit **Walch** ganz in Zweifel zog, habe ich im 1sten Th. uns. Schr. S. 232 u. f. f. Beyspiele angezeigt, welche der Herr Leibmedikus **Brückmann** in der schäzbaren 2ten Fortsezung des Beytrags zu seiner Abhandlung von Edelsteinen anzuführen werth

 ge-

gefunden hat. Eben dieser große Steinkenner hatte schon in seinen Beyträgen zu jener Abhandlung S. 5. die **Hüttenroder Schraubensteine** und einige **Korallenarten**, welche man oft neben jenen quarzartig in ähnlicher Mutter zu finden pflegt, als Beweise angeführt, daß Versteinerungen **in und aus Quarz** (denn beydes ist sehr unterschieden) unstreitig wären, ohngeachtet man solche bis dahin noch gar nicht beobachtet hatte. Vor einigen Jahren brachte mir der Hoffaktor Herr **Danz** ein Stück eines quarzartigen Steins von **Brüssel** mit, das ganz mit quarzartigen schraubenähnlichen Steinkernen der Entrochiten angefüllet ist. Bey einer bisher noch immer so seltenen und vielleicht noch nicht einmal allgemein geglaubten Erscheinung, als quarzartige Versteinerungen sind, kann es wohl nicht überflüßig seyn, daß ich die Aufmerksamkeit auf diesen Gegenstand erneure, und die Beweise für die Wahrheit derselben durch eine neue Entdeckung vermehre, die ich diesen Sommer hier gemacht habe. In einem thonartigen, noch nicht überall zu Jaspis erhärteten Stein fand ich, beym Zerstuffen drey Stück von jenen bekannten Steinkernen der Entrochiten, welche die **Hüttenroder Schraubensteine** ausmachen, als wirklich in Quarz verwandelte Schrauben gebildet. Eine hat nur zwey Glieder. Aber zwey derselben bestehn aus drey Gliedern. Ausserdem sind Abdrücke zu sehn, wo einzelne Glieder gesessen haben, die beym Zerschlagen entfielen. Indessen möchte jemand sagen, hier bleibe noch immer der Einwurf stehen, daß die angeführten Beyspiele von Schraubensteinen nur quarzartige Steinkerne oder Ausfüllungen eigentlich verlohrengegangener Körper wären. Diesem Einwurfe kann ich die bey **Potsdam** gefundenen und

erst

erst erwähnten Entrochiten, Muscheln und Korallenröhren gerade entgegen stellen, weil an derselben der ganze Körper, so weit derselbe erhalten ist, Quarz wurde. **Gesner** und **Luid** haben auch schon Conchylienschalen aus Quarz gekannt und gehabt. Die **Potsdamschen** Entrochiten aus Quarz sind gerade das, was die **Hüttenroder Schraubensteine** verlohren haben, und hier sind so gar alle Glieder oder Trochi der Entrochiten kenntlich zu unterscheiden. Dagegen hat die innre Ausfüllung nichts schraubenähnliches. Und die neben den **Hüttenroder Schraubensteinen** sich oft findende in Quarz verwandelte Korallenarten sind gewiß auch keine bloße Steinkerne.

8) Von jenen kleinen runden, ganzen und halben Korallkugeln, (S. v. **Branel** lithographia suecana Fig. XVII) deren aus einem gemeinschaftlichen insgemein zirkelförmig hohlen, Mittelpunkt laufende Röhren, an ihren offenen und auf der Oberfläche netzförmig verbundenen Enden, dieser Oberfläche eine zackige Gestalt zu geben pflegen, und die von einigen **kuglichte Porpiten** (S. lithol. Wörterbuch ꝛc.) genannt werden, habe ich ausser den schon bekanntgemachten wiederum auf einem dünnen, thonartigen, stellenweise hornsteinartigen Stein, der etwa 3 Zoll lang, und nicht überall 2 Zoll breit ist, 26 Stück hornsteinartig, ihre Röhren aber mit verhärtetem Thon ausgefüllet, mehrentheils ganz bloß und erhaben liegend gefunden. Ich habe diese Versteinerung nicht so oft kalkspathartig als aus Hornstein angetroffen, da doch die mehreste andere Fungitenarten sich öfter in der ersten Steinart sehen lassen. Ausserdem habe ich in zerschlagenen Feuersteinen, die selten un-

zertrümmert aus meinen Händen kommen, ungeachtet sie sich auch nicht selten an ihnen zu rächen pflegen, manche merkwürdige korallinische Versteinerung angetroffen, welche hier alle anzuführen zu weitläuftig seyn würde. Zwey Stück ziemliche sehr wohl erhaltne Kammmuscheln, mit hornsteinartig, sehr fein versteinerter, beynahe noch natürlich gefärbter Schale in einem ziemlich verwitterten Feuerstein, halte sich für selten. Auch einen kalkspathartigen Belemniten in verwittertem Feuerstein, der auf der einen Seite seines dickern Endes in Feuerstein verwandelt ist, finde ich lehrreich. Ueberhaupt habe ich bisher vorzüglich solche Versteinerungen in meinen Beyträgen beschrieben, die eine Verwandlung in härtere Steinarten beweisen, und es mir vorbehalten, die weichern Versteinerungen mit der Zeit nachzuhohlen, wenn ich die Potsdamsche Insel mit der angrenzenden Gegend oryktographisch beschreiben werde: wozu ich bald Stoff genug gesammlet zu haben glaube.

9) Von chalcedonartigen neu gefundenen Versteinerungen will ich nur 2 Proben anführen. Die erste soll ein röhrenförmigen Fungit seyn. Aus der mir zu Theil gewordenen größern Hälfte desselben scheint zu erhellen, daß er kreisförmig und eine Seite flach, die andre aber erhaben gewesen sey. Alle seine Röhren haben einen gemeinschaftlichen Mittelpunkt, von welchem sie nach der Oberfläche neben einander fortlaufen, und sind in schönen blauen Chalcedon verwandelt, aus welchem an einigen Stellen glänzender Schwefelkies hervorschimmert. Noch seltsamer in dieser Verknüpfung scheint mir eine gegenseitige Verwandlung einiger Röhren auf der flachen

Seite

Seite zu seyn, welche wirklich in Kalkstein, mit ganz kenntlichen Zügen der Röhren, aufgelöset sind, der mit Salpetergeist brauset. Die zweyte chalcedonartige Versteinerung, welche ich der Anzeige werth halte, ist von derjenigen Madroporiten Art, die **Fougt** unter den Baltischen Korallen Fig XIII. abgebildet hat. Im 4ten B. der der Beschäftigungen, S. 531 habe ich schon ein ähnliches Stück bekannt gemacht. An dem jetzt dazu gekommenen sind die in dem kalkartigen Mutterstein einander durchkreuzenden madreporiten Zweige, einige ganz, andre nur zum Theil Chalcedon, und das übrige ist kalkartig.

Nachdem ich nun alles mitgetheilt habe, was ich zur Bestätigung, Erläuterung oder Berichtigung und Anwendung meiner bisher bekannt gemachten Beyträge zur Geschichte merkwürdiger Versteinerungen und Steine seitdem überzeugend einsah, und mir zu diesem Zweck nicht undienlich schien; will ich jetzt auch noch einige Merkwürdigkeiten hinzufügen, die ich bisher noch nicht angezeigt oder beschrieben habe.

1) **Getropften Quarz** von der Art, wie ich beschreiben will, habe ich bisher noch nirgends angemerkt gefunden. Des Herrn geheimen Bergraths **Gerhard getropfter Quarz** (s. Versuch einer Geschichte des Mineralreichs S. 115. Th. 2) ist zwar von gleicher Entstehungsart, aber von ganz anderer Bildung oder Gestalt. Ich darf also wohl die Reihe der unterschiedenen Ausbildungen, in welchen die Natur den Quarz darzustellen pflegt, durch das was ich hier entdeckt habe, vollständiger machen. An einem Stück blaulichen Quarzes, von der Größe und Gestalt eines mittelmäßigen Apfels, nahm ich beym ersten

Anblick, in einigen Löchern desselben und an einigen Stellen der Oberfläche Quarzkügelchen oder Tropfen wahr, die mit ähnlichem Stoff zusammengefügt, als zusammengeflossen, erhaben, rauh und zum Theil glänzend, erschienen. Ich merkte aber bald, daß der ganze Stein durch und durch aus kleinen und grössern koncentrisch gebildeten Quarzkügelchen oder Tropfen, von unterschiedener Größe zusammengesetzt war, die ich anfänglich beynahe für Versteinerungen gehalten hätte, bis ich den Stein durchschneiden und poliren ließ.

2) **Feuersteine**, die auf ihrer Oberfläche **getropft** erscheinen, oder mit kleinen glatten, wie geflossen anzusehenden Halbkugeln besetzt sind, und die vollkommen dem getropften Chalcedon gleichen, habe ich auch noch nicht angezeigt. Der Herr Leibmedikus **Brückmann**, dem ich ein Stück dieser Art sandte, ist mir in der 2ten Fortsetzung seiner Beyträge 2c. zuvorgekommen, und hat diese abweichende Bildung des Feuersteins S. 206 als eine Seltenheit angeführt, die angemerkt zu werden verdient. Der Herr geheime Bergrath **Gerhard** nennt im Versuch einer Geschichte des Mineralreichs Th. 2. S. 129 diesen **getropften Feuerstein** caillou en mammellons. Ich besitze davon noch einige sich sehr auszeichnende Stücke, die theils grau, theils röthlich, theils gelb sind. Unter den letztern ist einer ganz helle durchsichtig, beynahe wie ein Lynkur. Und ein größerer besteht aus unterschiedenen übereinander liegenden Scheiben mit abwechselnden Farben, die auf der Oberfläche noch Spuren ihrer kalkartigen Abstammung zeigen. Die Halbkugeln des einen röthlichen Stücks sind wahrer Chalcedon.

3) Einen achatisirten, roth, blau, weiß und gelbbunten röhrenförmigen, sehr feinen **Potsdamschen** Fungiten muß ich auch an der einen Seite, und noch an andern Stellen, als **tropfenförmig** versteinert beschreiben.

4) Ausserdem habe ich ein ziemlich großes, sehr schönes und seltenes Stück **Tropfachat** erhalten, das von **Weselbach** seyn soll. Es ist roth, braun und gelb gefärbt. Die angeschlagenen Kugeln und Röhren desselben bestehen allesammt aus den allerfeinsten koncentrischen Kreisen der angezeigten Farben, deren Mittelpunkt allemal braun ist. Alle Röhren, so dick als ein starker Strohhalm, deren nicht wenige und einige über einen Zoll lang sind, haben einen Ueberzug von dem feinsten schmutzigröthlichen Quarz, und man sieht noch auf dessen Oberfläche ganz feine horizontale Streifen als Spuren des tropfenartigen Ursprungs.

5) Einen grauen, flachen, 2 Zoll langen, und meist überall halb so breiten Feuerstein habe ich mit einem chalcedonartigen, etwa wie ein starkes Blatt Pappier dicken, ins Blaue spielenden Ueberzuge, und ein Paar ganz weißen Stellen, als mit dem schönsten Email, bedeckt hier gefunden. Die häufig darauf zerstreuten himmelblauen, schwärzlich schattirten Dendritenfiguren haben, nach der Politur, ein sehr reitzendes Ansehn erhalten. Mit einer ähnlichen chalcedonartigen Rinde, die an vielen Stellen mit tropfenförmigen Halbkugeln besetzt ist, kann ich ein flaches, etwa einen Zoll ins gevierte großes Stück crystallisirten Quarz zeigen, und ein anderes, dickeres Stück hat auf der Oberfläche und in der Mitte mehr dergleichen Streifen. Beyde sind von **Potsdam**.

6) Alle

6) Alle durch einen Zufall im Ziegelofen gebrannten Feuersteine finde ich allemal dem schönsten Porcellain an Weiße und Härte gleich, aber überall rissig und zersprungen. Kein einziger derselben will mit Salpetergeist brausen. Dennoch scheint mir daraus gar nichts in Absicht des Ursprungs der Feuersteine zu folgen. Herr Leibmedikus **Brückmann**, der ähnliche Erfahrurgen erzählt, gesteht selbst, daß wir in der Chymie sogar noch nicht einmal so weit gekommen sind, daß wir, bey Zerlegung der mehresten Steinarten ihre wahren Bestandtheile unläugbar darstellen könnten. S. Beyträge zur Abhandlung von Edelsteinen S. 4. vergl. mit S. 191. Wie könnte auch sonst **Cronstedt** im Versuch einer Mineralogie Th. 1. S. 139 **bloß vermuthen**, daß der Feuerstein, außer der Kieselerde und dem Crystallisationswasser, auch einen **kleinen Theil Kalkerde und brennliches Wesen** in seiner Mischung habe? und wie könnten gepulverte Feuersteine zum Theil von sauren mineralischen Geistern aufgelöset werden, wenn nicht die **Cronstedtsche** Vermuthung Grund hätte? S. Herr Leibmedikus Brückmanns Abhandlung von Edelsteinen S. 256. Ja ich kann mehr als einen Feurstein so, wie ihn die Natur gebildet hat, jedem vor Augen legen, der sich überzeugen will, daß es dergleichen Steine gebe, die mit dem Salpetergeist aufbrausen.

7) Mit einer unzählbaren Menge glänzender, mikroskopisch kleiner, sehr reitzend durch ein Glas anzusehender Quarzcrystallen über und über, wie mit einer Rinde überzogen, habe ich ein, sonst eben nicht sehr hartes, thonartig versteinertes, hin und wieder eisenschüssiges Stück Holz gefunden.

8) In einem mittelmäßigen Stück **Tropfstein aus der Baumannshöhle**, welches ich vom Herrn Hoffaktor **Danz** erhielt, können wohl die sichtbaren vielen Bruchstücke von Holzkohlen, mit einem Stück von einem größern, nebst unterschiedenen sehr kleinen, zum Theil nur erst mit einem guten Glase recht zu erkennenden, Knochen nicht natürlicher an den Ort ihrer nachmahligen, durch gerinnende Tropfwasser bewirkten, Vereinigung gebracht sich denken lassen, als vermittelst einer eingedrungenen Wasserfluth in jene Höhle. Und dann wäre hier ein Beyspiel, wie durch Wasserfluthen herbeygeführte und niedergelegte Körper, hier Knochen und Kohlen, in Steine gerathen sind, wenn sie an einen zur Einsteinung schicklichen Ort kamen, wie ich im 4ten B. uns. Schr. S. 242, angemerkt habe. Selten wird man indessen finden, daß wie im gegenwärtigen Falle, in einem Stück das Steinreich mit todten Resten des Pflanzen- und Thierreichs zugleich verbunden erscheint. Zur Erklärung dieser Verbindung wird aber jede partikuläre Wasserfluth zureichend seyn. Sollte nicht die **Experimentalcosmologie** unsers Erdbodens, in welcher wir noch viel weiter zurück sind, als in der **Experimentalseelenlehre**, aus einer genauern Beobachtung der Steine und Versteinerungen noch manche beträchtliche Zusätze erhalten können?

9) Vor einigen Monaten fand ich in einem großen Stein in einer hiesigen Lehmgrube ein etwa 2 Zoll langes Stück von einem Ammonshorn, noch überall von der Schaale bedeckt. Es war mir am Ende sehr lieb, daß es mir glückte, dieses Bruchstück, obschon in 2 Hälften zersprungen, aus jenem Stein her-

herauszuschlogen. Denn nach abgewaschenem Lehm fand ich, daß die Schale dieser Ammoniten Trümmern, deren jeder noch einen Zoll lang war, wie der schönste Labradorstein, ganz herrlich grün und roth geflammte Farben spielte, und daß ich also etwas dem Kärthenschen Muschelmarmor von Bleyberg, ähnliches erlangt hatte. Der eisenocherfarbige Steinkern ließ mich nicht lange an dem Grunde dieses Schillerglanzes zweifeln. Zwey kleinere Bruchstücke von Ammonshörnern mit der Schale, und ein Steinkernstück einer Schnecke, die ich schon vor jenen hatte, zeigen ein eben so reitzendes Farbenspiel aus eben dem Grunde. Ungeachtet in eisenocherartigen Steinen mehrentheils die Conchylienschalen zerstöhrt zu seyn pflegen: so besitze ich dennoch in dieser Steinart auch einige, zwar nicht große, aber dennoch wie die schönste Perlmutter glänzende, sehr wohl erhaltene Kegelschnecken. Auf der einen Fläche eines mit etwas Sand vermischten Steins dieser Art kann ich eine Menge kleiner Bruchstücke von Muscheln und Schnecken ganz entblößt zeigen, die insgesammt opalisiren.

10) In einem Stück Feuerstein, das beynahe zu Kreide verwittert ist, zeigen sich außer dem Eindruck einer nicht gar großen, flachen und länglichen Kammmuschel mit Ohren noch unversehrt gebliebene Streifen eines in schwarzen Feuerstein verwandelten Reteporiten, dessen feine Röhren mir deswegen Aufmerksamkeit zu verdienen scheinen, weil die Schalen derselben ein sehr feines Netz von gelbem Kies auf der Oberfläche vorstellen.

11) An 2 nicht völlig ganzen Seeigeln ist die übrig gebliebene Rinde größtentheils chalcedonartig,

außer

außer einigen noch kalksteinartigen Stellen. Das eine ist mit weißen, mürben Kalkstein inwendig ausgefüllt. Des andern Kern ist schwarzer Feurstein. An einem dritten gedrückten Seeigel ist die ganz kenntlich erhaltene Rinde in Feuerstein, mit mancherley koncentrischen Schnörkeln, wie man sonst auf einigen versteinerten Muscheln zu finden pflegt, verwandelt. Der Kern ist ebenfalls, wie die Rinde, schwarzer Feurstein, und zwischen ihm und der Rinde ist weiße Kalkerde eingedrungen. Viel öfter habe ich die ganze sehr wohl erhaltene Rinde der versteinerten Seeigel kalkspathartig hier gefunden, besonders wenn der Kern Kalkstein war.

12) Versteinerungen in Sandstein sind gewiß viel seltner, als in andern Steinarten, besonders wenn sie deutlich und wohl erhalten sind. Es werden also wohl einige derselben, die ich selbst gefunden, oder sonst erlangt habe, werth seyn, hier angeführt zu werden.

a) Auf den Bergen vor dem Hallischen Thor bey **Berlin** fand ich vorigen Sommer einen ziemlich festen Sandstein. Nachdem ich ihn gespalten hatte, entdeckte ich darin ein sehr deutliches und ziemlich hartes Stück versteinertes Holz. Der Stein war aus einer Sandgrube zu Tage gebracht.

b) Auf der einen Seite eines, ebenfalls harten Sandsteins sind häufige Eindrücke und Löcher, worin noch die Spuren der herausgefallenen, vermuthlich versteinert gewesenen, Holzstücke augenscheinlich wahrzunehmen sind.

c) Spuren und Abdrücke von einer mir unbekannten, breiten und streifigen Pflanzenart habe ich in den Höhlen, und auf allen Seiten eines dritten, nicht weniger harten, Sandsteins aufzuweisen.

d) Ein Ammonshorn, mit noch etwas Schale, habe ich aus einem sehr harten, an unserm Braushaußberge gefundenen Sandstein herausgesprengt. Es ist eigentlich nur ein Steinkern von der Art seines Muttersteins. Die vordersten Gewinde sind mit hartem Sandstein ausgefüllet; die letzten 3 aber sind bis zum Mittelpunkt erhalten, und in durchsichtigen hellen Kalkspath verwandelt.

e) Außerdem habe ich noch einige Sandsteine aus unsrer und andern Gegenden mit Steinkernen und Schaalen von allerley Muscheln und Schnecken, deren kalcinirte Reste den Mutterstein so durchdrungen haben, daß er mit Scheidewasser ziemlich brauset. In einem Paar dieser Steine sind die versteinerten Conchylien härter, und sehr gut, mit allen ihren feinsten Reifen und Streifen erhalten. Auch einen Belemniten habe ich in einem feinen harten kalkartigen Sandstein, und in einem andern gröbern und noch härtern Wurmröhren und ein Bruchstück einer Muschel hier gefunden. Mitten in dem letztern Sandstein sind an einigen Stellen Feursteinstreifen zu sehen. In einem Bruchstück eines kalkartigen Sandsteins bewundre ich, außer einer kleinen Kammmuschel, 2 poröse Fungiten so groß wie Erbsen, die in Feurstein verwandelt sind. Ich finde oft außerordentlich harte Sandsteine, worin die Natur ihr großes Meisterstück, Sandkörner mit Kalktheilchen oder einer andern Erdart im gehörigen Verhältniß recht zu mischen, und eben dadurch so fest zu verbinden, klar vor Augen gelegt hat. Vielleicht könnte die Baukunst es hierin weiter bringen, als bisher von unsern Kalkbereitern geschehen ist, wenn sie fleißiger bey der Natur in die Schule ginge.

f) Ein

f) Ein sehr schätzbares Stück **Sandstein vom Regenstein** bey **Blankenburg** mit **chalcedonartigen Schraubenschnecken** muß ich noch als ein Merkmal der Güte meines verehrungswürdigen Freundes, des Herrn Leibmedikus **Brückmann**, rühmen. Es ist 5 Zoll lang, und zwischen 2 und beynah 4 Zoll breit, aber nirgends über einen halben Zoll dick. Dennoch liegen auf der einen Fläche desselben 15 St. chalcedonartige, mehrentheils ganze, und einige beynahe 2 Zoll lange Schraubenschnecken halb erhaben nebst 2 Bruchstücken von Kammmuscheln. Auf der andern Seite sind neben einer über 2 Zoll langen, chalcedonartigen Schraubenschnecke, noch 5 andre dergleichen etwas kürzere, nebst einer wohl erhaltenen Kammmuschel, und einer unvollständigen Schale von einer Bohrmuschel, von eben der Steinart zu sehen. Einigen dieser Schraubenschnecken sind noch ihre geringelten und gekörnten Schalen erhalten, welche das Ansehen eines kreideweissen Jaspis zeigen. Alle aber haben einen hellglänzenden, feinen, chalcedonartigen Kern, der an vielen Stellen, von der Schale entblößt, hervorschimmert. Der Sandstein, ist wie von dorther gewöhnlich, etwas grobkörnig. Selbst unter den quarzartigen Sandkörnern sind einige chalcedonartig, und daher ist dieser Sandstein viel härter, als sonst. Ein polirtes Bruchstück dieses Steins, das ein Freund in **Berlin** mir zeigte, hat meine Wahrnehmung bestätiget. Eine schöne Beschreibung von dieser merkwürdigen Art der Versteinerung kann man im 4ten St. des Naturforschers S. 210 u. f. von **Walch** lesen. Außer den bisher bey **Potsdam** gefundenen chalcedonartigen Versteinerungen habe ich im 4ten B. uns. Schr. S. 253. Korallenäste und Zweige von der Asse, bey **Braunschweig** beschrieben, die ich von eben der freygebigen Hand empfing, welche sie in der Abhandlung von Edelsteinen S. 192. nebst jenen Schraubenschnecken und einigen Hölzern, als Beweise chalcedonartiger Versteinerungen anführte. Aus **Andreä** Briefen aus der Schweiz wissen wir nun auch, daß zu **Courtagnon in Champagne** eine ganze Chalcedonschicht mit versteinerten Muscheln und Schnecken steht, die chalcedonartig sind, und häufige kalksteinartige Versteinerungen enthalten. Und ungeachtet Herr Leibmedikus **Brückmann** in den Beyträgen zur Abhandlung von Edelsteinen S. 146 die Versteinerungen im Chalcedon für eine große Seltenheit erklärt, und versichert, daß man sie in den Chalcedonkieseln oder Nestern niemals antreffe: so wird dennoch zugleich ein schichtweise sich findender Chalcedon seines und des fürstlichen Kabinets angeführt, worin sehr feine versteinerte chalcedonartige und zum Theil hohle, Turbiniten liegen, die sich auch, nebst durchsichtigen chalcedonartigen Nauteliten um **Bourdeaux** finden sollen. Die übrigen daselbst angezeigten merkwürdigen Versteinerungen dieser Art verdienen die Aufmerksamkeit eines jeden Kenners.

Sollte ich nun nicht Grund haben, aus so vielen bisher jetzt und in vorhergehenden Beyträgen, bekanntgemachten Hornstein- oder Feuerstein- und chalcedonartigen Versteinerungen, die alle aus ursprünglich kalkartig gewesenen Körpern das geworden waren, was sie jetzt sind, und aus mehr angeführten Beyspielen solcher Kalksteine, die mit Feuersteinstreifen und Flecken durchwebt, oder bis zur Hälfte ächter Feuerstein oder Hornstein sind, wovon ich noch eine lange Reihe bey **Potsdam** gesammleter, merkwürdiger und deutlicher Stücke, auch im Kalkspath, hier anführen könnte; sollte ich nicht zureichenden Grund haben, aus so vielen unstreitigen Urkunden und augenscheinlichen Beweisen, welche die Natur selbst darbietet, sehr sicher und richtig zu schließen, daß Feuersteine und der Chalcedon aus dem Kalkstein durch eine auch in andern Naturreichen sehr analogische Verwandlung entstehen können, es mag im übrigen mit dieser Entstehungsart zugehen, wie es wolle? Nach jenem ewig festen Grundsatz: was wirklich ist, das muß auch möglich seyn, glaube ich, ohne Widerspruch zu befürchten, diesen Schluß für augenscheinliche und untrügliche Wahrheit ausgeben zu dürfen. Und darin wage ich gewiß desto weniger, je mehr genaue und gründliche Beobachter ich auf meiner Seite habe. Ich will vor allen den aufmerksamen Walch, jenen großen Reformator der Steinkenntniß anführen. Im 4ten St. des Naturforschers S. 213 u. f. bekennt er, „daß uns die Regensteinschen Versteinerungen (davon ich kurz zuvor ein so herrliches Stück beschrieben habe) lehren, daß durch die Congelation eines auch mit höchst feiner Kalkerde geschwängerten Wassers, Hornsteine und Jaspisse entstehen können. Gemeiniglich, fährt er fort, glaubt man, daß zu der Erzeugung dieser beyden Steinarten eine Thonerde nothwendiger Weise erforderlich sey. Allein da hier aus aufgelöseten Schneckenschalen, folglich aus Kalkerde, so sich mit dem Wasser vereiniget hat, Chalcedon und Jaspis geworden ist; so erhellet daraus, daß nicht so wohl auf die Erdart, als vielmehr auf die Feinheit derselben das meiste ankomme. Werden die

Kalktheilchen in den feinsten Staub aufgelöset, werden sie dadurch von ihren flüchtigen, öhlichten, auch wohl mit solchen zum Theil von ihren salzigen Theilchen entbunden: so sind sie alsdenn nicht mehr als ächte wahre Kalktheilchen zu betrachten, in so fern sie viel von ihrer wesentlichen Substanz durch gänzliche Auflösung und Verflüchtigung ihres brennbaren Wesens verlohren haben. **Und so können sie alsdenn in der Congelation eben das verrichten, was sonst Thonerden thun.** Das Wasser nimmt sie beyde auf. Die in dem eingeschlossenen Wasser befindliche reine Glaserde hüllet jedes Körnchen, **es mag von einer Kalk- oder Thonerde abstammen,** in sich ein, und stellet damit eine Steinart dar, die wir, wenn sie halb durchsichtig ist, Hornstein, oder, nach dem Unterschied der Farben, Chalcedon, Onyx u. s. w. und wenn sie undurchsichtig ist, Jaspis zu nennen pflegen. Man sieht solches auch deutlich an den in der Kreide befindlichen Feuersteinen, die nichts anders, als ein mit Kreideerde verbundenes Congelat eines in den Kreideschichten eingeschlossen gewesenen Wassers sind. ꝛc." Man vergleiche mit dieser Stelle jenes erste classische Werk von dieser Art Schriften eben desselben Verfassers, die Naturgeschichte der Versteinerungen Th. 1. S. 15. auch des Hrn. Leibmedikus **Brückmanns** Abhandlung von Edelsteinen, S. 255. nebst Beyträgen S. 191. und in der 2ten Fortsetzung S. 203 — 205. Hrn. **Cronstedt** haben wir, wie oben No. 5 bemerkt ist, ebenfalls auf dieser Seite gefunden. Und wenn **Baumer** den Ursprung der Feuersteine erklärt: so sagt er, um jenen Knoten zu lösen, ausdrücklich, **daß dem Kalkstein viel Thon beygemischt sey, und daß die in Hornstein verwandelten Schaal-**

thiere

thiere selbst, bey dieser neuen Mischnng, ihre kalkartige Natur gänzlich verlohren haben. S. den 11ten Band des neuen Hamb. Magazins. Pallas erzählt in seinen Beobachtungen über die Berge ꝛc. daß er ganze Massen von der Versteinerung besitze, die man Fungiten nennt, welche eine Art runder Milleporen ist, deren Aeußeres sich völlig in Achat verwandelt hat, das ganze Innre aber noch zerreiblich und kalkartig ist. S. Ottens Beyträge zur Physikalischen Erdbeschreibung. S. 269. Herr von Born will sogar behaupten, daß die Thonerde und die Kalkerde zur Erzeugung der gallertartigen Masse, aus welcher der Feurstein entstehen muß, nöthig sey. S. Abhandlungen einer Privatgesellschaft in Böhmen B. 1. S. 275. In des berühmten Herrn Ferbers gründlichen Briefen aus Welschland habe ich eine sehr wichtige Stelle, S. 63. gelesen, welche ich hier nicht ungenutzt lassen darf, um noch eine andre Entstehungsart der Kiesel und hornartigen Steine zur weitern Beobachtung und Prüfung nicht so wohl zu empfehlen, als vielmehr nur daran zu erinnern, damit auch hier das Geheimniß der Natur immer mehr entdeckt werden möge. „So gehts! wir sind gar zu geneigt, aus Beobachtungen in einzelnen Ländern allgemeine Sätze zu machen, und uns zu schmeicheln, alle Kräfte der Natur zu kennen und erschöpft zu haben, wenn wir nur ihre Wirkungen nach einer einzigen Methode und deren Ursachen in demselben Fall richtig erforscht haben, gleichsam als wollten wir nicht einmal vermuthen, die Natur könne einerley Zweck durch mehrere verschiedene Mittel ausführen. — Glücklich, wer die Mittelstraße geht, sich in keine Hypothesen einläßt, nicht zu früh glaubt; aber auch alsdenn glaubt, wenn er sieht, und was er sieht, sollte es auch seinen vorigen Begriffen widerstreiten. — Im Vorhergehenden hatte dieser große Naturkenner, bey Gelegenheit der im Vicentinischen und Veronesischen in der Lava gefundenen kieselhaften und hornartigen Steine, worin nicht die geringste Spur von Thonerde zu sehen war, und die auch nicht bloß dahin geschlemmt seyn konnten, gesagt, daß Arduini wohl nicht unrecht haben möchte, da er diese Steine für Ausgeburten des unterirdischen Feuers durch Schmelzung gehalten habe, und hatte noch hinzugesetzt, daß er die Möglichkeit, die Wahrscheinlichkeit und die Beweise des einen so wohl, als des andern einsehe, wie nehmlich die Natur so gut vermittelst des Feuers, im trocknen Wege, als durch Wasser, auf dem nassen Wege, Kiesel und Hornsteine bereiten könne. Wer kann den Einsichten eines solchen Mannes seine Aufmerksamkeit versagen? Und wie sehr ist dieser Gegenstand fortgesetzter Beobachtungen würdig. Der Herr Leibmedikus Brückmann hat in seinen Beyträgen zur Abhandlung von Edelsteinen ꝛc. S. 5. 6 und 156. ein beyfallwürdiges Beyspiel davon gegeben und ganz ausnehmende und entscheidende Beobachtungen und Proben von der Krystallisation im Feuer zu jener Stelle in des Herrn Ferbers Briefen S. 62 u. 63 angeführt.

Sonst hat jener aufmerksame Kenner und Liebhaber der Natur auf seinen Reisen in Italien an vielen Stellen den Feuerstein mit Kalkstein, und umgekehrt, vermischt gefunden. Ich will jetzt nur einen Fall dieser Art, der S. 223 erzählt wird, anführen. „In den dichten Kalkbergen rechter Hand

Hand des Berges — finden sich verschiedene dünne horizontale Schichten, oder vielmehr Adern von weißgrauem Kiesel oder Feuerstein, welche mit den Schichten des Kalksteins abwechseln, 2 bis 3 Zoll stark sind, und wovon einige noch halb Kalkstein und nur halb Kiesel sind.

Von der Möglichkeit des vulkanischen Ursprungs der Kiesel scheinen sich nun auch Spuren in unserm Vaterlande hervorzuthun. Dem Herrn Leibmedikus **Brückmann** ist es nicht unwahrscheinlich, daß jene feste, harte, eisenschüssige und schwarze Steinart, die sich bey **Dürkunzendorf** in der Schlesischen Grafschaft **Glaz** so häufig findet, und worin eine Menge kleiner und größerer Onyxnüsse angetoffen zu werden pflegt, eine Art von Lava sey. S. die 2te Fortsetzung der Abhandlung von Edelsteinen S. 152. Bey **Potsdam** habe ich auch einige mal unstreitige, von Kennern geprüfte Stücken **Lava** gefunden, worin ähnliche Onyxnüsse, von allerley Größe und Farbe, nebst andern kleinen und größern Kieseltropfen zu sehen sind. Aehnliche Erfahrungen hat ein Freund bey **Berlin** gesammlet: und ich habe daselbst aus wahrer **Lava**, auf dem sogenannten **Rollberge**, getropften und gestreiften Chalcedon heraus geschlagen, dem jeder Kenner es sogleich ansehen wird, daß er in solcher ihm noch zum Theil anklebenden, Mutter sich befunden haben müsse.

Die neuesten Erfahrungen des Herrn Hauptmanns von **Carosi** über die Erzeugung des Kiesels werden vermuthlich eine genauere Beobachtung und Prüfung jenes Gegenstandes bey allen Steinkennern veranlassen.

Nach so vielen Erfahrungen und deutlichen Erklärungen der größten Steinkenner, bey so augenscheinlichen Beweisen und entscheidenden reellen Urkunden, dächte ich, könnte man wohl endlich einmal den leeren Wortstreit über die Möglichkeit oder Unmöglichkeit der Verwandlung des Kalksteins in Feuerstein ꝛc. beylegen. Nach dem, wie sich beyde Theile erklären, können alle beyde Recht haben. So bald aber jeder genau bestimmen wird, was er mit seiner geglaubten, oder nicht geglaubten, Verwandlung eigentlich sagen wolle, ist gewiß, wo man nicht Vergnügen an unnützen Wortklaubereien, oder eitler Rechthaberey und verworrnem Plaudern findet, aller Streit mit einemmal geendigt.

Ins innre der Natur dringt kein erschafner Geist,
Zu glücklich, wenn sich nur die äußre Schale weist.
Man hat nach reifer Müh, und nach durchwachten Jahren
Nur erst wie viel uns fehlt, wie nichts man weiß erfahren.

v. Haller.

XVII. Ver-

XVII.

Vergleichung des Gewichts der Atmosphäre zu Berlin und Padua, vom Bergkommissarius Rosenthal.

Nicht Pflicht hat mich bewogen, die Manheimer Beobachtungen zu studiren, sondern bloß eigener Trieb ist die Ursache gewesen. — Aus meinen Untersuchungen habe ich einen kleinen Auszug dem Herrn Legationsrath Lichtenberg! für das Gothaische Magazin ausgefertigt; hier mangeln aber alle diejenigen Oerter, wo nicht ein völliges Jahr beobachtet ist, folglich auch Berlin — Erfurt mangetl, weil der Hr. Prof. Planer bereits die Resultate bekannt gemacht hatte und Sagan, weil der Hr. Beobachter nicht überzeugt war, daß das am Barometer befindliche Thermometer beobachtet werden muß — wodurch er seine Beobachtungen zur Vergleichung unbrauchbar gemacht hat.

Daß ich die Barometerbeobachtungen zuerst auf eine und eben dieselbe Temperatur bringen muste, verstand sich von selbst — und daß ich meine Skale brauchte, beruhte auf mir. Sr. Hochgeb. der Herr Graf von Borke haben die Gütigkeit gehabt, mir die Beobachtung des Hrn. P. Gronau im Intelligenzblatte zu überschicken, welche wie bekannt nach meiner Skale, und vielleicht in Zukunft nach meiner Methode angezeigt werden. Die Größe des Gewichtes der Atmosphäre befremdete den Hrn. Graf von Borke und mich selbst; um nun zu sehen, was Hr. Beguelin gefunden hätte, brachte ich die Barometerstände auf einerley Temperatur, und entdeckte die vollkommenste Uebereinstimmung zwischen Berlin und Padua. Damit man dieselbe besser übersehen und die Abweichungen bemerken könne, habe ich beyde neben einander gesetzt. — Die Beobachtungen selbst sind des Morgens gemacht worden.

Tag Julius	Berlin	Padua	Aug.	Berlin	Padua
1	5414	5422	1	5408	5413
2	5376	5409	2	5386	5402
3	5381	5405	3	5397	5398
4	5390	5406	4	5442	5413
5	5423	5396	5	5448	5412
6	5423	5387	6	5417	5408
7	5413	5387	7	5402	5395
8	5390	5390	8	5407	5395
9	5394	5383	9	5410	5401
10	5388	5380	10	5417	5402
11	5366	5391	11	5417	5403
12	5399	5423	12	5414	5410
13	5417	5421	13	5393	5388
14	5408	5420	14	5368	5379
15	5383	5387	15	5375	5382
16	5394	5385	16	5372	5382
17	5411	5414	17	5373	5380
18	5418	5413	18	5393	5383
19	5406	5405	19	5360	5368
20	5425	5398	20	5311	5352
21	5428	5416	21	5330	5355
22	5376	5408	22	5384	5349
23	5351	5374	23	5408	5366
24	5370	5385	24	5388	5364
25	5377	5383	25	5362	5377
26	5370	5402	26	5350	5388
27	5365	5361	27	5364	5399
28	5390	5379	28	5365	5398
29	5394	5406	29	5365	5392
30	5410	5412	30	5410	5399
31	5424	5419	31	5423	5403

Sept.	Berlin	Padua	Octob.	Berlin	Padua
1	5407	5399	1	5378	5416
2	5403	5403	2	5381	5380
3	5397	5413	3	5371	5375
4	5401	5402	4	5429	5409
5	5372	5381	5	5432	5421
6	5367	5351	6	5400	5404
7	5378	5342	7	5386	5376
8	5418	5373	8	5462	5407
9	5453	5399	9	5478	5429
10	5425	5419	10	5476	5432
11	5452	5413	11	5414	5427
12	5459	5425	12	5408	5414
13	5428	5422	13	5404	5400
14	5408	5411	14	5452	5430
15	5392	5397	15	5464	5461
16	5360	5395	16	5404	5427
17	5336	5371	17	5430	5423
18	5344	5364	18	5435	5427
19	5378	5376	19	5313	5399
20	5392	5376	20	5322	5372
21	5373	5385	21	5289	5390
22	5351	5341	22	5336	5378
23	5314	5317	23	5374	5381
24	5283	5264	24	5407	5404
25	5283	5291	25	5385	5404
26	5212	5302	26	5427	5385
27	5283	5340	27	5433	5422
28	5307	5369	28	5388	5388
29	5411	5415	29	5320	5285
30	5428	5433	30	5280	5297
			31	5318	5304

No-

Nov.	Berlin	Padua
1	5379	5323
2	5400	5363
3	5356	5383
4	5389	5397
5	5432	5425
6	5343	5416
7	5321	5384
8	5367	5358
9	5409	5392
10	5449	5405
11	5382	5397
12	5307	5363
13	5272	5348
14	5346	5367
15	5280	5370
16	5234	5295
17	5298	5327
18	5247	5314
19	5342	5290
20	5422	5377
21	5428	5375
22	5339	5332
23	5343	5364
24	5393	5383
25	5420	5399
26	5451	5404
27	5440	5389
28	5408	5371
29	5429	5411
30	5451	5437

Decbr.	Berlin	Padua
1	5436	5428
2	5430	5375
3	5419	5390
4	5417	5377
5	5424	5363
6	5423	5377
7	5421	5457
8	5434	5382
9	5437	5388
10	5463	5384
11	5456	5415
12	5435	5426
13	5423	5426
14	5421	5431
15	5404	5430
16	5348	5423
17	5369	5409
18	5372	5399
19	5399	5410
20	5407	5427
21	5432	5433
22	5467	5441
23	5407	5433
24	5417	5433
25	5411	5433
26	5434	5441
27	5382	5443
28	5417	5461
29	5351	5437
30	5358	5405
31	5330	5354

Mittlere Schwere der Atmosphäre.

	Padua.	Berlin.
Julius	5399	5398
August	5386	5388
September	5375	5374
October	5399	5393
November	5371	5369
December	5414	5412
Sommer	5387	5387
Herbst	5395	5391
Mittel	5391	5389

Da der Unterschied in der mittleren Schwere der Atmosphäre nur zwey Skrupel beträgt, so kann man annehmen, Berlin und Padua, haben einerley mittlern Barometerstand, oder vielmehr, die mittlere Schwere der Atmosphäre ist an beyden Orten gleich.

Gröſstes Gewicht der Atmosphäre.

Padua.				Berlin.		
Zeit.		Padua	Berlin gleichzeitig.	Zeit.	Berlin	Padua gleichzeitig.
Jul.	12	5423	5399	21	5428	5416
August	4	5413	5442	5	5448	5412
Septbr.	30	4433	5428	12	5459	5425
October.	15	5461	5464	15	5464	5461
Novbr.	30	5437	5451	30	5451	5437
Decbr.	28	5461	5417	26	5434	5441
		5438	5434		5442	5432

Wenn also in Padua die Atmosphäre ihre gröſste Schweregehabt hat, so ist sie inBerlin etwas weniger

leich

leicht gewesen, und umgekehrt, wenn in Berlin die größte ist beobachtet worden. Uebrigens erhält sich die Gewißheit, daß wenn in Berlin, und folglich auch an irgend einem Orte in Deutschland, die größte Größe der Schwere beobachtet wird, solches auch gewiß in Italien geschehe. Dieses hat man längst gewußt, und ich bin nicht willens, damit etwas neues zu sagen.

Wichtiger ist diese Erfahrung:

Die mittlere Größe aus den sämtlichen größten Beobachtungen, durch ihre Anzahl dividirt, ist einander gleich. So war solches zu Padua 5438 und zu Berlin 5442, welcher Unterschied nicht viel zu sagen hat.

Kleinstes Gewicht der Atmosphäre.

Padua.				Berlin.		
Zeit.		Padua	Berlin gleichzeitig.	Zeit.	Berlin	Padua gleichzeitig.
Jul.	27	5361	5365	23	5351	5374
August.	20	5352	5311	20	5311	5352
Septbr.	26	5302	5212	26	5212	5302
October.	29	5285	5320	30	5280	5297
Novbr.	19	5290	5342	16	5234	5295
Decbr.	5	5363	5424	16	5348	5423
		5325	5329		5289	5340

Wenn also zu Padua die Atmosphäre ihre kleinste Schwere hat, so ist solche zu Berlin etwas schwerer — Hingegen, wenn solche zu Berlin ihre kleinste Schwere hat, so ist sie zu Padua um vieles schwerer, doch weichet das mittlere Gewicht nicht um eine Linie ab.

So

So war das mittlere Gewichte im ersten Falle 5327, im zweyten 5314, also Unterschied 13 Scrupel.

Auch die kleinsten Veränderungen sind wahrscheinlich gleichzeitig, nur kleinert sich das Gewicht in Berlin mehr als zu Padua.

Allergrößtes und allerkleinstes Gewicht zu Padua.

Größtes den 15. Octbr. und 28. Nov.	5461
Kleinstes den 29. October ⸗	5284
	177 Scpl.

Veränderungs⸗Skale zu Berlin.

Größtes den 15. October	5464
Kleinstes den 26. September	5212
	252 Scpl.

Ob nun gleich die mittlere Schwere der Atmosphäre zu Berlin und Padua gleich groß gewesen, so erhält sich doch die Veränderungs⸗Skale des ersten Orts zum zweyten wie 252 : 177.

Mittel aus dem größten und kleinsten Gewichte zu Padua.

Mittel aus dem größten	5438
Mittel aus dem kleinsten	5325
Mittlere veränd. Skale	113

Zu Berlin.

Größtes	5442
Kleinstes	5289
Mittlere veränd. Skale	153

Also verhält sich die mittlere Veränderungs⸗Skale von Berlin zu Padua 153 : 113.

Nun

Nun liegt Berlin unter dem 52° 31′ der Breite
und Padua " " 45° 24′

Auf Minuten giebt für Berlin 3151
und Padua 2724

Unterschied in der Breite 427 Minuten.

Nun ist $\frac{176.60}{2724} = 3,9$ und $\frac{254.60}{3151} = 4,8.$

Deshalb ist der Wachsthum in der Veränderungs-Skale vom Aequator bis Padua kleiner, als von Berlin, woraus erhellet, daß die Veränderungs-Skale nicht den Graden der Breite proportional zu seyn scheint.

Die jährliche mittlere Schwere für Padua war 1781. = 5393. man kann dieses also auch für Berlin setzen.

Herr Bode im astronomischen Jahrbuche 1784. meldet: Herr Beguelin habe die mittlere Schwere

1777.	28 Zl.	0, 24 L.	=	5379
1778.	28 —	0, 6 L.	=	5386
1779.	28 —	1, 3 L.	=	5397
1780.	28 —	1, 7 L.	=	5402 befunden.

Da aber hier nicht auf die Temperatur des Quecksilbers Rücksicht genommen ist, so findet keine Vergleichung statt.

XVIII.

Etwas über die unterirdischen Waldungen vom Doktor Weis.

Noch ist die Frage unsres gesellschaftlichen Freundes, des Herrn Pastor Chemnitz nicht beantwortet, die er an den sel. Herrn Doktor Martini gelangen ließ, und die im dritten Bande der gesellschaftlichen Beschäftigungen S. 462 abgedruckt ist.

Ich wage, in diese Begebenheit des Alterthums, wahrscheinlich des mittlern Zeitalters, einen Blick zu thun, und einer erlauchten Gesellschaft zur Prüfung vorzulegen, ob Sie nachstehendes werthachten, in Ihren Schriften aufzunehmen? um den mehr geübtern Natur- und Alterthumforschenden, einen abermaligen Wink zu geben, den Ursprung der **unterirdischen Wälder** besser, als ich im Stande bin, nachzuspüren.

Herr Pastor Chemnitz verstehet in oberwähnter Frage unter dem Holze, das im dortigen Seelande unter dem Torfmoos ausgegraben wird, nicht einzelne Stücke Holz, sondern häufige Bäume mit Wurzeln, Stämmen und Zweigen; meint damit auch

auch nicht versteinert Holz, das z. E. in Böhmen, Hessen, am Harz, in Irrland und mehrern Orten, unter der Erde viele Fuß tief einzeln gefunden wird; auch nicht die mit Flugsand überstäubten, noch in Sümpfen versunkenen Bäume, dergleichen man unbearbeitet und auch behauen *) mit Aexten, Haken, ja sogar mit Münzen vom Könige Eduard IV. Julius Cäsar in England **) auch ohne letztere an vielen Orten ausgegraben hat, und noch ausgegraben werden; er verstehet damit auch nicht die abgebrannten Waldungen, die nachher mit Veen- und Dammerde überwachsen sind: sondern, wie gesagt, lediglich die Bäume, die mit Torfmoos überwachsen und meistens viele Fuß bedeckt sind; und weil sie alle gestreckt da liegen, glaubt unser werther Freund, sie müßten aus andern Landen durch hohe Wasserfluthen dahin gekommen seyn.

Ich habe in dieser Provinz oft Gelegenheit gehabt, dergleichen unterirdische Wälder zu sehen, und weil deren Lage, Richtung und Ueberdeckung mit jener in dänisch Seeland völlig übereinstimmt, einige Betrachtungen darüber angestellt. Zuvörderst will ich von Ostfriesland nur so viel sagen, daß selbiges gegenwärtig von dem Meerbusen Dollart bis Braak gerechnet, und die Herrschaft Jever mit eingeschlossen, zwey Drittel Theil an das Nordmeer grenzt. Der innerste und größte Theil ist mit Torfmoos bedeckt, zwischen und um welches Heide und Sandfelder hinlaufen.

Am

*) Bey Magdeburg fand man einen Baum tief in der Erde, woran die Axthiebe zu sehen waren. Silberschlags Geogenie 1 Th. S. 189.

**) T. Bergmann phys. Erdbeschreibung. 2ter Theil. S. 148.

Am Gestade des Meers und der Ems aber liegen die herrlichsten Marschländer. Die Einwohner vergleichen daher ihre Provinz einem faulen Apfel, woran die äussere Rinde nur recht gut ist. Doch seitdem man angefangen hat, die oberste Rinde des Torfmooses zu brennen und in diese Asche Buchwaizen zu säen, bezasten auch diese Felder die geringe Bearbeitung sehr reichlich, und haben während der Fruchtzeit ein schönes Ansehen.

Wahrscheinlich ist die innere Oberfläche anfänglich weit kleiner als jetzt gewesen. Denn, wenn Craters, Feld- und Kieselsteine und Sand zusammen befindlich, noch von der ersten Eruption zeugen, findet man selbige nur in dem mittlern Theile des festen Landes bey einander, und nicht auf den sogenannten Waaten und Inseln, selbst nicht in den Marschländern, ausgenommen Sand. Auch spüret man noch verschiedene Brüche, deren Eingänge nun aber von der See her, durch höhere Erdlagen verstopft sind. Folglich haben heftige Regengüsse, hohe Wasserfluthen, insonderheit die Sündfluth, die sandige Erddecke nach und nach abgespült, und daraus die Inseln und Waaten gebildet, die Meeresufer ausgefüllt und vom festen Lande entfernt.

Hierdurch ist zugleich die **erste Veränderung** auf der Erdoberfläche entstanden, weil zugleich durch die Sündfluth alles was bis dahin auf dem Erdboden erzeuget war, abgerissen und weggeschwemmt wurde. Sobald aber das Gewässer in die vorigen bestimmten Behältnisse wieder zurückgekehrt war, brachte die nunmehrige bloße Sanddecke, aufs beste genommen, nur das hervor, was noch gegenwärtig die dürren Sandfelder ohne Dünger und Bearbeitung erzeugen. Doch sicherlich wird der Saame der Erdgewächse hier und anderwärts auf dem Erdboden hangen geblieben seyn, der nach verlaufenem Gewässer Früchte trug und in der Folge durch Wind und Thiere allerwärts verbreitet wurde.

Am Gestade des Meeres wuchsen sodann Seegräser, weiter landwärts ein an niedrigen Stellen trieben die Wellen des Meers allerley See- und Erdgewächse zusammen, die nachher faulten und den mitgenommenen Saamen und Wurzeln ihren Wachsthum begünstigten. Auf höhern und von Meeresfluthen freyen Stellen, kamen nach und nach Waldungen hervor, die sich in der Folge über die Sandfelder verbreiteten.

Diese Wälder haben vermuthlich lange Zeit vor und nach Bevölkerung dieser Gegenden gestanden; sie sind diejenigen, von denen noch viele Stämme und Wurzeln in und unter den Torfmoosen gefunden werden, und wovon ich nun einiges sagen werde.

Die Wurzeln dieser Bäume stehen alle im Sandboden, und werden mit 8 bis 18 Fuß hohem Torfmoos bedeckt. Durchgängig findet man die Stämme abgerissen, und so stehen die Wurzeln noch völlig im Sande, oder der fallende Stamm hat die Hälfte der Wurzel aus dem Sande gehoben.

Folglich deckte Holzwuchs den Sandboden weit früher als das Torfmoos, das noch jetzt den größten Theil dieser Provinz einnimmt, auch früher, als sich Menschen hier niederliessen.

Als nun aber die Waldungen die dürren Sandfelder genugsam beschatteten und der jährliche Abfall des Laubes und der Zweige nach und nach fruchtbare

Erde

Erde lieferte, wuchsen vielerley Gräser, die das gleichfalls sich immer mehr mehrende Wildpret und Gevögel herbeylockten und nähreten.

Diesen folgten die Völker der Deutschen, die in den damaligen Zeiten von der Jagd, Viehzucht und Fischen lediglich ihren Unterhalt nahmen, und liessen sich endlich auch in den Wäldern nieder, die sie am liebsten zu ihrem Aufenthalt wählten. Plinius *) gedenkt schon der Druiden, daß sie ihre gottesdienstlichen Oerter mit Bäumen bepflanzten **). Die Chauci ***), die an der Weser und Ems wohnten,

*) Libr. 16. c. 44.

**) Den Neumond und andre Feste feyerten die Deutschen in geweiheten Wäldern. Bünau 1. Th. S. 264.

***) Die Chauzen bewohnten wahrscheinlich auch diese Provinz, und zwar nach Taciti Bericht, den grössern Theil derselben. Nach Ptolomäi Meynung sind sie nachher mit den Friesen vereinigt worden und haben sich, wie diese, Friesen genannt. S. Bünau S. 27. 1. Th.

Jan und Janke sind sehr gewöhnliche Taufnamen des männ- und weiblichen Geschlechts in Ost- und Westfriesland. Hier wird noch öfters Jaiks und Jaike, und in Westfriesland Jauks diese Namen ausgesprochen. Vielleicht bezeichnet diese Aussprache noch die älteste Benennung der Nation, und wenn dies so ist, möchte es der sicherste Beweis seyn, daß die Chauzen diese Gegend bewohnt haben; so wie noch ein Theil dieses Landes den Namen Broohmerland führet, vielleicht weil die Einwohner von den Bracteren abstammen, die Benachbarte der Chauzen waren, wie Bünau 1. Th. 1. B. S. 147. aus andern Geschichtschreibern sagt: Als Drusus mit den Friesen fertig war, wandte er sich jenseits der Ems zu den Chauzen und Brukteren. — —

ten, hatten viele Waldungen, von welchen manche den Namen ihrer Götter führten. Sie hielten auch an solchen Orten ihre Landtäge und Staatsverrichtungen. Hier bey Aurich hat man noch den Upstalsboom, der noch von diesem Gebrauch zeugen soll. Viele Dörfer, auch die wo jetzo fast kein Baum mehr steht, führen hier noch Namen von Holz oder Waldungen, als z. E. Holtgoste, Holte, Holtland, Strakholt, Repsholt u. m. Woldhusen, Woltseten, Bömerwolte, Snitjürgenswolde, Simenswolde —; ingleichem hat man noch die Namen der Dörfer erhalten, die bereits 1277 in dem jetzigen Meerbusen Dollart versunken sind, als: Saxumerwolde, Hermenwolde, Reiderwolde.

Die damaligen Bewohner der Wälder hatten, wie andere nördliche Völker, keinen Ackerbau, sondern lebten, wie schon gesagt, lediglich von der Jagd, Viehzucht und Fischerey. Von ihren Wohnungen trieben sie ihr Vieh des Sommers an die Seeküste, wo damals, wie noch jetzt, der Seeschlamm sich niederlegte und die nahrhaftesten Kräuter in Menge hervorbrachte. Allda hatten sie **Warfen** oder **Wyken** aufgeworfen, um ihr Vieh des Nachts und gegen unvermuthete Sommerfluthen zu sichern *).

In

*) Schotanus libr. 1, p. 2. Zur Zeit der cimbrischen Fluth hatten die Friesen keine Teiche gegen die Ueberströmungen der Nordsee, sondern nur zusammengetragene Hügel, die damalen Terpen hiessen, auf welchen die Niederländer ihr Vieh gegen die Fluthen in Sicherheit brachten. Man nennt sie auch Wyken (vicus) wo sie hinwichen. Warf kömmt von dem gothischen Weirpan, (aufwerfen) her, und weil diese aufgeworfenen Hügel rund waren, so bedeutet Warf auch

In diesem Zustande des Landes konnten die Einwohner und ihre Nachbarn den damaligen Bedürfnissen gemäß leben; denn diese nahrhaften Weideländer verschaften ihrem Vieh überflüßige Nahrung, daß es Milch und Butter genug gab und fett wurde, auch noch überdies reichlich Heu zum Winterfutter eingeerndtet werden konnte.

Allein, die Vorsehung hatte eine abermalige Veränderung auf der Erdfläche dieser Gegenden beschlossen. Denn, so wie die vermuthliche **erste Veränderung** Seite 339 durch **die Sündfluth die Waldungen** hervorgebracht hatte, eben so vernichtete die sogenannte **cimbrische Wasserfluth und ein Sturmwind** diese wieder, und stellte die **zweyte Veränderung** auf der Erdfläche dar.

Diese Fluth beschreibt Gerhard van Spaan in seiner Beschreibung von Rotterdam S. 27. und zwar aus dem Henrich von Dam also: Im Jahr vor Christi Geburt 340, ist eine nie erhörte Wasserfluth über diese Länder kommen, verursacht durch ein schrecklich Ungewitter; dieselbe wird die cimbrische Sündfluth genannt, und überströmte ganz Holland — und andere Landschaften —. Durch diesen Sturm und Fluth wurden **die Waldungen** niedergeworfen —. Schotanus libr. 1. pag. 2. sagt: sie

 habe

auch einen runden Kreis, Wachter gloss. sub voce *Warf*. Auch wurde das Gericht hier und bey den Deutschen auf Hügeln gehalten. S. Wiarda von den Richtern im mittlern Zeitalter S.28. Doch diese Warfen, die letzterer darunter verstehet, findet man vornämlich im mittlern Theile dieser Provinz, die weit größer als jene sind.

habe sich über alle Küsten Deutschlands erstreckt, viele Landseen gemacht, die Inseln vom festen Lande gerissen, von Jüttland bis an den Rhein. Durch sie sey Schonen vom festen Lande gerissen, und der Sund entstanden; England von Frankreich und Seeland von Flandern getrennt worden *).

Man nennt die Fluth die cimbrische, weil sie die Besitzungen der cimbrischen Völkerschaften überschwemmte und dermassen verwüstete, daß sie in der Folge das Land verlassen, auswandern und neue Wohnplätze suchen mußten. Beydes letztere beweisen Florus **) und Strabo ***). Die Cimbri, Theutoni und Tigurini, die von den äussersten Gränzen Deutschlands geflüchtet waren, als ein Ocean ihre Länder überströmt hatte, suchten durch die ganze Welt Wohnsitze, und als sie um Land baten und keins bekommen konnten, griffen sie die Römer mit den Waffen an, überwanden die Consuln Silanus, Manilius Capio und Karbo, wie Livius Hist. l. 63. berichtet. Ja, sie hätten die römische Kriegesmacht in der Gegend gänzlich aufgerieben, wenn Marius mit Hülfe des Lutatius Catulus ihren Sieg nicht rückgängig gemacht. Zum Andenken dieses Sieges prägten die Römer die Münze mit der Aufschrift: Victoria cimbrica. Unter den Cimbriern werden hier überhaupt die Völker verstanden, die von Jüttland aus bis zur Elbe und Weser an der Nordsee gewohnt haben; und weil deren Besitzungen, so

*) Goeree kerken en Wereld Hist. pag. 8.

**) Libr. 3. c. 3.

***) Libr. 7. pag. 449.

so wie derer Völker, die von der Weser, Ems, bis zum Ausfluß des Rheins wohnten, durch diese Fluth und Baumstürzung vernichtet wurden: so kann man alle diese Völkerschaften, folglich auch die Chauzen und Brukterer, die in dieser Provinz wohnten, unter gedachten Heereszug rechnen.

Nach Calvisii Zeitrechnung ist dies im Jahre der Welt 3848 geschehen, und scheint voriger Zeitbestimmung zu widersprechen. Allein weil die Geschichtschreiber einmüthig melden, die cimbrischen Völker hätten ihre Heymath der Wasserfluthen wegen verlassen, so ist nichts daran gelegen, ob in der Zeitrechnung Irrung ist. Denn, hier kömmt nur die Veränderung in Betracht, die darauf erfolgt ist *). Ehe ich aber deren gedenke, ist es nöthig, der Lage und Art des Holzes zu erwähnen, das in und unter den Torfmoosen noch jetzo gefunden wird.

Die Bäume, die von der cimbrischen Wasserfluth und Sturmwinden niedergerissen sind, findet man hier und anderwärts mit acht bis achtzehn Fuß Torfmoos bedeckt. Ihre Lage ist durchgängig Nordwest und Südost, nämlich der Stamm mit dem Topende liegt nach Südosten hingestreckt, zum Beweis, daß der Sturm aus Nordwesten gekommen ist, so wie wir hier noch öfters die heftigsten Stürme und höchsten Wasserfluthen da-

 her

*) Die Auswanderung wird auch nicht sogleich nach der erlittenen Wasserfluth erfolgt seyn. Man wird auch nicht so fort die Wiederherstellung der Besitzungen aufgegeben haben. Und wie viel Zeit war nöthig, so vielerley und von einander entfernte Völker zur Auswanderung zu vereinigen, und den Plan zu verabreden, wo sie sich hinwenden wollten!

her haben. Die Wurzeln liegen ganz oder zum Theil noch im sandigen Bodengrunde, zum Beweis, daß sie vorhin auf der Stelle entsprossen, und nachher umgerissen, aber nicht aus andern Gegenden durch Ueberschwemmung auf die Stellen gekommen sind. In dieser Richtung, Lage und Bedeckung werden hier noch jährlich beym Torfgraben gedachte Bäume gefunden und entdeckt, und so auch in Holland, Geldern und an mehrern Orten *).

Durch Ueberschwemmung kann die Baumstürzung auf allen Stellen, wo diese unterirdische Waldungen gefunden werden, auch nicht erfolgt seyn; denn, wären die Meeresfluthen zu der Zeit so hoch gestiegen, so würde man noch Meeresreste auf den Stellen finden, die zugleich mit dahin geschwemmt worden; dergleichen findet man aber wenigstens hier nicht.

Die Art und Beschaffenheit dieser Holzungen ist hier und in mehrern Provinzen gemeiniglich einerley, nämlich Kiehnholz, das noch fest ist und heftiger brennt, als das was nun gefällt wird. Eichen findet man weniger; sie haben aber gleichfalls noch festes Holz. Die Festigkeit des Holzes beweiset zugleich, daß die Bäume nach dem Umstürzen nicht gleich erstorben, sondern erst durch den nach und nach zunehmenden Mooswuchs erstickt sind. Die Bäume konnten auch nicht leicht abstehen, weil ihre Wurzeln noch größtentheils in dem Bodengrunde unverrückt blieben, woraus sie entsprossen. Wären die Stämme aber aus andern Landgegenden durch hohe Wasserfluthen

*) Houttuyns natuurl. Hist. 3. Deels 2te Steek. p. 6. 7.

then hieher gebracht, so würde die Fäulniß sie weit früher vernichtet haben, ehe der Mooswuchs sie hätte bedecken können.

Mitten im Torfmoos und wenig oder gar nicht im Sandboden liegen und stehen auch Birken- Erlen- und Haselnußstämme gleichfalls mit Torfmoos bedeckt. Diese Holzarten sind viel später als jene entsprossen; sie waren bey der cimbrischen Baumstürzung nicht da. Sie nahmen ihren Anfang, als das Moos die Sanddecke bereits völlig bedeckt hatte. Und weil Mooserde einem hochwachsenden Baume weder genugsame Nahrung noch weniger festen Fuß geben kann; findet man diese Holzarten auch nur dünnstämmig, niedrig und krumm, sie sind auch durch weit gelindere Sturmwinde umgeworfen, oder durch den Mooswuchs selbst erstickt worden.

In den Veenlanden, die sich vornehmlich um die Sand- Heide- und Moosfelder herumwälzen und hier und da beträchtliche Landstrecken einnehmen und die niedrigsten Lagen haben, entdeckt man gleichfalls unterirdische Wälder, die mit wenig vermengter Garteerde, Lehm und Kleye bedeckt, und mit leichter Mooserde umgeben sind, auch in sandigem Boden stehen. Diese Bäume stehen noch durchgängig aufrecht, sind niedrigen Stammes, und theils abgebrannt, theils abgehauen *). Noch voriges Jahr wurden bey einer Wasserleitung eine Menge solcher Stämme nebst ihren Wurzeln eine Stunde von hier aus-

*) Die Teutschen verbrannten mehrmalen bey Annäherung ihrer Feinde Wohnungen und alles. Bünau 1. Th. 1. B. S. 201. welches hier von den Brukterern gesagt wird.

ausgegraben. Vor etwa zehn Jahren fand man unter denselben in ähnlichem Bodengrunde einen großen Mannsschuh. 1756 riß eine heftige Wasserfluth in dieser Gegend eine Schleuse an dem Emsstrom weg. Nach abgelaufenem Wasser fand man in der Tiefe des gleichfalls weggerissenen Wiesengrundes viele Haselnüsse — —.

Doch es ist Zeit, die unterirdischen Waldungen zu verlassen, um noch mit wenigem der Veränderung der Erdoberfläche zu gedenken, die vornehmlich auf die cimbrische Ueberschwemmung und Baumstürzung erfolgt ist.

Die Baumstürzung vernichtete die Wohnungen und gottesdienstlichen und politischen Versammlungsörter der damaligen Menschen. Doch dies nicht allein, die große Wasserfluth verdarb auch ihre Viehweiden, die wie vorgesagt an den Ufern des Meers lagen. Diese wurden vornehmlich mit Sand und Schlamm bedeckt, welche Decke, wie bey heftigen Fluthen noch geschiehet, den Wachsthum des Grases auf einige Zeit ungemein hinderte, in der Folge aber begünstigte. Itzt können die Fluthen nur den neuen Anwachs überschwemmen, damals aber waren noch keine Wälle, oder wie man hier sagt, Deiche gegen das Eindringen des Meerwassers; und so bedeckten die hohen Fluthen das feste Land, so weit sie stiegen. Das Wildpret, welches zu erlegen die angenehmste Beschäftigung der deutschen Völker war, wurde gleichfalls verheeret, oder weiter von der Seeküste entfernt. Und was blieb denn nun für die Einwohner in den verwüsteten Landen übrig? Gewiß nichts anders, als es zu verlassen, und neue Wohnsitze zu suchen. Bey ihren Nachbarn, den übrigen Deutschen, durften sie

nicht

nicht kommen, weil sie wußten, daß diese wie sie lebten, und ein Land ohne Ackerbau nur wenige Menschen nähren kann *). Sie versuchten darum, in dem römischen Gebiete Wohnsitze zu erhalten, wie S. 344 bemerkt ist, wo Ackerbau **), Künste, und Handwerker blüheten. Allein diese, die Römer merkten gar bald, wie wenig ihnen ein Volk nützen werde, das in der Lebensart so weit von ihnen verschieden war, und vom Ackerbau und Handwerken nichts wußte.

Aber wie sah's mit dem Lande nunmehr aus, das sie verliessen? Die Ueberströmungen des Nordmeers und die Baumstürzung war freylich demselben sehr nachtheilig, aber die Auswanderung des Volks noch mehr; denn nun blieb der Erdboden sich selbst überlassen, indem Menschen und Vieh mangelten. Unser Freund, Herr T. Bergmann, sagt sehr schön ***): „Wenn Krieg, Pest oder Auswanderung ein Land „wüste machen, so daß weder Axt, Sense noch Vieh „die Oberfläche berühren, so werden in einem Jahr„hundert fruchtbare Thäler Wildnisse —". Um so vielmehr dies Land im damaligen Zustande. Sehen wir noch jetzo in die Wälder, so findet man an den

Baum-

*) Jtzt können auf einer deutschen Quadratmeile 70 tausend Scheffel Roggen wachsen, welche 8,750 Menschen täglich zwey Pfund Brod geben. Siehe Süßmilchs göttl. Ord. 2. Th. S. 175.

**) Romulus gab jedem Haupte des römischen Volks nur zwey Jugera Acker, davon sie sich unterhalten mußten; das sind etwa 47 rheinländische Quadratruthen.

***) S. physikalische Erdb. §. 145.

Baumstämmen und Wurzeln einige Moose, die den ganzen Fußboden bedecken. „Der Holzboden wird, wie der Herr Professor Gleditsch sagt, „selbst durch „die Moose, Schwämme und Erd- und Baumflech- „ten erzeuget *)“. Schatten und Feuchtigkeit begünstiget den Wachsthum der Moose. Ihre Wurzeln liegen zwar nicht tief, wie aber ein Theil davon absteht, liefern diese nebst den Baumblättern und Zweigen, Gras, Staub u. s. w., die zaserige Erde, die man unter dem Moose findet. Dienet nun freylich den Bäumen und Moosen selbst zur Nahrung, legt aber zugleich den Grund zu einer neuen Erzeugung der Oberfläche des Erdbodens. Wer weiß, wie viele Jahrhunderte die Waldungen in diesen Gegenden gestanden, und wie oft die alten Baumstämme durch ihr Absterben dem jungen Anwachs Platz machen müssen! Und in der Zeit hat der Mooswuchs gewiß dermaassen zugenommen, daß weder Wind noch Wasser seine Decke vernichten können.

In diesem Zustande waren diese Gegenden, als die Allmacht nöthig fand, eine Veränderung auf der Erdoberfläche zu veranstalten. Die Waldungen stürzten nieder, und unter dem langsamen Absterben der großen Bäume, deren Schatten und Fäulung, nahm der Mooswuchs desto geschwinder überhand. Das Moosgewächs hat den allerfeinsten Saamen, daher dessen Vermehrung sich sehr verbreitet. Und sobald derselbe den Torfwuchs erzeuget hat, stellet sich die sogenannte Torfblume (Juncus pilosus) und mehrere Kräuter dar, die durch ihren jährlichen Abfall auch eben so oft neue Torflagen erzeugen und auf einander drücken; daher zu

*) S. dessen Betrachtung über den Heideboden. S. 25.

zu unterst der festeste und oben leichter Torf gegraben wird.

Und so wurde denn die zweyte Veränderung der Erdoberfläche recht sichtbar. Man kann leicht denken, wie öde und wüste es damals auf dem Erdboden ausgesehen hat. Und dennoch war diese Naturbegebenheit für die nachkommenden Bewohner höchst ersprießlich. Der alles versorgende Gott hatte schon längst die Zahl Einwohner auch für diese Gegenden bestimmt, wußte ihre dereinstigen Bedürfnisse und wie bald die Natur selbige hervorbringen werde. Bey der immer zunehmenden Zahl Menschen, besonders wegen der vortheilhaften Lage dieses Landes zu Seegeschäften, war der dürre Sandboden nicht zureichend, ihnen genugsame Nahrungsmittel zu liefern; ja die Waldungen selbst, konnten das nöthige Holz zu Wohnungen und Feurung, nach der jetzigen Einrichtung des Volks auf lange Jahre nicht liefern. Er, der Herr, nahm zuerst einen Theil der obersten Sanddecke weg, und füllte damit die steilen Seeufer, damit der darnach entstehende Seeschlamm desto früher das Trockne erreichte und das Land erweiterte. Nachmals aber, nach der Vernichtung der Waldungen, ließ Er Torfmoos wachsen, und zwar so tief, daß das Land noch viele Jahrhunderte, wenigstens in dieser Provinz, Feurung genug hat. Gewiß! letzteres ist ein großer Vorzug eines Landes, wo viele Menschen wohnen wollen.

Wenn man den eigentlichen Anfang des Torfmooswuchses nach der gehabten cimbrischen Fluth annimmt, so hat er lange Zeit zum Wachsthum gehabt, ehe man angefangen selbigen zu nutzen; denn erst 1230 nach unserer Zeitrechnung fingen die Niederländer an,

Torf zu graben *). Doch man denke nicht, daß diese Gegenden auch so spät wieder bevölkert wurden; nein, bereits im Jahr Christi 37 soll Holland und 631 Friesland eingedeichet seyn, und 1277 war die große Wasserfluth, die nach und nach zwischen Gröningen und Ostfriesland 50 Städte und Dörfer ins Meer versenkte und auf deren Stelle den Meerbusen Dollart hervorbrachte **). Folglich haben die fruchtbaren Gestade des Nordmeers, ungeachtet der oft schrecklichen und verwüstenden Wasserfluthen, gar bald wieder Völker herbeygelockt, Aufenthalt und Nahrung allda zu suchen. So wie noch beständig der Seeschlamm diese Ufer erhöhet, daß die schönsten Aecker und Weidefelder entstehen, und vielen Menschen und Vieh Unterhalt verschaft.

Vom Entstehen des Seeschlammes werde ich künftighin meine Gedanken zur Prüfung darlegen, und jetzt nur noch etwas von den Torfmoosfeldern beyfügen.

Nach abgestochenem Torfmoos entblößt sich wieder die zuerst da gewesene sandige Oberfläche. Auf diese streuet man die oberste Schichte Torfmoos, der noch locker und zum Brennen nicht dicht genug ist, vermengt selbige mit Viehmist, und pflügt es leichte um. Hiedurch wird das Wegstäuben des Sandes gehin-

*) Outhofs Verhaal. p. 149. Man stach aber nicht den Torf wie jetzt, sondern es war nur das sogenannte Baggeren aus den Veenlanden.

**) Outhofs Verhaal. p. 107 und 173.

gehindert und das Feld gar bald geschickt gemacht, gutes Korn zu tragen und Vieh zu weiden.

Man hat auch seit einigen Jahren in dieser Provinz angefangen, die Oberfläche des Torfmooses zu nutzen. Vorhin trugen diese unabsehlichen Felder vornehmlich das sogenannte Heidekraut. Dies diente lediglich den Bienen zur Zeit der Blüthe Honig zu sammlen. Nun aber wird die oberste Rinde im Frühling leicht behackt, und die aufgeworfenen Stücken werden wenn sie trocken sind, in Brand gesteckt. In die Asche wird sofort Buchwaizen gesäet, der, wenn die Witterung günstig, sich sehr reichlich vervielfältigt.

XIX.

Dr. Marcus Elieser Blochs Nachricht vom Heringsthran.

Siehe Tab. 6. Fig. 1. 2.

Der Hering, der so vielen Menschen Unterhalt verschafft, wird, wie bekannt, auf mancherley Art zubereitet.

Eingesalzen giebt er den Pökelhering, geräuchert den Bickling, auf dem Rücken aufgeschnitten und geräuchert den Speckbickling. Daß er aber durch das Mariniren zu einer wohlschmeckenden Speise wird, und daß er auch ein sehr brauchbares Oel giebt, dieses ist, so viel ich weiß, noch nicht bekannt. Die ersten marinirten Heringe erhielt ich im Frühjahr 1781 aus Gothenburg; sie waren daselbst im December 1780 mit Essig, Gewürze und Lorbeerblättern versehen worden, und kamen sehr frisch und wohlschmeckend an.

Man muß aber hierzu die großen und fetten aussuchen: weil die magern, indem sie vom Essig spröde werden, unschmackhaft sind.

Das

Das zweyte ungleich wichtigere Produkt ist der Thran, der daraus bereitet wird: denn von den 600,000 Tonnen, welche jährlich in der Gegend von Gothenburg gefangen werden, wird nur ein Drittheil eingesalzen, zwey Drittheile aber zum Thranbrennen gebraucht, und diese geben 20 bis 22000 Tonnen. Man kann sich vorstellen, wie viel davon in den preussischen Staaten verbraucht wird, da ein Materialhändler mich versicherte, daß er allein jährlich 4 bis 500 Tonnen verkaufe.

Diese Erzählung schien mir zu wichtig, um nicht meine ganze Aufmerksamkeit rege zu machen. Ich bemühte mich demnach nach genauen und zuverlässigern Nachrichten, und schrieb dieserhalb nach Gothenburg, woher ich denn von einem dasigen zuverlässigen Freunde folgenden Aufsatz erhielt, den ich viel zu merkwürdig halte, als daß ich ihn dem Publikum vorenthalten sollte. Sein Bericht ist um so viel zuverlässiger, da er selbsten eine Thranbrennerey dieser Art besitzt. Ich theile daher selbigen, nach einer geringen Verkürzung, ganz mit, ohne jedoch den Verfasser zu nennen: da ich von ihm dazu durchaus keine Erlaubniß erhalten konnte.

Der Heringsthran ist weiß, dünn und wohlfeiler, als das Rüb- und Baumöl. Im Brennen verbreitet er weder einen so dicken Rauch als das Rüböl, noch einen so übeln Geruch als der gewöhnliche Thran; daß er aber demungeachtet geringer als beyde im Preise steht, rührt daher, weil er zu dünn und zu dick ist. Zu dünn, um das Leder lange genug schmeidig zu halten; zu dick, um in der Kälte eben so lange als andere Oele flüßig zu bleiben, und das Licht im Brennen zu erhalten. Diesem Fehler könnte vielleicht durch das Destilliren, wodurch die gröbern von den feinern Theilen abgesondert würden, abgeholfen, und diese zum Leder und jene zum Brennen besser genutzt werden.

Dieses Produkt ist eine Goldgrube für die gothenburgischen Kaufleute, indem man ohngefähr jährlich 18000 Tonnen ausführt.

„Die Provinz Bohuslehn, worinn die Städte Gothenburg, Manstrande, Uddevalla und Kongelf liegen, ist seit alten Zeiten her mit einem reichen Heringsfang gesegnet worden; und aus den alten Geschichten hat man erfahren, daß, nachdem die hiesigen Küsten innerhalb einer Periode von 20 bis 30 Jahren einen guten Fang gehabt, selbiger nachher wieder verschwunden. Im 14ten und 15ten Jahrhundert soll der Heringsfang besonders reichlich gewesen seyn, und im vorigen soll der Hering sich auch eingefunden haben. Seitdem hat man aber den Hering nicht bemerkt, und ist kein Fang an hiesigen Küsten betrieben, bis 1752, da der Hering sich in großer Menge einfand; man war aber damals nicht in der Verfassung, diesen Segen zu benutzen; diese glückliche Begebenheit gab indeß einigen Kaufleuten Anleitung, sich mit Tonnen, Salz rc. bis auf das folgende Jahr zu versehen, und einige holländische Fischer, die einige Jahre zuvor auf den Heringsfang in der Nordsee gebraucht waren, und sich hier niedergesetzt, gaben Unterricht, wie der Hering eingesalzen werden sollte. Die Regierung gab alle mögliche Ermunterungen durch Prämien sowol den Fischern für ihre Netze, als auch denenjenigen, die den Hering einsalzen lassen, und auswärts verschiffen. Dieser Nahrungszweig wurde für frey erklärt, und ein jeder konnte nach Belieben damit handeln. Nachdem solche Einrichtungen getroffen waren, fand sich der Hering

1753

1753 wieder in großer Menge ein, und seit der Zeit haben wir alle Herbste und so lange als das Wasser offen ist, einen reichen Fang gehabt. In den ersten acht oder zehn Jahren wurde der Fang bereits im August angefangen, seitdem aber ist der Fang später an unsere Scheeren angelanget, und in diesen letztern zwölf bis vierzehn Jahren, hat der Fang nicht eher als gegen das Ende des Oktober und im Anfang des November zu Stande kommen können. Je frühzeitiger der Hering an unsere Scheeren anlangt, je fetter und voller ist derselbe, und in den ersten acht Jahren, da der Hering sich im August einfand, war selbiger eben so fett als der holländische; nachdem aber derselbe sich später im Jahre unsern Küsten genähert, so ist er auch magerer gewesen; und während der kurzen Zeit, daß der Fang betrieben wird, bemerkt man, daß selbiger jede Woche an Fett abnimmt, und dadurch wird derjenige Hering, der in den ersten acht bis vierzehn Tagen gefangen, nicht nur für den allerbesten gehalten, sondern auch mit sehr hohen Preisen von den Fischern eingekauft.

Seit einigen Jahren hat man bemerkt, daß der Hering sich schon gegen Schluß des Septembers im Schager-rack eingefunden, und bey starken Weststürmen nahet selbiger sich unsern Küsten, und je länger und stärker solche Stürme continuiren, wodurch das Wasser an unsern Ufern steiget, je mehr hat man nicht nur einen guten, sondern einen frühzeitigen Heringsfang zu vermuthen. Der Ostwind hingegen hält den Hering von unsern Scheeren ab, und öfters der Fang dadurch nicht nur aufgehalten, sondern geringer gewesen.

Es scheint, als ob der Hering von Natur diejenigen Stellen suche, wo Ströhme in die See fallen;

 denn

denn so wie anfangs der beste Fang da gewesen ist, wo die gothische Elbe (die die Stadt Gothenburg durch und dicht vorbey fließet) in die See fällt, und da diese Elbe sich in zwey Arme getheilet, so findet sich zwischen diesen beyden Armen der beste Fang. Die Stadt Gothenburg liegt etwa vier Meilen von der See, und in den ersten Jahren fand sich eine solche Menge von Heringen im Revier und öfters so nah ein, daß man in den Stadtgraben und Kanälen mit Handnetzen den Hering aus dem Wasser heben konnte; und es wurde der meiste Hering in den ersten acht Jahren im Revier und bis eine Meile von der Stadt gefangen. In der Folge hat selbiger sich etwas weiter hinaus gezogen, und man fängt den mehresten jetzt in den Scheeren zwischen Gothenburg und Marstrand. Diejenigen, die den Hering einsalzen, lassen ansehnliche Gebäude mit großen Kosten aufführen, um den Hering einsalzen und packen zu können.

Die eigentliche Ursach, warum der Hering ein Jahr sich mehr auf einer Stelle einfindet, als auf der andern, und daß selbiger seit funfzehn bis achtzehn Jahren in die südlichen Scheeren gegangen, und sich eine bis zwey Meilen nordlicher gewandt, hat man noch nicht ausfündig machen können. Einige behaupten, daß die Nahrung, die diese Fische suchen, in den südlichen Scheeren fehlen müsse; da doch die Masse der zu Thran gekochten Heringe, die in die See geworfen wird, die Ursach seyn muß, so wie auch die vielen tausend Tonnen Heringe, die in den Netzen sterben und wieder in den See geworfen werden. Daß der Hering an unsern Küsten seine Nahrung sucht, scheint ausser Zweifel zu seyn; worinn aber dieselbe bestehet, hat man nicht erfahren können.

Oefters

Oefters findet man auch große Schaaren von kleinen Heringen, die vielleicht an unsern Küsten erzeugt sind.

Seit einigen Jahren hat der Hering sich bis im Februar und März in unsern Scheeren aufgehalten, (dieser ist aber allezeit so mager, daß man fast keinen Gebrauch davon machen kann), und gegen das Frühjahr gehet selbiger wieder in die Nordsee, um eine bessere Nahrung zu suchen. Wetter und Wind scheint besonders einen starken Einfluß auf den Hering zu haben. Beym Westwinde, wenn die Wärme der Luft nachgelassen hat, haben wir allezeit den besten Fang, und wenn die Berge mit etwas Schnee bedeckt sind, kann man mehrentheils darauf rechnen, daß der Hering sich ans Land mache. Oefters kommen auch mit dem Heringe kleine Wallfische und diese treiben selbige näher ans Land. Wenn man daher solche Wallfische bemerkt, so kann man sicher finden, wo der Hering sich aufhält.

Je frühzeitiger der Hering in unsern Scheeren anlangt, desto fetter und voller ist er von gelblichen Rogen; stehen aber die Winde so, daß der Hering gegen den Strom arbeiten muß, so ist wenig und öfters fast gar kein Rogen zu finden. Der Hering hält sich in großen Schaaren zusammen, bey gutem und stillem Wetter geht er ganz oben im Wasser und sucht das Land; geht der Hering aber tiefer ins Wasser, so ist dies ein sicherer Vorbote, daß das Wetter bald stürmisch werde.

Die ganze hiesige Küste ist nach der See zu mit Bergen und Klippen besetzt, und in einem Bezirk von acht bis zehn Meilen wird der Hering alle Jahr gefangen. Er findet sich aber erst und in der größesten Menge in den hiesigen Scheeren, zwey bis dritttehalb Meilen N. W. von der hiesigen Stadt ein, und so lange das Wasser offen ist, wird hier der meiste Hering gefangen. In die Scheeren zwischen Uddevalla und Marstrand kommt derselbe gewöhnlich später, und folglich ist der Fang allda nicht so stark.

Sobald die Seevögel sich in Menge einfinden, haben die Fischer ein sicheres Zeichen, daß der Hering in den Scheeren angelangt, und alsdann macht man sich zum Fang fertig. Einige Böte werden ausgeschickt, um zu versuchen, wo die Fischschaaren sich aufhalten; wozu ein langer Strick mit einem bleyernen Loth ins Wasser versenkt wird, und wenn man bemerkt, daß die Fische den Strick berühren, so wird das Netz ausgeführt.

Ein solches Netz wiegt an Hanfgarn 100 bis 120 Pfund, ist etwa 100 Faden lang und geht ohngefehr eilf Faden tief. Um die Oberkante aufzuhalten, werden Stücke von Kork in der Mitte festgebunden, und auf den beyden Armen drey kleine ledige Tonnen, und um die untere Kante des Netzes zu versenken, werden kleine Steine angebunden. Auf jedem Arm des Netzes sind die Thaue 400 bis 450 Faden lang, womit das Netz ans Land gezogen wird, und wozu 16 Mann gebraucht werden. Bey jedem Netz findet sich ein kleines Boot, worinn das Netz geführt wird, und sieben bis acht große Böte, jedes von 80 bis 150 Tonnen Größe, die ganz flach gebauet sind, worinn der Hering geladen wird.

Wenn das Netz ans Land gezogen ist, so legen die Boote sich um das Netz und heben den Hering aus dem Wasser mit einer Meul (Kesse), welche etwa eine Tonne fassen kann. Ist der Fang glücklich, so können öfters 1500 bis 3000 Tonnen in einem Netze auf einmal gefangen werden. Die Fischer haben eine völlige Freyheit zu fischen, auf welchem Strand und Boden sie wollen, sogar unter den Festungswerken. Unter den Fischern ist die Ordnung, daß die Netze so nach einander geworfen werden, wie die Fischer an Stellen kommen, und das sonderbarste ist, daß von mehreren Netzen, die nach einander auf derselbigen Stelle geworfen werden, einige öfters gar nichts, hingegen andere ihre Netze ganz voll bekommen. Oefters geht ein solches Netz entzwey, und bey einem solchen Zufall hat man ein anderes in Reserve, welches um das zerbrochene geworfen wird. Ist das Netz aber im Boden zwischen Steinen oder Klippen fest gerathen: so geschiehet es öfters, daß der Hering in dem Netze stirbt und zu Boden geht. Es ist einem jeden erlaubt zu fischen, und den Hering von den Fischern im Netz zu kaufen; daher eine Menge Arbeitsleute und Soldaten einen starken Handel damit treiben, und den Hering an Salzereyen und Thranbrennereyen verkaufen, womit den Fischern auch besser gedient ist, indem dieselbe alsdann das Netz zweymal des Tages auswerfen können. Gar selten werfen die Fischer ihre Netze des Nachts, wenn das Wetter nicht ganz stille und heller Mondschein ist. Des Sonntags stellen die Fischer alle Arbeit ein. Die mehresten Gebäude, worin der Hering gesalzen oder zu Thran gebrannt wird, haben die Kaufleute mit ansehnlichen Kosten in den Scheeren und auf den Klippen aufführen lassen; und besonders in denen Gegenden, wo der Hering sich gewöhnlich am meisten aufhält, um denselben ganz frisch bekommen zu können. Den Hering bringen entweder die Fischer, oder die sogenannten Aufkäufer nach den Salzereyen, wo der Hering nach Tonnenmaaße verkauft wird. Aus den Böten wird der Hering in die Buden gebracht, in Behältnisse von Brettern geworfen, wo eine Menge Weibsleute und Kinder ihm mit einem kleinen Messer die Kehle und die Därme wegnimmt. Nachdem die Heringe hierauf in große Kufen geworfen sind, werden diese mit einer starken Salzlake zur Hälfte gefüllet, das Blut abgewaschen und selbige so geschwind als möglich in die Tonnen gebracht und mit Salz schichtweise eingelegt. Die Tonnen sind von Büchenholz. Nachdem der Hering drey bis vier Tage gestanden und das Salz etwas geschmolzen, so werden die Tonnen aufgefüllt, zugeschlagen und nach Verlauf von sechs, acht bis zehn Tagen wieder geöffnet, der Laak abgeschlagen, mit Hering aufgefüllet und aufs stärkste gepakt; mit demselbigen Laak angefüllt, welcher bey der Packung abgeschlagen wurde, und so ins Schiff verladen. Diejenigen Partheyen, die nach Westindien oder sonst weit gehen, werden sorgfältiger gepackt, die Tonnen bey der letzten Packung zweymal aufs stärkste getreten, wozu ein starker Boden, zwey Zoll dick, in die Tonne gelegt wird, worauf ein Kerl steigt und aufs stärkste den Hering drückt. Man hat aber gefunden, daß der Hering dadurch sehr zusammengedrückt wird und das Ansehen verliert: und wenn derselbe auch nicht so viel stärker gesalzen ist; so kann er durch das starke Pressen in der Sonnenhitze so viel eher Schaden nehmen. Aus Deutschland wird der Hering ebenfalls so verlangt, und man ist also gezwungen, ihn nicht nur mit dem allerstärksten Salze zu salzen, sondern auch mit mehr Salz zu versehen, als er erfordert. Dieser stark gesalzene Hering bleibt sowohl dadurch, als auch von dem starken Pressen, nicht nur ganz hart und vom

Salz ausgezehrt, sondern verliert das Fett und den guten Geschmack: dagegen der für einländische Consumtion nicht so hart gepackt und gesalzen wird, und daher nicht nur das Fett behält, sondern weit schmackhafter bleibt, ob er gleich sich nicht so lange conservirt. Jener wird größtentheils mit mittelländischem Salz gesalzen, und besonders mit demjenigen, was von der Küste von Alicante kommt, welches für das allerstärkste gehalten wird. Mit einer Tonne solches Salzes werden drey, bis drey und ein Drittheil Tonnen Heringe gesalzen und aufgepackt. Das portugiesische Salz ist weit gelinder. Zu dem Hering, der nach einländische Oertern geht, gebraucht man zu drey bis drey und einer halben Tonne Hering eine Tonne Salz. Je schwacher und feiner das Salz ist, je eher schmelzt es im Laaken; für einen weitern Transport aber, wodurch der Laak bald ablaufen kann, ist es nöthig, daß der Hering etwas Salz haben muß; und daher hat man auch das grobe und starke Salz gewählt. Diejenigen Partheyen, die man den Winter über aufbewahrt, werden im Frühjahr, bey der Versendung, wieder aufgepackt.

In dem District, welcher unter der hiesigen Zollkammer stehet, sind siebenzig bis achtzig größere und kleinere Salzereyen; wie viel aber in den Districten von Marstrand, Kongel und Uddevalla stehen, kann nicht mit Gewißheit gesagt werden, doch mag es wohl die Hälfte seyn, worunter ein großer Theil auch den hiesigen Kaufleuten zugehört. Diese Salzereyen sind größer und kleiner, und auf den größten werden jährlich acht bis zehn tausend Tonnen Heringe gesalzen. Da, wo acht bis zehn tausend Tonnen gesalzen werden; hat man 35 bis 40 Arbeitsleute, die einsalzen, packen 2c., und 40 bis 45 Weibsleute, die die Heringe gohlen; und um die Tonnen zuzuschlagen, 6, 8 bis 10 Tonnenbinder nöthig. Die Arbeitsleute, sowohl für die Salzereyen, als Thranbrennereyen, kommen gewöhnlich im Oktober aus dem obern Lande 8, 10 bis 20 Meilen weit her, und da der meiste und beste Fang gewöhnlich eine kurze Zeit von 4, 5 bis sechs Wochen continuirt; so wird die Arbeit Tag und Nacht betrieben, und mit 40 Leuten, die den Hering salzen, und von 45 Gohlern können auf einer Salzerey in einem Tag und Nacht 800 bis 1000 Tonnen eingesalzen werden. Durch diesen Verdienst werden einige tausend arme Leute unterhalten, und finden dabey jährlich ihr Brod. Diejenigen, die den Hering einsalzen und alle übrige Arbeit verrichten, bekommen 3 bis 3½ ß. Species pro Tonne, und diejenigen, die sie gohlen, 2 ß. pro Tonne. Wie viele Netze bey dem Fang gebraucht werden, kann man nicht genau bestimmen: mit ziemlicher Zuverläßigkeit aber kann man sie doch bis auf 100 und 150 rechnen, und ebenfalls schliesset man, daß 800 bis 1000 grössere und kleinere Böte dabey gebraucht werden. Auf jedem Boot, womit der frische Hering geführt wird, fahren zwey bis drey Bootsleute. Bis Anno 1758 ist der auswärtige Vertrieb nur gering gewesen, nicht aus Mangel an Heringen, sondern weil die Anstalten nicht recht in Ordnung gekommen waren; allein selbiges Jahr wurden 19000 Tonnen ausgeschifft, und 1759 betrug der Absatz 46000 Tonnen, ausser den 30 bis 60 Tonnen, die damals jährlich im Lande verbraucht wurden. Seitdem ist der Absatz immer höher gestiegen, und diese letzten zehn Jahren kann man im Durchschnitt annehmen, daß in dem hiesigen Zolldistrict etwa 130000 Tonnen jährlich eingesalzen sind, wovon etwa 95000 Tonnen nach ausländischen Oerten abgesetzt, und 35000 Tonnen nach den schwedischen Oertern in der Ostsee versandt sind; einige 1000 Tonnen frische Heringe ungerechnet, die die Landleute, die 8 bis 16 Meilen oben vom Lande kommen, holen, selbst einsalzen, und nach Dännemark und Norwegen bringen, werden des strengen Verbots ungeachtet, gewiß 6, 8 bis 10000 Tonnen frische Heringe ausgeführt. Wie viel Heringe in den übrigen Zolldistricten jährlich eingesalzen werden, kann man nicht so genau bestimmen: mit ziemlicher Zuverlässigkeit aber rechnet man, daß in dem District von Marstrand beynahe 40000 Tonnen (worunter das meiste für hiesige Kaufleute ist) in dem Districte von Uddewalla etwa 20000 Tonnen, und von Kongelf ohngefehr 10000 Tonnen; und folglich jährlich in der ganzen hiesigen Provinz etwa 200,000 Tonnen eingesalzen werden, wovon überhaupt etwa 130000 Tonnen nach anderwärts und etwa 70000 Tonnen nach einländischen Oertern verschifft werden.

Nachdem die von der Regierung zugestandenen Prämien im Jahr 1765 aufhörten; so wurden die beeidigten Heringwraker, und andre, die dabey Aufsicht hatten, aufgehoben, und seitdem hat einem jeden freygestanden, seine Waare zu behandeln, wie er es für gut befindet. Die einzige Aufsicht, die jetzt von der Regierung angeordnet ist, bestehet darin, daß die Tonnen gehörig justirt und gebrannt seyn müssen; so daß dieselbe ihr richtiges Maaß halten, nehmlich 48 schwedische Kannen; und danächst ist der Eigner verbunden, jede Tonne mit seinem vollen Namen zu zeichnen. Derjenige Hering, der für hiesiger Kaufleute Rechnung gesalzen wird, wird überall für den besten gehalten. Von dem gesalzenen

salzenen werden jährlich nur 3 bis 4000 Tonnen nach der mittelländischen See versandt, eben so viel nach den Canarieninseln, und für Westindien 20 bis 30000 Tonnen, theils directe und theils über Irland und Kopenhagen. In Frankreich ist der Hering während des Krieges einzuführen frey gewesen, wohin auch jährlich 6 bis 10000 Tonnen versandt worden; die größesten Partheyen aber gehen nach der Ostsee. An einigen Orten wird der Hering auf die Art geräuchert wie zu Yarmouth, und von diesem werden jährlich etwa 3000 Tonnen nach Italien und Westindien versandt. Seit einigen Jahren hat man auch angefangen, die Heringe zu Pilchards zu pressen, wie es in England gebräuchlich ist. Diese Zubereitung hat keinen sonderlichen Fortgang gehabt, und von diesen Heringen werden nur 5 bis 600 Tonnen jährlich nach Italien versandt.

Das Thrankochen oder Brennen ist ein Nahrungszweig, welcher für die Nation sehr schätzbar ist, welcher auch seit einigen Jahren aufs höchste gestiegen. Anfangs wurden nur die Kehle und die Gedärme zum Thran verbrannt, und da dieser Thran einen ziemlichen guten Absatz fand, so haben die hiesigen Kaufleute, besonders auf den meisten Stellen in denen Scheeren, wo der Hering gefangen wird, mit großen Kosten ansehnliche Brennereyen angelegt. Die meisten bestehen aus acht Kesseln, und vier solche Kessel werden um einen Feuerheerd auf die Art eingemauert, daß der Feuerheerd in der Fronte offen, und für jeden Kessel eine besondere Oeffnung oder Heerd ist, so daß alle vier Oefen in den großen Heerd inwendig gehen. Um das Kupfer zu ersparen, hat man erfunden, die Kessel mit Stäben von Fichtenholz zu vergrößern, die mit drey starken eisernen

Bän-

Bänden zusammen gehalten werden, wie die Fig. 1. Der Boden von Kupfer ist $2\frac{1}{2}$ Ellen oder $\frac{10}{4}$ Ellen im Durchschnitt und die Höhe $\frac{3}{4}$ Ellen, worauf die Stäbe gesetzt werden, die $\frac{7}{4}$ lang und 3 Zoll dick sind. Die Art der Zusammensetzung weiset die Fig. 2. Die Kessel werden so eingemauert, daß das Feuer nur die Hälfte von der Seite berührt, und die Mauer geht bis eine Elle von der obern Kante von den Stäben, wo ein Gerüste aufgeführt ist, worauf die Leute stehen, und mit einem kupfernen Spathen umrühren. In einem solchen Kessel können 9 bis 10 Tonnen Hering gekocht werden, wozu 7 bis 9 Tonnen Wasser erforderlich sind, welches mit Pumpen in die Kessel geführt wird. Während daß der Hering kocht, wird beständig umgerührt, bis er gänzlich zerschmolzen, alsdann etwas kaltes Wasser hineingepumpt, wodurch der Thran auffließet, welcher mit kupfernen Schaumkellen abgenommen und in Balgen geschlagen wird. Nachdem der Thran ein paar Stunden in den Balgen gestanden und vom Grümmel und Wasser gereinigt ist; so wird er durch ein Seihtuch in ein großes Gefäß gefüllet, welches aufrecht stehet, und mit einem Zapfen $\frac{1}{3}$ Elle von dem Boden versehen ist. Wenn er nun einige Stunden gestanden und alles Grümmel und Wasser zu Boden gegangen, so wird der Thran aufs neue durch ein Seihtuch geschlagen, und auf Fässer von Eichenholz, die genau 60 schwedische Kannen halten müssen, gefüllt, womit selbiger zum verschiffen fertig ist. Es ist nothwendig, daß der Thran vom Grümmel und Wasser gänzlich gereiniget werde, denn sonst kann derselbe durch solche Theilchen im Sommer stinkend werden, und so lange der Thran sich steif hält, ist solches nicht zu bemerken. Gemeiniglich wird der Hering 5 bis

6 Stun-

6 Stunden aufs stärkste gekocht, und 2 bis 3 Stunden werden zur Abkühlung erfordert, bevor der Thran abgenommen werden kann. Je fetter und frischer der Hering ist, desto fetter, besser und schwerer bleibt der Thran; denn wenn er von alten Heringen gekocht wird, so ist eine solche Waare bald dem Verderben unterworfen. Je mehr der Thran gekocht wird, je brauner bleibt derselbe, und wenn er in ganz kupfernen Kessein gekocht wird, so bleibt derselbe ebenfalls brauner, als wenn sie mit Holzstäben erhöhet sind. Zum Brennen wird Fichtenholz und Steinkohlen verbraucht; da aber das Thranbrennen seit einigen Jahren so weit gegangen, so sind die Wälder dadurch sehr mitgenommen worden, wodurch das Brennholz im Preise stark gestiegen ist; und die Regierung hat sich also bewogen gesehen, einige Einschränkung zu machen. Da es sich aber nicht thun läßt, den Thran mit lauter Steinkohlen zu brennen, wegen der zu großen Hitze, so ist es erlaubt einen Theil Brandholz zu verbrauchen; es ist aber zu befürchten, daß noch stärkere Einschränkungen erfolgen dürften, wodurch die Thranbrennereyen einen ansehnlichen Abbruch leiden können.

Eine Brennerey von vier Kesseln wird von 28 bis 32 Arbeitsleuten betrieben, und sobald der Fang etwas ergiebig geworden, wodurch der Hering im Preise gefallen, so wird mit dem Thranbrennen ein Anfang gemacht; denn so lange der Hering in einem hohen Preise stehet, so kann es sich. nicht lohnen.

Da der Thran während des Krieges einen so starken Absatz gefunden, so ist der frische Hering mit sehr hohen Preisen von den Fischern eingekauft worden. Die ungemein große Masse, die von dem gekochten Heringe geblieben, hat man vor diesem in den

See

See stürzen können, und aus diesem Grunde sind die mehrsten Brennereyen mit ansehnlichen Kosten auf Klippen und Scheeren aufgeführt worden: seitdem man aber gesehen, daß der Hering solche Stellen scheuet, wo diese Masse in die See gestürzt wird; so ist es den Eignern bey einer starken Geldstrafe verboten worden, und sie musten selbige nach dem Lande transportiren und unter die Erde vergraben, daher denn auch die Brennereyen auf dem festen Lande aufgeführt werden müssen, wodurch alle diejenige Brennereyen, die auf Klippen und Scheeren angelegt sind, sich in der Nothwendigkeit sehen, aufzuhören zu einem großen Schaden für die Eigner, indem die Fortschaffung der gekochten Masse nach dem Lande mehrere Kosten verursachet, als die ganze Sache abwirft. Durch diese Veranstaltungen, die zwar für den Heringsfang günstig sind, leiden die Brennereyen einen starken Abbruch, und auch diejenigen die an der Küste auf dem festen Lande gebaut sind, indem die ungeheuer große Menge, die weggeschaft werden muß, solche Unkosten verursachet, die für diesen Nahrungszweig unerträglich sind. Diese Masse ist für den Ackerbau vortreflich, indem die Aecker und Wiesen, eine solche Menge Korn und Gras danach geben, daß alle andere Düngung nicht damit verglichen werden kann. Der Landmann, der an der Seeküste wohnet, braucht zwar etwas davon; aber eine solche Masse, die jährlich einige 100000 Tonnen beträgt, kann zu einem solchen Gebrauch nicht ganz angewandt werden. Nicht nur die Fischer selbst sondern auch die Bauern, die an der Seeküste wohnen, haben sich ebenfalls auf das Thranbrennen gelegt, und eine Menge kleine Brennereyen aufgeführt: aber diese Leute, die nur den Gewinn suchen, bemühen sich nicht, ihre Waare mit Sorgfalt zu behandeln, und damit sind große Betrügereyen begangen, die nicht nur die Käufer in großen Schaden versetzen, sondern auch dem ausländischen Absatz nachtheilig sind. Wenn die Regierung nicht bald gehörige Verfügungen dagegen trift, so kann der auswärtige Debit einen grossen Abbruch leiden. Der erste Hering, wenn er recht fett fällt, giebt 5 bis $5\frac{1}{2}$ Kannen Thran pro Tonne. Da aber der erste Fang allezeit sehr theuer fällt; so wird selten etwas davon zu Thran verbrannt. Der Hering fällt das eine Jahr fetter als das andere, und öfters hat der erste nur $3\frac{1}{2}$ bis 4 Kannen gegeben, und gegen Ende des Decemb. hat der Hering so am Fette abgenommen, daß die Tonne nur 1 bis $1\frac{1}{2}$ Kanne giebt. Vom Anfang bis zum Schluß da die Brennereyen wegen der Magerkeit der Heringe aufhören müssen, rechnet man überhaupt $2\frac{3}{4}$, 3 bis $3\frac{1}{4}$ Kannen Thran von 1 Tonne Hering, und folglich werden zu 1 Faß Thran von 60 Kannen 20 bis 23 Tonnen Hering gebrannt. Seit 10 bis 12 Jahren ist das Thranbrennen in starke Aufnahme gekommen, und besonders in diesen letztern 4 bis 5 Jahren zu einer beträchtlichen Höhe gestiegen, indem dieser Thran an vielen Oertern mehr bekannt geworden. Wie viel jährlich gebrannt wird, ist zwar nicht so genau zu bestimmen; doch kann mit ziemlicher Zuverläßigkeit für das Jahr 1780 25 bis 27000 und 1781, 20 bis 22000 Fäßer angegeben werden. Im letzt verwichenen Herbst war der Fang nicht so geseegnet wie die vorige Jahre, wegen einer fast beständig schlechten Witterung, widriger Winde, und starker SO. Stürme, die den Hering vom Lande abtrieben. Nach der genauesten Berechnung ist im verwichnen Herbst kaum halb so viel Thran gebrannt worden

den als die vorigen Jahre, und von dem Hering ist auch zwischen die ½ und ⅓ pro Tonne eingesalzen worden. Alle Thranbrennereyen, die in der ganzen Provinz angelegt sind, gehören den hiesigen Kaufleuten zu, einige ganz unbedeutende ausgenommen. Man kann also im Durchschnitt rechnen etwa 400000 Tonnen frische Heringe, die jährlich zu Thran verbrannt werden; etwa 200000 Tonnen werden gesalzen und geräuchert, und 16 bis 20000 frische Heringe werden theils an Landleute verkauft und theils nach Dännemark und Norwegen ausgeführt, so daß man mit ziemlicher Zuverläßigkeit den Fang dieser letzten 5 Jahre, jährlich auf 600, bis 650,000 Tonnen schätzen kann.

Durch diesen reichen Heringsfang ist Handel und Schiffahrt aufs höchste gestiegen, viele tausend Menschen verdienen dadurch ihr Brodt, und für dieses Land kann dieser Seegen als eine reiche Silbergrube angesehen und geschätzt werden.

Zusatz zu obige Schreiben.

Der Heringsfang ist niemals so spät zu Stande gekommen, als im vergangenen Herbst, und es scheint, daß die Winde daran Schuld gewesen sind. Wir hatten einen fast beständigen SO. und O. Wind vom Ende Octob. bis zur Mitte Novemb. und am 21sten Novemb. wurde der erste Hering gefangen. Seit Anfangs Decemb. aber ist der Fang vortreflich gewesen, und der Hering fällt weit fetter, als seit vielen Jahren. Wegen starkes Frostes hat der Fang seit dem 23sten Decemb. gänzlich eingestellt werden müssen. Man schätzt ihn zwar reichlicher, als das vorige Jahr; aber die Zeit ist zu kurz gewesen, um selbigen recht zu benutzen. — Wie erwehnet, so hatte die Regierung diesen Sommer beynahe die Hälfte von den Thranbrennereyen verboten, in Ansehung der großen Masse der gekochten Heringe, die in die See gestürzt wird, und welche wie man befürchtet, dem Heringsfang schädlich seyn soll; aber auf Vorstellungen ist dieses Verbot für dieses Jahr eingestellt, bis der König im Sommer zurück kommt, da diese Sache wieder untersucht und abgemacht werden soll.

Ein hiesiger Patriot und Naturkenner, der Hr. Baron Alströmer behauptet, daß diese Masse, die in der See geworfen wird, für den Hering und auch für andre Fische gar nicht schädlich seyn kann. Ich möchte des Hrn. D. Blochs Gedanken darüber bey Gelegenheit gern wissen. *)

G.. den 20sten Jan. 1784.

Aus den bisher erzählten Thatsachen erhellet.

1. Wie ungegründet die fast allgemein angenommenen Meynung, die ich anderswo **) bestritten habe, sey

*) Ich glaube nicht nur mit dem Hrn. Baron von Alströmer, daß die nach dem Thrankochen zurückgebliebene Masse nicht nur für den Heringsfang unschädlich, sondern sogar vortheilhaft sey, denn der Hering gehört zu den fleischfressenden Fischen, und da er sich des Fraßes wegen den Küsten zu nähern pflegt, so kann diese hineingeworfene Masse nicht nur als eine Lockspeise für diesen, sondern auch für andre Fische betrachtet werden.

**) Siehe ökonomische Naturgeschichte der Fische Deutschlands 1ster Th. 4. S. 186. 8. S. 239.

sey: daß der Hering den Winter über in dem Eismeer sich aufhalte. Da er hier bis im März und an den Küsten von Schwedischpommern im Jan. und Feb. sehr häufig gefangen wird. Auch von diesem Fange werde ich im nächsten Bande eine umständliche Nachricht mittheilen.

2. Daß die Richtung der Winde einen sehr großen Einfluß auf dessen frühere oder spätere, und auf dessen geringere oder häufigere Erscheinung habe.

3. Da dieser Fisch auch ein brauchbares Oehl giebt; so können diejenigen Gesellschaften, oder einzelne Kaufleute, denen er durch das Alter oder die Menge verdorben ist, statt selbigen ins Wasser zu werfen, oder zu vergraben, ihn zum Thran gebrauchen. Dieser läßt sich auch ohne Feuer absondern, wenn nehmlich der Deckel der Tonne, worin die halb verfaulten Heringe liegen, durch Gewicht stark beschweret wird; so presset sich das Oehl heraus. Darauf füllt man die Tonne mit Wasser an, und schöpfet das Oehl mit einem Löffel davon ab.

4. Daß man bey Siedereyen sich hölzerner Gefäße bedienen könne, wenn nur der Boden von Metall ist. Ein Umstand, wodurch sich bey Salz- und Seifensiedereyen ansehnliche Kosten ersparen ließen.

XX.
Ueber die Elementarfibern vom D. Metzger.

Unter den mehreren vortreflichen in dem vierten Bande der Schriften unserer Gesellschaft enthaltenen Aufsätzen erregten meine Aufmerksamkeit besonders des Herrn M. **Merrem Beobachtungen über die Fasern der Thiere und Pflanzen** (p. 409 u. f.) aus welchen dieser vortrefliche Naturforscher die Folgerungen zieht, daß 1. die Thierfasern so fein und dünne nicht sind, als von **Gorten**, **Haller** u. a. m. gelehrt worden, 2. daß alle diese Fasern Canäle ausmachen, welche zur Aufnahme und Durchlassung flüssiger Körper bestimmt sind. Hat es mit diesen Sätzen, besonders mit dem letztern, seine vollkommne Richtigkeit, so muß eine neue Reformation verschiedener physiologischer Lehrsätze erfolgen; wir müssen z. B. auf die **Boerhavensche** Lehre zurück kommen, „daß alle Fasern Gefäße sind“ wir müssen die Muskelfibern

aufs

aufs neue für hohl, und durch eine natürliche Folge, für eine Fortsetzung der Gefäße halten; Sätze, deren Unrichtigkeit bisher theils durch die vollkommensten Injectionen, theils auch durch anderweitige microscopische Beobachtungen schon erwiesen zu seyn schien. Unterdessen, was sind angenommene Lehrmeynungen gegen genaue Beobachtungen und daraus nach logikalischer Strenge gezogne Schlüsse? Es kommt also darauf an, zu untersuchen, ob Hr. M. Merrem richtig gesehen, und richtig geschlossen hat.

An dem erstern zweifle ich zwar ganz und gar nicht; indessen ist es doch sonderbar, daß die microscopischen Beobachtungen einander so vielfältig widersprechen und daß so oft der Zweyte dasjenige nicht sehen kann, was der Erstere beschrieben hat. Wie verschieden sind nicht die Beobachtungen der de la Torre, Prochasva, Fontana u. a. m. über die Substanz der Nerven und des Gehirns.

So stimmt auch dasjenige, was Herr M. Merrem über die Thierfasern sagt, im geringsten nicht mit demjenigen überein, was noch kürzlich Fontana, ebenfalls nach microscopischen Beobachtungen hierüber gelehrt hat. Auch die Sehnen meynt er (s. Traité sur le Venin de la vipere — recens. in Gött. Anz. 1782 Zug. St. 27) bestehen aus gleichförmigen, etwas geschlungenen, und der Länge nach laufenden, aber nicht hohlen und kleinern Cylindern, als die Nerven. Die einfachsten Muskelfasern sind kleiner als beyde, laufen mehr nach einer graden Richtung, haben in ihrem Laufe viele Knoten und Ungleichheiten *) und sind inwendig nicht hohl; — einige hunderte dieser theils fleischichten, theils sehnichten, ganz einfachen Fasern machen einen Bündel, und eine große Anzahl von diesen endlich eine Muskel oder eine Sehne aus.

Auch meine geringfügigen Beobachtungen weichen sehr von denen des Hrn. M. **Merrem** ab. Meine Absicht ist zwar nicht, sie den seinigen entgegen zu stellen, da ich ihm gern eine größere Geschicklichkeit zu microscopischen Untersuchungen zugestehe, als mir. Allein ich habe doch auch gesehen und es sey mir erlaubt, das gesehene zu erzählen.

Mein Microscop ist mit vier Vergrößerungsgläsern versehen, welche alle in verschiedenem Grade vergrößern. Es thut mir leid, daß ich noch das Maas ihrer Vergrößerung hier nicht anzeigen kann, da ich mich deßfalls vergeblich bey dem Künstler erkundigt, auch noch bis jetzt die mühsame Arbeit nicht unternehmen können, die Berechnung selbst anzustellen; doch das thut zur Hauptsache nichts: es wird hinlänglich seyn, wenn ich anzeige, daß das größte meiner gläser ein Menschenhaar bis zur Breite einer Linie vergrößert, ungefehr so, wie die fünfte Figur in der erstern der vom Herrn Professor **Mayer** jüngst herausgegeben Kupfertafeln. Vermittelst eines dabey angebrachten Hohlspiegels, kann ich so viel Licht und Schatten auf den Gegenstand bringen, als die Untersuchung zu erfordern scheint.

Mus-

*) Also hat **Muys** diese Knoten nicht allein gesehen, und möchten sie folglich nicht so ganz ein optischer Betrug seyn.

Muskelfasern von allerley Thieren, auch menschliche schienen unter meinen verschiedenen Gläsern zwar größer oder kleiner, aber jederzeit deutlich unter der Gestalt eines ganz durchsichtigen Bandes. Zwar konnte ich vermittelst des Hohlspiegels machen, daß die Ständer dunkel wurden, indem die Mitte noch durchsichtig war; allein, sobald ich volles Licht auf mein Objekt fallen ließ, so war die ganze Breite der Fiber erleuchtet. Sie erschien unter einem mehr oder weniger gelblichen Licht; mitten durch dieselbe aber liefen schwarze, undurchsichtige Streifen, nicht parallel, sondern unordentlich, bald zusammen bald auseinander.

Ich hoffe auf mein Wort Glauben zu verdienen, wenn ich sage, daß ich die Muskelfasern so weit von einander theilte, als menschliche Kunst es vermag.

Doch zeigte eine jede Fiber Ungleichheiten: sie waren nemlich nie gleich breit, sondern an den Ständern ungleich, bald breiter bald schmäler. Ich schrieb dieses der Unmöglichkeit zu, die Fasern vollkommen gleich von einander zu trennen. Eigentliche Knoten sah ich nie, wiewol ich ihre Existenz nicht leugnen will.

An einer von gekochtem Kalbfleisch genommenen Fiber, sah ich einst am Rand eines klein Häckchen, in einem von der Faser ganz verschiedenen, nehmlich in einem hellblauen Lichte. Vermuthlich war es das Ende eines kleinen Gefäßes, welches daran hängen geblieben war.

Eine der feinen Sehnen, wodurch im Herzen die dreyspitzige Klappe an die Oberfläche des rechten Ventrikuls befestigt wird, schien unter dem Microscop nicht ganz, sondern nur an den Ränden durchsichtig, in der Mitte aber dunkel; da hingegen Haare in der Mitte, oder etwas mehr nach der Seite hin durchsichtig, am Rande hingegen dunkel erscheinen; blonde oder rothe Haare sind durchsichtiger als braune oder schwarze.

Ich weichte einige Birkenreiser in Wasser ein, um sie in Fasern aufzulösen; ich konnte sie zwar nie so fein, wie die Muskelfasern von einander trennen, sah sie aber durchs Microscop ebenfalls durchsichtig, mit dunkel durchlaufenden Linien.

Ich habe auch bey dieser Gelegenheit die Beobachtungen wiederhohlt, welche ich vor einem Jahr mit Hrn. D. **Seligo** über die Nerven anstellte (s. Animadv. anatom. physiol. in doctr. nerv. 1783); ich fand immer eben dieselbe durchsichtige Substanz, mit undurchsichtigen Fäden durchkreutzt, welche ich mit Recht für ein wahres Zellengewebe halten zu können glaube.

Dieß sind meine Beobachtungen mit aller Treue und Wahrheit erzählt. Ich will hier nicht untersuchen, wie es komme, daß sie so sehr von denen des Hrn. **Merrem** abweichen. Zum wenigsten werden sie mir zur Entschuldigung dienen, wenn ich bis jetzt noch an der Richtigkeit der Sätze zweifle, welche Herr M. **Merrem** aus den seinigen gezogen hat.

Fürs erste will ich wohl zugestehen, daß in der Natur selbst die Theilung der Fibern nicht so sehr ins kleine hinausgehe, daß eine Elementarfiber mit einer mathematischen Linie zu vergleichen sey. Mögen da die Philosophen die unendliche Theilbarkeit der Materie mit noch einmal so vielen Sophismen glaubwürdig zu machen suchen, als bisher geschehen; ich kann mich dagegen noch nicht überzeugen, daß es nicht einen Punkt gebe, wo die Natur mit der Theilung stille steht. Daß wir aber durch die Kunst diese Zusammensetzung bis auf die letzten Fibern zu trennen vermögen, folgt noch nicht aus des Herrn Merrem Beobachtungen.

Zweytens, daß die Muskelfibern hohl und zum Durchgang einer Feuchtigkeit bestimmt seyn sollten, ist nicht allein den Fontanaschen und meinen Beobachtungen zu folge unwahrscheinlich, sondern es folgt auch noch nicht aus den Versuchen des Hrn. M. Merrem. Daß die Muskelfibern in der Mitte durchsichtig und am Rande dunkel; die Asbestfasern am Rande durchsichtig uns in der Mitte dunkel waren, beweist nichts mehr, als den Unterschied in der Textur beyder Substanzen, nicht aber die Hohligkeit der erstern; ich will hier nicht anführen, wie de la Torre sich irrte, als er die Blutkügelchen wegen ihrer Durchsichtigkeit in der Mitte für Ringe ansah; ich will nicht anführen, daß die Verschiedenheit bey Licht und Schatten in meinen Versuchen die Muskelfibern bald ganz durchsichtig, bald an den Rändern dunkel machte: ich nehme Hrn. M. Merrems Beobachtungen so an, wie sie sind, zweifle aber an den daraus gezogenen Folgerungen.

Ich halte es daher noch mit der Dichtigkeit der Muskelfibern, wiewohl ich noch nicht gewiß weiß, was ich aus den dunkeln unordentlichen Streifen darin machen soll; vermuthlich sinds wie in den Nerven, Fäden eines feinen Zellengewebes. Herr M. **Merrem** würde sich ein großes Verdienst um die Wissenschaften erwerben, wann er diese Materie noch genauer entwickeln, die noch obwaltenden Schwierigkeiten heben, und die anscheinenden Widersprüche mit einander vergleichen wollte. Ich füge meine Bitte hinzu, wenn sie etwas vermag.

XXI.

Beschreibung des breitnasigen Hayes

von

D. Joh. Jul. Wallbaum.

§. 1.

Ich habe aus der Edlerischen Naturalienkammer ein ausgestopftes Fell von einem großen Hayfische erhalten, welcher einige Merkmale an sich hat, die von keinem Schriftsteller meines Wissens angemerkt sind. Nachdem ich diesen Fisch mit den unvollkommenen Beschreibungen vieler Schriftsteller in Vergleichung gezogen hatte; so schien er mir mit dem bläulichten Haye (Galeus glaucus *Willugbeji*) große Aehnlichkeit zu haben. Er ist aber durch die einfache Reihe der sägenartigen Zähne in dem Oberkiefer und durch die bräunlichten Striche an seinem Leibe, wie auch durch die stumpfe und breite Schnautze, von ihm unterschieden. Da es nun noch nicht bekannt ist, ob diese verschiedene Merkmale nur allein bey dem weiblichen oder männlichen Geschlechte dieser oder jener Art von Hayen vorhanden sind, und der Ritter

von

von Linne' den Beynamen Glaucus [1]) einem Haye mit körnichten Zähnen, welchen ich in den Lübeckischen Anzeigen im Jahre 1753 beschrieben habe, beygelegt; so halte ich ihn für eine besondere Art, welche noch nicht genau bestimmet und beschrieben ist.

§. 2.

Ob es gleich scheint, daß der Fisch, welchen Rondlet [2]) Maltha und auf französisch le Sorrat nennet, wie auch des Gumerus [3]) Haybrand mit meinem von einerley Art seyn, so trage ich doch kein Bedenken, ihn mit dem neuen Namen breitnasigten Hay zu benennen; weil jene mehr Reihen Zähne in dem Munde haben. Denn ich halte dafür, daß man den specifiken Charakter der Hayen vornehmlich von dem Gebisse und von der Form des Rüssels oder der Schnautze hernehmen müsse. Die Abbildung, welche Klein *Missus* III. Tab. 2. Fig. 1 und 2 von einem jungen Hayfische mit einer kurzen, stumpfen Schnautze vorgestellt hat, kömmt mit meinem Fische am meisten überein, wovon man in Hanows Seltenheiten der Natur 3 B. S. 115 eine sehr kurze und mangelhafte Beschreibung findet.

§. 3

1) Durch das Wort Glaucus wird bey den alten Schriftstellern bald eine hellblaue, bald eine weißlich grüne Farbe als einige Weidenblätter an sich haben, angezeiget. Daher ist es zweydeutig. S. *Stephani thesaur. linguae Rom.*

2) *Hist. piscium* lib. 13. Cap. 12.

3) Norwegischen Gesellschaft Schriften 4. Theil 1. S. 1. Taf. 1. Fig.

§. 3.

Er ist einer von den knorplichten Fischen mit fünf Luftlöchern, welche der Ritter **von Linne'** zu den schwimmenden Amphibien rechnet. Er hat einen etwas rauhen, gestreiften, spindelförmigen Körper, der aber vorn an der breiten Schnautze niedergedrückt und abgerundet, und hinten am Ende der Schwanzflosse ungleich und gabelicht ist; ferner acht ungleiche Flossen, platte, spitze, sägenartige, ungleiche Zähne hat, wovon die größesten auf dem Oberkiefer dicht an einander in einer Reihe, und die kleinen schmalen in zwey Reihen weitläuftig auf dem Unterkiefer sitzen. Hierdurch ist er von dem Menschenfresser (Carcharias) zu unterscheiden, dem er in Ansehung des Gebisses am nächsten kömmt. 4)

§. 4.

Die **Farbe** an diesem getrockneten Fische war fast überall bräunlicht grau, aber an der Unterfläche der Schnautze, der Brustflossen, der Bauchflossen und des eigentlichen Schwanzes gelblicht greiß. Ueberdem sah man an dem Rumpfe viele blasse schwarzbraune Linien, welche auf der Unterfläche des Schwanzes am stärksten hervorleuchteten, und nach der Länge des Körpers fast parallel liefen, hin und wieder aber sich mit einander vereinigten. Auch befanden sich auf der Oberfläche der Flossen einige kleine schwarzbraune Flecken, 5) welche hin und wieder zerstreut lagen.

§. 5.

4) **Siehe Müllers Linneisches Natursystem.** 3 B. 11 Taf.

5) Die rechte natürliche Farbe, welche bey dem Leben des Fisches heller und vielleicht bläulichtgrau seyn mag

§. 5.

Er ist mit einer zähen etwas rauhen Haut bekleidet, welche glatt zu seyn scheint, aber doch rauh und schuppicht befunden wird, wenn man mit den Fingern von hinten nach vorn über der Haut fähret und sie mit einem Vergrößerungsglase betrachtet. Die kleinen Schuppen, welche breiter als lang, nach der Länge gereift, vorn gekerbet und stumpfwinklicht sind, liegen in einer abschüssigen Richtung dicht aneinander, daß man keinen Zwischenraum unter ihnen wahrnehmen kann.

§. 6.

Die Theile.

1. Der Kopf ist kurz, niedergedrückt, im Umfange parabolisch, oben und unten niedrig gewölbt, an den Seiten erhaben gewölbt, vorn mit einer hervorstehenden Schnautze begabt, und hinten so breit als der Rumpf, wovon man ihn auswendig nicht deutlich unterscheiden kann.

2. Der Rüssel oder die Schnautze ist sehr niedergedrückt, oben und unten niedrig gewölbt, breiter als lang, abgeründet, mit einem scharfkielförmigen Rande umgeben, oben und unten mit subtilen Löchern durchbohrt, dergleichen auch über den Mundwinkeln sich befinden.

3. Die

mag, werden in der Folge diejenigen Naturforscher am besten bestimmen, welche Gelegenheit finden, denselben Fisch frisch getödtet oder lebendig zu sehen.

3. Die Naselöcher, welche linienförmig, lang, etwas gekrümmt und überzwerch gerichtet sind, liegen an der Unterfläche der Schnautze nahe am Rande, fast an der Mitte der Seiten, doch etwas näher dem Munde als dem Ende der Schnautze.

4. Von den Augen war bey diesem Fische nichts übrig, und die Augenhöhlen hatten sich in Runzeln bey dem Trocknen des Felles zusammen gezogen. An der einen Seite war die Höhle noch offen. Sie schien mir oval zu seyn. Beyde lagen hoch an den Seiten des Kopfes fast an der Mitte, doch etwas näher dem Ende der Schnautze als dem Ende des Hinterhauptes. [6])

5) Der Mund ist eine große, flachbogichte Spalte, welche an der Unterfläche des Kopfes hinter der Mitte desselben überzwerch liegt.

6. Die Kiefer sind ungleich, flach gebogen, mit scharfen Zähnen bewafnet, mit dünnen Lippen bedeckt und liegen auf einander. Der obere ist grösser und länger als der untere. Er hat auswendig eine gewölbte Oberfläche und unten einen eingezogenen Rand, welcher gegen die Kehle gerichtet und mit einer Reihe Zähne besetzt ist. Der untere Kiefer hat auswendig gegen den obern einen dicken platten Rand, welchen die Lippe ausmachet, über demselben, nehmlich

6) Ich habe hinter dem hintern Augenwinkel der offenen Augenhöhle ein besonderes rundes Loch einer Erbse groß gefunden; ob solches aber an dem frischen Fische ein Loch oder nur eine Grube sey, lasse ich dahin gestellt seyn.

lich an der inwendigen Oberfläche des Kiefers stehen die Zähne in zwey Reihen gerade hintereinander.

7. Die Zähne sind spitz, zweyschneidig, weiß und hart wie Elfenbein, ungleich, und beweglich, so, daß der Fisch nach seiner Willkühr sie aufrichten oder innerhalb des Mundes niederlegen kann. Die grösseſten auf jedem Kiefer befinden sich in der Mitte desselben, von da aber bis an die Mundwinkel nehmen sie an der Länge allgemach ab. Diejenigen, welche auf dem Rande des Oberkiefers in einer Reihe, gleichsam wie Zähne an einer großen Säge, dicht aneinander sitzen, sind dünn, sehr zusammengedrückt und zweyschneidig, als die Spitze eines Degens gestaltet, an der auswendigen Fläche sehr wenig gewölbt, an der inwendigen aber mit einer niedrigen, länglichten Ribbe verstärkt, in Umfange dreyeckicht, und an den Seiten des scharfen Randes fein gezähnt. Sie stehen eben so, wie der untere Rand des Oberkiefers, etwas schief gegen den Rand des Unterkiefers gerichtet. Die Zähne, welche an der inwendigen Oberfläche des Unterkiefers aufgerichtet und weitläuftig in zwey Reihen stehen, sind ungleich, kürzer und viel schmaler als die obigen, zusammen gedrückt, größtentheils pfriemenförmig, an ihrem Grundtheile aber ausgebreitet, auf dem Rande an beyden Seiten fein eingekerbt, und nach innen etwas gekrümmet; diejenigen, welche in der ersten Reihe in gleicher Ordnung vor denen in der zweyten Reihe stehen, sind viel kürzer, aber eben so breit wie jene. In die Zwischenräume derselben treten die Spitzen der Zähne des Oberkiefers, wenn der Mund geschlossen wird.

8. Hin-

8. Hinter dem Kopfe nemlich vor und über den Brustflossen liegen fünf mittelmäßige, linkenförmige **Luftlöcher** überzwerch eines hinter dem andern. Sie sind von zu- und abnehmender Länge so, daß das dritte die andern darin übertrift und der Hälfte der Höhe des Rumpfs gleicht; das letzte oder kleinste hat mit dem vorhergehenden eine schiefe Lage über dem Grundtheile der Brustflossen.

9. Der **Rumpf** ist fast spindelförmig, an dem Rücken ein wenig bogicht, indem er von dem Hinterhaupte bis an die erste Rückenflosse etwas in die Höhe steiget und von derselben nach der Schwanzflosse allgemach abfällt; er endigt sich mit einem mittelmäßigen kegelichten Schwanze. Ob aber derselbe an beyden Seiten kurz vor der Schwanzflosse bey dem lebendigen Fische, wie es mir scheinet, viereckig oder an beyden Seiten kielförmig sey; kann ich nach der Form des ausgestopften Felles nicht gewiß behaupten.

10. Die **Seitenlinie** war hieran kaum zu sehen. Sie sah wie ein etwas erhabener Strich aus, der von dem Hinterhaupte seinen Anfang nahm, und oben an der Seite des Rumpfes über den Luftlöchern seinen geraden Lauf, mit dem Rücken parallel, nach der Mitte des Schwanzes und von da bis zu der Schwanzflosse nahm.

11. Die **Glieder** bestehen aus acht ungleichen Flossen, welche am Grundtheile fleischicht, am vordern Rande stumpf und bogicht, an dem hintern Rande dünn und zerrissen oder faserricht, überall aber mit der gemeinschaftlichen, rauhen Haut des Rumpfes bekleidet sind, daß man die knorplichten, dichten

und gespaltenen Strahlen darin nicht deutlich erkennen, noch viel weniger zählen kann.

12. Die erste Rückenflosse, welche ohngefähr um die Mitte des Rückens, doch näher nach dem Kopfe zu ihren Sitz hat, ist groß, fast so hoch als am Grundtheile breit, ungleich viereckig, ob sie schon von fern einem verschobenen Dreyeck, das oben eine abgerundete Spitze hat, gleich zu seyn scheint. Ihr vorderer und längster Rand steigt etwas bogicht und schreg in die Höhe, so daß er über dem Grundtheile hinterwärts hinaus reichet. Der hintere Rand ist einwärts gegen den Grundtheil, wie die hintere Seite der Zahl 2, ausgehölt, und endiget sich an der zugespitzten untern hervorstehenden Ecke der Flosse; der untere Rand, welcher hinter dem Grundtheile an dem untern Ende der Flosse sich befindet, und den Rücken berührt, wenn die Flosse niederliegt, auch mit dem Grundtheile fast gleiche Richtung hat, ist der kürzeste.

13. Die andere Rückenflosse sitzet hinter der Mitte des Schwanzes nicht weit von der Schwanzflosse entfernt. Sie ist der ersten ähnlich, aber viel kleiner als dieselbe, und ihre Länge übertrift ihre Breite.

14. Die Brustflossen haben ihren Sitz unten an der Brust in einer horizontalen Lage so, daß ihre Enden sich nieder beugen. Sie sind groß und länger als die Hälfte des Bauches, ablang oder vielmehr etwas sichelförmig, zweymal so lang als an ihrem Untertheile breit. Dieser Untertheil ist nur ungefähr auf die Hälfte an der Brust fest gewachsen; der übrige hintere Theil liegt nur in der

Form

Form eines abgerundeten häutigen Lappen dicht an der Brust.

15. Die **Bauchflossen** sitzen von einander abgesondert in einer horizontalen Lage am äußersten Ende des Bauches. Sie sind dreyeckig, länger als breit, und ungefehr so groß als der dritte Theil der ersten Rückenflosse. 7) Zwischen denselben ist die Oeffnung des Hintern eingeschlossen.

16. Die **Afterflosse**, welche etwas näher der Schwanzflosse als die zweyte Rückenflosse sitzet, ist hinterwärts in zwey Lappen getheilt, wovon der untere eine zungenförmige Gestalt hat, und der obere, welcher den Schwanz berührt, in eine scharfe, lange Spitze ausläuft, und weiter als die untere hinterwärts hervorgeht.

17. Die **Schwanzflosse** übertrift in der Größe alle die andern. Sie besteht aus zwey ungleichen Lappen, die wie eine aufgesperrte Scheere auseinander fahren. Der obere Lappen ist länger und etwas schmaler als die Brustflossen. Nicht weit von dem vordern Rande desselben, geht der verlängerte Rückgrad, welcher aus allgemach abnehmenden Wirbelbeinen besteht, gerade neben dem obern Rande herdurch bis zum Ende; wodurch dieser Lappe eine große Kraft zum Schlagen erhält. Der untere Lappe, welcher auf die Hälfte kürzer, aber fast eben so breit als der obige ist, hängt abwärts.

7) Da an diesen die länglichten Anhänge, welche man bey dem Männchen der Hayfische wahrnimmt nicht vorhanden waren; so glaube ich, daß dieses Fell von einem Weibchen genommen sey.

§. 7.

Von seinem Aufenthalte und besondern Eigenschaften weiß ich nichts gewisses zu sagen. Vermuthlich hält er sich in dem großen nordlichen und abendländischen Weltmeere auf, und hat eben die Eigenschaften an sich, als der Menschenfresser, von welchem die Seefahrer und Fischer ihn nicht zu unterscheiden wissen.

§. 8.

Die Ausmessung nach dem Pariser Maasstabe.

	Fuß.	Zoll.	Lin.
Die Länge von der Spitze der Schnautze bis an das äußerste Ende der Schwanzflosse.	6	2	0
— bis zu der Mitte der Naselöcher.	0	3	6
— — — Augenhöhlen.	0	5	7
— — — des Mundes.	0	5	8
— — den Mundwinkeln.	0	8	0
— bis zum ersten Luftloch.	1	1	0
— — letzten — .	1	5	6
— — Anfange des Grundtheils des Brustflossen. .	1	4	9
— — Ende des angewachsenen Grundtheils. .	1	8	10
— — — — abgerundeten Lappens hinter dem Grundtheile.	2	0	0
— — Anfang der ersten Rückenflosse. . .	1	11	6

Länge.

Länge.	Fuß.	Zoll.	Lin.
— bis zu Ende des Grundtheils.	2	6	0
— bis zu dem spitzigen hintern Ende derselben, welche auf dem Rüken liegt. =	2	10	0
— bis zum Anfang der zweyten Rückenflosse. =	3	11	0
— — Ende des Grundtheils.	4	1	7
— — spitzigen hintern Ende derselben. =	4	4	5
— — Anfang der Bauchflossen.	3	1	0
— — Ende des angewachsenen Grundtheils derselben. =	3	3	10
— — hintern Ende derselben.	3	6	0
— — Anfang der Afterflosse.	4	0	0
— — Ende des Grundtheils.	4	1	7
— — zugespitzten hintern Ende derselben. =	4	4	1
— — Ende des langen Lappens der Schwanzflosse.	6	2	0
— — — — kurzen Lappens	5	4	6
— — Ende des eigent. Schwanz.	4	7	0
— — After oder Ausgang des Mastdarms. =	3	1	0
— von einem Mundwinkel bis zum andern. =	0	7	6
— von dem Anfang des Grundtheils der Brustflosse bis zum Ende derselben. =	1	4	0
Die Höhe der ersten Rückenflosse.	0	8	0
— der zweyten —	0	2	0
— der Bauchflossen. =	0	3	6
— der Afterflossen. =	0	2	0

	Zoll.	Lin.
Die Breite *) des Kopfes auf der Schnautze bey den Naselöchern senkrecht.	2	4
— — — überzwerch.	6	0
— bey den Augen senkrecht.	3	2
— überzwerch.	8	0
— bey den Mundwinkeln senkrecht.	6	0
— überzwerch.	10	4
— des Rumpfes bey dem ersten Luftloch senkrecht.	7	0
— überzwerch.	10	0
— bey der ersten Rückenflosse senkrecht.	8	0
— überzwerch.	10	0
— bey der Afterflosse senkrecht.	4	0
— überzwerch.	4	0
— der ganzen Brustflosse bey dem Grundtheile.	7	0
— um die Mitte.	5	0
— der ersten Rückenflossen um die Mitte.	6	0
— des langen Lappen an der Schwanzfl. bey seinem Anfang.	5	6
— um die Mitte desselben.	4	0
— des kurzen Lappens bey seinem Anfang.	4	6
— um die Mitte desselben.	3	9

Die

*) Die Breite kann an einem frischen Fische anders seyn, als sie an diesem ausgestopften Felle gewesen ist.

	Zoll.	Lin.
Die großen Zähne in dem Oberkiefer		
sind lang	0	6
und breit am Grundtheile.	0	6
Die großen Zähne in dem Unterkiefer sind lang	0	5
breit unter der Mitte	0	2
und am Grundtheile.	0	$3\frac{1}{3}$

XXII.

Von den Pfeilen der Schnecken

von

Otto Friedrich Müller.

5te Taf. Fig. 1 — 3.

Nicht wenig muß es uns befremden, wenn wir dasjenige, was die Dichter als sinnliche Ausdrücke einer schleunigen und heftigen Liebe erfunden, und die Maler als Vorboten der genauesten Verbindung zweyer Geschlechter tausendmal abgebildet haben, auch wirklich in der Natur und zwar als Ankündigungen einer nahen Paarung antreffen. Die Dichter und Maler wußten nicht, daß die Natur das von ihnen erdichtete Ideal in ihren geheimen Werkstäten fabricirte, und zu einem gleichen Zweck zum Reiz der sinnlichen Begierde anwendete. Erst seit hundert Jahren haben nur wenige Naturforscher diese sonderbare Erscheinung bey einigen Schnecken bemerkt, und dies

dies muß uns so viel mehr wundern, da man sie im ersten Frühjahr in allen Gärten und Holzungen auf öffentlichen Wegen und Spaziergängen wahrnehmen kann. Die gemeinsten Schnecken, nehmlich die **Garten**-die **Wald**- und die **Weinbergschnecke** geben in allen Landen dieses Schauspiel.

Lister ward dessen zuerst an der Gartenschnecke [1]) gewahr: er sah mehr als einmal in den Hälsen der gepaarten Schnecken tiefsteckende Spiesse sitzen; sie waren kalkartig, hatten ein niedliches Ansehen, und standen übrigens in keiner Verbindung mit dem Körper der Schnecken [2]). Von dem Spieß giebt er eine, obgleich nicht genaue, Abbildung; denn die Figur [3]) stellt mehr ein scharfes einschneidiges Messer mit einem kurzen Schaft, als einen Spieß oder Pfeil dar. Nach ihm erwähnt **Fontenelle** [4]) dieser sonderbaren Sache nach dem Bericht des du Verney umständiicher: aus der Oefnung des Halses

fähret

1) Cochlea vulgaris major pulla, maculata et fasciata, hortensis, Animal. angl. p. 113. die ich für die Helix *arbustorum* Verm. terr. et fluviat. 2. 248 halte. Weil ich sie vorzüglich in Gebüschen und die kleine gebandete mit dem weissen Saum nur die Gärten, die größere gebandete mit dem braunen Saum aber auch in den Hainen antraf, nannte ich in meiner Historia vermium diese dritte *nemoralis*, die zweyte aber *hortensis*, und ließ der ersten den schicklichen Namen *arbustorum*.

2) l. c. p. 114 et 157.

3) l. c. tab. 2. f. 2.

4) Histoire de l'Academie des Sciences. 1708. p. 60.

fähret der grauen Gartenschnecke [5]) ein Stachel, der dem vierflügelichten Eisen einer Lanze ähnlich ist, und sich in eine harte Spitze endiget. Wenn sich die beyden Schnecken an dem Ort der Halsritze berührt haben, sticht die eine die andere mit dem herausfahrenden Stachel, welcher zu gleicher Zeit den Körper, aus dem er herausfuhr, verlässet und auf die Erde fällt, oder in der gestochenen Schnecke stecken bleibt. Diese zieht sich alsbald zurück, nähert sich aber kurz darauf der andern aufs neue, und giebt dieser einen gleichen Stich, und nach einer solchen gegenseitigen Verwundung geht jedesmal die Begattung vor sich. Es scheint, daß der von beyden Seiten geworfene Stachel dazu bestimmt sey, den beyden Schnecken das Signal von der gegenseitigen Bereitschaft sich zu begatten zu geben. Die Schnecken paaren sich dreymal in einer Zwischenzeit von vierzehn Tagen. Bey jeder Paarung ist ein neuer Stachel vorhanden, so wie die Geweihe der Hirsche wiederwachsen; auch scheint er von ähnlichem Wesen zu seyn.

Der

5) Le limaçon gris de jardin. Obgleich in diesem Bericht keiner Schneckenschale erwähnet wird, kann doch diese graue Gartenschnecke schwerlich eine nackte Schnecke seyn; weil diese letztere in den Gärten seltener ist, ich auch bey derselben nie einen solchen Pfeil bemerkt habe; sie ist vielmehr die Helix *nemoralis* Verm. 264, die auch Reaumür Limaçon de jardin und la Livrée nennet, und an der auch ich die folgende gleiche Bemerkung gemacht habe.

Der Verfasser des **Schauplatzes der Natur** [6]) und Pastor **Lesser** [7]) haben dieses Liistern und du Verney, die sie auch anführen, ohne es selbst gesehen zu haben, nacherzählt. Ich habe bereits in der Vorrede des zweyten Bandes meiner historia vermium. p. 13. die Zeit und den Ort, wann und wo ein Jeder Zuschauer dieses Schauspiels seyn kann, angezeiget, den Schneckenpfeil deutlicher beschrieben, und solchergestalt ihre Aussage bestätiget. Den deutschen Lesern zu gefallen will ich aus dieser lateinischen Schrift das Wesentliche wiederholen, und diesen Aufsatz mit einer genauen Abbildung dieses sonderbaren Werkzeuges beschliessen.

Die **Waldschnecken** [8]) paaren sich zu Ausgang des Aprils, im Anfang des May, mitten im Juni und August, und gegen den Schluß des Septembers. Alsdann siehet man am häufigsten im Frühjahr und bey einer feuchten Luft die Schnecken in Gärten und Wäldern an den Wegen umher kriechen, und findet kleine weisse Pfeile neben ihnen auf der Erde liegen, oder in ihrem Körper nach einem schiefen Winkel stecken. Die eine Schnecke wirft sie der andern zu, wenn sie sich paaren wollen; manchmal treffen die Pfeile nicht, sondern fallen auf die Erde; oft bleiben sie am Halse sitzen, bisweilen brechen sie gar entzwey. Ich habe sie oft aus den gepaarten und nicht gepaarten herausgezogen, auch meinen Freunden zum Ausziehen dargeboten.

Der

6) 1ster Theil. S. 277.

7) Testaceotheologia. S. 121.

8) Helix *nemoralis*. Verm. 264.

Der Pfeil ist hellweiß und durchscheinend, knorplicht, spröde und dem Wallraf nicht unähnlich, acht Linien lang, und eine breit, vierseitig mit hervorragenden häutigen Ecken, an dem einem Ende scharf zugespitzt, an dem andern wie ein gedrechselter Knopf gerundet, gegen den vierseitigen Theil etwas eingekniffen, an diesem dickern Ende queer abgehauen und ausgehöhlt; die vier Seiten sind mit einer durchscheinenden, milchweissen, zu beyden Seiten ästigen Linie der Länge nach bezeichnet. Wahrscheinlich geben die Säfte, welche die Schnecke zum Bau ihrer Schaale verwendet, nachdem sie den Wachsthum derselben durch Ansetzung einer Lippe am Rande der Oefnung beschlossen haben, etwas anders modificirt, den Stoff zur Bildung der Pfeile her; in welcher Form aber diese Pfeile gegossen, durch welche Mechanik sie aus derselben losgelassen und frey herausgeworfen werden, bleibt noch immer ein würdiger Gegenstand der Untersuchungen künftiger Beobachter.

Auch Hr. Pastor **Chemnitz** hat dies Pfeilwerfen gesehen, und im 8ten Stück des Naturforschers S. 167. kurz berührt: **ich sah es, sagt er, mit meinen Augen, daß die Schnecken wirklich bey ihren Umarmungen gleichsam beflügelte Liebespfeile gegen einander abschossen. Dergleichen hatte ich wohl in Lessers Testaceotheologie §. 35. p. 121. gelesen, aber allemal für ein ungegründetes Vorgeben und leere Einbildung gehalten, bis mich der Augenschein eines andern belehrte.** Dieser berühmte Schneckenkenner wird sich folglich der erwähnten deutlichen und umständlichen Bemerkungen seiner Vorgänger nicht erinnert haben. In-

dessen

dessen beweiset diese chemnitzische Beobachtung, daß das Pfeilwerfen auch bey der **Weinbergsschnecke** [9]) und wahrscheinlich bey mehrern Arten der zahlreichen Gattung der Helicis statt findet.

Die hier angefügte Abbildung der Schneckenpfeile habe ich vor etwa zwanzig Jahren nach Originalen, die ich annoch aufbewahre, machen lassen.

Erklärung der Figuren.

1. Schneckenpfeile in natürlicher Größe. a Die Spitze. b Der Knopf.

2. Ein vergrößerter Pfeil von den drey Ecken angesehen. a Die Spitze. b Der Knopf. c Die Verengerung oder der Hals. d e f Die drey häutigen Ecken oder Schneiden. g Die ästige Seitenlinie.

3. Das dicke Ende eines von selbst zerbrochenen und gespaltenen Pfeils vergrößert.

9) Helix *Pomatia*. Verm. 243.

XXIII.

Beschreibung einer sehr merkwürdigen isländischen Versteinerung.

Mit Abbildungen

von

Lorenz Spengler.

Tab. VI. Fig. a — f.

Es giebt wenige Gegenden in der Welt, die seit so vielen Jahrhunderten durch unterirdisches Feuer und Wasser und die dadurch erzeugten erstaunlichen Erdbeben, häufige feuerspeyende und Wasser aussprudelnde Berge ꝛc. so große Veränderungen erlitten, daß sie vielmals und oft gänzlich umgekehrt und herum getummelt worden, daß ganze Wälder eine horizontale Richtung bekommen, die nunmehr zur Grundbasis himmelhoher, auf einander geschobener Felsen geworden, als wie die Insel Island bis auf diese Stunde erfahren müssen.

Was ist sonderbarer, als wenn gedachte Grundlage von ehemaligen Holzstämmen, worauf jetzt hohe Gebürge in abgesetzten Schichten ruhen, ihre ganze Natur

Natur verändert, so daß sie flach gedruckt und an einigen Orten angebrannt, an andern versteinert und wiederum an vielen Stellen gleichsam in feines Ebenholz, welches sich bearbeiten und polieren lässet, verwandelt worden.

Ich will unter den vielen seltenen Steinarten, welche diese Insel hervorbringt, um näher zu meinem Zweck zu kommen, nur zwey Gattungen anführen, die derselben, nebst der Insel Ferröe, eigenthümlich zugehören, nehmlich den Zeolith und Chalcedon. Die neuern Mineralogen sind der Meynung, daß die letztere Steinart aus dem stalaktitischen Zeolith entstanden sey. Diese Vermuthung gründet sich auf die Erfahrung. Ich habe selbst in meinem Kabinet solche Stücke, die noch halb Zeolith und halb schon Chalcedon sind. Aus der Figur des Chalcedons läßt sich sehr gut schliessen, daß derselbe ein wahrer Stalaktit ist. Man darf nur einen solchen tropfsteinförmigen Zapfen auf seinem Anbruch betrachten, so wird man lauter Strahlen aus dem Mittelpunkte nach dem auswendigen Rand zu laufen sehen; eben so wie man es beym strahligen Zeolith wahrzunehmen pflegt.

Von einem solchen Uebergang vom Zeolith in Chalcedon scheint auch, nach meiner geringen Einsicht, diejenige Materie zu seyn, welche die Versteinerung ausmacht, die ich jetzt zu beschreiben gedenke.

Es ist äusserst schwer zu errathen, was es mit dieser Petrification für eine Bewandniß hat, und aus was für einem natürlichen Körper sie theils verwandelt worden, theils die Figur angenommen, und was für eine Erd- Thon- oder Steinart ihr zur Matrix gedienet habe? Sie ist, wie die Zeichnung ausweiset, in drey Stücken abgesondert; man sieht aber gar wohl an der Figur, Falten und Farbe, daß anfänglich alle drey nur Ein Stück ausgemacht haben.

Der Theil a b gehört ganz richtig an das zweyte Stück, und ist bey c ehemals abgebrochen worden. Diese beyden Stücke a b und c d sind dicht oder kompakt, und ersteres bey a drehet sich etwas in einer Bogenlinie auswärts, und gehet hernach in vier Umwindungen pyramidalförmig in die Höhe, und giebt zu erkennen, daß es der Kern oder Ausguß einer Art Landschnecke, wie etwa Helix nemoralis seyn müsse. Figur e und f ist das dritte Stück dieser Versteinerung. Bey Figur e ist sie von der untern und bey f von der obern Seite abgebildet. Dieses Stück ist in gar vieler Absicht sehr merkwürdig; es ist nicht allein kein Ausguß oder Kern, sondern die eigentliche wahre Schneckenschale selbst, die in diese Steinart aufs pünktlichste verwandelt worden. Zum Beweis dienet, daß alle die feinen Falten und zarten Streifen, welche gewöhnlich auf den natürlichen Schalen der Landschnecken angetroffen werden, sich auch hier auf der ganzen Oberfläche dieser versteinerten Schnecke zeigen. Das allerseltenste aber dabey ist dieses, das sie von inwendig gänzlich nach allen ihren fünf Windungen bis in die Spitze hohl ist, welches sich deutlich an der Durchsichtigkeit des Steins bey den kleinern Windungen erkennen läßt. Ferner ist sie stark genabelt und von demselben von unten gegen die Mündung zu (Figur e) bey g mit tief eingeschnittenen über einander gelegten weissen Falten besetzt, so wie dergleichen als eine Fortsetzung davon, an dem Mittelstück bey d angetroffen werden.

Unter diesen angezeigten Umständen hat diese versteinerte Schneckenschale das ganze Ansehen einer natürlichen, da sie eben so dünn ist, nur allein die Farbe ausgenommen.

Daß dieses Stück bey d muß festgesessen haben, ist ganz ausser allem Zweifel. Die verschiedenen Farben des Steins, die vorhin gedachten stalaktitischen Falten, welche an der einen Seite über das ganze Petrefakt, und also bis an den Schneckenkern a hinlaufen, passen von beyden Theilen genau zusammen, obschon ich nicht wissen kann, wie vieles oder weniges dazwischen fehlen möchte.

Das unerklärbarste aber ist dieses: was eigentlich der ausgestreckte und gekrümmte Theil der beyden Stücke von a bis d in seinem natürlichen Zustand für ein Geschöpf gewesen sey? Beyde Theile sind, wie schon gesagt, voll und dicht, und gewissermassen rund, bis auf die unterste Seite, welche zusammengedrückt erscheint, und einen scharfen Rücken vorstellt, der hinter dem Schneckenkern a seinen Anfang nimmt und bis ans Ende d, ja bis an den Nabel Figur e in eins fortgehet. Der Theil a b ist bis auf die bogenförmige Beugung ganz gerade; der andere hingegen von c bis d ist nicht allein stark krummgebogen, und gleichsam verdreht, sondern auch noch schief gewunden. An der äussern Seite der beyden Stücke ist die Materie des Steins bläulicht, etwas durchsichtig und gleicht gänzlich dem isländischen Chalcedon. Auf der inwendigen Seite b c d, wo die mehrgedachten Falten sitzen, nebst dem breiten und scharfen Rücken ist der Stein weiß, wie Kreide oder Kalch, und nähert sich nach seiner Figur dem weichen Theil einer aus ihrem Hause gekrochenen Schnecke;

übrigens hat die Steinmaterie das völlige Ansehen eines Stalaktiten.

Wenn man nun bedenkt, wie sonderbar und nach welchem Urbilde diese Versteinerung hat entstehen müssen, indem an dem einen Ende der Kern einer Schneckenschale, und an dem andern Ende eine hohle verwandelte Schale einer dergleichen Schneckenart, mit einem langen cylindrischen Theil aus einer und derselben Masse zu einem einzigen Stück sich verbinden müssen; so weiß man nicht, wo das Original aufzusuchen ist? Es bleibt allein die Vermuthung übrig, ob nicht zwey Schneckenthiere aus ihrem Hause hätten können gekrochen seyn, sich in der Mitte zusammengefügt haben, und in diesem Zustand dergestalt übereilet worden und in eine solche Lage gerathen, die hernach die Gelegenheit zur Verwandlung abgeben müssen. Wie es aber mag gekommen seyn, daß die eine Schneckenschale ganz aufgelöset und verloren gegangen, nachdem die Höhle mit Steinmaterie ausgefüllt worden, die andere aber in Stein verwandelt, ohne einen Steinkern zu erhalten, so kann eine solche Frage zu vieler Spekulation Anleitung geben, die ich geübten Lithologen aus einander zu setzen überlassen muß?

Davila im dritten Bande seines Catal. Raif. Pl. 2. Fig. B. b. c. hat fast eine gleichmäßige Versteinerung, wie die gegenwärtige, aus seinem Kabinet angeführt, die auch in zwey Theile zerbrochen war, und nur an dem einen Ende saß eine versteinerte Schnecke. **Davila** nennt dieses Petrefact eine seltene versteinerte indianische Seewurmröhre, ohne weitere Erläuterung und ohne zu sagen, von was für einer Steinart dieselbe gewesen. Der aus der

Schnecke

Schnecke herausgetretene gerade Theil hat eben die nehmliche Figur des scharfen Rückens nebst den häufigen Falten wie die unsrige.

Der Herr Hoffaktor Danz, der diese Versteinerung oft in meiner Sammlung gesehen, hat mir wiederholt gesagt: daß eben eine dergleichen auch in des Herrn Erbprinzen von Schwarzburg-Rudolstadt Durchlaucht, vortreflichen Naturalienkabinet befindlich wäre. Wenn Sr. Durchlaucht allenfalls dieses Petrefakt nicht in der Auktion aus des Davila Sammlung 1767 in Paris sollten haben erkaufen lassen, so wären also von diesen sonderbaren Versteinerungen drey Exemplare bekannt, welches zu erkennen giebt, daß es kein Spiel der Natur seyn kann.

Da die Steinart dieses verwandelten Schneckenpaars neu und unbekannt ist, so will ich trachten, solche hier nach dem äussern Ansehen sowohl, als nach ihrem innerlichen Verhältniß, durch Versuche näher zu bestimmen. Es ist dieselbe ein feinkörniger Körper, der keine sichtbaren Theile hat, von weißbläulicher Farbe, welche die herrschende an dem Stück ist, (weil der Theil an der einen Seite, wo die Falten liegen, nebst dem scharfen Rücken, mit einer schneeweissen Rinde überzogen erscheint). Im Bruch ist sie dem allerfeinsten und dichtesten Agath ähnlich. Mit Scheidewasser brauset sie sowohl auf der Oberfläche als auch im Bruch; man kann aber die Blasen nur mit dem Velgrößerungsglas wahrnehmen. Der Essig wirkt gar nicht auf diese Steinart. Und ob sie sich schon mit einem Messer schaben lässet, so übertrifft sie doch alle bekannte feste Kalksteinarten, selbst auch unter dem Hammer, an Härte. Meinem Bedünken nach ist sie in Vergleichung mit andern harten

Steinen, dem Schneckſteintopas ähnlich. Glanz und Politur nimmt ſie ſo ſchön, wie aller Chalcedon und Agath an.

Unter näheren Bemerkungen durch verſchiedene Verſuche, verhält ſich dieſe Steinart folgendermaaſſen: Im Anglühen, welches in einem Tiegel geſchiehet, ſpringt dieſelbe in groben Splittern aus einander. In anhaltendem Feuer werden dieſe Theile weder kleiner noch mürber, und wenn ſie ins Waſſer kommen, werden ſie auch nicht merklich warm, und zerfallen erſt darin nach fünf oder ſechs Stunden, doch nicht wie allgemeine Kalkarten in feine, ſondern in gröbere Theile. Wirft man ſie nach dem Glühen in Scheidewaſſer, ſo zeiget ſich der Körper offener geworden zu ſeyn, und die kalkartige Natur läßt ſich deutlicher als in dem rohen Zuſtand erkennen, indem ſie alſobald mit Rauchen, Ziſchen und Blaſenauftreiben brauſet, und ſich endlich gänzlich auflöſen läßt: doch geſchiehet dieſe Auflöſung weit langſamer und wird auch viel dicker und ſchleimiger als bey andern Steinen dieſer Gattung. Hieraus läßt ſich nun der Schluß ziehen, daß dieſer ſteinige Körper zu ſeinen Beſtandtheilen hauptſächlich eine Kalkerde, und neben dieſer etwas von einem feinen Thon oder Zeolith haben müſſe.

Zufolge dieſer Bemerkungen iſt es möglich, daß dieſes Petrefakt aus einer noch unzeitigen Chalcedonart entſtanden, die vorher ſtalaktitiſcher Zeolith mag geweſen ſeyn. In dieſer Meynung werde ich beſtärkt, durch die Beſchreibung des ſeligen Herrn Cappels, von zwey prächtigen Chalcedonſtalaktiten, in dem zwölften Bande der Schriften der hieſigen Königl. Geſellſchaft der Wiſſenſchaften, in welcher derſelbe die Verwandlung des Zeolith in Chalcedon mit aller Wahrscheinlichkeit darthut.

Man findet mehrere in Chalcedon verwandelte Körper in Island, die aber gleichwohl sehr selten und rar sind. In meiner Petrefaktensammlung besitze ich dreyerley sehr verschiedene Gattungen von Echinis, und zwey ansehnlich großen Terebrateln; sowohl in schönen durchsichtig gelben, als auch in bläulichen Chalcedon verwandelt. Bey einer andern Gelegenheit werde ich diese merkwürdigen Versteinerungen besonders beschreiben.

XXIV.
Abhandlung
über den
Porphyr
vom
Geheimen Bergrath Gerhard.

Tab. VII.

Der Porphyr gehört zu denjenigen Steinarten, welche für den Künstler und Naturforscher gleich merkwürdig sind.

Um sich vom erstern zu überzeugen braucht man nur die prächtigen Ueberreste, welche aus dem Alterthume an Säulen, Büsten, Vasen und andern dergleichen Kostbarkeiten der Zerstöhrung entrissen worden und auf uns gekommen sind, anzusehen, und man wird finden, daß sie wegen der Schönheit der Materie und wegen der vorzüglichen Arbeit, unsere ganze Aufmerksamkeit verdienen.

Allein der Naturforscher findet ebenfalls an dieser Steinart ein ziemlich weites Feld zu Betrachtungen, wenn er sein Augenmerk theils auf die Bestandtheile dieses Steins, theils auf die Art, wie er gefunden wird, richtet, und noch mehr, wenn er einige Muthmaassungen über seine Entstehung wagen will.

Die

Die Mineralogen haben sich lange über den Platz gestritten, welchen der Porphyr in dem Mineralsystem einnehmen soll. Einige, vermuthlich hintergangen durch die große Härte verschiedener Porphyrarten, nach welcher sie nicht allein mit dem Stahl Feuer schlagen, sondern sogar der Wirkung des Diamanten zu widerstehen scheinen, hielten sich berechtiget, ihn unter die glasartigen Steine zu zählen, und geben ihn für einen eisenschüssigen Quarz aus. Andere, die mehr auf das Gewebe oder den Bruch dieses Steins Acht hatten, und darin eine große Aehnlichkeit mit dem Jaspisgeschlecht fanden, rechneten ihn zu demselbigen.

Wenn man indeß diesen Stein nach seinen äussern Kennzeichen genau untersucht, so wird man deutlich finden, daß selbiger kein einfacher, sondern ein aus mehreren Steinarten zusammengesetzter Stein sey, und den man daher auch nothwendig zu den zusammengesetzten Felssteinarten rechnen muß.

Es lassen sich bey dieser Steinart zwey Dinge deutlich von einander unterscheiden, einmal seine Grundmasse und hiernächst die fremden Körner, die in selbiger liegen. Untersucht man die erstere, so zeigt sie sich gemeiniglich mit einem völlig gleichartigen, fein oder grobkörnigen, erdigen oder auch aus dem erdigen in den splittrigen übergehenden Bruch, und kommt im erstern Falle gänzlich mit dem Jaspis, im letztern aber mit dem Hornstein, der nicht zu den glasartigen, sondern zu den fetten Steinen gehört, und aus Thon, Kalk und Kieselerde besteht, überein.

Eben dies bestätiget die chymische Untersuchung und das Verhalten im Feuer. Denn wenn man sich Mühe giebt, diese Grundmasse des Porphyrs so viel als möglich rein abzusondern; so wird selbige in einem mäßigen Feuer härter.

Die Säuern zerlegen die erste Art des Porphyrs in Alaunerde und glasartige Erde; in der letztern aber zeigen sie außer diesen Grundtheilen noch die Beymischung von Kalkerde. Bey den in dieser doppelten Grundmasse eingesprengten fremden Körnern, hat man auf ihre Gestalt, auf ihre Farbe, auf die Lage und Verbindung in und mit der Grundmasse zu sehen.

Die Natur dieser eingesprenkten fremden Körner ist dreyfach, bald Quarz, bald Feldspath, bald Schörl, und es giebt Porphyrarten, welche nur eine, andere welche zwey, und noch andere, die alle drey dieser Steinarten in sich führen.

Zuweilen stellen diese eingemischten Steinarten irreguläre Körner vor; ein andermal bilden sie reguläre Crystallen: der letzte Fall kömmt hauptsächlich bey dem Feldspath und Schörl vor; bey dem Quarz aber findet man ihn seltner. Bey dem Porphyr zu Altenberg in Sachsen lassen sich indeß die vollkommene pyramidalische Quarzcrystalle deutlich bemerken.

Die Farbe dieser fremden Steintheile ist verschieden, zuweilen ihre natürliche und also bey dem Feldspath milchweiß, bey dem Quarz eben dieselbe oder bald mehr bald weniger wasserklar, und bey dem Schörl schwarz oder grünlich. Ein andermal kommt die Farbe der fremden Theile schon mehr mit der Farbe der Grundmaterie überein, und fällt daher bald in das rothe bald in das Grüne.

In der Lage dieser fremden Theile findet sich ebenfalls ein doppelter Unterschied. In einigen liegen sie einzeln und zerstreut, in andern aber drüsenförmig.

Eben

Eben so sehr ist die Menge derselben verschieden. In einigen Porphyrarten sind sie überaus häufig, in andern aber findet man nur hin und wieder ein einzelnes Korn. Man pflegt die letztern auch deshalb nur porphyrartige Steine zu nennen. In andern sind sie wieder so häufig, daß sie die Menge der Grundmasse übertreffen.

Die Verbindung endlich dieser kleinen Theile mit der Grundmasse ist äußerst innig und genau, so daß bey dem Zerschlagen sich die fremden Theile von der Grundmasse nicht absondern, auch das Auge keine Absonderung unterscheiden kann.

Vergleichet man diese jetzt gegebene Beschreibung der porphyrischen Felssteine mit den übrigen zu dieser Ordnung gehörigen, so wird man den Unterschied zwischen beyden leichtlich finden können. Denn der Granit besteht aus lauter crystallinischen Theilen verschiedener Steinarten, welche ohne ein fremdes Bindungsmittel doch sehr genau mit einander vereinigt sind, und ohne alle Ordnung unter einander liegen.

Der Gneuß hat eben dergleichen Theile, die aber in einer schieferartigen Lage geordnet sind. Die Breccien endlich oder Puddingssteine, so wie der Sandstein, bestehen aus abgerundeten Kieseln oder Körnern verschiedener Steinarten, welche durch einen Kitt ebenfals von verschiedener Natur mit einander verbunden sind. 1)

Wenn

1) Vielleicht lassen sich die Felssteine auf folgende Art am besten eintheilen.

1. Crystallisirte, wohin Granit und Gneuf zu rechnen.

Wenn man die oben gegebene Beschreibung der Porphyrarten genau erweget, so wird man folgende Unterscheide bey denselben warnehmen können.

a) In Absicht ihrer Grundmischung giebt es einige, welche jaspisartig, andere, welche hornsteinartig sind.

b) In einigen liegen fremde Theile bald von mehreren, bald nur von einer Steinart.

c) In einigen Porphyren sind die fremden Theile einzeln zerstreut, in andern liegen sie drüsenweise beysammen.

Hier entsteht nun die Frage: ob diese drey Verschiedenheiten dem Mineralogen erlauben, sie unter er Geschlecht zu bringen, oder ob sie ihm die Nothwendigkeit auflegen, drey Geschlechter daraus zu machen?

Es würde sehr leicht seyn, für diese drey Geschlechter Namen ausfindig zu machen. Man könnte das erste, welches eine jaspisartige Grundmasse hat Porphyr; das zweyte, dessen Grundmasse aus Hornstein besteht Porphyrit; und das dritte, in welchen die kleinen Theile drüsenformig liegen, Variolith oder Blatterstein nennen, und alsdenn die Gattungen nach den verschiedenen Beymischungen der fremden Theile festsetzen, mithin also, quarzige, feldspathige, schörlartige und gemischte Porphyre Porphyrithe und Blattersteine annehmen. Allein ich glaube, man würde die Sachen ohne Noth vermehren: denn einmal

2) Gefleckte, zu welchen der Porphyr gehört.

3) Zusammengekittete, wohin man die Breccien und den Sandstein wird zählen können.

mal so können die Blattersteine ebenfals bald Jaspis- bald Hornsteinartig seyn. Die Beymischung der fremdem Theile ist ferner äußerst zufällig, und man findet öfters in einem und ebendemselben Porphyr Bruch Stücke, darin sich bloß Quarz, Feldspath oder Schörl befindet, und andere, in denen zwey oder alle drey dieser Steinarten anzutreffen sind, wo von man sich deutlich überzeugen kann, wenn man die von den Herrn Ferber, Schröter, Brückmann und von Saussure beschriebene Porphyrarten nachsiehet. Diese Betrachtungen bewegen mich also den Porphyr, Porphyrit und Blatterstein zu einem Geschlecht zu zählen und mit dem Namen Porphyr zu bezeichnen, und ich verstehe also unter dieser Namen einem fleckigen Felsstein dessen Grundmasse aus einer homogenen, fetten Steinart, von körnigem, oder aus dem kornigen ins splittrige sich ziehenden Bruche besteht, in welchem crystallinische Körner oder wahre Crystallen von Quarz, Feldspath und Schörl bald allein, bald gemischt, eingesprengt sind, und welche fremde Theile bald einzeln, bald drüsenweise zusammen liegen.

Aus dieser Beschreibung des Porphyrgeschlechts ergeben sich auch die wahren, mir bisher bekannten, Gattungeu desselben, nehmlich der jaspisartige und hornsteinartige Porphyr, von denen jener in Absicht auf seine Grundmischung, einen körnigen Bruch hat, der zuweilen so fein ist, daß er sich in den ebenen Bruch zu verlieren scheint; jener aber, dessen Grundmischung aus Hornstein besteht, einen grob- oder feinsplittrigen Bruch zeiget. Die erste Gattung kommt am häufigsten, die letztre aber viel seltner vor, zu welchen insbesondere der antike grüne Porphyr gehört.

Einige

Einige Schriftsteller behaupten auch, daß es Porphyre von Kiesel und schörlartiger Grundmasse gebe. Mir sind zwar noch keine dergleichen vorgekommen, allein wenn dieselben gesehen worden oder sich noch zeigen sollten, so wird man dieselbe eben so leicht nach ihrer Grundmasse einordnen können.

Diese Gattungen des Porphyrs, welche sich auf die Grundmischung seiner Theile gründen, sind für den Mineralogen völlig hinreichend; allein die Künstler und Alterthumsverständige haben bey Eintheilung dieser Steinart hauptsächlich auf die Farben gesehen, und daher sechs Gattungen, nemlich:

a) rothen
b) schwarzen
c) braunen
d) grünen
e) gelben und
f) grauen, angenommen

und unter die vier erstern, besonders auch diejenigen, welche man antike Porphyre nennt, gerechnet, von welchen die Herrn Ferber [2]) Schröter [3]) Brückmann [4]) und von Saussure [5]) weitläuftige und vollstän-

2) In den Briefen aus Wälschland, S. 260 u. f.

3) In der vollständigen Einleitung, Th. 2. S. 294 u. f.

4) In der Abhandlung von Edelsteinen, S. 272 u. f. und in den Beyträgen dazu S. 204. u. f.

5) In den Reisen durch die Alpen, Th. 1. §. 149 u. f.

In den Königl. Landen finden sich alle benannte Farben, selbst der grüne Porphyr bey Pohlnisch Hundorf. Allein die meisten sind weich, die Körner haben

ständige Beschreibungen gegeben haben, worauf ich meine Leser verweisen will.

Die Härte des Porphyrs ist ungemein verschieden. Bey einigen ist sie so stark, daß der beste Stahl nichts dabey ausrichten kann, ja der ächte egyptische Porphyr widerstehet beynah der Wirkung des Diamanten. Die Kunst ihn mit dem Meißel zu bearbeiten ist gänzlich verlohren gegangen, und dies ist die Haupturſache von dem großen Werthe, den man nicht ohne Grund den daraus verfertigten Gefäßen, Säulen und andern Dingen beylegt. Andere im Gegentheil sind so weich, daß man sie mit dem Messer schaben, ja sogar mit den Fingern zerreiben kann. Es ist schwer, in jedem Falle zu bestimmen, ob diese weiche Porphyrarten noch nicht den vollständigen Grad der Härte erhalten haben, oder ob sie sich bereits schon wieder in einem Stande der Auflösung befinden; denn daß diese Veränderung bey dem Porphyre wirklich erfolge, davon kann man sich deutlich überzeugen, wenn man nakte Porphyrfelsen und Porphyrbrüche, welche lange Zeit der Luft ausgesetzt gewesen, beobachtet. Man wird sodann finden, daß die jaspis- oder hornsteinartige Grundmasse des Porphyrs sich erweiche. Die darin befindlichen Feldspath- Quarz- oder Schörltheile sondern sich daraus ab, verändern ihre Farbe, und nehmen die Farbe der Grundmaterie an, und endlich verwandelt sich alles in eine gleichförmige thonige Masse.

Der Porphyr kommt in allen Arten von natürlichen Gebürgen zum Vorschein. So hat ihn Herr

ben keine reine Farbe, und der in Säulen vom Wildberge nimmt fast allein eine gelbe Politur an, und hat ein schönes Ansehen.

Herr Charpentier auf dem Granitgebürge bey Altenberg in Sachsen beobachtet. Zu Kupferberg in Schlesien, an vielen Orten des Harzes, allwo er unter den Namen Wacke bekannt ist, desgleichen auf der Halsbrücke bey Freyberg zeigt er sich auf dem aus Gneuß und Schiefer bestehenden Mittelgebürge, und wenn man die Gegenden von Dresden, von Halle im Saalkreise, von Schönau, Polnisch Hundorf und Nausenau im Fürstenthum Jauer in Schlesien bereiset, so wird man sich überzeugen, daß der Porphyr auch in den Flötzgebürgen häufig vorkommt.

Auf den hohen Granitgebürgen macht er gemeiniglich Schichten von verschiedener Länge und Mächtigkeit aus, welche auf den Granit aufgesetzt sind.

In den mehr geschichteten Mittelgebürgen zeigt er sich auf verschiedene Weise. Zuweilen ist er auf den Gneuß oder Schiefer aufgesetzt. Ein andermal macht er Lager im Gneuße aus, wohin unter andern das merkwürdige Porphyrlager auf dem Isaak zu Freyberg gehört, in welchem die Lage des Ganges im Streichen und Fallen unverändert bleibt. Ein andermal macht er Rücken und Kämme, welche die Gänge häufig abschneiden. So verhält er sich in dem Schiefergebürge bey Kupferberg und Rudelstadt in Schlesien, allwo ein dergleichen Porphyrrücken durch das ganze dortige Erzgebürge durchsetzt, und die vielen dort parallel streichenden Kupfergänge, so wie sie an diesen Rücken kommen, gänzlich abschneidet. Endlich so findet man im Mittelgebürge ganze Berge, und mehr oder weniger beträchtliche Züge derselben, die aus Porphyr bestehen, und in welchen doch sehr gute und mächtige Erzgänge angetroffen werden. Hierher gehört die Gegend von Gottesberg in Schlesien, allwo in dem dortigen Porphyrgebürge die wags mit Gottfundgrube, der Morgenstern und andere Werke ehedem umgegangen sind. Im Silbergrunde unweit Freyberg befinden sich Gänge in bloß Porphyrartigen Gebürgen, welche schöne Erze führen. Besonders aber gehöret wohl hieher die Gegend von Schemnitz und Kremnitz in Ungarn, in dem man verschiedene Sorten des von dem Herrn von Born sogenannten Saxi metalliferi für nichts anders als für einen weichen und milden Porphyr halten kann, und welches zu gleicher Zeit beweiset, daß man die Porphyrgebürge, die sich in dem Mittelgebürge befinden, auch mit Recht zu den Erzführenden rechnen könne.

Ausserdem scheint Herr Ferber in seiner Mineralgeschichte von Böhmen zu behaupten, daß daselbst zu Joachimsthal der Porphyr die Gänge begleite. Allein sollte dis nicht vielleicht ein bloßes Porphyrlager seyn, durch welches die Gänge wie auf dem Isaac zu Freyberg hindurchsetzen? In den Flötzgebürgen macht der Porphyr zuweilen Schichten zwischen den andern Flötzlagern. Ich habe dieses bey Treibung der sogenannten Brachwitzer Rösche unweit Giebichenstein bemerket, gemeiniglich aber bestehen ganze Berge und Hügel aus demselben. Zuweilen erheben sich dergleichen Porphyrkuppen aus einem sonst flachen Flötzgebürge schnell und steil, sie erreichen eine ziemlich beträchtliche Höhe und laufen wie die Basalt- und vulcanischen Gebürge öfters spitz und wie ein Zuckerhuth zu. Die übrigen Flötzlager eines dergleichen Gebürges lehnen sich gegen den Fuß der Porphyrkuppen an, und man sollte dem ersten Ansehen nach auf die Gedanken gerathen, als wenn diese Porphyrkuppen durch einen unterirdischen

Auswurf, sich schnell erhoben hätten. Dies ist der Fall von dem sogenannten Schweitzerling bey Wettin und von dem Petersberge bey Halle.

Weit häufiger im Gegentheil findet sich, daß dergleichen Porphyrgebürge eine Art von Kette bilden, welche durch größere oder kleinere Schluchten abgeschnitten ist, wie man dies an einem beträchtlichen Theile des Jauerschen Flötzgebürges sehen kann, wo eine dergleichen Porphyrketee von Kauffungen aus bis polnisch Hundorf, die beyden Ufer der Katzbach ausmacht.

Es mag indeß der Porphyr in einzelnen oder verketteten Bergen brechen, so kommt er meistens in Schichten zum Vorschein. Diese Schichten liegen zuweilen unmittelbar auf einander, zuweilen sind sie auch durch eine dünne Schicht Thon, welche mit der Grundmasse gemeiniglich einerley Farbe hat, verbunden. Die Mächtigkeit dieser Schichten ist zwar verschieden, dennoch zuweilen so stark, daß große Blöcke daraus gebrochen werden könnten, wenn nicht die vielen Risse und Spalten dieses meistens verhinderten.

Zuweilen schließen diese Schichten auch andere Steinarten ein. So findet man in den Porphyrschichten im Zweybrückschen, und in den Porphyrschichten zu Rausenau und polnisch Hundorf in Schlesien Kugeln von Achat, Chalcedon, Onix und Quarz, von denen die letztern besonders an den beyden angeführten schlesischen Orten, öfters nur eine äußerst dünne Quarzrinde haben, inwendig hohl und mit pyramidalischen Quarzkrystallen besetzt, zuweilen ganz leer, zuweilen mit einer thonigen Materie erfüllt sind. Eben so findet sich in den Porphyrbän-

ken

ken bey Meißen der sogenannte Pechstein, und der Herr Bergkommissionsrath Charpentier hat mich versichert, daß er diese letzte Steinart auch in Stük-ken des porphyrartigen Saxi metalliferi beobachtet habe. Allein neuerlich hat man bemerkt, daß der Porphyr auch in mehr oder weniger regelmäßigen Säulen bricht. So viel ich weiß, ist Herr Ferber der erste gewesen, welcher auf seinen Italienschen Reisen diese Beobachtung gemacht und gefunden hat, daß auf der Gränze von Tyrol zwischen Neumarck und Brunsöl eine doppelte Porphyrkette striche, welche aus viereckigen Säulen besteht, deren Spitzen schief abgeschnitten sind; *) Eben so hat ganz neuerlich Hr. Charpentier im Silbergrunde ohnweit Freyberg beobachtet, daß der dortige Porphyr sowohl über Tage als in der Grube selbst säulenförmig sey; ein Umstand, der desto mehr Aufmerksamkeit verdienet, weil diese aus Säulen bestehende Berge ergiebige Erzgänge führen.

Vor ungefähr zwey Jahren machte der Königl. Kammerherr und Oberbergrath Herr Baron von Reden in dem an Mineralien, besonders an Steinen, so reichen und merkwürdigen schlesischen Gebürge eine ähnliche Entdeckung, und da ich die Ehre hatte, im vorigen Jahr des Königl. Geheimen-Etats-Krieges und würklich dirigirenden Ministers Herrn Freyherrn von Heinitz Excellenz auf Dero schlesischen Reise zu begleiten, so verschafte mir dies Gelegenheit, diese merkwürdige, schöne und noch immer seltene Erscheinung näher kennen zu lernen.

*) A. a. O. S. 399.

Dieser Berg heißet der Wildberg und liegt nahe bey der Stadt Schönau an dem Ufer der Katzbach im Fürstenthum Jauer in der oben schon angeführten Porphyrkette.

Diese Kette fängt hinter Kaufungen an, wo das Kalkgebürge, welches aus salinischem Marmor oder Blätterstein besteht, aufhöret, und das sich hinwiederum auf das Schiefergebürge, welches längst dem Bober streichet, anlehnt. Das Porphyrgebürge selbst besteht meistens aus einzelnen Hügeln, welche durch schmale und seichte Schluchten und Thäler abgesondert stehen, und den Lauf der Katzbach an beyden Ufern bis Neukirchen und also über eine starke Meile begleiten, allwo sich das Sandsteingebürge anlegt. Diese Porphyrberge bestehen größtentheils aus Schichten bis auf zwey, nehmlich den Wildberg der sich an dem östlichen Ufer der Katzbach befindet, und einen andern ihm gegenüber belegenen auf der westlichen Seite dieses Flusses, der keinen besondern Namen führt, und welche beyde aus Säulen bestehen. Da der Wildberg auf seiner westlichen Seite ganz entblößt ist, und die Säulen an selbigem vorzüglich deutlich sind, so wurde von selbigen auf der Stelle die beygehende Zeichnung angefertigt, aus welcher sich schon deutlich ergiebt, daß dieser ganze, über den Spiegel der Katzbach wenigstens an 300 Fuß hohe Berg aus lauter Säulen besteht, so wie man dieses an Ort und Stelle aus dem Steinbruche, welchen die Bewohner der dortigen Gegend darin angelegt haben, noch überzeugender erkennen kann. Die meisten Säulen stehen vertical auf einander, wie die Scheite Holz in einem Mieler, und diese Gestalt hat beynah der ganze Berg.

In

In ihrer Länge und Stärke sind sie sehr verschieden. Ich habe einige von 8 Zoll bis 3 Fuß Länge und 2 bis 8 Zoll im Durchmesser gefunden. Eben so wechselt ihre Figur ab; man findet sie 4. 5. 6. auch neunseitig, doch hat es mir geschienen, daß die meisten Säulen 4 und 6 Seiten hatten. Diese Seiten sind nicht glatt, sondern rauh und öfters etwas ausgehöhlt. Die Spitze der Säulen ist zuweilen platt und gerade, zuweilen schief abgeschnitten, und die Säulen selbst zuweilen gerade, zuweilen etwas gebogen. Auf den Seiten, welche der Luft ausgesetzt sind, befindet sich ein braunröthlicher Thonbeschlag.

Die Grundmasse dieser Porphyrsäuleu ist ein ziemlich feiner Lilacfarbener Jaspis, welcher sich gut schleifen lässet, eine schöne Politur annimmt, und eine beträchtliche Härte besitzt. Die weißen in dieser Masse befindlichen Körner sind theils milchweiß und undurchsichtig, theils durchsichtig und rauchgrau; ersteres sind Feldspath, letzteres Quarztheile und unter diesen findet man öfters complete Crystalle von der gewöhnlichen sechsseitigen Pyramide.

Wenn man diese jetzt beschriebene Porphyrsäulen mit den gewöhnlichen Basaltsäulen vergleichet, so wird man einen beträchtlichen Unterschied zwischen ihnen bemerken. Einmal sind die Basaltsäulen regulärer als diese Porphyrsäulen, anderntheils sind bey jenen die Seiten glätter und egaler als bey diesen, wozu noch kommt, daß man bis hieher wenigstens in den Porphyrsäulen, noch nicht diejenige Art von Schörlcrystallen getroffen hat, welche dem Basalt ganz eigen sind. Demungeachtet giebt es doch verschiedene Naturalisten, welche dem Porphyr überhaupt und dem säulenförmigen insbesondre einen vulcanischen Ursprung beylegen wollen, und sie führen folgende Beweise an.

Die Porphyrberge kommen oft in der Nachbarschaft von vulcanischen Gebürgen zum Vorschein. Es giebt Laven, welche sowohl in dem Korn als in den Flecken die gröste Aenlichkeit mit dem Porphyr haben. Man findet in dem Porphyr znweilen Blasen, welche mit den Blasen geschmolzener Körper und Schlacken die größte Aehnlichkeit besitzen. Der Porphyr endlich bricht zuweilen in Säulen wie der Basalt, dessen vulcanischen Ursprung man für ganz erwiesen hält. Man könnte noch hinzusetzen, daß die Grundmasse des Porphyrs eben die Bestandtheile ganz oder größtentheils enthalte, welche in den Laven und Basalten angetroffen werden, nehmlich Alaun, Kalk, Kieselerde und Eisentheile.

Allein so stark diese Gründe dem ersten Ansehen nach zu seyn scheinen, so verlieren dieselben doch sehr viel, wenn sie näher untersucht werden. Ich will gegen den ersten Grund gar nicht bemerken, daß man vielleicht Berge für vulcanisch hält, die es doch im Grunde nicht sind, sondern nur das einzige anführen: daß man den Porphyr auch an solchen Oertern häufig antrift, an denen man auf beträchtliche Entfernungen keine Spuren von Vulcanen auch nur von ausgelöschten Vulcanen entdecken können, wohin unter andern die Gegenden bey Freyberg, Altenberg und Marienberg im Sächsischen, zu Blankenburg am Harz und im Saalkreise, auch die vielen vom Herrn von Saussure beobachteten und beschriebenen Schweizer Porphyre gehören. Die Aehnlichkeit im Bruch und in den Flecken; die man zwischen einigen Porphyrarten findet, beweiset ebenfalls nichts, da wie ich gleich zei-

gen

gen werde, der Unterschied zwischen beyden Körpern im Feuer zu groß ist, und da viele mineralische Körper vorkommen, die in ihrer Bauart viel Aehnlichkeit, und doch ganz verschiednen Ursprung haben.

Gegen die in den Porphyren zuweilen befindlichen Blasen läßet sich nicht ohne Grund einwenden, daß selbige von Onix und Quarzkugeln, die ehedem darin gelegen und herausgefallen, zurückgeblieben seyn können.

Eben so findet man andre Steinarten, die offenbar nicht vulcanisch sind, in Säulengestalt; wie dieses der Trapp, der Hornschiefer und der Granit beweisen. Wollte man endlich alle Erd- und Steinarten, welche in ihren Bestandtheilen mit den Bestandtheilen der Laven übereinkommen, für vulcanisch halten: so würde man alle Geschlechter und Gattungen der fetten Steinarten, welche Alaun, Kalk und Kieselerde bey sich führen, dahin rechnen müssen; welchem Vorgeben unter mehreren Umständen, die Geburtsstätte vieler Mineralien, und die Art, wie sie brechen, schon hinlänglich widerspricht.

Setzt man nun noch außerdem hinzu, daß die wahren und offenbaren vulcanischen Gebürge nicht aus dergleichen regulären Schichten, wie die Porphyrberge, bestehen, daß man in jenen noch nicht eine Spur von Gängen entdecken können, die sich in diesen und noch dazu mit ergiebigen Schwefel- und Arsenikreichen Erzen, selbst flüchtigen Halbmetallen, dergleichen der Zink ist, beweisen; so wird man wohl über den vulcanischen Ursprung der Porphyre sehr zweifelhaft werden. Allein es giebt noch einen andren Umstand, welcher offenbar beweiset, daß die Porphyre nicht für Ausgeburthen des Feuers angesehn werden können, und dieses ist das Verhalten derselben im Feuer. Alle wahre vulcanische Produkte, die flüchtigen Sublimate und die bloß ausgeworfenen Körper ausgenommen, sind als natürliche Schlacken zu betrachten; sie schmelzen daher nicht allein für sich im Feuer sehr leicht zu einem wahren Glase, sondern sie bringen auch andere strengflüssige Steine in Fluß. Wäre nun der Porphyr von gleichem Ursprunge, so müste er im Feuer die nehmlichen Erscheinungen geben, und ich habe deshalb mit 26 verschiedenen Porphyren in Kohlentiegeln im heftigsten Feuersgrade Versuche angestellt, deren Resultate in der beygehenden Tabelle enthalten sind. Erweget man nun diese Resultate genau, so ergiebet sich aus selbigen;

a) Die mit Quarz erfüllten Porphyre schmelzen gar nicht.

b) Die Porphyre, welche Feldspath in sich führen, gehen nach der mehreren oder wenigern Quantität derselben, in einen dünnern oder dickern Fluß über.

c) Die Porphyre mit Schörl schmelzen zu einem dünnen Glase.

d) Die Porphyre mit Quarz und Feldspath fangen an zu schmelzen; wohin selbst der säulenförmige Schlesische gehöret.

Hieraus ergiebt sich also deutlich, daß die Schmelzbarkeit oder Unschmelzbarkeit des Porphyrs hauptsächlich von den beygemischten Theilen abhange, und daß man ihn also, da seine Grundmaterie eigentlich nicht schmelzbar ist, auch nicht zu den vulcanischen Produkten rechnen könne.

Man

Man wird einwenden, ich hätte vielleicht einen jaspisartigen Porphyr genommen. Ich gebe dis zu; ich gestehe noch mehr daß der antike grüne Porphyr, dessen Grundmaterie ein feiner Hornstein ist, für sich im Feuer schmelzt, und noch dazu zu einem weißgrauen durchsichtigen Glase. Allein wer wollte sich wohl getrauen, dem Hornstein einen vulcanischen Ursprung zuzueignen. Herr Bergmann hat dis bey dem Trupp als einer Hornsteinart bereits bemerket, und wie kann man wohl auf etwas anders schließen, wenn man in dem Gneusgebürge zu Reichenstein in einem Erzlager von salinichem Marmor oder Blätterstein, Hornstein mit Speckstein Quarz und Mißpickel vermischt entdeckt?

Ist nun aber der Porphyr kein vulcanisches Produkt, wie ist er denn entstanden? Bey der wirklich annoch geringen Anzahl richtiger und genauer Beobachtungen über die Entstehung mineralischer Körper, bleibt es immer eine Art von Verwegenheit, darüber zu urtheilen. Weit entfernt also, eine richtige Theorie über die Entstehung dieser Steinart geben zu wollen, begränz ich mich bloß einige Muthmaßungen vorzutragen, die sich auf zwey Erfahrungssätze gründen, einmal, daß die Grundmasse des Porphyrs thonichter Natur ist, und daß sich Granit und Gneus in Thon verwandeln. Dürfte es also ungereimt seyn, zu behaupten, daß wenn dergleichen Verwandlung mit gedachten beyden Steinarten vorgegangen, und dieser neu erzeugte Thon, wieder erhärtet worden, ehe sich noch alle darin befindliche Quarz und Feldspathkörner aufgelöst, die auf den Granit- Gneus- und Schiefergebürgen aufliegenden Porphyrschichten davon ihren Anfang genommen?

Eben so läßt sich die Möglichkeit absehen, daß dergleichen in Thon verwandelter und noch mit unaufgelösten Quarz und Feldspathkörnern vermischter Granit und Gneus, durch Wasserfluthen von höhern Gegenden abgespület, in niedrigern abgesetzt und daselbst erhärtet worden. Vielleicht sind auf die Art manche Porphyre der Flötzgebürge und die in den Gneuß- und Schiefergebürgen befindlichen Porphyrschichten entstanden.

Endlich muß man beynah annehmen, daß sich ganze Züge von Gneußgebürgen, wo nicht ganz, doch vielleicht bis auf ziemliche Teufen nach und nach auflösen und in thonartige Massen verwandeln können.. Man kann zu Marienberg und an verschiednen andern Orten in Sachsen den Uebergang aus Gneuß in Porphyr zu deutlich bemerken, als daß man daran zweifeln könnte; in dem unmittelbar auf dem Gneuß liegenden Porphyr entdeckt man noch die Schieferige Bauart des Gneuses und die Glimmertheile desselben; vielleicht sind die Porphyrgebürgszüge, welche man in den Mittelgebürgen antrift, auf die Art entstanden. Es bleibt zwar dem ersten Ansehen nach immer noch unbegreiflich, wie dergleichen Veränderungen in dem Innern der Gebürge sich erzeugen können; allein genaue Beobachtungen erweisen doch, daß sie erfolgen.

Vielleicht kann die Beobachtung, die ich bey Silberberg über die Auflösung des Gneuses auf eine beträchtliche Weite in das Innere eines Berges gemacht, einigen Aufschluß hierin geben. *) Die

Luft

*) In dem Versuch einer Geschichte des Mineralreichs, Th. I. S. 185.

Luft zerstöhrt von außen die Gebürge, besonders durch die abwechselnde Wirkung der Kälte und Wärme. Wenn also die äußere Rinde mürbe und klüftig wird, so kann das Wasser und die Luft besser hineindringen. Beyde setzen dort ihre Wirkungen fort, und man sieht also die Möglichkeit, wie besonders Gebürge, die noch erst neuerlich entstanden, solcher Veränderungen fähig seyn können. Und wer kann denn wohl angeben, welche Veränderungen in dem Innern der Gebürge durch Kies und andere Erzlager und deren Auflösung vorgehen können? welche flüchtige Substanzen hierbey erzeuget werden? und welche Wirkung dieselben auf die Erd- und Steinarten, die sie berühren, hervorbringen.

In den Chrysoprasbrüchen zu Cosemüz, kann man deutlich sehen, wie sich der das dortige Gebürge ausmachende Serpentin auf den Klüften auflöset, braune, gelbe und grüne Erden bildet, welche viel Alaun- und wenig Bittersalzerde in sich führen und aus denen durch verschiedene neue Erhärtungen, ein wirkliches Steinmark, Weltaugen, Opal, Cacholong, Chalcedon, Chrysopras von verschiedenen Farben, Amianth, Glimmer, ja sogar ein neuer Granit und außer dem ein besonderer schwerer mir noch ganz unbekannten Stein gebildet werden. *)

Vielleicht können auch Porphyre aus bloßem Thon entstehen. Denn wer kann wohl leugnen, daß durch die Abscheidung der Bestandtheile dieser Erdart, allerhand Arten mit ihr verwandter Steine ent-

*) Ich behalte mir vor, von dieser merkwürdigen Materie künftig eine vollständige Abhandlung mitzutheilen.

entstehen können, die sogar in crystallinischer Gestalt erscheinen? Dies ist vielleicht der Fall bey denjenigen Porphyrn, in denen man vollkommen ausgebildete Crystallen antrift, und dann dürfte man sich über die vielen Porphyrberge der Flötzgebürge nicht wundern. Dies kann auch der Fall seyn, wo noch Porphyre von einigen vulkanischen Ursprung herkommen können, nehmlich wenn Laven in Thon verwittern; in diesem Thon sich Quarz, Feldspath und Schörl Crystallen bilden, und dann alles wider erhärtet. Ich glaube, daß diese Porphyre für sich schmelzen werden; weil der volkanische, daß heißt der aus aufgelösten Laven entstandene Thon, den ich zeither mit Feuer untersuchen können, noch immer diese Erscheinung äußerte.

Ein Einwurf gegen diese Entstehungsart des Porphyrs aus aufgelöstem Gneuse oder Granit könnte vielleicht von der egalen Vertheilung der Farbe hergenommen werden.

Allein die Eisentheile sind in dem Granit und Gneus hauptsächlich dem darin befindlichen Glimmer und Schörl eigen, wie man dieses an der Schmelzung dieser Steinarten sehr deutlich sehen kann. Verwandelt sich nun dieser Stein in eine völlig gleichförmige thonichte Masse, so werden sich die ebenfals mehr aufgelöseten Eisentheile weiter und egaler verbreiten, und dem neuen Steine eine dergleichen Farbe mittheilen.

Die Entstehung der Porphyrsäulen scheinet noch mehreren Schwierigkeiten unterworfen zu seyn. Allein es ist doch wohl wahrscheinlich, daß sie durch keine Crystallisation, sondern durch eine bloße Spaltung beym Austrocknen entstanden.

Man

Man findet ja Thone, die bey dem Austrocknen reguläre Spalten bekommen, andere, die sich in würfelartige Körper, andere welche sich in schieferige Stücke absondern; sollte dieser Unterschied nicht auch bey den Porphyren zutreffen? kann nicht vielleicht die freye Stellung der Porphyrkuppen, die Bedeckung derselben von einer oder mehreren Seiten; der verschiedne Zug der Luft, der daraus entstehet; die verschiedenen Grade der Wärme und der Kälte, unter denen die Austrocknungen geschehen, und viele andre Ursachen mehr hierein eine Veränderung bewirkt haben? doch dieses sind lauter Vielleichts, in denen man sich verliert, und ein ächter Naturforscher muß leider vor der Hand bey der treuen Beobachtung der großen Natur stehen bleiben, ohne sich in das Wie? und in das Wie von dem Wie? vermessen wägen zu wollen.

Verhältniß der Porphyre im Feuer für sich im Kohlentiegel.

I. Quarzige Porphyre.

1) Gelber Porphyr von Rausenau in Schlesien.	Die Jaspis Basis ist geschmolzen der Quarz nicht.
2) Brauner Porphyr von Neufang bey Altenberg in Schlesien.	Der Jaspis ist äußerlich nur etwas glasirt.
3) Grüner Porphyr mit Carniol von Zwicken.	Wie voriger.
4) Weißer von Ehrenfriedersdorf.	Unverändert.

5) Braun-

5) Braunroth von Altenberg in Schlesien.	Wie No. 2.
6) Gelbroth von Kupferberg in Schlesien.	Aeußerlich glasirt.
7) Roth von der Halsbrüke zu Freyberg.	Wie No. 2.
8) Roth und grau vom Müchenberge in Schlesien.	Geschmolzen, doch daß der Quarz nicht aufgelöset ist, mit reducirten Eisenkörnern.
9) Roth ein Uebergang in Breccia von Rausenau.	Nicht geschmolzen.
10) Dergleichen im Uebergange aus Gneuß im Porphyr von Marienberg.	Ungeschmolzen.

II. Mit Feldspath.

11) Rother ägyptischer Porphyr mit viel Feldspath.	Ein dünnes schwarzes Glas.
12) Roth mit wenig Feldspath, Gottesberg.	Angefangen zu schmelzen.
13) Dergleichen mit viel Feldspath Waldenburg.	Dünne geschmolzen.
14) Grau mit viel Feldspath, Gieren.	Desgleichen.
15) Dito von Ebersdorf zu Glatz.	Desgleichen.
16) Grün von Blankenburg.	Desgleichen.
17) Grau von Chemnitz.	Desgleichen.
18) Braun, Schwarzwelder.	Desgleichen.

19) Roth

19) Roth von Rausenau.	Dünne geschmolzen.
20) Weiß grün wenig Feldspath polnisch Hundorf.	Mußig dick geschmolzen.
21) Weiß Altenberg in Sachsen.	Dünne geschmolzen.

III. Mit Schörl.

22) Roth mit Drüsen von schwarzem spathigen Schörl aus der Gegend von Dresden.	Fast glasicht geschmolzen.

IV. Quarz und Feldspath.

23) Braun von Wettin.	Viel Feldspath und wenig Quarz.	Geschmolzen, doch mit ungeschmolzenen Quarzkörnern.
24) dergl. v. Petersberge.		
25) Grün Altenberg in Schlesien.	Aeußerlich angeschmolzen.	
26) Braun aus der Nachbarschaft des Wildberges in Schlesien.	Dicklich zu schmelzen angefangen.	
27) Dergleichen in Säulen, eben daher. In beyden letzten Sorten schien Feldspath und Quarz ziemlich egal zu seyn.	Noch weniger geschmolzen.	

XXV.

XXV.

Entomologische Berichtigungen

von

L. G. Scriba,
Pfarrer zu Arheilgen.

Entomologen sehen es wohl ein, wie weit man noch in richtiger Bestimmung der Insektenarten zurück sey. Verschiedenheit der Systeme, Mangel vieler entomologischen Schriften, Vielheit der Namen eines und eben desselben Insekts, unrichtige Citaten von autorisirten Männern, oft fehlerhafte Abbildungen, flüchtige Vergleichungen, allzukurze, oft unbestimmte Beschreibungen und manche andre Ursachen haben viele Unrichtigkeiten in die Entomologie gebracht. Dank also den Männern jeder Gesellschaft, welche sich die Berichtigung der Entomologie zum Gegenstand ihrer Arbeit gemacht haben! Dank insonderheit den vortreflichen Arbeitern an Fueßlins Magazin und Archiv, die ganz diesem Gegenstand gewidmet sind. Wie vieles haben sie schon zum Vergnügen des Entomologen geleistet? und wie vieles haben wir noch von ihnen zu erwarten? Indessen sind diese großen Männer zu bescheiden, als daß sie mir den Vorwurf eines

Vor=

Vorwitzes machen sollten, wann ich einigen ihrer Behauptungen widerspreche: Herr Herbst macht mich zu diesem Unternehmen dreist: „In der entomologischen Republik hat ein jeder seine Stimme.“ Mit Dank werde ich die Bemühung erkennen, die, wann ich in meinen Widersprüchen unrichtig gefunden worden, mich wieder zurecht weiset.

Erstlich: Etwas über Hufnagels Ph. N. Domiduca, oder die Sturmhaube.

Herr Hufnagel beschreibt diese Phaläne im Berliner Magazin III. S. 404. N. 81. „mit abwechselnden, hell- und dunkelbraunen, schwarz gezogenen Queerbinden: die Unterflügel oraniengelb mit einem breiten schwarzen Rande.“ Herr von Rottenburg, welcher nach Naturf. VI. S. 3. nicht allein alle in den Hufnagelschen Tabellen angezeigte Schmetterlinge, sondern auch alle nur mögliche Erläuterungen über dieselben vom Herrn Hufnagel selbst erhalten, gab hierauf Anmerkungen und genauere Beschreibungen von diesen Schmetterlingen in verschiedenen Stücken des Naturforschers heraus: die Ph. N. Domiduca befindet sich mit unter denselben, und erhielt ihre genauere Beschreibung im IXten Stück des Naturf. S. 135. Vollkommen passend ist diese Beschreibung auf eine Phaläne, welche Herr D. Kühn aus einer Erdraupe erhalten, und in dem erst angezeigten IXten Stück des Naturf. S. 88. Tab. I. f. 3., obgleich nicht ganz vollkommen abbilden lassen; und Herr Bergsträßer in dem ersten Theil dieser Schriften der berlinischen Gesellschaft naturf. Freunde S. 297. abermals in Abbildung der Raupe und Phaläne mit der Ueberschrift Phal. fimbria L., in der Beschreibung mit dem eigenen Namen Phal. Parthenii, und in der Vergleichung muthmaßlich einerley mit der Wiener Noct. Strigosa, vorlegte. Hierauf erklärt Herr **Franz von Paula Schrank** im zweyten Band S. 310 eben dieser Schriften Herrn **Bergsträßers** Phal. parthenii für Phal. Domiduca Hufnag. hält sie aber zugleich für die Wiener Noct. lino grisea; hingegen Herr **Göze** in seinen entomol. Beyträgen Pars III. Tom. III. p. 119. eben diese Phal. parthenii, und oben angeführte Kühnische Abbildung für N. fimbria L., **Hufnagels** N. Domiduca aber bleibt bey ihm eine neue. Diese verschiedene Meinungen mußten nothwendig die Aufmerksamkeit der Entomologen rege machen, neue Untersuchungen anzustellen, um auszumachen, welche eigentlich die wahre Phal. Domiduca sey. Herr **Knoch**, dessen Verdienste um die Entomologie ganz entschieden sind, beschenkte uns mit einer vortreflichen Abbildung einer Phaläne in seinen Beytr. I. p. 63. t. 4. f. 5., erklärte solche für Hufnagels Domiduca und der Wiener N. Janthina. Herr **Fueßlin** verbindet sich hierauf mit der Meinung des Herrn **Knochs**, und giebt von der nehmlichen Phaläne, wiewohl in einer Abänderung, eine neue Abbildung im III. Stück des Archivs, und **Göze** nimmt diese für die Hufnagelsche Domiduca an. Ob ich gleich längst **Kühns** abgebildete Phaläne, und **Bergsträßers** Phal. parthenii für Domiduca Hufn. und Fimbria Linn. gehalten; so mußten mich doch nothwendig die abweichenden Urtheile so großer Entomologen antreiben, neue Vergleichungen anzustellen: Ich nahm alle Exemplare, sowohl von der angezeigten, als von der Knochischen und Fueßlinschen Phaläne vor mich, untersuchte Größe, Zeichnungen, Farben auf das genaueste; allein mein

Re-

Resultat blieb fest: Domiduca Hufn. ist Linne's Fimbria: Knochs und Fueßlins Domiduca aber eine ganz andere, und zwar, wie Herr Knoch versichert, die Wiener Janthina. Ich hoffe, daß folgende Vergleichung Licht geben werde, wobey ich aber erinnere, daß ich des Herrn von Rottenburgs Beschreibung für die ächte der Hufnagelsche Phal. Domiduca nehme.

Noct. Fimbria Linn.	*Noct. Domiduca Hufn.* Naturf. *IX. p. 135.*
Simillima Pronubae.	Aehnlichkeit und Größe der Pronuba.
Corpus incarnato griseum.	Oberflügel blaß-röthlichbraun a).
Thorax vix cristatus b).	
Abdomen helvolum, subtus albicans.	Der ganze Leib und die Füße sind auf der untern Seite weißlich c).
Alae superiores fasciis liturisque obscurioribus inaequalibus, oder wie	Queer durch die Vorderflügel gehen zwey breite dunklere Binden, die eine gleich an der Einleckung, die andere durch die

a) Bey frischen Exemplaren spielen sie etwas ins olivengrüne.

b) Der Halskragen ist sehr klein, die Seitenlappen des Brustschildes lang, und bilden mit jenen eine Sturmhaube.

c) Auf der obern Seite wie die Hinterflügel gelb; muß supplirt werden.

in der Diagnosis: alis incumbentibus griseo-fasciatis.

Mitte; welche beyde an der hintern Seite eine hellbraune Einfassung haben: dergleichen hellbraune Linie, gehet auch unweit des äußern Randes queer durch die Oberflügel. Zwischen den beiden breiten Queerbinden steht ein länglich runder, und gleich darneben mitten in der zweiten Binde ein nierenförmiger Fleck, die beyde eine hellere Einfassung haben d).

Inferiores helvolae, macula longitudinali nigricante e), apicibusque albicantibus.

Die Unterflügel sind von eben der gelben Farbe, als bey der Pronuba, und haben eben dergleichen schwarze Einfassung am äußern Rand, die aber bey diesem Vogel doppelt so breit ist, und fast die Hälfte der Unterflügel einnimmt: der äußere Saum aber gelb.

Auf

d) Vollkommen so die Kühnische Phaläne oder Bergsträßers Phal. parthenii; nur bemerke ich noch bey dem Anfang der hellbraunen Queerlinie ein stärkeres oder schwächeres schwarzes Fleckchen.

e) In der Diagnosis steht: macula lineari atra, wodurch das schwarze Band, das nirgends den Rand berührt,

Subtus superiores helvolae macula longitudinali nigricante, apiceque albicante. Inferiores concolores paginae superiori, apice albidae.

Auf der untern Seite ist er der Pronuba ganz ähnlich, nur daß auch hier die schwarze Binde der Unterflügel viel breiter ist f).

So sehr nach dieser Vergleichung Linne's Fimbria mit der Rottemburgischen Beschreibung der Hufnagelschen Domiduca übereinstimmt; so sehr weicht Knochs und Fueßlins Domiduca von derselben ab. Diese wahre Wiener Janthina ist allezeit viel kleiner als Pronuba: Farbe und Zeichnung sind ganz anders; überdas hat sie noch das Besondere und Beständige, daß die Wurzel der Hinterflügel mit einer schwarzen Farbe gedeckt ist, welches gewiß kein Entomolog, auch bey der kürzesten Beschreibung mit Stillschweigen würde übergangen haben, weil es ein standhaftes Unterscheidungszeichen von andern ihres gleichen ist: Das einzige, welches vielleicht diese große Kenner verleitet, Hufnagels Domiduca für diese anzusehen, ist der in den Hufnagelschen Tabellen zu der Beschreibung der Binden angehängte Zusatz: schwarz-gezogene: das heißt ohngefähr so viel, als schwarz-gerändete, und so findet man zuweilen eine und die

berührt, besser angezeigt wird, als durch macula *longitudinali* nigricante, indem das Wort longitudinalis eigentlich alsdann gebraucht wird, wenn der Flecken oder Streif von der Wurzel her gegen den Hinterrand geht.

f) Die Spitzen, die Linne' weiß angiebt, und eben so an der Kühnschen Phaläne gleicher Art gefunden werden, müssen hier supplirt werden.

andere, an welcher die braune Bindenfarbe gegen den Hinterrand derselben zunehmend dunkler wird, und als ein schwärzbrauner Rand ausfällt; der Name **Sturmhaube** aber schicket sich so gut zu der Fimbria oder der wahren Domiduca als zu sonst einer andern. Nach meiner Meynung gehört daher zur Domiduca des **Hufnagels** die von Herrn von Rottenburg beschriebene Domiduca, **Linnés** und **Fabric.** Fimbria, nicht weniger der **Wiener** Fimbria oder **Schlüsselblumeneule**, **Kühns** Phaläne c. l. **Bergsträßers** und **Schranks** Parthenii c. l. und **Schrebers** Phal. fimbriata.

Nun noch einiges über **Schranks** Enumeratio insectorum Austriae, und seine kritische Revision in **Fueßlins** neuem Magazin der Entomologie.

Da es Herrn **Schrank** um Wahrheit zu thun ist, und er sich selbst zu verbessern sucht: so hoffe ich, daß es ihm nicht unangenehm seyn kann, wenn Freunde der Natur ihre Erinnerungen mit den seinigen verbinden:

1) Von Scarab. conspurcatus behauptet Herr **Schrank**, er sey merdarius Fabricii; allein der letzte ist ohne Kopfhöcker, hat ausser der schwarzen Nath nicht den geringsten Flecken auf den Flügeldecken, und einen mehr abgerundeten Kopfschild; der Conspurcatus hingegen einen sichtbarer ausgeschnittenen Kopfschild, drey Höcker auf demselben, blassere Flügeldecken mit weniger oder mehrern schwarzen Flecken; auch ist Merdarius bey uns sehr rar, da Conspurcatus so häufig ist.

2) Scar. Copris; wenn auch dieser die Punktstriche auf den Deckschilden hätte; so könnte er doch nicht

nicht Geoffrois Scarabé à bordure seyn, denn diese ist drey Linien lang und 1½ breit, Schranks Copris aber 1¾ Linien lang und eine breit: über dieses steht Geoffrois Käfer unter denen, die ein Schildchen haben, Schranks Copris aber wird exscutellatus angegeben: Sagte er dieses nicht, so hielte ich ihn für Merdarius Fabr.

3) Von des Skopoli Scar. adiaphorus behaupte ich gleichfalls, daß er unser Horticola sey; aber warum Herr Schrank den Skopoli beschuldiget, er habe den Adiaphorus nur mit einem Zahn an den Vorderfüßen angegeben, das weiß ich nicht, indem er unter der Abtheilung mit zwey Zähnen steht, und Skopoli in seiner Beschreibung ausdrücklich sagt: Tibiae anticae *Superior* dens obtusus, welches noch einen inferiorem dentem verstehen läßt. Frischs Weinblattkäfer sollte hier nicht citirt werden, er ist dubius Scop.

4) Linne's Scar. brunnus ist einer von denen, welche den Entomologen die meiste Schwierigkeiten gemacht haben. Linne scheint zu einiger Verirrung selbst Gelegenheit gegeben zu haben. Er sagt bey dem Scar. aeneus, magnitudo Scar. brunni: Nun ist aber der Scar. aeneus nach dem Mus. Ulr. nur ein wenig kleiner als Scar. auratus angegeben: und so müßte nach dieser Angabe der Linne'ische Brunnus wenigstens die Größe des Scar. fasciatus haben: Inzwischen finden wir bey Degeer Ins. IV. t. 10. f. 17. einen abgebildet, den dieser große Naturforscher, der den Linne'ischen am sichersten wissen konnte, für des Linne's Brunnus erklärt, und der nicht länger als 4½ Linien, und etwas mehr als zwey breit ist, und einerley Farbe und Zeichnung mit dem Linne'i-

schen hat: mit diesem stimmt Fabricii melolontha brunnea, Geoffrois le Scar. fauve aux yeux noirs, Sulzers Sc. pellucidulus und Fueßlis Scar. Sulzeri überein. Dieser Käfer ist auch hier zu Hause, aber etwas selten: er hat wie Linne sagt, die Gestalt einer länglich-runden Chrysomele, ist durchaus rothbraun, die Augen, den Hintertheil des Kopfs und einen Punkt auf jeder Seite des Brustschildes ausgenommen, welche schwarz sind; der Kopfschild hat einen aufgeworfenen Rand, und ist vorn ausgeschweift, die Flügeldecken sind gefurcht, der Leib dick, rundlich, die Fußblätter schmächtig und lang; die Fühlhörner haben drey lange Kolbenblätter, die Vorderschienbeine nicht mehr als zwey Zähne: ganz genau trifft damit des Linne's Beschreibung in der Fauna Suec. überein, daß ich nicht zweifle, er habe diesen gemeint. Ich würde auch Schranks Bruneus hierherzählen, welcher Größe, Farbe und Zeichnungen des obigen hat, wenn er nicht vier bis fünf Zähne an den Vorderfüßen hätte. Wenn aber Schrank in dem eilften Stück des neuen Magazins der Entomologie Skopolis Canicularis für seinen oder des Linne's Brunnus hält: so irret er eben so, als Skopoli mit seinem angegebenen Brunnus im V. Ann. denn Skopolis Canicularis ist wahrscheinlich des Fabricius Rufipes, und sein Brunnus hat außer der Größe, die den Stercorarius übertrifft, gleichfalls drey Schienbeinzähne, und andere Kennzeichen, die bey Linne's Brunnus nicht zutreffen. Endlich ist noch anzumerken, daß noch ein andrer Käfer gefunden wird, welcher dem Linne'ischen Brunnus sehr ähnlich ist, daß ich ihn lange mit Fueßlin für eine Varietät oder verflogenes Exemplar von demselben gehalten: Er hat fast eben dieselbe Größe, ist aber besonders

nach

nach hinten breiter, ganz dunkelbraun, die Flügeldecken sind gefurcht und mit einer weißen spielenden Schminke, wie Fueßlin sagt, bedeckt. Die Füße haben gleichfalls nur zwey Zähne, aber sind durchaus stärker mit Haaren besetzt: der Kopfschild ist vorn mehr grade abgeschnitten, und die Augen sehen blaß aus. Diese Art findet man häufig im Sommer in den sandigen Wegen auf der Erde. Ich halte sie für eine besondere Art, und zwar für die, welche Geoffroi Inſ. I. p. 84. 25. le Scarabé brun chagriné nennt, und für Schranks Chryſomeloides, Laicharting Holoſericeus; Letzterer hält auch Skopolis Holoſericeus für seinen, allein er hat drey Zähne.

5) Scar. haemorrhoidalis ist schwerlich der Linnäische; denn letzterer hat nicht allein drey deutliche Kopfhöcker und Flügelfurchen, sondern auch nur drey starke Schienbeinzähne, und außer diesen keinen. Ich halte den Schrankischen eher für ein Sphaeridium Fabr.

6) Dermeſtes formicaroides: dieser ist richtig Fabricii Clerus mutillarius, aber nicht, wie Herr Schrank will, Sulzers Attelabus formicarius minor; der letzte ist hier in Menge an Eichen und viele in der Paarung von mir angetroffen worden: den Clerus mutillarius aber habe ich noch nie gesehen; ein einziges Exemplar habe ich aus Sachsen erhalten. Er ist größer, als Attel. formicarius L. und daher noch weit größer als Sulzers Formicarius minor, viel haarichter, besonders am Maul und an der Stirn grau: hinter der rothen Wurzel schließet noch eine grauliche undeutliche Binde an, und außer der mittlern Binde ist auch die Spitze der Flügeldecken grau: Sulzers Formicarius minor ist glänzender, hat einen ganz schwarzen Kopf und Brustschild, ein größeres

rothes Wurzelstück an den Flügeldecken, und weiter nichts weißes, als die Mittelbinde; überdieses ist der Leib schwarz, der am Clerus mutillarius roth ist; Abweichungen genug, sie für verschiedene Gattungen zu halten.

7) Dermestes apiarius: bey Linne' ein Attelabus; überall wird er nur als einzige Sorte angeführt, da es doch zwey einander überaus ähnliche Arten sind, wovon man sich durch die häufig vorkommende Paarung überzeugen kann. Beyde haben drey blauliche Bänder auf den Flügeldecken, allein die eine unterscheidet sich dadurch von der andern, daß ihr drittes Band die Spitze der Flügeldecken einnimmt, da bey der andern dieses Bändchen vor der Spitze frey liegt, und weder die Spitze, noch die äußern Seiten berührt. Linne' beschreibt die erste Sorte, desgleichen Schäffer Abh. von Insekten II. Band t. 5. f. 10. Scopoli Entom. Carn. 110. Laicharting Tyrol. Ins. I. p. 244. Die zweyte Sorte hat Sulzer Kennz. t. IV. f. b. und Schäffer Elem. ent. t. 46. abgebildet. Beyde Arten sind eigentlich keine Anthophili. Sie besuchen die Blüthen nur deswegen, um andere Insekten darauf zu fangen, und zu ihrer Nahrung zu würgen. Der Meynung des Herrn Schrank möchte ich nicht beypflichten, daß sie ihre Eyer auf die Blüthen legten, welche alsdenn die Bienen im Einsammlen des Blumenstaubs mit in ihre Zellen trügen, und sich dadurch ihren Feind ins Haus brächten. Die Natur hat sie eine sicherere Methode gelehrt, ihr Geschlecht fortzupflanzen, als diese mit so vieler Ungewißheit verbundene seyn würde, ob auch ein Wohlthäter kommen, und seine Schlange im Busen tragen werde.

XXVI.

XXVI.

Fernere chemische Untersuchungen einiger Stein- und Erzarten.

Als Fortsetzung der im dritten und vierten Bande dieser Schriften S. 423 und 388 gelieferten Beyträge zur nähern Kenntniß einiger Mineralien, übergebe ich hiermit die von dem geschickten Herrn Bindheim neuerlich angestellten Versuche über vier Minern von Nagyag aus meiner Sammlung, welche er von mehrern ihm zu dem Ende mitgetheilten Stücken dazu erwählet hat.

Die erste Untersuchung betrifft den sogenannten Rothspath, das Ganggestein von Nagyag in Siebenbürgen, dessen in den physikalischen Arbeiten der einträchtigen Freunde in Wien, im 1sten Stück S. 56 und 60 nur beyläufig gedacht wird; die zweyte, einen weißen Braunstein, welcher im Bruche etwas schimmert, und das Magnesium acido-aëreo-mineralisatum, Bergmann Sciagraphia §. 243. oder Magnesia alba stricte sic dicta Cronstaedt §. 115. ist; die dritte, einen dunkelbraunen zunderförmigen Braunstein, der auf ausgefressenem Quarze, wie das braunrothe Zunder-

Zundererz von der Karoline auf dem Oberharze, in Flocken ansitzt; und die vierte einen schwarzen, derben metallisch-glänzenden, im Bruche schuppichten Braunstein, zu Nagyag Schwarzerz oder schwarze Blende genannt. Beyde letztere Arten sind nach den hier folgenden chemischen Zergliederungen mit Schwefel vermischt oder vererzet befunden worden, und dem berühmten Herrn Professor Bergmann noch nicht bekannt gewesen, wie aus dessen Opuscul. Vol. II. p. 481. erhellet; sonst sie gewiß in seiner Sciagraphia auch ihre Stelle würden erhalten haben. Daß bey der letztern Untersuchung kein Goldgehalt herausgebracht worden, kommt wohl vornehmlich von den dazu genommenen sehr kleinen Proben her: indem dieses Erz selten über ein Loth Gold im Zentner hält, und es hier vornehmlich nur um die Auseinandersetzung der verschiedenen mit dem Braunstein vereinigten Bestandtheile zu thun war.

Siegfried.

Dem Naturforscher und Philosophen ist jede gemachte Erfahrung angenehm, wenn sie von der Wahrheit begleitet wird. Und so dünkt mich, ist es auch gewiß, daß, wenn man bey Untersuchung der Körper nicht akkurat und aufmerksam genug ist, man auf mancherley Art Gelegenheit verliert, entweder etwas neues zu bemerken, oder schon gemachte Erfahrungen noch mehr zu bestätigen: und eben so gewiß ist es, daß wir durch eine genaue Untersuchung einer richtigern und bestimmtern Kenntniß, auf der Stufenleiter der Natur immer höher hinaufsteigen. Derjenige, der

der sich damit beschäftigt, bemerkt dies mit Vergnügen; dabey aber auch nicht selten, wie einfach und unzerlegbar die Mittel sind, deren sich der große Schöpfer der Natur bedient hat, um die unzählbare Anzahl der zusammengesetzten Körper darzustellen. Gern wird man aber auch, mit allen seinen Erfahrungen zusammengenommen, gestehen, daß es nicht so leicht ist, in der Schule der Natur einen völlig genauen und durchforschenden Beobachter abzugeben, um nur einigermaßen auf die Spuren zu gelangen, welche uns richtig leiten, und wodurch wir, zur Bereicherung unserer Kenntniß, Nutzen erlangen können.

Wenn wir die Zusammensetzung der Körper zu kennen uns bemühen, alsdenn erst können wir uns richtige Begriffe von den Körpern selbst machen. Erst müssen wir uns nur befleißigen, die Körper so wie sie sind, wohl zu kennen und alsdenn durch die Untersuchung derselben, die Art, wie sie vielleicht entstanden sind, zu erforschen. Denn durch Erfahrungen und Versuche müssen wir mit Newton zu den wahren Ursachen hinaufsteigen, und nicht mit Cartes von erdichteten Ursachen zu den Erscheinungen herunter gehen. Die Sache spricht von sich selbst, und es würde nur eine unerlaubte Wort- und Zeitverschwendung seyn, hierüber weitläuftigere Demonstrationen vorzubringen.

Ich gebe mir demnach hiermit die Ehre, für diesesmal nur einige Bemerkungen und **chemische Untersuchungen verschiedener Braunsteinarten** mitzutheilen, wozu mir wiederum mein verehrungswürdigster Freund, der Herr Rendant **Siegfried**, die Veranlassung gab; und unterwerfe sie

zu-

zugleich der Beurtheilung der ganzen erleuchteten Gesellschaft, so wie aller Scheidekünstler und Naturforscher.

Der **Braunstein**, der sich unter so mancherley Gestalten in der Mineralogie zeigt, wovon Erfahrung und instruktive Kabinetter voll sind, gehört nicht allein, obgleich hauptsächlich im Steinreiche, sondern auch, nach einigen bewährten Männern, welche ihn bey Zerlegung einiger vegetabilischen Substanzen darin entdeckt haben, im Kräuterreiche zu Hause. Ich werde hierbey auf einen Gedanken gebracht, der zwar einige Wahrscheinlichkeit zu haben scheint, worüber ich aber noch keine völlige Gewißheit zu geben im Stande bin, nehmlich: sollte der Braunstein wohl nicht auch im Thierreiche irgendwo anzutreffen seyn? vielleicht in den Knochen, vielleicht im Blute? Ich komme darauf, weil es bekannt und bewiesen ist, daß im Blut wirklich Eisentheile befindlich sind, und ich gar vielfältig finde, daß Eisen und Braunstein immer gern einen Gang mit einander gehen und sich nur schwer trennen; es käme also nur darauf an, ohne jedoch eine vorgreifende Meynung zu äussern, daß man thierische Substanzen auf Braunstein gehörig untersuchte; ob alsdann diese Hypothese durch richtige Erfahrungen entweder bestätigt oder über den Haufen geworfen würde, davon würden wir uns alsdenn deutlich überführen. Und ist der Braunstein wirklich im Blute mit enthalten, so würde uns die Erklärung von der Röthe desselben mehr sinnlicher gemacht und einigermaßen erleichtert werden können. So viel ich weiß, sind wir mit dieser Erklärung noch nicht ganz fertig und gewiß, denn einige suchen aus den verschiedenen Temperamentskomplexionen diese Eigenschaft des Bluts zu erklären; andere suchen es im Brennbaren, noch andere im Eisen, wieder andere in der Feuerluft; und neuere Naturforscher in der geschwindern oder langsamern Zirkulation, oder in der nähern und schnellern Aneinanderfügung der Blutkügelchen u. d. g., in allen diesen aber, so wie ich es beurtheilen kann, glaube ich noch nicht, hinlängliche Genugthuung zu finden. Doch ich verlasse den unsichern Pfad der Hypothese, woran wir ohnedem bey den jetzigen Zeiten keinen Mangel haben, und trete den Erfahrungen näher, welche ich über einige Braunsteinarten gemacht habe.

a) Chemische Untersuchung des derben, im Bruche körnigen, rosenfarbenen Quarzes, mit halb phlogistisirtem Braunstein.

Ein Stückchen davon auf der Kohle vor dem Löthrohre behandelt, knisterte, wurde schwarz und war nicht zum Schmelzen zu bringen.

Eine halbe Unze davon in Stückchen geschlagen, wurde eine halbe Stunde in einem geräumigen Schmelztiegel stark geglühet, das Knistern wurde, wie im vorhergehenden Versuch, bemerkt, wie auch, daß er schwarzbraun und mürbe geworden war. Hin und wieder war er mit weissen Streifen durchzogen, gleichsam als wenn er marmorirt wäre; er hatte merklich am Gewicht abgenommen, indem das Gewicht desselben nur zwey Drachmen und funfzig Gran betrug.

Der gebrannte Borax löste den rohen rosenfarbnen Quarz, auf der Kohle vor dem Lötzrohre, nur

nur zum Theil auf, welcher davon eine dunkelbraune undurchsichtige Farbe erhalten hatte. Mit dem Harnphosphorsalze war es fast das nehmliche; dieses erhielt dadurch eine helle Rubinfarbe.

Mit kochendem destilirten Wasser, war dem rohen zerriebenen rosenfarbenen Quarz nichts abzugewinnen, welches sowol das genau bemerkte Gewicht desselben, als auch die bey dergleichen Untersuchungen gewöhnliche Reagentien bestätigten.

Eine Drachme unsres geglüheten und im Glasmörser fein geriebenen Quarzes, wurde mit farbenloser Salzsäure übergossen, und in die Wärme gebracht. Die Säure, welche heftig darauf wirkte, erhielt einen dem Königswasser ähnlichen Geruch. Die mit destilirtem Wasser verdünnte Auflösung wurde filtrirt. Sie sahe röthlich aus, und es blieben 18 Gran eines weißen Körpers zurück, welcher, mit Laugensalz behandelt, sich als Kieselerde verhielt. Die Auflösung wurde einer fernern Untersuchung unterworfen und da fand sichs, daß Eisen und Braunstein darin befindlich war.

Zwey Scrupel unsers geglüheten Quarzes wurden in einem Glasretortchen mit acht Scrupel konzentrirter Vitriolsäure in der Absicht übergossen, um zu erfahren, ob sich Flusspathsäure entbinden würde; es ließ sich aber keine Spur davon bemerken. Diese Mischung wurde zur weitern Untersuchung übers Feuer gebracht, und hierbey bemerkte ich, daß die dazugenommene Vitriolsäure, welches vorher schwarz aussahe, weiß, bey anhaltenden Feuer aber grün wurde. Ich ließ die Säure bey etwas starkem Feuer in einen vorgelegten Rezipienten so weit übergehen, daß nur der vierte Theil des aufgegossenen Theils derselben zurückblieb. Nachdem es kalt geworden war, wurde das zurückgebliebene mit kaltem destillirten Wasser übergossen, und hier verhielt sich die Mischung als ein Farbenänderndes Chameleon, indem es wieder roth wurde. Nachdem es eine Zeitlang gestanden hatte, wurde es filtrirt und mit mehrerem destilirten Wasser ausgelaugt; das klare wurde bis zum Krystallisationspunkt abgedampft, woraus sich kleine Krystallen bildeten, welche Braunsteincrystallen waren, in welchen einiger Antheil von Eisen befindlich; und im Filtro blieb ein braunes Pulver zurück, welches Kieselerde mit ein wenig dephlogistisirtem Eisen war.

Ein Scrupel des kalzinirten rosenfarbnen Quarzes wurde mit zwey Scrupel gereinigten Salmiak vermischt, in einem gläsern Kölbchen in Sublimirfeuer gelegt; der Salmiak hatte Eisen mit in die Höhe genommen; der Rückstand wurde ausgelaugt und die geseigerte helle Flüssigkeit mit der Auflösung des Weinsteinsalzes niedergeschlagen: es fiel ein weisses Präzipitat. Dieses hatte die Eigenschaft des dephlogistisirten mit Luftsäure angeschwängerten Braunsteins, welcher das Boraxglas dunkelbraun und das schmelzbare Harnsalz amethystfarben färbte. Wenn ich beym leztern mit dem Blasen des Löthrohrs etwas lange anhielt, so vergieng ihm die Farbe fast ganz und gar. Auch in dem hierbey erhaltenen Rückstande war Kieselerde enthalten.

Eine Drachme unsres rohen zerriebenen Quarzes, wurde mit funfzehn Gran Kohlenstaub und so viel Olivenöl gemischt, daß ein Teig daraus wurde. Dieser wurde in einem fest verklebten Tiegel eine Stunde kalzinirt. Nachdem es kalt war, übergoß ich den Inhalt des Tiegels mit zwey Drachmen Salpetersäure. Kein Aufschäumen, aber etwas Wärme wurde dabey bemerkt. Als es in den Grad der Hitze des kochenden Wassers gebracht und wieder kalt war, laugte ich es aus, filtrirte und schlug es mit ätzendem Salmiakgeist nieder, wovon ich einen an Farbe dem Ocher ähnlichen Niederschlag, am Gewicht 26 Gran, erhielt, welcher aus Braunstein und Eisen bestand.

Aus allen diesen und noch mehreren Versuchen, welche ich mit diesem rosenfarbnen Quarz angestellt habe, und welche ich, um nicht zu weitläuftig zu werden, übergehe, ziehe ich die Erfahrung, daß Braunstein, Eisen und Kieselerde, die nächsten Bestandtheile desselben ausmachen.

b) **Versuche mit dem weißen, mürben, körnigen Braunstein, mit Luftsaure gesättigt.**

Vor dem Löthrohr auf der Kohle mit Boraxglas geschmolzen, gab er ein dunkelbraunes Glas; mit dem microkosmischen Salze war es das nemliche.

Ein Stückchen von der Schwere eines Scrupels erlitt nach einer halbstündigen Kalzination 8 Gran Verlust am Gewicht, hatte dabey eine schwarzbraune Farbe, und zugleich die Eigenschaft des gebrannten Kalks erhalten. Wenn ein Stückchen davon mit gereinigtem Salmiak zusammengetrieben wurde, so wurde er zersetzt und das flüchtige Alkali daraus entbunden. Nach Uebergießung des gebrannten Steins mit Wasser, gab er das sogenannte Kalkwasser, welches alle die gewöhnlichen Proben aushielt.

Eine Drachme dieses körnigen Braunsteins wurde mit so vieler Salpetersäure übergossen, bis kein

Auf-

Aufbrausen mehr erfolgte. Der feste Körper hatte am Gewicht 10 Gran Luftsäure verlohren. Es wurde in die Wärme gebracht, worin es sich bis auf höchst wenig einer Erde, welche Kieselerde war, auflöste. Wenn in die filtrirte Auflösung Vitriolsäure gebracht wurde, so gab es Calcem vitriolatam.

Nebst der Kiesel- und Kalkerde, welche letztere mit Luftsäure angeschwängert ist, habe ich zugleich etwas weniges Eisen und einen geringen Antheil vom Braunstein darin gefunden, welche denn auch die wahren Bestandtheile des weißen körnigen Braunsteins sind. Von der Alaun- und Bittersalzerde, welche einige Naturforscher im Braunstein anzutreffen vermeinen, habe ich in diesem untersuchten Subjekt nichts entdecken können.

c) **Versuch mit dem zunderartigen Braunstein, mit Bleykalk.**

Vor dem Löthrohre brannte er mit einer blauen Schwefelflamme, und hatte dabey ganz den Geruch des Schwefels.

Ein Stückchen dieses gebrannten Braunsteins gab mit Boraxglas, wie auch mit dem schmelzbaren Urinsalze, ein dunkelbraunes Glas.

Ein kleines Stück dieses rohen Braunsteins wurde in einem Glaskölbchen mit Salpetersäure übergossen, und darin gekocht. Er löste sich bis auf ein wenig eines weißen Rückstandes auf. Die Auflösung sahe goldgelb aus, und enthielt Eisen und Braunstein.

Eine Drachme dieses rohen pulverisirten Braunsteins schmolz ich mit drey Drachmen kaustischem Alkali im Schmelztiegel. Es wurde darauf mit war-

 men

men Wasser ausgelaugt und filtrirt. Die Lauge schmeckte stark nach Schwefel, welche sich mit Säuren daraus abscheiden ließ. Auf den ausgelaugten Rückstand wurde konzentrirte Essigsäure gegossen, und damit gekocht. Die Säure erhielt dadurch einen süßen Geschmack. Sie wurde von gemeinem Brunnenwasser, desgleichen von der Salz- und Vitriolsäure u. d. m. milchweiß getrübt; die Auflösung der Schwefelleber aber bewirkte einen schwarzen Niederschlag. Wenn ein Stückchen Zink in dem mit Essig ausgezogenen Rückstande aufgehangen wurde, so krystallisirte sich das Bley in metallischer Gestalt daran und lieferte dabey eine für das Auge ganz angenehme Erscheinung. Lauter Bestätigungen für das Daseyn des Bleys in diesem untersuchten Minerale.

Die abgeschiedenen und nächsten Bestandtheile desselben sind demnach: Schwefel, Eisen, Braunstein und Bleykalk.

d) Versuche mit dem derben, schwarzen, schuppichten, etwas geschwefelten Braunstein.

Eine halbe Unze davon, welche in kleinen Stückchen gebracht worden war, ließ ich in einem offenen Schmelztiegel eine Viertelstunde rothglühen. Am Gewicht war der Stein 5 Gran leichter geworden. Die schwarze Farbe hatte sich in braun verändert, und durch diese Behandlung war er zur leichtern Zerreibung geschickt gemacht worden.

Eine Drachme dieses geglüheten Braunsteins mit drey Drachmen gereinigten Salpeters aufs feinste pulverisirt und gemischt, wurde in einen Schmelztiegel getragen, welcher um das Einfallen der Kohlen zu verhindern, nur leicht bedeckt war. Beym Glühen wurde kein Zeichen einer Verpuffung bemerkt. Nachdem es einige Zeit im Feuer gestanden und zu einer trocknen Masse geworden war, nahm ich etwas von derselben mit einem Eisendrath, ließ es in gemeines Brunnenwasser fallen, worin es die bekannten Eigenschaften des mineralischen Chameleons, mit seinen Phönomenen zeigte, und zugleich den Beweis gab, daß der zu untersuchende Körper Braunstein sey.

Eine Drachme des gebrannten und zerriebenen Braunsteins übergoß ich mit zwey Drachmen konzentrirter Vitriolsäure. Es erhizte sich und schäumte ein wenig auf. Es wurde in die Wärme gebracht; das Flüssige hatte sich milchweiß gefärbt, und der feste Körper sah wie Eisenschwärze aus. Es wurde darauf nach und nach mit zwey Unzen destillirten Wasser übergossen; es erfolgte mit einem sehr schnellen Aufschäumen eine Auflösung, wobey eine Menge hepatischer Luft entwich. Als sich nichts mehr auflösen wollte, wurde es filtrirt. Es blieb ein hellbraunes Pulver zurück, welches ausgesüßt und getrocknet 4 Gran wog. Dieses war dephlogistisirtes Eisen, mit einem sehr geringen Antheil von Kieselerde.

In die klare Flüssigkeit, welche pfirsichfarben aussahe wurde ein polirtes Kupferblech gelegt. Gleich darauf trübte, es sich. Es fiel ein braunes Pulver zu Boden, und auf der Oberfläche schwammen einige glänzende Häutchen, welche die Farbe des pflogistisirten Eisens hatten. Als sich nichts mehr abscheiden wollte, und neue hineingelegte Stückchen Kupfer keine Veränderung mehr hervorbrachten, wurde der niedergefallene metallische Safran, mit Hülfe des Seigerungspappiers abgeschieden; er wog

 mit

mit dem vermehrten Gewicht des Kupfers zusammen 3 Gran. Die Flüssigkeit wurde mit vegetabilischem Alkali niedergeschlagen. Der Niederschlag verhielt sich als phlogistisirter Braunstein.

Mit Salpetersäure untersuchte ich diese Braunsteinart, nach Scheelscher Angabe, also: eine halbe Drachme geglüheten und fein geriebenen Braunsteins, schüttete ich in einen Rezipienten, welcher den Umfang von 36 Unzen hatte, und welcher 2 Unzen destilirtes Wasser enthielt; ich schüttelte dies gut durcheinander; dieser war an einem Helm befestigt, welcher an einen 18 Unzen haltenden weißen Glaskolben angeschmolzen war. Im Mittelpunkte des Helms war ein Loch befindlich, wodurch 2 Unzen verdünnte Salpetersäure und etwas Eisenfeil eingetragen und alsdenn sogleich mit einem Glasstöpsel zugestopft wurde. Diese zubereitete Geräthschaft wurde in die Wärme gebracht. In der Vorlage zeigten sich weiße Wolken, und ein flüchtig schweflichter Geruch wurde bey der nach und nach geschehenen Eintragung des Eisens bemerkt. Im Helm legte sich eine weiße Haut an, die auch die Mischung der Salpetersäure mit dem Eisen, welche im Kolben befindlich war, überzog. Nach zweystündiger gelinden Hitze ließ ich das Feuer abgehen, und die Geräthschaft die Nacht über in der Kälte stehen. Der in der Vorlage befindliche Braunstein hatte sich bis auf ein wenig eines hellbraunen Pulvers aufgelöst. Die durchgeseigerte Flüssigkeit hatte keine Farbe. Als ich diese mit vegetabilischem milden Alkali niederschlug, fiel zuerst dephlogistisirter Braunstein. Dieser wurde durchs Filtrum abgeschieden und dann mit der Präzipitation fortgefahren. Es setzte sich ein weißes Sediment.

Als etwas besondres glaube ich hierbey bemerkenswerth zu halten, daß indem der schwarze Niederschlag auf einem mäßig warmen Stubenofen getrocknet ward, er weiß wurde. Dies beweist, wie leicht dar Braunstein vermögend ist, sich zu phlogistisiren.

Das oben benannte hellbraune Pulver wurde im nassen Wege auf Gold untersucht, welches aber darin abwesend war. Das was sich nicht auflöste verhielt sich wie Kieselerde.

Um den Schwefel, der sich in dieser Braunsteinart befindet, abzusondern, kochte ich eine halbe Drachme des geglüheten pulverisirten Braunsteins mit einer Drachme kaustischen Alkali, welches in 2 Unzen destilirten Wasser aufgelöst, bis zur Hälfte eingekocht und darauf filtrirt wurde. Diese Lauge schlug ich mit verdünnter Vitriolsäure nieder. Es gab dabey einen höchst unangenehmen Geruch und es setzte sich ein weis gelblicher Präzipitat, der sich als Schwefel verhielt.

Desgleichen wurde von dem rohen pulverisirten Braunstein eine Drachme mit einer halben Unze Weinsteinsalz in einen Schmelztiegel gebracht, worin ich es recht gut fließen ließ Nachdem es kalt war, sah es einer Leberartigen Masse gleich. Diese laugte ich mit kochendem destilirten Wasser aus, filtrirte es. Die Lauge sah dunkelgoldgelb aus, schmeckte stark nach Schwefel, und als ich sie mit Vitriolsäure niederschlug, wurde die sogenannte Schwefelmilch erhalten. In dem hierbey erhaltenen Rückstande war Braunstein, ein wenig Eisen und Kieselerde enthalten.

Eine Drachme von dem zerriebenen rohen Braunstein schüttete ich in eine konisch ausgehöhlte Kohle. Um den Fluß zu befördern, wurden 15

 Gran

Gran kalzinirten Borax dazu geschüttet, hierauf in einen Schmelztiegel aufrecht stehend eingesetzt, mit einem andern darauf passenden bedeckt und die Fugen aufs beste verklebt. Als die Verklebung trocken war, brachte ich den Satz in eine recht stark ziehende Schmiedeesse, deren Blasebalch mit Gewicht beschwert wurde, und ließ ihn eine Stunde vor dem Gebläse weißglühen. Nach dem Erkalten der Gefäße wurde der Tiegel geöffnet. Es fand sich, daß der Braunstein in der Kohle geflossen war, oben eine glänzend schuppichte Schlacke und unten ein fein glänzendes Korn, am Gewicht 10 Gran, abgesondert hatte.

Der Kern der Versuche mit dieser Braunsteinart ist demnach: Braunstein, Eisen, Schwefel und Kieselerde.

Wenn in dieser geringen Arbeit und in diesem mangelvollen Aufsatze etwas enthalten seyn möchte, welches für den Sachverständigen angenehm, und für den Liebhaber belehrend wäre, und wenn dem Naturforscher Stof zum weitern Nachdenken und Versuchen gegeben würde, so wäre meine Absicht schon einigermaaßen erreicht. Wenn ich aber einen **deutschen Mann** von Kenntniß und edlem Stolze dahin überreden könnte, daß er die Naturgeschichte durch den Braunstein, den Prometheus der Mineralogie, mit mehreren, wichtigern und neuern Entdeckungen als schon geschehen ist, zu bereichern sich bemühte; so wäre mein Wunsch ganz erfüllt. —

Bindheim.

XXVII.

Kurze
Nachrichten und Auszüge
aus
Briefen
unsrer auswärtigen Freunde.

1. Herrn Probst und Pastor Tode, Zusätze zu den Blätterschwämmen. 2 Tafel Fig. 6. 7.

Der Auffoderung der Gesellschaft gemäß, habe ich seit vorigem Winter alle mir vorgekommne Blätter- und Löcherschwämme, in Absicht auf das Daseyn, oder Nichtdaseyn der Michelischen angeblichen Staubgefäße bey diesen Schwammgeschlechtern mit aller möglichen Sorgfalt untersucht, und ich bin bey dieser Gelegenheit vollkommen überzeugt worden, daß der scharfsichtige Mann allerdings und ganz unwidersprechlich recht habe, wenn er in Ansehung der Blätterschwämme behauptet: es finden sich auf dem Rande ihrer Blätter gewisse länglichrunde kurzgestielte Körper, welche er für Staubgefäße hält.

Diese Körper sind ganz unkennbar, und eben so unleugbar, ihrer Substanz und Structur nach, von den Blättern selbst wesentlich verschieden. Das muß ich indessen aufrichtig gestehen, ich habe solche bisher nie, wie Micheli, einzeln, sondern nur büschelweis wachsend angetroffen, auch habe ich ihre Stiele selbst, vermuthlich ihrer übergroßen Kleinheit halben, nie recht deutlich gesehen: indessen giebt das offenbare Abwärtshangen der Staubkolben und ihr Schwanken bey Erschütterungen, das Daseyn eines Stieles schon genugsam zu erkennen. Bey einigen wenigen Blätterschwämmen habe ich die eben gedachten Staubkolben in Büscheln, die an einander stoßende Ringe oder eine Art von Kette bildeten, erblickt. Tab. II. (Fig. 8.) Auch der Umstand kommt mir bemerkenswerth vor, daß gerade unter einem jeden solchen Büschel von Staubkolben — um die kleinen bestrittenen Körper vor der Hand so zu nennen — der Rand der Lamelle allemal etwas aufgeschwollen ist, gerade so, als wenn daselbst etwas hineingeschoben, oder eingeschlossen wäre. Tab. II. (Fig. 7.) Gemeiniglich sind die Staubkolben schneeweiß, oder sie fallen doch wenigstens gern ins weiße; man findet sie aber auch gelb und anders gefärbt. Ueberhaupt haben sie fast immer eine hellere Farbe als die Blätter selbst; nur bey einem einzigen Blätterschwamm, der zu meiner Familie der Stößlinge (Pertusi) oder zu den unächten Moussérons gehört, habe ich solche kohlschwarz gesehen. Man kann sie am deutlichsten und fast schon mit bloßen Augen an den Fliegenschwämmen aller Art und an den Marmorschwämmen (Agar. XX. *Gled.* Ag. procerus *Scop.* n. 1465.) wahrnehmen. Eben so erkennt man solche sehr gut an der großen Familie meiner Oelschämme bey verschie-

denen

denen Arten, namentlich bey dem so gemeinen Agar. extenuatus *Scop*, n. 1543. Auch bey dem Agar. conicus desselben n. 1525, der unter Fuhren häufig genug wächst u. a. m. fallen solche deutlich und schön ins Auge. Man muß aber alle diese Schwämme zeitig genug, das heißt vor der Fructification derselben und ehe sich ihr Hut völlig ausgebreitet hat, untersuchen; denn in der Folge fallen die kleinen Büschel zusammen und formiren alsdann gar oft, gleich als wenn die kleinen Kolben in einen einzigen Kuchen zusammengeschmolzen wären, dichte, platte, convexe Körper, und die sind es, aus welchen der gekerbte Rand der Lamellen, den man oft als Merkmal bey gewissen Blätterschwämmen angeführt findet, seinen eigentlichen Ursprung genommen. Aber schon **Scopoli** (Fl. Carn. 2. II. n. 1466) hat bemerkt, daß diese angebliche Kerben vom Blatte selbst verschieden sind; er irret indessen, wenn er solche für Klumpen des häufigen Saamenstaubes ansieht, denn der sitzt allemal an den Seiten oder Wänden der Blätter, nie an, oder auf ihrem Rande selbst.

Also noch einmal: die Körper, welche **Micheli** Stamina nennt, sind bey den Blätterschwämmen ganz gewiß da: ich begreife also nicht, wie man an ihrer Existenz zweifeln, oder vielmehr solche leugnen können. Damit aber will ich nicht behaupten, daß sie wahre und eigentliche Staubgefäße abgeben; denn bey zunehmender Bekanntschaft mit den Schwämmen werde ich immer furchtsamer, über ihre Befruchtungsart entscheidende Aussprüche zu thun, und das um so mehr, da mir der Gedanke je länger je wahrscheinlicher wird, daß es bey manchen Schwammgeschlechtern wesentliche Theile (partes integrales) geben möge, die wir noch diese Stunde nicht kennen,

auch

auch vielleicht nie, wenigstens auf keine hinlängliche Weise dürften kennen lernen. Daß aber die Michelischen Körper bey den Blätterschwämmen auf ihre Befruchtung selbst Beziehung haben, und solche, auf welche Art es auch geschehe, bewirken oder bewirken helfen, dürfte nach meinem geringen Ermessen, wohl kaum noch einigem Zweifel unterworfen seyn.

Was von den Blätterschwämmen gesagt ist, das gilt nach meinen Beobachtungen im Allgemeinen auch von den Löcherschwämmen; nur sieht man hier die Stamina des Micheli nicht büschelweis, sondern franzenartig auf dem Rande der Röhrchen stehen. Sie hangen auch hier abwärts, und daher scheint dieser etwas verdickt. Eben so ist ihre Farbe auch hier gewöhnlich etwas heller, als die der Röhrchen, und auch hier trocknen sie bald, doch ohne eine sehr merkliche Erhöhung zu machen, zusammen und erhalten alsdann, so wie bey den Blätterschwämmen, eine dunklere Schmutzfarbe, die sich von der eigenthümlichen Farbe des Randes an den Röhrchen ganz sichtlich unterscheidet. Man kann dieselben an den größern flachen Zunderschwämmen (Boletus candicinus *Scop.* n. 1596.) und den Spielarten des gemeinen Kuhpilzes (Boletus bovinus *L.*) zumal an dem sogenannten Steinpilz, oder dem Potiron der Franzosen, und eben so namentlich noch an dem Kragenpilz (Boletus luteus *L.*) und dem Winterpilz (Boletus inversus *Retz* Scand. n. 1565) sehr deutlich wahrnehmen. Aber Micheli will seine Stamina auch am Stiel der Löcherschwämme und zwar nahe unterm Hut gesehen haben? eine Behauptung, die sonderbar genug scheinen kann; indessen hat er auch hier wenigstens in Ansehung jener Pilze richtig beobachbachtet, deren Stiel mit einem Netz überzogen ist; denn dies sogenannte Netz besteht aus nichts andrem, als rudimentis wahrer und eigentlicher Röhrchen, wovon ein größeres und längeres allemal verschiedene kleinere und kürzere in sich faßt, wie solches auch nicht selten bey den Röhrchen am Hut der Pilze der Fall ist, und auf welchen erstern die Michelischen Körper also auf die nehmliche Art erscheinen, wie bey den letztern, nur daß sie hier noch vergänglicher sind, als am Hut, wie man solches aus dem Angezeigten von selbst vermuthen wird.

Ich sehe sonst aus dem dritten Bande der Schriften unserer Gesellschaft, daß der würdige Herr Hofrath **Gleditsch** noch ziemlichermaaßen in Zweifel steht, ob man mein am Gichtschwamm entdecktes inwendiges Gefäß wirklich für ein Schleimzuführendes halten könne, oder nicht. Weit entfernt, einem so vieljährigen, hellsichtigen und erfahrnen Naturforscher es im geringsten zu verdenken, wenn er eine so ganz neue und unerwartete Behauptung eines ihm bisher noch ganz unbekannten Beobachters so gleich zu unterschreiben nicht sehr geneigt ist, ehre ich ihn vielmehr selbst in seiner Bedenklichkeit, und bedaure nur, daß ein gar zu angelegentliches Bestreben, mich quia ars longa, vita brevis, in meinem Aufsatz so kurz wie möglich zu fassen, mir manches, was ich zur Erläuterung und Bekräftigung meiner Erfahrungen und Urtheile hätte anführen können, und wie ich jetzt merke, auch sollen, zurückzuhalten gebot.

Da ich indessen fühle, wie unschicklich es in allem Betracht seyn würde, mich hier auf alle seine geäußerte Bedenklichkeiten ausführlich und nach der

Reihe

Reihe einzulassen: so kann ich vorjetzt nichts mehr thun, als daß ich den hochverdienten Greis, um sich durch den Augenschein und auf die kürzeste Art von, der Richtigkeit meiner Behauptung zu überführen ersuche, den Schaft eines noch unverletzten Exemplars nur einige Minuten lang in der Hand warm werden zu lassen, und er wird mit bloßen Augen den Schleim durch die Mündung der Trompete reichlich hervordringen und sich über den bey seinem ersten Hervorbrechen noch trocknen Hut verbreiten, und seine Saamenmasse erweichen sehen. So viel hier von der Sache; denn bey Gelegenheit meiner von dem so seltenen Phallus caninus *Schæff.* t. 330, den er aber nicht selbst gesehen und also mangelhaft und zum Theil sehr unrichtig beschrieben und vorgestellt hat, ein andermal zu gebenden Beschreibung und Abbildung wird sich von allem ausführlicher reden lassen, zumal da dieser sehr merkwürdige Schwamm den eigentlichen Schlüssel zum wahren Charakter des so sonderbaren und mit keiner Art von Morcheln etwas wesentliches, in so fern dieser nehmlich daurch bestimmt wird, gemein habenden Phallusgeschlechts abgiebt.

Ich muß bey dieser Gelegenheit einen Fehler, den meine gegebene Zeichnug vom Gichtschwamm hat, nicht unangezeigt lassen. Er ist vorgestellt, als habe er unterwärts einen geöffneten Schaft, aber das ist unrichtig und die scheinbare Höhlung nur durch ein bloßes Versehen beym Durchschneiden entstanden. Kein wahrer Phallus ist unten offen, kann es auch seines Mechanismus wegen nicht seyn.

Pritzier, den 20sten Nov. 1783.

2. Aus-

2.

Auszug aus einem Schreiben des Herrn Garnisonprediger Chemnitz zu Coppenhagen, an den Herrn O. C. R. Silberschlag, vom 29sten Juli 1783. 5 Taf. Fig. 4 bis 7.

Ein Paar hiesige angesehne Kaufleute machten einen Versuch, den man hernach nicht fortgesetzt, in südlichen Meeren etwa auf der Höhe von Brasilien, oder noch weiter hin bis zur Magellanischen Straße und zur Gegend der Falklandsinseln, ein Schiff auf den Cachelottfang — der ihnen höchst vortheilhaft und einträglich war beschrieben worden — auszusenden. Ein Dänischer mir wohlbekannter Schiffer, bekam das Schiff zu commandiren. Er fing mit seinen Leuten viele Cachelotten oder Pottfische; um aber seine Ladung voller zu machen, hatte er sich vom südlichen Meer zum Nordpole hinauf gewandt, und etwa zwischen Neufundland und Ißland einen Nordcaper entdeckt, sogleich Jagd auf ihn gemacht, und ihn glücklich erwischt. Keine Wallfischart ist schwerer zu fangen als diese, denn ein solcher Nordcaper ist beständig in einer unruhigen Bewegung, als wenn er lauter Quecksilber im Leibe und in den Adern hätte. Er liegt keinen Augenblick still. Er macht lauter Krummsprünge. Er muß daher, wenn er nicht entkommen soll, schon aus einer weiten Entfernung wie durch einen Schleuderwurf harpunirt, und durch diesen tief eindringenden Wiederhaken festgehakt werden. Nun auf der großen Nase und

dem

dem schwarzen ungeheuren Kopfe des Nordcapers hatten unsere Abentheurer die Wallfischjäger, lauter weiße Schönpflaster angetroffeu, davon sie nach ihrer eigenen Aussage gar leicht einen Sack voll hätten mitbringen können, wenn es ihnen glaublich geschienen, daß es Leute gebe, die ihnen jedes Stück gern reichlich bezahlt hätten. Dem Capitain war noch meine Bitte, mir doch ja Naturalien von seinem Creuzzuge mitzubringen eingefallen. Er hatte daher ein Paar Stücke zu sich gesteckt, um sie mir bey seiner Zurückkunft zu übergeben. Wie sehr erstaunte ich, da er sie mir brachte, den höchstraren vom seligen Walch im Naturforscher, Tab. 10. pag. 83 beschriebenen balanum polythalamium compressum, auf den ich mir nie Hofnung gemacht, zu erblicken. Anstatt der Danksagungen, überhäufte ich den Schifscapitain mit den empfindlichsten Vorwürfen, weil er mir nicht mehrere von dieser so seltnen Gattung, womit ich so vielen meiner sammlenden Freunde ein großes Präsent hätte machen können, mitgebracht. Ich beschwor ihn sogleich, alle Kisten und Kasten seiner Schifsleute zu durchsuchen, ob niemand mehr einen solchen balanum haben möchte. Ich erbot mich für jedes Stück gern einen Reichsthaler zu bezahlen. Allein da war niemand, welcher dergleichen in den Augen der Schifsleute so gar unbedeutende, unnütze und unerhebliche Dinge des Aufhebens werth geachtet. Also muste ich froh seyn, nur diese beyden wie eine Beute davon gebracht zu haben, besonders da in dem einen Exemplare, welches ich meinem besten Freunde, dem Herrn Spengler, verehrte, noch der getrocknete Bewohner befindlich war. So viel erfuhr und erlernte ich denn doch bey dieser Gelegenheit: Der Balanus polythalamius compressus

pflegt

pflegt seinen Wohnsitz am liebsten bey der Nase und dem Kopfe des Wallfisches, welcher Nordcaper heißt, aufzuschlagen. Nur allein solche Wallfischjäger, welche Nordcaper zu fangen wissen, welches den englischen am ersten glücken soll, können uns diese balanos rarissimos verschaffen. Den Nordcaper soll man in dem Bau seines Cörpers von einem gemeinen Wallfische durch nichts andres unterscheiden können, als an seinen unruhigen Bewegungen, und an diesen weißen balanis, mit denen jedesmal sein dicker Kopf und seine plumpe Nase wie mit weißen Warzen besetzt erscheint, da auf gemeinen Wallfischen kein Stück derselben jemals angetroffen wird.

Mein seliger Freund der Königl. dänische Chirurgus Schröter, ein gebohrner Schlesier, sandte mir von den Ferröischen Eilanden, wo er wohnte und sein Amt hatte, vor einigen Jahren, kurz vor seinem mir äußerst empfindlichen Tode, eine Gruppe von acht weißen balanis oder Seetulpen, und meldete mir dabey, sie wären von einem Felsen aus der tiefsten Tiefe, (er redete von 40 und mehreren Klastern) mit einer Angelschnur abgerissen und heraufgezogen worden. Sie sind vorzüglich groß. Denn einige derselben sind 2 Zoll 4 Linien hoch, im Durchmesser bey der Basi 2 Zoll 3 Linien breit, und haben daselbst im Umriß fast 7. Zoll. Jeder Balanus an dieser weißen Gruppe, besteht aus sechs valvulis, die sich auf eine sonderbare Weise, welche besser gesehen als beschrieben werden kann, über einander herlegen, oben bey der Mündung eckig und spitzig auslaufen, an den innern Wänden aber stark geriffelt sind. Bey ihrer ganzen testa forma tintinnabuliformi zeiget sich in der Bauart eine solche merkliche Krümmung, daß man veranlaßt wird, die weißen Isländischen Balanos die stark gekrümmten oder die krumgebogenen zu nennen.

Mein Correspondent in Grönland, der alte ehrliche Anders Olsen, ein Normann, welcher in Grönland drey neue Colonien angelegt, und daben immer einige Meilen südlicher hinabgezogen, da die ältern Colonien alle nördlicher angelegt worden, wohnet anjetzt auf der südlichsten Spitze Grönlands in der Colonie Julianenshaab (Julianens Hofnung) ohnweit des Vorgebürges Farvel. (Lebe wohl) dieser gute Mann, der sich in Grönland mit einer eingebornen Grönländerin verheyrathet und mit ihr eine zahlreiche Nachkommenschaft erzeugt hat, sendet mir jährlich, wenn anders ein Schiff wegen des vielen Treibeises an seine Colonie hinan und wieder hinwegkommen kann, einige Naturalien. Ihm habe ich die prächtigen Crystallzacken zu verdanken, welche ich vormals Ew. Hochw. und der Gesellschaft naturforschender Freunde zu überschicken, die Ehre gehabt. Ich versäume es dagegen nicht, ihm solche Sachen zu übermachen, die ihm dort brauchbarer sind, z. E. Schifszwiebacke — eine gute Rolle Toback, dreyeckige Nehnadeln, um damit in seiner grönländischen Familie, Felle von Seehunden und andern Thieren zusammennähen zu lassen u. d. gl. Am Ende des vorigen Jahrs überschickte er mir viele kleine weiße sehr gekrümmte Balanos, vide Fig. 1. (davon ich für Sie und die Gesellschaft einige beyfüge) und viele einzelne fingerlange Valuulas, von welchen letztern ich es lange nicht zu begreifen noch zu erklären wuste, wozu sie etwa gehören möchten. Bey genauer Untersuchung ward ich überzeugt, daß man die kleinen gekrümmten grönländischen Balanos für

für jugendliche Stücke, und die fingerlangen einzelnen Schalen für auseinander gefallene Seitenwände und Valvulas; vom zuvor beſchriebenen Ferröiſchen großen weißen Balano anzuſehen habe. Er wird folglich auch bey Grönland gefunden, und mag da wohl zu Hauſe gehören.

Ein Student, welcher auf Königl. Unkoſten nach Jsland reiſen muſte, um daſelbſt einige Naturprodukte näher zu unterſuchen, überbrachte mir bey ſeiner Zurückkunft eine Schachtel voller conchyliologiſcher Merkwürdigkeiten. Unter denſelben fand ich auch einige ſonderbare Balanos, die zum Thei dritthalb Zoll lang, und doch bey der Baſi nur 5 bis 6 Linien breit waren. Jhre Abbildung ſehen Ew. Hochw. bey Fig. 2. Oben bey der blätterichten vielfach geſpaltenen Mundöffnung finde ich bey den meiſten eine ſolche Bildung, als nach der Vorſtellung auf der Globuscharte des Homanniſchen Atlaſſes, die Facies vorticis eructantis beym Málſtrom in Norwegen ausſehen ſollen.

Den glücklichſten Fang von Balanis machte ich vor wenigen Tagen. Ein armſeliger Kerl, der mir öfters Kleinigkeiten von Naturalien, die er bald hier bald dort bey den Schiffern aufgegriffen, zu überbringen pflegt, und nie ohne eine kleine Belohnung entlaſſen wird, überlieferte mir eine Dute voller Meereicheln, die er vom Boden eines Schiffes, das vor kurzem aus Oſtindien zurückgekommen war, ſo ungeſchickt abgelöſet hatte, daß ſie gröſtentheils zerbrochen waren. Jch erkannte beym erſten Anblick dieſer Stücke ſogleich den ſeltenen balanum echinatum ſpinis exaſperatum, den Gland de mer épineux, welchen Davila in ſeinen Catal. raiſ. Tom. I. Tab. 6.

 Fig.

Fig. N. abbilden lassen und No. 919. pag. 402 mit folgenden Worten beschrieben. Gland de mer nommé gland épineux rare violet, dont les petales epaisses sont chargées d'épines." Sogleich eilte ich selber zu dem Schifswerfte hin, wo dies Schiff kalfatert wurde. Der ganze Schifsboden saß so voll, als wäre er mit diesen balanis echinatis besäet worden. Ich bekam durch die Beyhülfe der daran arbeitenden Schifsleute einen so guten Vorrath, daß ich mich nun im Stande sehe, meine Freunde aufs reichlichste damit zu versorgen. Man hat mir seit der Zeit ganze Bretter von der loßgebrochnen alten Schifsverhauderung gebracht, darauf diese Balani hundertweise beysammen sitzen. Doch finde ich unter allen keinen einzigen, der eine recht ansehnliche Größe erreicht hätte. Bey Fig. 3 u. 4. habe ich diese Gattung von Balanis abbilden lassen. Bey Fig. 4 sehen wir ihre Basin und Boden. Auf ihrer Oberfläche zähle ich 6 große dreyeckigte violet purpurroth und weiß gefärbte länglicht gestreifte, und 6 kleinere weiße dreyseitige quergestreifte Zwischenfelder. Nur allein auf den violetten und weißen Streifen der breiten Felder treten die dornichten Stacheln hervor, welche insgesammt am Ende violet gefärbt sind, einige Krümmung haben und sich zur Mündung, die etwas kleiner als bey den andern Balanis zu seyn pflegt, mit ihren Spitzen hinkehren. Der weiße Boden siehe Fig. 4. ist platt und flach. Er sitzt auf den Schifsbrettern so fest, als wäre er darauf angeleimt worden. Es kostet daher Mühe und Behutsamkeit, ihn vom Schifsboden unbeschädigt, etwa mit einem Messer abzulösen.

Wo müssen nun wohl diese balani echinati, welche in den Sammlungen der Conchylienfreunde

so

so äußerst selten sind, sich angesetzt haben? das Schif, auf dessen Boden sie festsitzen, hat sich, wie ich höre, eine Zeitlang auf dem Cabo de bonne esperance, hernach auf der Tranquebarischen Küste, ferner im Ganges auf Bengalen, und endlich bey der Rückreise eine Zeitlang bey der Insel St. Helena verweilet. Bey den erstgedachten Oertern kann dieß Schif seine Besatzung von dornichten Meereichlen schwerlich bekommen haben, weil unsere viele eben daher kommenden Ostindischen Schiffe niemals dergleichen an den Brettern ihrer Schifsboden mitgebracht. Daher hat denn auch bißher kein Cabinet in Dännemark einen echinum spinosum seuechinatum aufweisen können. So vermuthe ich denn, daß diese Balani sich bey der Insel St. Helena, welche sonst von unsern Schiffen nie besucht wird, musten angesetzt haben. Es ist aber eine bloße Vermuthung. Sehr lieb sollte es mir seyn, von andern etwas bestimmteres und gewisseres hiervon zu erfahren.

J. H. Chemnitz.

Copenhagen, den 29. Julius 1783.

3.

Auszug eines Schreibens des Herrn Geh. R. und Oberforstmeisters E. Spiegel von Pickelsheim aus Bareuth vom 2ten April 1783.

Eine Jagdgeschichte ohne Beyspiel soll diesen Raum noch ausfüllen. Bereits im vorigen Frühjahre klagten ein Paar Holzhauer im Lauensteinschen, daß ein Auerhahn, wenn sie hieben oder die Säge schärften, sie nicht zufrieden ließe, sie attaquirte, ihnen auf den Rucken flöge, und auf den Puckel phalzte, so das sie oft davon liefen, weil sie glaubten, daß es der böse Feind sey, der die Gestalt eines Auerhahns angenommen hätte. Wie sehr ich über die Geschichte gelacht, können Ew. Hochw. leicht denken. Ich konnte jedoch nicht umhin, um den leichtgläubigen Wildmeister zu beruhigen, die Leute selbst zu sprechen, die dann auf ihrer Aussage beharrten, und solche eidlich erhärten wolten. Ich ließ sie darauf von mir mit der Bedeutung, wenn er wieder käme so möchten sie solchen zu fangen suchen, und sich des bösen Feindes bemächtigen. Die Phalzzeit war aber damals schon verstrichen. Vor ohngefehr 14 Tagen werden die nehmlichen Holzhauer wieder in der nehmlichen Gegend angelegt, und kaum fangen sie an zu hauen, als der Auerhahn wieder erscheint, ihnen auf den Puckel fliegt, und heßlich zwickt und beißt, so daß sie in der grösten Todesangst davon laufen. Nachdem sie sich aber ein wenig erholt, berathschlagen sie sich mit einander, und da sie finden, daß es schimpflich sey sich so zu fürchten, nehmen sie den Entschluß noch einmal zurück zu kehren, und im Fall eines Angrifs sich tapfer zu vertheidigen, um zu sehen, ob es dann ein würklicher Auerhahn sey, der Fleisch und Bein habe. Kaum sind sie wieder zurück, als der Hahn wieder erscheint und sie anfällt, wo sie sich alsdann muthig vertheidigen, ihn zu fassen kriegen, und als Gefangenen mit in den Ort zu dem Wildmeister lebendig nehmen. Der Beamte im Ort hat ihn aufs Schloß genommen, und futtert ihn; er nimmt schon Brodt und Erdäpfel und allerhand Fraß an, so daß ich Hofnung habe, diesen sonderbaren Vogel — Ew. hier einmal lebendig vorzuführen.

4.

Aus einem Briefe des Herrn Kammerrath Habel, aus Wiesbaden vom 20sten Sep. 1783. an den Herrn Rendant Siegfried, über die versteinerten Seepalmen oder Medusenhaupt im Thonschiefer bey dem Freyflecken Wallrabenstein.

Wenn es wahr ist, daß sich nie, *) oder doch sehr selten Versteinerungen und Abdrücke thierischer und pflanzenartiger Körper in dem Thonschiefer finden: so wird es um so merkwürdiger seyn, wenn ich hiermit verschiedene Beobachtungen darüber bekannt mache, welche ich meinem Vater, dem Landhauptmann Georg Philipp Habel, und zwar von solchen Körpern, die an und für sich schon selten genug sind, zu verdanken habe.

Mehr als etliche hundertmal war ich über den entblößten blaugrauen etwas glimmerichten Thonschiefer von mitler Härte, bey dem freyflecken Wallrabenstein, **) meinem Geburtsort gegangen, und

 war

*) Kronstedts Versuch einer Mineralogie; herausgegeben von Werner, Leipzig 1780. S. 204.
Leske in Wallerius Mineralsystem, Berlin 1781. S. 67. und 328.

**) Im Fürstenthum Nassau-Usingen: Oberamts Idstein.

war immer von genauer Untersuchung, besonders auf Versteinerungen abgehalten worden, weil der Schiefer donlägig einsetzte, und sich schon von außen Quarzdrünchen und Adern zeigten, welche zum Theil querdurch setzten. Mein Vater ließ zu dem angefangenen Bau der erhöheten Landstraße, welche von Wallrabenstein auf Sälters soll geführt werden, verschiedene Steinbrüche eröfnen; fand einen Stein mit einem langen hohlen Enkrinitenstiel, der aber dennoch eine kammerartige Eintheilung und etwas von einer Nervenröhre in sich hatte, welches ihm denn ein reguläres und schönes Ansehen gab: denn der Thonschiefer hatte sich nur oben auf dem Stiele abgespalten, und allemal zwischen den Kammern eine Oeffnung zurück gelassen, welche von der andern gleiche Entfernung hatte. Dieses Stück war mir ein unerwartetes und sehr angenehmes Geschenk. Es setzte mich zwar anfänglich in einige Verlegenheit, weil ich noch nie andre als mit Kalkerde oder Spath ausgefüllte Enkrinitenstiele gesehen hatte, doch wußte ich sie für nichts anders zu halten, und eilte, ob ich vielleicht gar ganze Enkriniten mit Stielen, dergleichen mir in meiner Sammlung noch fehlten, finden könnte. Die Hauptsteine waren nun zwar schon gesetzt; allein ich fand bald unter den Trümmern ausgehöhlte Aeste, aus welchen dick besetzte dem Haar ähnliche Auswüchse mit den feinsten ausgehöhlten Artikulationen giengen. Dieses war für mich ganz etwas neues, welches ich nie auf meinen Reisen, auch in den schönsten Mineralienkabinetten nicht gesehen hatte. Auch traf ich mehrere Steine an, worauf sich die Trochiten sehr deutlich abgedruckt hatten. Zuletzt fand ich auch noch ein Stück von einem Medusenhaupt oder Seepalme. Wiederholte

Nach-

Nachsuchungen und die Aufmerksamkeit meines Vaters setzte mich nachmals in den Besitz von allerley Fragmenten, und auch von einigen Medusenhäuptern, wovon ich beykommendes Stück der preiswürdigen Gesellschaft zu überreichen bitte. Sobald ich etwas mehr Muße erhalte, werde ich so wohl das ganze Gebürg bey Wallrabenstein, als auch besonders die Seepalme umständlicher zu beschreiben suchen.

5.

Aus einem Schreiben des Hrn. Leibmedikus Brückmann aus Braunschweig vom 6. October 1783, an den Herrn Rendant Siegfried.

Bey dem englischen Gesandten, dem Ritter Herrn Wilhelm von Hamilton, unserm würdigen Mitgliede, welcher während seines vieljährigen Aufenthalts in Neapel bekanntermaaßen fast alle die merkwürdigsten vulkanischen Gegenden Italiens besucht, und genau untersucht hat, auch durch seine vortreflichen Schriften über diese und andre Gegenstände, berühmt ist, sah ich bey seiner hiesigen Durchreise, einen außerordentlich seltenen Stein, welcher in einen Ring gefaßt war, und auf der Insel Zeylon soll gefunden seyn. Dieser Stein hatte nicht ganz die Größe eines halben Zolls, und war halbkuglicht geschliffen. Er war für die Mutter des Saphirs verkauft worden, doch lasse ich es dahin gestellt seyn, ob er diese sey oder nicht: denn meines Erachtens, möchte er wohl als ein Kiesel gefunden seyn. Er hatte ohngefähr die Härte der Katzenaugen, so viel man durch die Feile entdecken konnte und durfte, war blaulichroth, durchscheinend und opalisirte ein wenig; diese Farbe war durch eine Folie vermuthlich etwas verbessert. Meines Erachtens muß dieser Stein, so viel man äußerlich urtheilen kann, zu der Klasse der Katzenaugen, oder zum Feldspath gerechnet werden. Das eigentliche Merkwürdige an ihm war, daß er, wenn man die Strahlen der Sonne oder eines brennenden Lichts auf ihn fallen ließ einen ordentlich gebildeten, sechsstrahligen, feurigen Stern sehen ließ. Diese Strahlen des Sterns liefen bis zur untern Fläche des Steins und der ganze Stein sah einem Echiniten ähnlich, welcher statt fünf, sechs glänzende Reifen oder Strahlen hat. Es war der Mittelpunkt des Sterns nicht auf einer gewissen Stelle des Steins, sondern jederzeit da, wo das Bild der Sonne oder des Lichts auffiel. Wenn man dem Stein zwey Lichter entgegen setzte, so sah man in dem Steine auch zwey sechsseitige Sterne. Die Blätter desselben müssen nothwendig eine seltene und sehr ordentliche Fügung haben, denn sonst wäre es nicht möglich, daß sie einen so ordentlich gebildeten Stern darstellen könnten. Auch aus diesem Grunde möchte ich diesen Sternstein lieber zum Feldspathe, als zum Opal rechnen: weil man erstern öfter mit ordentlich gebildeten Blättern und Lagen, auch ordentlich krystallisirt antrift, da man gegentheils bey den Opalen nie eine ordentliche Krystallisation wahrnimmt, ob sie gleich dann und wann mit ordentlich auf einander gelegten Blättern vorkommen. Es ist mir wahrscheinlich, daß dieser Stein, in seinem natürlichen Zustande, eine ordentliche Krystallisation mag gewesen seyn, und daß diese der Grund sey, warum

der

der Stein mit einem regelmäßig gebildeten Stern spiele. Mir ist dieser Stein nie vorgekommen, und ich halte ihn für eine der größten Seltenheiten. **Herr Doktor Titius** in Dresden, welcher das Churfürstliche Cabinet unter seiner Aufsicht hat, meldet mir in einem Schreiben vom 25sten Jenner 1778, daß er in Mannheim einen ähnlichen Stein gesehen habe. Dieses sind desselben eigene Worte: „Einen sogenannten **Sonnenstein** habe ich in Mannheim bey dem Direktor, der Bildergallerie **Hr. von Schlichtern** gesehen. Es ist ein blaulicher halbdurchsichtiger Opal, welcher ganz zarte, weiße, mit bloßen Augen fast nicht zu sehende, einen stumpfen Winkel in der Mitte des Steins machende Streifchen hat. Wenn auf diesen die Sonne oder auch Lichtstrahlen fallen, so zeigt sich ein sechsstrahliger Stern. Daß solcher von den zarten Streifen herrühre und ein jeder so gebildeter Opal thun werde, daran zweifele ich gar nicht mehr, und ich hoffe, mein Freund Collini in Mannheim und ich selbst wollen auch bald dergleichen haben. Der Herr Director verlangt hundert Thaler für den Ring mit dem Stein.“

Vielleicht ist dieses derselbe Stein, dessen **Herr Titius** erwehnet, welchen ich bey dem **Herrn Ritter** sah, und daß dieser solchen von dem **Herrn von Schlichtern** oder von einem andren nachher gekauft hat. Vielleicht geht es mit dieser Steinart, wie mit dem lapide mutabili oder sogenannten Weltauge. Wenn die Naturforscher ihn nur erstlich aufsuchen und sein Vaterland kennen lernen, möchte er in der Folge wohl nicht so selten seyn. Vielleicht ist dieses auch der seltene orientalische Edelstein, dessen Beschreibung Herr Schulz in Hamburg

noch,

noch, als ein Geheimniß zurückhält. Hr. Schulz hat mir in einem Schreiben über seinen Stein eröffnet, daß er nicht seine Eigenschaft behalte, wenn er in kleinere Stücken zertheilet werde, welches denn auch auf diesen jetzt beschriebenen Sternstein passen würde. Aus einem Schreiben des Herrn F. C. Schulz, vom 29sten August 1781, über seinen neuen Edelstein, sind dieses seine eigenen Worte. „Wenn ich auch die Bekanntmachung dieses äußerst curiösen Edelsteins erlebe, so wird ein Exemplar davon, womit man das sonderbare Experiment recht vollkommen machen soll, jederzeit zu den fast einzigen Seltenheiten gehören. Schlage ich von einem großen Weltauge ein Fragment ab, so zeigt das Fragment just dasselbe Phänomen, welches das große Stück zeigt. Schlage ich aber von meinem orientalischen Edelstein ein Stückchen ab, so kann ich mit diesem Stückchen kein Experiment mehr machen, und das größere verliert zugleich vieles von der Vollkommenheit des Experiments. Ja ich könnte, durch einen unglücklichen Schlag, beyde Hälften auf immer ihres sonderbaren Experiments berauben. Die Natur hat für diesen meinen neuen Edelstein kein großes Volumen bestimmt, und dieses Volumen muß man mit größter Sorgfalt so vollkommen groß, als es nur möglich, zu erhalten suchen, wenn man ihn zu dem neuen Experiment appretiret.“

Auch meldet mir Herr Schulz in demselben Schreiben, daß er zwey dieser Edelsteine besitze.

U. F. B. Brückmann, Med. D.

Braunschweig, den 6ten Ocbr. 1783.

6.

Beschreibung eines Stücks von einem versteinerten Horn eines Sägefisches.

In einem Garten zu Bosau, der nahe an dem Plöner See liegt, habe ich unter dem Sande einen gelblichgreisen, degenförmigen und an beyden Seiten gezähnten Jaspis gefunden, welcher mir ein abgebrochnes und versteinertes Stück von dem Horn eines sehr jungen Sägefisches zu seyn scheint. Dieser Stein ist 5 Pariser Zoll lang, an dem hintern Ende $1\frac{1}{4}$ Zoll breit, auch daselbst 3 Linien dick. Von da nimmt die Breite allgemach ab, bis gegen das vordere abgestutzte Ende, welches die Breite von 3 Linien und die Dicke von $1\frac{3}{4}$ Linien hat. An der obern und untern Oberfläche ist er sehr niedrig gewölbt und uneben; indem viele flache, länglichte und unregelmäßige Gruben sich darauf befinden. An beyden Seiten ist der Rand fast gerade; aber zugleich ein wenig bogicht. Die Zähne, welche in einer geraden Reihe, überzwerch und fast gleich weit von einander entfernt sitzen, sind niedergedrückt, $1\frac{1}{2}$ Linie lang, am Grundtheile eben so breit, werden aber gegen ihr abgeründetes Ende allgemach schmaler und scharf. Ihr ausgehöhlter Zwischenraum hat die Form eines Cirkelbogens und einen scharfen schneidenden Rand, gleich wie die Zähne, und übertrift in der Breite den Grundtheil derselben.

Da dieses Stück an dem Ufer eines süßen Landsees gefunden ist; so möchten einige daran zweifeln, daß es von einem Sägefische sey, welcher sich nur in der Tiefe des Weltmeeres aufhält. Es ist aber sehr wahrscheinlich, daß der Plöner See mit der Ostsee, wovon er nur einige Meilen anjetzt entfernt ist, in uralten Zeiten einen Zusammenhang gehabt habe und also ein Theil desselben gewesen sey.

J. J. Wallbaum. D.

7.

Beytrag zur Geschichte der Schädlichkeit des Saftes der äußern harten Schale der frischen Acajoukerne in einem Schreiben an den Hrn. Professor Gleditsch.

Es wurden mir 8 Stück dieser Acajoukerne von einem guten Freunde verehrt, mit Beyfügung, daß solche von einem Officier aus Amerika mitgebracht worden, und dort wie Mandeln, nur daß sie noch angenehmer schmeckten, gespeist werden könnten. Da meine Neugierde zu allen auswärtigen Gewächsen groß ist, so war mir dieses Geschenk um desto angenehmer. Ich legte sogleich 2 von diesen Kernen in ein Glas Wasser. In einigen Stunden sah ich mit Verwunderung, daß das Wasser davon ganz braun wie schwacher Coffee geworden war. Die Neugierde trieb mich an, eine dieser Nüsse mit den Finger zu öffnen. Ich konnte es kaum mit großer Mühe dahin bringen, und meine Finger wurden mit einem klebrichten harzigschleimigen gelben Oehl beschmiert. Von der Schale nahm ich ein kleines Stück

im

in den Mund, wovon ich aber sogleich ein heftiges Brennen auf der Zunge empfand.

Da ich nichts übles befürchtete, war ich so unvorsichtig gewesen, mich ohne zu waschen schlafen zu legen. Im Schlaf muste ich einige Theile des Leibes, zumal das Geschöß, berührt haben, woran binnen 3 Stunden besonders am Scroto ein heftiges Jucken entstand. Ich fing an zu reiben, und nun ward das Jucken und Brennen ganz unerträglich, die Geschwulst nahm unglaublich zu, so daß mir des Morgens die Augen fast ganz verschwollen waren, und das Scrotum bis zur Größe eines dreyjährigen Kinderkopfes aufgetrieben wurde.

In voller Angst schickte ich zu unserm Hauschirurgus, ihm meinen elenden Zustand zu zeigen. Dieser hielt es für eine Schärfe im Blute, und wendete schweistreibende und abführende Mittel an, worauf das Uebel immer ärger ward. Die Ohrlappen liefen stark an, und es drang eine Menge Feuchtigkeit aus denselben. Die Geschwulst im Gesicht fing an zu fallen, und verwandelte sich in Schörben, so daß sich zuletzt das ganze Gesicht abschalte.

Nun aber kam es in die Kniekehlen und Füße, welche bis an die Zehe stark anliefen, und voller Blasen wurden, die sich bald darauf öfneten, und ein gelbliches Wasser ausließen, wovon ich, ohne die Wahrheit zu beleidigen, weit über ein Quart verlohr. Indessen wurde ich zu meinem grösten Vergnügen binnen 14 Tagen völlig wieder hergestellt, nur daß ich beym Ausziehen noch einiges Jucken verspürte und an den Theilen die gelitten hatten, die Haut herunter ging.

Ich besuchte nun alle Tage meine aufgegangene Acajoukerne und fand besonders eben diejenige, die ich

zu

meinem Schaden geöffnet hatte, stark gewachsen. Um nun zu untersuchen, ob wohl der Kern die Macht habe, diese gummöse Schale zu öffnen, nahm ich solche aus der Erde, worin sie weit größer geworden war, und viel mehr Feuchtigkeit angenommen hatte. Ich öfnete solche mit vieler Mühe mit den Fingern, und fand meine Meynung bestätigt. Noch an demselben Abend wusch ich mich einigemal mit kaltem Wasser, konnte aber das Klebrige nicht völlig abwaschen; ich legte mich indessen unbesorgt schlafen, beym Aufwachen aber waren meine Augen abermals geschwollen. Ich empfand wiederum ein heftiges Jucken am Scroto, ob wohl nicht ganz so heftig als das erstemal, und an Lenden und Füßen fanden sich wiederum Blasen.

Da ich nun sicher vermuthete, daß diese giftige Kerne die Ursach davon seyn müsten, so ersuchte ich meine gnädige Herrschaft, sich bey dem Herr Professor Gleditsch, welchem diese Kerne nicht unbekannt seyn werden, deshalb näher zu erkundigen.

8.

Beschreibung der Nymphäa Nelumbo des Kaspischen Meeres, aus einem Schreiben des Herrn Lerche an den Herrn Hofrath Gleditsch.

Die Nymphäa Nelumbo ist beynahe als eine Eichel gestaltet; wenn sie noch jung sind werden sie gegessen, und schmecken fast als Haselnüsse. Die Persianer brachten sie im Jahr 1747 zu Reschit in

Gilan

Gilan auf dem Markte zum Verkauf, allwo ich diese Nüsse zum erstenmal gesehen. Sie wachsen in einer Kapsel, die einer halben Kugel gleicht. Aller meiner Bemühung ungeachtet war ich nicht so glücklich, die Pflanze mit den Blumen zu erhalten, um solche nach des Herrn Ritter von Linne Methode zu untersuchen. Als ich nach Astracan zurück kam, fand ich diese Nüsse bey einem Indianer, welcher mir versicherte, daß sie auch bey Tscherin, Bugor und Sedliste Ostrog an der Mündung der Wolga unter dem Schilfe und Rohr wüchsen. Ich konnte aber auch damals, wegen baldiger Abreise, der Blumen nicht habhaft werden; doch bekam ich einige Nüsse. Ich setzte selbige in den medizinischen Garten in Moskau, aber sie gingen nicht auf. Im verwichnen Winter schrieb ich an den Herrn Apotheker Kater nach Astracan, alle diese Umstände, und ersuchte ihn, die Pflanze aufzusuchen, die Blume deutlich zu bestimmen, und mir einige derselben zu übersenden. In seiner Antwort fand ich folgenden Bericht: Er sey so glücklich gewesen, mir in meinem Gesuche dienen zu können, und sende mir 60 Stück von diesen Nüssen, welche im vorigen Sommer gesammlet wären. Sie wüchsen bey Sedliste Ostrog, der Name hieße auf indianisch Bobin, auch Lilifar, auf persianisch Dariopakta, auf rußisch More lubi, das ist: so das Meer liebet. Die Indianer bedienten sich folgender Art, sie stark zu pflanzen; sie nähmen eine Nuß, ritzten die harte Schale behutsam auf, und wickelten sie in einen Klumpen Lehm oder Letten zwey gute Fäuste groß, und ließen sie alsdann ins Wasser. Sie sollen in kurzer Zeit hervorkommen, wenn gleich das Wasser tief ist. Die Blumen sind dunkelbraun und haben 4 oder 5 Petala. Ich schickte einige von diesen Nüssen an den Herrn Ritter von Linné, und wünsche, daß er solche fortbringen möge. Nach meinem Urtheil dürfte dieses seltene Gewächs eine besondere speciem plantarum abgeben.

9.

Nachricht von einem aus der Grundmischung der Haselwurzel geschiedenen unreinen mit reinem ätherischen Oel vermischten Kampfer, vom Herrn Professor Gleditsch.

Nach der Einrichtung beym hiesigen Königl. *Collegio medico chirurgico* wird den neu angehenden Apothekern in den Hauptstädten des Landes, außer der schon längst eingeführten chymischpharmacevtischen Aufgabe, zur fernern Prüfung, noch eine dergleichen zu bearbeiten befohlen. Diese nun bestehet in der Untersuchung eines oder zweyer **rohen und einfachen Arzneymittel**, insbesondre **aus dem Gewächsreich.** Meinem Auftrage zufolge habe ich diesesmal den nunmehr als Stadtapotheker zu Frankfurt an der Oder angesetzten **Herrn Christian Friedrich Görtz** die **Untersuchung der Mengelwurz** *radicis Lapathi acuti* und **der Haselwurz** *radicis Asari* empfohlen.

Die zu dessen Versuchen angewandte Haselwurzel war, wie sie dazu seyn muß, frisch, kräftig und also zu rechter Zeit gegraben, gesammlet und aufgetrocknet; so gut man sie durch den Handel aus Thüringen erhalten kann. Der starke, feine, flüchtige und gewürzhafte Geruch dieser Wurzel ist

ist ein **Nardengeruch**, nach welchem sie mit den **Wurzeln etlicher Arten von Baldrian** sehr viele Aehnlichkeit äußert; nur daß er etwas angenehmer gefunden wird, als bey jenen. Er hat der ganzen Pflanze den Namen *Nardus rustica* gegeben.

Geruch und Nahmen führen die Naturforscher auf recht beträchtliche, gewiß nicht sehr verdeckte Spuren von Bestandtheilen dieser Wurzel, die sich zum Theil nach und nach aus ihrer Grundmischung von selbst entwickeln, zum Theil auch durch die künstliche Bearbeitung weit häufiger und geschwinder entwickelt und ausgeschieden werden.

Es ist aber aus Mangel der nöthigen Untersuchung die wahre Haupteigenschaft der Wurzel, nebst ihrer Wirkungsart in die verschiedenen Körper der Menschen und Thiere, und der Anwendung nebst dem Gebrauch, welcher doch mit Zuziehung der physikalischen und medicinischpraktischen Erfahrungen leicht genauer hätten bestimmt werden können und sollen, fast verkannt, vergessen, und beym übermäßigen Anwachse von fremden Arzneymitteln entweder unter die unsichern oder doch unkräftigen und zweifelhaften Arzneyen versetzt worden. Ihr Gehalt verdient in den Arzneyklassen, der außerordentlichen Wirksamkeit halber, eine ganz andere Stelle, als sie hat.

Ohne mich indessen in die alten historischmedicinischen Irrungen und Widersprüche einzulassen, oder auch in die Zergliederung der mancherley Ursachen, welche zu den ersten die Gelegenheit gegeben haben können, will ich gleichfalls von denen zum Theil noch unerkannten Fehlern, welche beym Einsammlen, Auftrocknen, Aufbewahren und Zubereiten dieser Wurzel, wie bey mehrern begangen werden, und folglich in der allerersten Instanz, ehe sie den Aerzten zum

Gebrauche überlassen werden, nichts weiter sagen, sondern will dergleichen, als schon erwiesen, voraussetzen.

Vielmehr theile ich zu weiterer Prüfung den Naturforschenden eine Nachricht von einer sehr merkwürdigen Erscheinung mit, die sich wider Vermuthen bey der Bearbeitung einer geschiedenen Grundmischung der natürlichgesunden und wohlaufgetrockneten Haselwurz geäußert. Herr Görtz hat mich ersucht, diese den Sachverständigen eben so einfach, als sie ihm bey Bearbeitung der Wurzel selbst vorgekommen ist, öffentlich vorzulegen. Gelehrte Schriftsteller sind bekannt genug, in deren Abhandlungen und Tagebüchern Versuche, Erfahrungen und Beurtheilungen über den Kampfer und die dahin gehörigen ähnlichen oft damit verwechselten andern, in sublimirten kristallinisch- und spießigsalzartigscheinenden Flocken, wie auch in etlichen destillirten ätherischen Oelen befindlichen besondern salzigen phlogistisirten Ausgeburten ꝛc. nachgesehen zu werden verdienen. Sie mögen nun eingewickelt seyn in welchen Mischungen sie wollen, oder auch diejenigen nur vorstellen, für die sie gehalten werden oder auch ganz neue und noch nicht zu bestimmende.

Gegen sein Erwarten erhielt Herr Görtz bey der Bearbeitung der trocknen Haselwurz, ein, wie er sich darüber ausdrückt, dem Ansehen nach, dem Kampfer ähnliches verdicktes Oel, welches er bey der öffentlichen Vorlesung seiner Abhandlung in besagtem Zustande vorzeigte, in welchem ich die Ehre habe, es der Gesellschaft, auf dessen Ersuchen, zu einer nähern Einsicht zu übergeben. Die vor-

vornehmsten Bemerkungen sind nach dessen abgekürztem Berichte über dieses Produkt folgende:

Er that von oftgedachter vorher fein geschnittener Haselwurz vier Unzen in eine gläserne Retorte, auf die er zwey Pfund reines Brunnenwasser goß. Die Retorte wurde darauf in eine Sandkapelle gelegt, und mit einer wohlverklebten Vorlage versehen, wozu er einen Glaskolben nahm, und durch ein gelindes Feuer die Retorte erwärmte. Sobald die Retorte warm genug geworden war, ließ er das Feuer allmählig ausgehen, und alles vier und zwanzig Stunden in diesem Zustande stehen. Nach deren Verlauf fing er das Destilliren bey einem ganz gelinden Feuer an.

Die ersten Tropfen, welche von dem Aufgusse herüber gingen, waren weiß und milchig. Er setzte das Destilliren so lange fort, bis er wahrnahm, daß von dem Wasser etwa zwölf Unzen übergegangen seyn mochten. Dabey endigte er seine erste Arbeit und ließ das übergezogene Wasser die Nacht hindurch ruhig stehen.

Den folgenden Morgen, da alles völlig erkaltet war, wurde derselbe so wohl im Halse der Retorte und in dem vorgelegten Kolben selbst, als unten auf dem Boden des Kolben im Wasser, ein, in kleinen Stückchen hangendes und liegendes weißes hartes Oel gewahr, welches sich am Geschmacke sehr scharf und überhaupt kampferhaft zeigte.

Der eine Theil davon, der sich außer dem Wasser an das Glas sehr fest angesetzt hatte, wurde davon mit einem eisernen Drath abgeschabt, und das Wasser, worin der übrige Theil enthalten war, wurde davon durch ein feines Filtrum geschieden. Dieses aus dem Filtro auf das behutsamste abgesonderte Oel, betrug am Gewicht einen Scrupel und sechs Gran.

Das von dem Oel geschiedene Wasser, welches einen sehr ekeln, dabey aber scharfen und rechten Kampfergeschmack hatte, wurde in einem weißen Kristallglase an einen kühlen Ort gestellt.

Mit dem Oel selbst hat Herr Görtz zu seiner ersten Befriedigung nachfolgende vorläufige Versuche gemacht:

1. Auf zwey Gran dieses Oels wurden in einem kleinen Gläschen zwey Scrupel rektificirter Weingeist gegossen, welcher Pulver zündet. Er löste das Oel auf, und so bald etwas destillirtes Wasser dazu gethan wurde, schlug sich die Solution weiß zu Boden.

2. Da er zwey Gran von gedachtem Oel in Salpetergeist auflösen wollte, färbte es diesen gelb, löste sich aber darinnen doch nicht völlig auf, sondern ließ etwas davon in Gestalt eines zähen Harzes, unaufgelöst zurück.

3. Ein Stückchen dieses Oels, zwey Gran schwer, wurde auf weißes Papier gelegt und über ein gelindes Kohlfeuer gehalten. Dieses verflog mit Hinterlassung eines kleinen Oelflecks.

4. Zwey Gran von eben diesem Oel verflogen in freyer Luft, nach Verlauf einer Stunde, mit Hinterlassung eines kleinen Oelflecks.

5. Im kalten Wasser wollte sich das Oel nicht auflösen; so bald es aber warm gemacht wurde, löste sich dasselbe gleichwohl nur etwas, in Gestalt eines Oels auf, welches oben drauf schwamm. Das mehreste hingegen hielt sich als ein zartes Pulver, nur so lange die Wärme des Wassers

sers dauerte, in demselben auf. Nach dessen Erkalten aber fiel es sogleich zu Boden.

6. Die **Tinktur von Lackmus** blieb unverändert von diesem Oel.

Herr Görtz schließt aus angeführten vorläufigen Versuchen, daß

1. Das erhaltene **Oel** kein reines *oleum essentiale aethereum Asari*;
2. Der **Kampfer** noch **kein reiner Kampfer**,
3. am allerwenigsten aber ein **wahres kristallinisches Salz** sey.

Von dem gleich Anfangs gedachten **recht rein filtrirten Wasser**, meldet derselbe in seinem Bericht, daß, nachdem das Wasser noch etliche Tage an einem kühlen Orte gestanden, er mit Verwundrung wahrgenommen: wie sich nicht nur **in der Mitte des Glases im Wasser** durch und durch **weiße, zarte, lange, spießartige, feine Kristallen schwimmend** befunden, sondern auch **eben dergleichen auf dem Boden des Glases angeschossen** gewesen. In diesem von ihm erzählten Zustande habe ich das Wasser zu der Zeit selbst gefunden, da dasselbe bey Vorlesung seiner Abhandlung öffentlich vorgezeigt wurde.

Was das im vorhergehenden so oft angeführte noch **unreine Kampfergemische** nach seinen äußerlichen Umständen betrift, welches aus dem zum Theil gleich Anfangs durch das Filtrum gegangenen Wasser, geschieden, zum Theil im Halse der Retorte und der Vorlage zusammengebracht worden, wo es sich als ein **trocknes, sublimirtes, flüchtiges Wesen** fest angelegt hatte: so stellet solches einen **groben, rohen, unreinen Kampfer** vor, der aus ungleichen, harten, weißen Körnern und Stücken bestehet, die in kleinen lockern öligen Klumpen zusammenhängen. Der durchdringend stark Geruch ist aus einem natürlich kampferhaften, und einen feinen angenehmen, von jenen ganz verschiedenen gewürzhaften zusammengesetzt; wovon der letztere der Haselwurz ganz besonders und offenbar eigen ist.

Die weißen kristallinischen Körner, die den unreinen Kampfer ausmachen und von dem Oel umgeben sind, werden beym Zerkauen im Munde durch den Speichel leicht davon entblößet, und haben zwischen den Zähnen die Festigkeit und Zähigkeit eines recht hartgewordenen Wachses und des Kampfers selbst. Sie dauern sehr lange im Munde, und scheinen sich eher zu verlieren, als daß sie sich eigentlich auflösen lassen sollten: als wovon man sich durch den Versuch zu überzeugen selbst Gelegenheit hat.

Wenn man nun zu genauerer Untersuchung dieser unreinen kampferhaften Ausgeburt und einer nähern Bestimmung des scharfen höchst feinen und flüchtigen mit dem vorhergehenden zusammengemischten, obgleich ätherischen Antheils, acht Pfund rechte gute frische Haselwurz, nach Anfangs vorgeschriebener Anleitung bearbeiten wollte: so könnte man nach dem gleichfalls angegebenen Gewichte, welches auf jedes Pfund ein Quentchen achtzehn Gran betragen wird, daraus gar leicht eine Unze zwey und ein halbes Quentchen erhalten. Dieses, wenn es auch geringer ausfiele, müßte schon hinreichend genug seyn, der vorhabenden Bestimmung ein recht nachdrückliches Gewicht zu geben.

Hier-

Hieraus würde man zugleich und überhaupt wegen der Wirkungsart und der Anwendung, das wahre Verhältniß der höchst feinen und wirksamen Bestandtheile in der natürlichen Grundmischung der Haselwurz, als eines einheimischen Arzneymittels, gegen den feinen harigschleimigen Gehalt, vielleicht besser kennen lernen; woraus denn unter den Aerzten ein neues Zutrauen zu dessen guten Eigenschaften entstehen würde.

10.

Aus einem Schreiben des Herrn Hofrath Mayer in Prag, vom 5. April 1784, an Herrn geheimen Oberbergrath Gerhard.

Da unsre Calzedone und Agathe sehr oft verschiedene dendritische Zeichnungen, und sogenannte Mooße enthalten, so habe ich dieselben untersucht, und mich dabey der Methode des Bergmann in docimasia humida beschrieben, bedienet. Ich habe dabey sehr viel Magnesium mit Eisen entdeckt, und dieses um so häufiger, je mehr solcher Dendriten der Stein enthielt. Die mit bunten Streifen enthielten ebenfalls diese Metalle, aber geringer; die Calzedon-Agathe aber gar nicht. Einige Mergelschiefer mit Dendriten, als: von Papenheim bey Krems in Oestreich; von Wisenberg bey Prag geben ebenfalls Magnesia. Es scheint also, daß diese Metalle die Ursach der Bildung dieser Zeichnungen und Farben sind. So bald als es meine Geschäfte zulassen werden, will ich auch die Agathe anderer Länder untersuchen.

Wir haben den 20sten März ein Erdbeben gehabt, das ziemlich stark war, es traf aber nur den an der Elbe gelegenen Leutmeritzer Kreis und erstreckte sich durch den Saazer Kreis bis nach Eger. Es war mit einem starken unterirrdischen Getöse begleitet, spaltete bey **Osseck** einen Berg, aus welchem sich einige Stunden ein kleiner Strohm von Wasser ergoß. Verschiedene Gebäude, besonders das Schloß bey Dux, litten sehr stark dabey. Es sind dieses Folgen und Wirkungen der Ueberschwemmung, welche in die unterirdischen Schichten drang und verschiedene elastische Materien entwickelte.

XXVIII.

Zum Andenken einiger verstorbnen Mitglieder.

I.

Auszug aus der Lebensbeschreibung des Herrn Baron Wilhelm Friedrich v. Gleichen genannt Rußworm.

Herr Wilhelm Friedrich Freyherr von Gleichen ward zu Bayreuth im Jahr 1717 am 14. Januar gebohren. Sein Herr Vater war Heinrich von Gleichen, Hochfürstl. Brandenburgisch-Kulmbachischer Geheimderath und Oberjägermeister, seine Frau Mutter eine gebohrne von Rußworm aus

aus dem Hause Greifenstein. Sein Taufpathe der damals regierende Markgraf George Wilhelm.

Bis in sein achtes Jahr blieb er unter der Aufsicht seiner Eltern. Bis zum eilften Jahr hielt er sich bald zu Frankenburg bey seinem Onkel Herrn von Hutten, bald zu Bonnland bey seinem Herrn Großvater, bald auch bey andern Freunden und Verwandten auf, wurde darauf bey dem Taxischen Hofe in Frankfurt am Mayn als Page angestellt, einige Jahre darnach aber nach Dresden unter das dortige adliche Cadettencorps geschickt. Ein Duell zweyer seiner Freunde, bey welchem er die Stelle eines Sekundanten übernommen hatte, nöthigte ihn, nachdem einer derselben erstochen worden, zu entfliehen; er nahm, als er in sein Vaterland zurückgekommen war, Dienste unter der Kavallerie, machte im Jahr 1734 und 1735 den Feldzug am Rhein mit, und nachdem der Krieg geendigt war, ward er Kapitainlieutenant von der Garde zu Pferde, 1736 Hofjunker, 1737 Kammerjunker, 1739 Rittmeister, 1740 Major, 1746 Kammerherr, 1748 Obristlieutenant und 1750 Oberstallmeister, und erhielt den Orden vom Brandenburgischen rothen Adler.

Er hatte sich jederzeit der Gnade seines Fürstens zu erfreuen und begleitete denselben auf verschiedenen Reisen; besonders nach Stuttgardt und Berlin, an welchem letztern Orte er von dem Könige Friedrich Wilhelm von Preußen den Orden pour la generosité erhielt.

Im Jahr 1741 wurde er in Angelegenheiten seines Fürstens nach Schlesien zu Sr. jetzt regierenden preußischen Majestät geschickt, erhielt von diesem

Mo-

Monarchen die gnädige Erlaubniß, dem Feldzuge als Volontair beyzuwohnen, und erwarb sich den Beyfall dieses großen Kenners wahrer Verdienste, wie aus zwey Handschreiben desselben an den Markgrafen von Bayreuth aufs deutlichste erhellet.

Das ihm in der Folge aufgetragene Geschäft, den französischen und russischen Truppen, als Marschkommissarius zu dienen, richtete er mit der grösten Sorgfalt, und zur vollkommensten Zufriedenheit sowohl der fremden Truppen als auch seines Vaterlandes aus.

Nachdem er im Jahr 1748 durch den Tod seiner Frau Mutter zum völligen Besitz seiner Güter gelangte, nahm er nach dem von seinem seeligen Hrn. Großvater ausgewirkten Diplom den Nahmen Rußworm an. In demselben Jahre reisete er mit dem Grafen von Montmartin nach Italien.

Im Jahr 1753 verheyrathete er sich mit der noch lebenden Wittwe Frau Antoinette Heidlosin, mit welcher er 7 Kinder erzeugte, wovon noch 2 unverheyrathete Töchter am Leben sind.

Der schimmernden Beschwerden des Hoflebens müde, resignirte er im Jahr 1756. alle seine Chargen in die Hände seines Herrn und schlug seinen Wohnsitz auf seinem geliebten Gute Bonnland auf. Die fortdaurende Gunst seines Fürsten legte ihm nicht nur nach seiner Entfernung vom Hofe den Geheimdenrathscharakter bey, sondern er erhielt auch noch den Antrag, die Kammerpresidentenstelle nebst 4000 Fl. Besoldung anzunehmen, welchem er aber auf eine geschickte Art auszuweichen wuste.

Er beschäftigte sich in seiner Einsamkeit mit der Dichtkunst, noch mehr aber mit der Oekonomie, deren praktische Anwendung sehr zur Erhöhung und Verbesserung seiner Güter gereichte. Vorzüglich aber widmete er seine Zeit mikroskopischen Untersuchungen, denen wir seine merkwürdige und neue Entdeckungen im Pflanzenreich zu danken haben, die von seinem unermüdet forschendem und richtigen Beobachtungsgeist zeugen, und ihm unter den Naturforschern einen so großen und verdienten Ruhm erworben haben.

Er war ein würdiges und thätiges Mitglied der Gesellschaft naturforschender Freunde zu Berlin, und der Chur-Mainzischen Akademie der Wissenschaften zu Erfurt, ein wißbegieriger, fleißiger und geschickter Mann, leutseelig und verträglich, und ein sehr angenehmer Gesellschafter. Seine Religion war die natürliche — doch war er kein Feind, kein Spötter der Offenbahrung, kein Verfolger derer, die anderer Meynung, als er waren. Er war das, was so viele scheinen wollen und gar nicht sind — **ein ehrlicher Mann.**

Sein Tod erfolgte am 18 Junius 1783 nach einer acht Wochen angehaltenen schmerzlichen Krankheit, die als eine Folge eines ihn befallenen Schlagflusses angesehen werden konnte, und sein Ende war sanft und ruhig.

Die Schriften, die derselbe herausgegeben, sind folgende:

1. Das Neueste aus dem Reiche der Pflanzen. Fol. Nürnberg 1764.

2. Ge-

2. Geschichte der gemeinen Stubenfliege. 4. Nürnberg 1764.

3. Versuch einer Geschichte der Blattläuse auf dem Ulmbaum. 4. Nürnb. 1770.

4. Auserlesene Mikroscopische Beobachtungen. 4. Nürnb. 1777.

5. Abhandlung über die Saamen und Infusionsthierchen, und über die Erzeugung. 4. Nürnberg 1778.

6. Vorschlag zu einer gesellschaftlichen Beobachtung der Infusionsthierchen, im vierten Jahrgang der neuen Mannigfaltigkeiten.

7. Sonderbares Wachsthum der Lunaria; auch Auszüge aus seinem Beobachtungsjournal; im dritten Jahrgang der neuesten Mannigfaltigkeiten.

8. Zergliederung und mikroskopische Beobachtungen eines Bandwurms (Tænia lata Lin.) und eines Kürbiswurmes (Cucurbita) im vierten Bande der Beschäftigungen der Gesellschaft naturforschender Freunde in Berlin.

9. Von den Farben des Schattens, in den Act. Academ. Elector. Mogunt. 1780.

10. Von Entstehung, Bildung, Umbildung und Bestimmung des Erdkörpers. Dessau, 8. 1782.

Ausserdem sind noch verschiedene kleine Aufsätze über allerley Gegenstände z. B. von deer Verwandlung des Hafers in Korn und Weitzen; über

die

die Saamenthierchen; von ökonomischen Tabellen, Rechnungen und deren Gebrauche bey großen und kleinen Oekonomien; im vierten und fünften Bande der fränkischen Sammlungen, von Ihm anzutreffen.

Mehrere Nachrichten und besondere Anekdoten von diesem merkwürdigen Manne findet man in der von dem Herrn Hofrath und Leibmedikus Weikard herausgegebenen Biographie dieses uns entrissenen würdigen Kollegen, dessen Andenken uns unvergeßlich bleiben wird.

2. Kur-

2.

Kurzer Auszug
aus der
Lebensgeschichte
des
Herrn Professor Spielmann
zu Straßburg.

Herr Jakob Reinbold Spielmann, eine wahre Zierde der gelehrten Welt, ist im verfloßnen Jahre den Wissenschaften, der Universität zu Straßburg, seiner Vaterstadt und hochansehnlichen Familie, wie auch seinen übrigen und besondern Freunden durch den Tod unvermuthet entrissen worden: unter die letztern rechnet sich billig unsere hiesige Gesellschaft naturforschender Freunde. Sie macht es sich zur Pflicht, das Andenken ihres würdigen und berühmten Kollegen auch in ihren Schriften aufzubewahren; welches sonst auch ohne diese ihre Vorsorge, allen Kennern von Gründlichkeit und Rechtschaffenheit schätzbar geblieben seyn würde. Er war aus einer alten verdienstvollen Familie entsprossen, und wurde im April 1722 zu Straßburg gebohren, wo dessen Herr Vater und Großvater,

Johann Jakob und Johann Carl Spielmann, sowohl in dem vaterländischen Magistrat, als bey verschiedenen andern großen Stiftungen, gleich den übrigen Verwandten mütterlicher Seite, von jeher vorzügliche Ehrenstellen bekleidet haben. Beyde erstere aber wurden außerdem unter die berühmtesten und geschicktesten chymischen Apotheker ihrer Zeiten gerechnet.

Die würdige Frau Mutter unsres verstorbenen Freundes war Maria Elisabeth, aus dem sehr ansehnlichen Hause der Herrn Friderici, deren Namen unter den Vorstehern und Magistratspersonen von Straßburg bekannt genug sind.

Unter der Vorsorge dieser rechtschaffnen Eltern wurde derselbe nach der erforderlichen Vorbereitung in den ersten Gründen der Religion und Sprachen schon in seinem 6ten Jahre den Lehrern des Straßburgischen Gymnasiums zur weitern Ausbildung des Verstandes und der Sitten anvertrauet, wo er durch den Unterricht so weit gebracht worden war, daß er nach Verlauf von etwa 7 Jahren, von seinem Herrn Vater tüchtig befunden wurde, ihn für das erste der Apothekerkunst zu widmen. Dabey fingen sich die Vorzüge seiner vortreflichen Eigenschaften, und Gaben dermaßen an zu äußern, daß man seine zukünftige Bestimmung zu höhern und noch wichtigern Beschäftigungen, mehr als wahrscheinlich zum Voraus errathen konnte. Wie er sich denn nach etlichen Jahren den akademischen Studien zu Straßburg, bis 1740 wirklich widmete, und unter der Anführung eines Hempels, Wittwers, Johann Böcklers und Eisenmannes Unterricht in den gelehrten Sprachen, der Weltweisheit, Naturlehre

lehre und Anatomie genossen hat. Mit diesen verband er die ausübende Chemie und Apothekerkunst, bis er sich endlich entschloß, zuerst eine Reise über Stuttgard zu thun, um daselbst den berühmten **Manchard, Gesner, Büsinger** und **Jeger** kennen zu lernen, auch von da weiter über Erlangen und Anspach nach Nürnberg, um am letztern Orte, unter Anführung des geschickten Chemisten Herrn **Beuerer**, in dessen besonders vortrefflich eingerichteten Apotheke zu arbeiten. Er benutzte zu gleicher Zeit zu Altdorf und Erlangen die Gelehrten, deren Bibliotheken, Naturaliensammlungen, die botanischen Gärten und Hospitalanstalten, vornehmlich aber des Herrn Hofrath **Trew, Thomasius** und **Göckel**, wie er auch zu München, Regenspurg, Augspurg, Ulm, Heidelberg und Darmstadt that, von da er sich auf 6 Monath in gleicher Absicht nach Frankfurt am Mayn begab. Nach Ablauf eben desselben Jahres ging seine Reise von da über Eisenach, Gotha, Erfurt und Naumburg nach Leipzig. Er machte daselbst vornehmlich mit dem Herrn geheimen Rath **Büchner, Walther, Hebenstreit, Ludwig, Heilbronner** und dem Herrn Cammerrath **Krafner** nähere Bekanntschaft: indem er ihnen aus andern Umständen schon vorher bekannt war. Er besuchte und besah alle öffentliche gelehrte Anstalten, insonderheit die Bücher- und Naturaliensammlungen, nebst den öffentlichen und andern botanischen Gärten. Zu Halle und Dresden wandte er seine Zeit zu gleichen Absichten an, und wurde von dem Herr Canzler **Wolf**, Herrn geheimen Rath **Hofmann** und Herrn Professor **Schulze**, besonders wohl aufgenommen. Ueber Torgau und **Wittenberg** kam er endlich nach **Berlin**, als wohin die

Absichten unsers lehrbegierigen Freundes insbesondre gerichtet waren, um von allen daselbst lebenden Gelehrten und ihrem Unterrichte so viele Vortheile zu ziehen, als möglich.

Unter diesen rühmte unser Freund, vor andern, die sämtlich vor ihm verstorbenen Lehrer und Kollegen, die Herrn **Grischow**, **Ludolf**, **Sprögel**, **Pott**, **Scharschmidt**, **Buddeus**, **Casseborn**, **Lieberkühn** und **Marggraf**, welchen letztern er des besondern vertraulichen Umganges wegen, den Seinigen nannte. Außer diesen fand er noch viel mehr Rathgeber und Freunde, die mit ihm zu gleichen Absichten in mancherley Fächern der Arzeneywissenschaft in den öffentlichen Krankenanstalten Unterricht genossen; die dessen Talente, wie alle, die ihn kennen lernten, sämtlich hochschätzten.

Von Berlin ging er voller Zufriedenheit nach Freyberg in die Schule des berühmten Herrn Bergraths **Henkel**. Von diesem suchte er durch besondern Unterricht seine Kenntnisse in der Mineralogie und Metallurgie zu vermehren und besuchte unter dessen Anführung die dasigen Bergwerke sehr fleißig, und machte sich die Anstalten beym Schmelzen und Hüttenwesen im Großen bekannt.

Nunmehr nahm unser würdige Herr Kollege seine in Deutschland mit Einsichten und durch Erfahrung allenthalben gesammlete Schätze vergnügt in sein Vaterland zu einer höhern und glücklichern Anwendung, mit sich zurück: nachdem er sich noch vorher zu Paris in allen Theilen der Naturwissenschaft, Arznenlehre und Chemie eben so lernbegierig erwiesen und die Freundschaft der Herrn

Guss

Gussieu, Geoffroi, Groso, Reaumur, Oliveti und mehrerer besonders zu nutzen gesucht hatte, und ging über Rheims nach Straßburg.

Hier wartete' die durch das Absterben seines Herrn Vaters auf ihn vererbte Apotheke, als ein, der Einrichtung wegen, ganz vortrefliches Werk, auf seinen Beystand, und er ließ sich deshalb unter die Zahl der Apotheker in Straßburg aufnehmen.

Daben aber blieben außer den chemischen und pharmacevtischen Arbeiten, etliche Theile der Arzeneywissenschaft, Naturgeschichte und Mathematik dennoch immer seine Lieblingswissenschaften. Er wohnte auch, in Gesellschaft des Herrn Ehrmann, der Sammlung der Gewächse in der Straburger Gegend sehr fleißig bey.

Im Jahre 1743 verheuratete er sich mit der Jungfer Maria Magdalena, einer Tochter des ehemals berühmten Arzeneylehres und glücklichen und geschickten Arztes, Herrn Johann Jakob Sachs in Straßburg, durch dessen Beystand und praktischen Unterricht er sich seinen Absichten gemäß, die nöthigsten Vortheile zu verschaffen gesucht. Im 1748sten Jahre nahm er zu Straßburg die höchste Würde in der Arzeneygelahrheit an, und es wurde ihm noch in eben dem Jahre von den Herrn Vorstehern der Universität daselbst das Amt eines außerordentlichen Lehrers aufgetragen, welches es bis 1756 verwaltete: da die Stelle eines ordentlichen Lehrers bey der Philosophischen Facultät, und zwar des Lehrers der Poesie, erlediget war. 1759 wurde unser würdige Freund zum ordentlichen Lehrer der Chemie, Gewächskunde und Arzeneywissenschaft bestellet, und dadurch in den Stand gesetzt, in denjenigen Wissenschaften mit größerm Vergnügen zu arbeiten und nach seinen aufrichtigen Wünschen zu dienen, mit welchen er den meisten Nutzen zu stiften glaubte.

Diesem Amte hat er 24 Jahr lang unermüdet, mit größter Treue und zur Zufriedenheit aller Kenner vorgestanden. Er hat eine große Anzahl von gründlich gelehrten, glücklichen Schülern und andern recht nutzbaren Leuten gezogen. Der botanische Garten daselbst, welchen er mit neuen Gebäuden und einer großen Menge Gewächsen aus allen Weltgegenden versehen hat, hat ihm neue Einrichtung, Erweiterung und ansehnliche Vermehrung zu danken. Dieses Denkmahl, welches er sich bey seinem übrigen Verdiensten selbst gesetzet, wird seinen Namen unter Gelehrten, vor einer ganzen Menge anderer am sichersten erhalten.

Was die zahlreichen gelehrten Abhandlungen betrift, welche unser Freund geschrieben oder auch bey verschiedenen Gelegenheiten bey der Universität zu Strasburg, als Reden öffentlich gehalten, so ist ein Theil von denen zur Arzeney gehörigen, durch den Herrn D. Wittwer, ihres wichtigen Innhaltes wegen, zu Nürnberg herausgegeben; von andern aber in die deutsche und französische Sprache übersetzt worden. Außer diesen sind bey uns folgende akademische Reden und Abhandlungen bekannt.

1. *Oratio inauguralis.*
   De medicinæ rationalis progressu, nimio ratiocinandi studio retardato. 1749.

2. Oratio inauguralis in qua medicis pernecessariam esse veterum poetarum lectionem defendit. 1756.

3. *Sermo*

3. *Sermo* inauguralis, quo corporum naturalium examen ab omnibus hominibus suscipiendum, non solis medicis relinquendum esse affirmat. 1759.

4. *Dissertatio* de principio salino. 1748.

5. — Historia et analysis fontis Ripolstaviensis. 1762

6. — De optimo infantis recens nati alimento. 1753.

7. — De fonte medicato Niederbronnensi. 1752.

8. — De Mercurii præparatorum internorum in sanguinem effectibus. 1761.

9. — Historia et indiciæ Cardamomi. 1762.

10. — De Argilla. 1765.

11. — De vegetabilibus venenatis Alsatiæ. 1766.

12. — Experimenta circa naturam bilis. 1767.

13. — Historia Acaciæ officinalis. 1786.

14. — Fasciculus olerum argentoratensium. 1769.

15. — Examen acidi pinguis. 1762.

16. — De compositione et usu Argillæ. 1773.

17. — Historia äeris factitii. 1776.

18. — De causticitate. 1779.

19. — Analecta de Tartaro. 1780.

20. — De analysi urinæ et Acido Phosphori. 1781.

Libri.

1. Elementa Chemiæ (latine) Argent. 1763, 8.
— — secunda editio. 1766. 8.
— — Gallice. 1770. 8.
— — Italice. 1770. 8.
— — Germanice. 1783. 8.

2. Prodromus Floræ. Argentinensis. 8. Argent. 1774.
3. Institutiones materiæ medicæ. (1. edit.) Arg 1774. 8. 2 edit. 1783.
4. Syllabus medicamentorum. 8. Argent. 1777.
5. Pharmacopœa generalis. Argent. 4to. 1783.

Verschiedene berühmte Akademien der Wissenschaften und gelehrte Gesellschaften liessen den großen Verdiensten unsers verstorbenen Freundes dadurch öffentliche Gerechtigkeit widerfahren, daß sie ihn unter die Zahl ihrer Mitglieder aufnahmen. Die erste darunter war die Königl. Preuß. Akademie, welcher die Churfürstl. Maynzische und andre von 1758 an bis 1783, in der hier angegebenen Ordnung folgten: Nemlich die Gesellschaft naturforschender Freunde zu Berlin, die Königl. Akademie zu Nancy, die Russisch Kayserl. zu Petersburg, die Churpfälz. zu Heidelberg, nebst der Römisch Kayserl. Gesellschaft der Naturforscher, bey welcher letztern er Adjunktus war. Ferner wurde er von der Hallischen naturforschenden Gesellschaft aufgenommen und bey der Königl. Akademie zu Paris als Correspondent. Endlich trat er in die Königl. Schwed. Akademie zu Stockholm, in die Fürstl. Hessenhomburgische, in die zu Turin, und in die Königl. Gesellschaft der Aerzte zu Paris.

In seiner ersten gleich Eingangs gemeldeten Ehe hat er 4 noch lebende Söhne erzeuget: als erstens den **Herrn Johann Jakob Spielmann**, der Arzeneywissenschaft Doktor und berühmten Feldarzt bey den Königl. Französischen Armeen, von welchem er aus der Ehe mit der Jungfer **Salome Türkheim** 5 Enkel, und zwar Söhne, erlebt hat.

Zwey-

Zweytens, Karl Ludewig Spielmann, welcher gegenwärtig seinen Sitz unter den ansehnlichen Gliedern des Straßburgischen Magistrats hat. Drittens Karl Friedrich Spielmann, der bey der Apothekerkunst verblieben und aus dessen Ehe mit der Jungfer Maria Salome Karthin, zwey Söhne, Karl Friedrich und Jakob Ludewig vorhanden sind. Viertens Franz Spielmann, welcher sich der Handlung gewidmet.

Durch den Verlust seiner ersten würdigen Ehegattin aber wurde unser Freund dahin gebracht, daß er sich zum andernmal mit Jungfer Elisabeth, der Tochter eines ansehnlichen Straßburgischen Rathsherrn, Herr Johann Daniel Engelhart, verheurathete, aus welcher Ehe zwey Töchter geboren wurden, von denen Maria Elisabeth an den Herrn Zollickoffer, Margaretha Sophia aber an den Herrn Franz Kühn, wohl verheurathet worden; von welchen beyden 4 Enkelinnen entsprossen sind.

Außer allen schon angeführten Vorzügen zusammengenommen, die unser verdienstvoller Freund bey einem recht ansehnlichen Vermögen, mit den darauf gegründeten Bequemlichkeiten seines Lebens, in vollem Maaße genoß, hatte er sich noch einer recht vollkommnen blühenden Gesundheit, bis gegen den Anfang des Septembers, im letztverwichenen Jahre zu erfreuen; da er den 9ten desselben Monats an einem plötzlichtödlichen Zufall ohne Rettung verstarb.

Denn anstatt, daß man, wie er selbst, von der lebhaften Beschaffenheit seines dem äußern Ansehen nach recht dauerhaften Körpers, mit vieler

Wahrscheinlichkeit hätte hoffen können, daß er es zu einem sehr hohen Alter bringen würde, wie er auch bey seiner sitzenden Lebensart doch selbst geglaubt: die sich dabey äussernden leichten Zufälle, dergleichen die Gelehrten in einem gewissen Alter und Lebensart mitten in ihrer Ruhe, nur gar zu oft überschleichen, dennoch leicht abzuwenden oder überwinden zu können; so wurde hier die so lebhaft wirkende Natur diesesmal überwunden, und er entschlief auf eine sehr sanfte Art, nachdem er sein ruhmvolles Alter auf 61 Jahr 5 Monat und 8 Tage gebracht hatte.

Ver-

Register
der Namen und Sachen.

ist

N.

O.

Ortho-

T.

Thier-

Z.

Bemerkte

Bemerkte Druckfehler im dritten Bande der Schriften der Naturforschenden Gesellschaft.

Im Vorbericht Seite XI. Linie 1. 2. anstatt bey Greifswalde, lies: in Meklenburg.

Im vierten Bande.

Seite.	Linie.				
XIII	14	anstatt	D. Wallbaum	lies:	D. Wartmann.
166	10	nach Schæff. wird hinzugesetzt t. 289.			
—	15	anstatt	dem	lies:	der
170	22	—	vanis	=	variis
—	32	—	lanis	=	larvis
271	13	—	eine	=	mir

Im fünften Bande.

S. 170	Linie 5	anstatt	Termestes	lies	Dermestes
— 179	— 3	—	ans	=	aus
— 214	— 6	—	liliodendron	=	liriodendron
— 277	ist unter dem Titel der Abhandlung ausgelassen, f. 3. Taf. Fig. 6. 7. 8.				

Tab. VI.

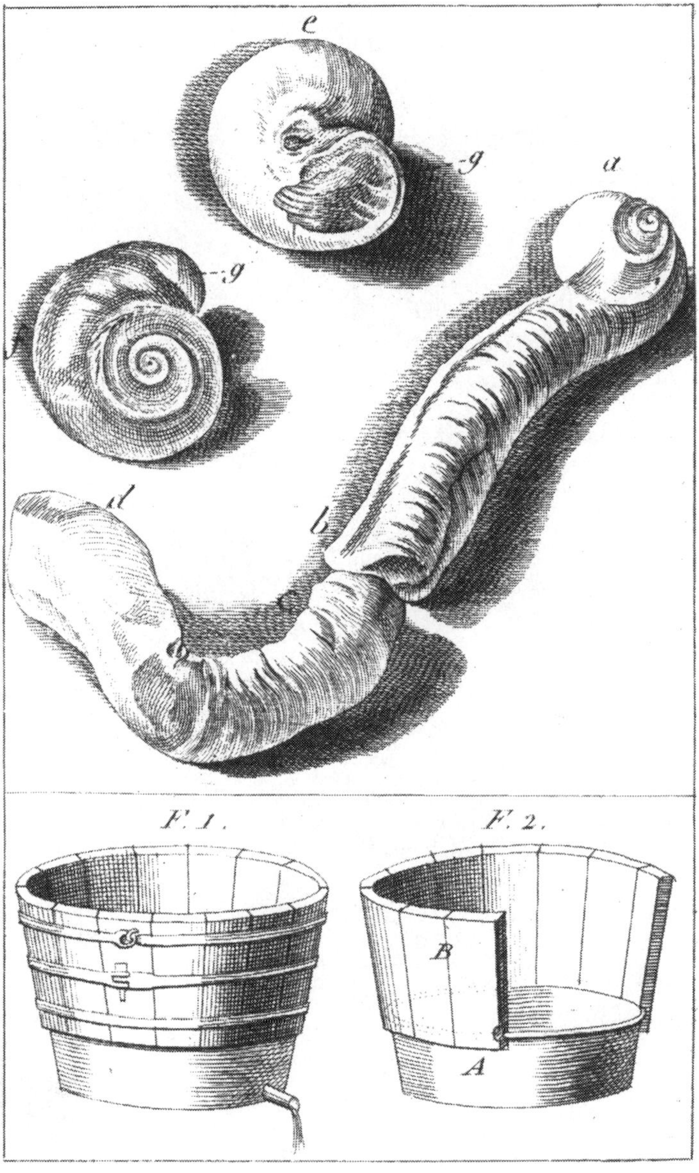

Tab.V.

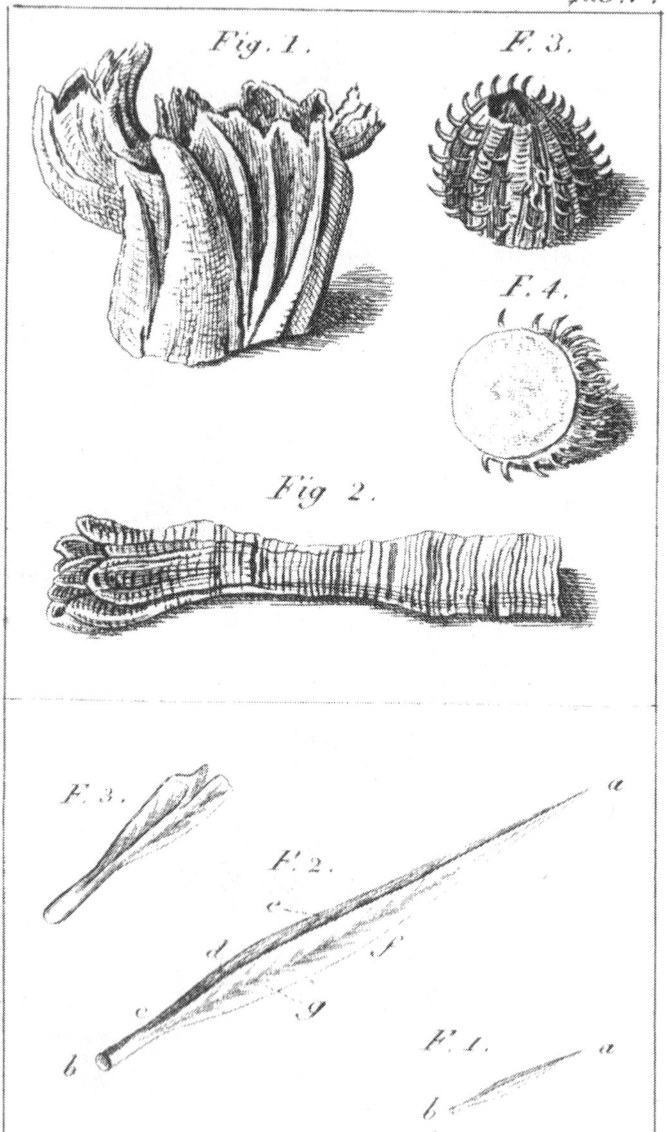